职业教育机电专业
微课版创新教材

机械基础

第3版

周克媛 / 主编
莫愁 刘长江 南瑞亭 / 副主编

人民邮电出版社
北京

图书在版编目（CIP）数据

机械基础 / 周克媛主编. -- 3版. -- 北京 : 人民邮电出版社, 2017.7
职业教育机电专业微课版创新教材
ISBN 978-7-115-44561-2

Ⅰ. ①机… Ⅱ. ①周… Ⅲ. ①机械学－职业教育－教材 Ⅳ. ①TH11

中国版本图书馆CIP数据核字(2016)第327040号

内 容 提 要

本书针对职业院校的教学特点，将工程力学、机械原理及机械零件的相关内容有机地整合在一起。全书共10章，内容包括机械设计概述、工程力学基础、平面连杆机构、其他常用机构、齿轮传动和蜗杆传动、带传动和链传动、轮系、机械连接、轴系零部件、液压和气压传动等。

本书既可作为职业院校“机械基础”课程的教材，也可作为有关技术人员的参考书。

◆ 主　　编　周克媛
　副 主 编　莫　愁　刘长江　南瑞亭
　责任编辑　刘盛平
　责任印制　焦志炜

◆ 人民邮电出版社出版发行　　北京市丰台区成寿寺路11号
　邮编　100164　　电子邮件　315@ptpress.com.cn
　网址　http://www.ptpress.com.cn
　固安县铭成印刷有限公司印刷

◆ 开本：787×1092　1/16
　印张：16.5　　　　2017年7月第3版
　字数：411千字　　　2024年7月河北第13次印刷

定价：42.00元

读者服务热线：(010)81055256　印装质量热线：(010)81055316
反盗版热线：(010)81055315
广告经营许可证：京东市监广登字20170147号

前　言

“机械基础”是讲授常用机械零件的受力分析、结构分析、设计计算，并同时进行材料选择的一门综合性技术基础课，是职业院校机械类专业和近机类专业必修的基础课。通过本课程的学习，学生可以获得常用工程力学、机械零件的结构分析、常用零件的设计基础等知识，为学习其他相关课程奠定基础。本书是参照《国家职业标准》的要求，结合职业院校的教学实际，在大量教学实践经验和教学调研的基础上编写而成的。

在写作风格上，本书有以下特点。

（1）内容全面。本书所选内容均为机械类专业和近机类专业学生应掌握的必备知识，是职业院校学生在进一步学习专业课之前必须掌握的基础知识。

（2）重点突出。本书淡化繁冗的理论分析，增加了大量的实际案例，以符合职业院校学生“重实践”的特点。

（3）吸收新技术。本书在介绍传统知识体系的同时，适当穿插与之关联的新技术，帮助学生领会现代制造的特点和发展方向。

（4）完善的教学辅助环节。本书配套提供了丰富的教学辅助资源，书中所有难以用语言以及静态图表来表达的知识点，将通过二维动画、三维动画以及视频等动态资源来表示，并以二维码的形式将其嵌入到书中相应位置。利用手机等移动终端设备的“扫一扫”功能，读者可以直接读取这些动画、视频，以加深对相关知识的理解。

本书共10章，每章主要内容介绍如下。

- 第1章：介绍与机械和机械设计相关的基础知识。
- 第2章：简要介绍理论力学和材料力学中的基础理论知识。
- 第3章：重点介绍铰链四杆机构的特点、分类、演化以及基本设计方法。
- 第4章：介绍凸轮机构、间歇运动机构以及螺旋机构的特点和用途。
- 第5章：介绍齿轮传动和蜗轮蜗杆传动在设计中的应用及其设计方法。
- 第6章：介绍带传动和链传动在设计中的应用及其设计方法。
- 第7章：介绍轮系在设计中的应用及其设计方法。
- 第8章：介绍螺纹连接、键连接、销连接以及其他永久连接方法的特点和用途。
- 第9章：介绍轴、轴承、联轴器、离合器以及制动器轴系部件的特点和用途。
- 第10章：介绍液压传动和气压传动在生产中的应用。

每章包含以下经过特殊设计的结构要素。

- 学习目标：介绍学生学完本章后应该达到的目标。
- 观察与思考：利用日常生活中常见的事例，引导学生思考和分析，一方面让学生对本章所学的知识有所了解，另一方面提高学生的兴趣和主动性。
- 要点提示：及时提醒学生在学习过程中应该注意的问题。
- 例题：介绍完重要知识点后，结合相应的例题进行加深讲解。

- 视野拓展：引入新的知识与技术，开阔学生视野。
- 小结：在每章的最后对本章所涉及的基本知识点进行简要总结。
- 思考与练习：在每章的最后都准备了一组习题，用以检验学生的学习效果。

对于本书，教师一般可用 60 课时来讲解教材内容，再配以 32 课时的实践教学，即可较好地完成教学任务。教师可根据实际情况进行调整。

本书在编写过程中，得到了不同地区很多学校教师的大力支持，在此表示衷心的感谢。

本书由周克媛任主编，莫愁、刘长江和南瑞亭任副主编，参加编写工作的还有沈精虎、黄业清、宋一兵、谭雪松、冯辉、计晓明、董彩霞、滕玲、管振起等。

编　者

2016 年 11 月

目　录

第 1 章　机械设计概述

在日常生活和工业生产中，机械产品无处不在。人们骑的自行车、手腕上佩戴的机械手表、工厂的机床设备、各式各样的汽车，这些都是典型的机械产品。随着现代科技的发展，机械被赋予了越来越多的简约化和智能化元素。

【学习目标】

- 了解机械的概念。
- 了解机械中材料的属性以及选用原则。
- 了解机械设计的用途和任务。
- 初步了解现代机械设计方法。

【观察与思考】

（1）人们日常生活中用到许多典型的机械产品，如图 1-1 所示的手表，其工作过程和原理就是一台机器的缩影。仔细观察图 1-2 所示的手表结构，并思考其中的零件各有什么特点。

图 1-1　手表

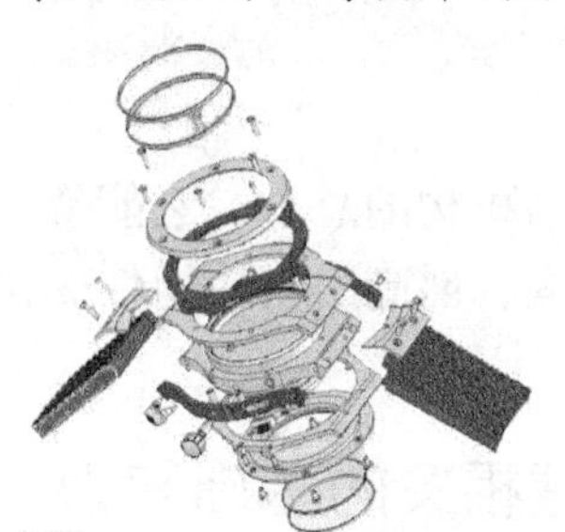

图 1-2　手表的结构

（2）手机是常见的生活用品，如图 1-3 所示。同学们可以查看一款废弃手机的内部结构，总结其特点。

（3）汽车的内部结构更加复杂，如图 1-4 所示。与前面提到的钟表和手机相比，思考汽车产品在构成上有什么特点？在设计这类产品的各个零部件时应该注意哪些问题？

图 1-3　手机

图 1-4　汽车产品

（4）图 1-5 所示为具有人工智能的焊接机器人；图 1-6 所示为具有灵活关节的仿生机器人，它能随着音乐的节奏翩翩起舞。思考这类机械产品的主要特点是什么？同时想想现代机械的发展方向是什么？

图 1-5　工作中的焊接机器人

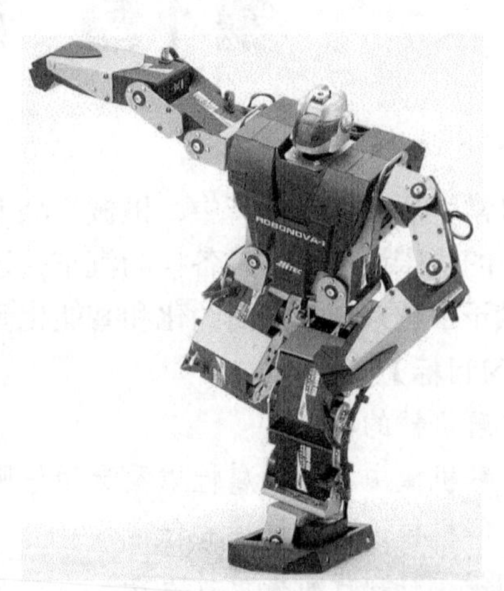

图 1-6　会跳舞的仿生机器人

1.1 认识机械

机械是机器与机构的总称，它能够将能量、力从一个地方传递到另一个地方，能改变物体的形状结构，创造出新的物件。在我们周围的生活中有不同种类的机械在为我们工作。

1.1.1 与机械相关的基础知识

机械是各种机器和机构的统称，如钟表、汽车、起重机、机床及电风扇、洗衣机等。机械的种类繁多，其结构、性能和用途各有差别。

1. 机械的组成

各类机械虽然从结构和功能上都存在很大的区别，但是从宏观上分析，各类机械仍然具有以下共同特点。

（1）机械由一定数量的零（部）件组合而成。

（2）机械通常包括原动机、工作机构和传动机构等部分，其中各部分的用途如下。

- 原动机：它为整个机器提供动力，可以把其他形式的能源转换为机械能，产生驱动力。常用的原动机包括电动机和内燃机。
- 工作机构：机械中直接产生工艺动作的部分，如机床上驱动刀具和工件产生相对切削运动的机构。
- 传动机构：将原动机中的运动和动力准确传递到工作机构上的部分，在传递过程中它还会根据需要对运动的性质和速度进行变换。

图 1-7 所示为一个内燃机的内部结构，该内燃机由齿轮机构、凸轮机构、四杆机构等构成。请同学们通过课堂讨论的形式分析其结构特点，并尝试分析该机器的主要功能。

2．机械中的力学知识

在日常生活中，力的作用无处不在。在机械中，零件工作时都必须承受力的作用，有些零件还处于非常复杂的受力环境中。

（1）在图 1-8 所示的斜拉桥中，钢丝主要承受拉力，当钢丝承受的拉应力超过其许用应力时，钢丝被拉断。

图 1-7　内燃机的内部结构

图 1-8　斜拉桥

（2）图 1-9 所示的起重臂主要承受拉（或压）力、弯矩，其主要破坏形式是拉断或压溃，当负载过大时，起重臂将有折断的危险。

图 1-9　工作中的起重机

（3）在图 1-10 所示的齿轮传动机构中，齿轮的齿面主要承受压力，安装齿轮的轴主要承受弯曲变形和扭转变形。

（4）机械加工中，零件的受力情况更加复杂。图 1-11 所示为使用机床加工机械零件的实例，在加工过程中，工件和刀具受力的性质、大小和方向都在不断变化。

图 1-10　齿轮传动机构

图 1-11　使用机床加工机械零件

3．整机、机器和机构

（1）整机。机器不论其结构是简单还是复杂，都是由若干零件和部件组成的，而各个零件通过装配的方法组合成一个紧凑的产品，这就是整机。

图 1-12 所示内燃机的各个零件通过一定的装配方法组合而形成图 1-13 所示内燃机的整机，这就是一个从零件到整机的过程。

图 1-12　内燃机零件

图 1-13　内燃机

（2）机器和机构。通过内燃机的内部结构可以看出机器的主体是若干机构的组合；机器用于传递运动和动力，具有变换或传递能量、物料和信息的功能。

机构是若干构件的组合，各构件间具有确定的相对运动，但是不具有变换或传递能量、物料、信息的功能。例如，内燃机中，曲轴、连杆、活塞和气缸组成连杆机构，凸轮、顶杆和气缸组成凸轮机构。

4．常用机构

从运动上讲，机器的主体部分是由机构组成的，一部机器可包含一个或若干个机构。例如，电动机只包含一个机构，而内燃机则包含曲柄滑块机构、凸轮机构、齿轮机构等若干个机构。机构用于传递运动和力。机构的种类很多，每类机构都具有特定的构成形式和功能。

下面是机器中常用的一些机构以及主要的应用。

（1）图 1-14 所示为常见的各种凸轮零件。凸轮机构主要用于实现运动变换，将主动件的转动或移动转换为从动件的往复移动或摆动。

图 1-14　常见凸轮零件

（2）图 1-15 所示为常见的齿轮。齿轮机构是一种重要的传动机构，用于实现运动和速度的变换。

图 1-15　常见齿轮零件

（3）图 1-16 所示为常用的双曲柄机构，该机构被用于火车机车车轮上，如图 1-17 所示。

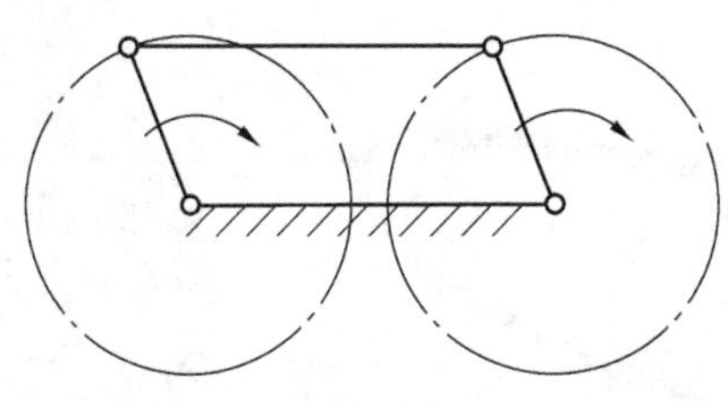

图 1-16　双曲柄机构

图 1-17　火车机车车轮

（4）图 1-18 所示为棘轮棘爪机构，它可以将主动件的连续运动变换成从动件的间歇运动。该机构作为核心部件应用在图 1-19 所示的手拉葫芦中，用于吊起重物。

图 1-18　棘轮棘爪机构

图 1-19　手拉葫芦

（5）图 1-20 所示为螺旋机构，它可以将旋转运动变换为直线运动，同时具有增力作用，在主动件上施加较小的力即可获得较大的输出力。该机构作为核心部件应用在图 1-21 所示的千斤顶中。

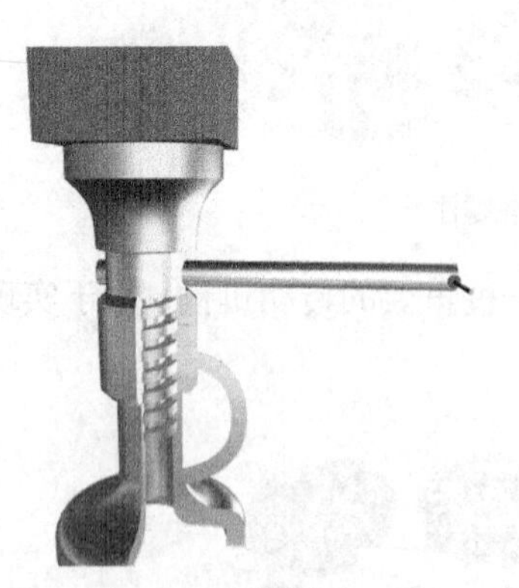

图 1-20 螺旋机构

图 1-21 螺旋千斤顶

5. 机械传动

机械中都会具有相对运动的零件，并且这些零件的运动有顺序关系，往往是某一个零件按照一定规律运动后带动其他零件运动，这就是机械传动。机械传动是由具体的传动部件来实现的，机械传动的设计是机械设计的重点之一。

常用的机械传动机构如图 1-22 所示，试思考这些机构在传动过程中各有何特点，主要用于什么场合，并尝试在日常生活中寻找这些机构的应用。

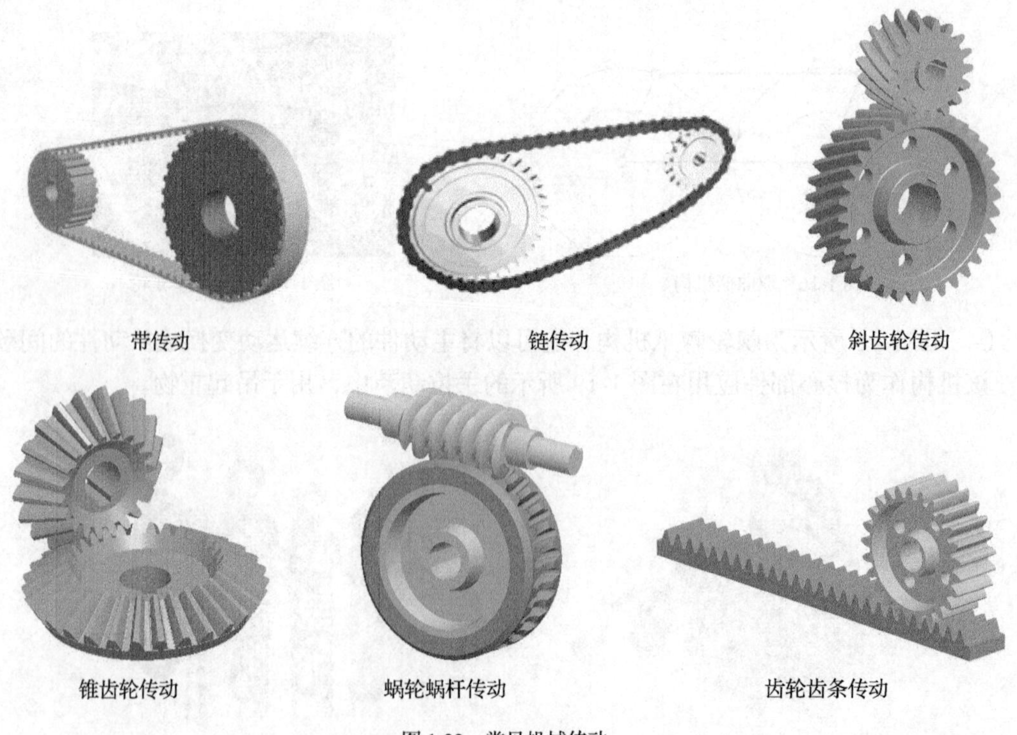

图 1-22 常见机械传动

1.1.2　机械零件的常用材料以及选用原则

机械制造中最常用的材料是钢和铸铁，其次是有色金属合金（如铝合金、铜合金等）以及非金属材料（如橡胶、塑料等）。

1. 常用金属材料

金属材料主要指铸铁和钢，它们均属于铁碳合金，其主要区别在于含碳量的不同。含碳量小于 2%的铁碳合金为钢，大于 2%的为铸铁。

（1）铸铁。常用铸铁有灰铸铁、球墨铸铁、可锻铸铁、合金铸铁等。其中灰铸铁和球墨铸铁属于脆性材料，不能锻造和辗压，但具有较好的熔融性和流动性。

要点提示

灰铸铁的抗压强度高，耐磨性、减振性好，对应力集中的敏感性低，常用作机架和底座，如图 1-23 所示。

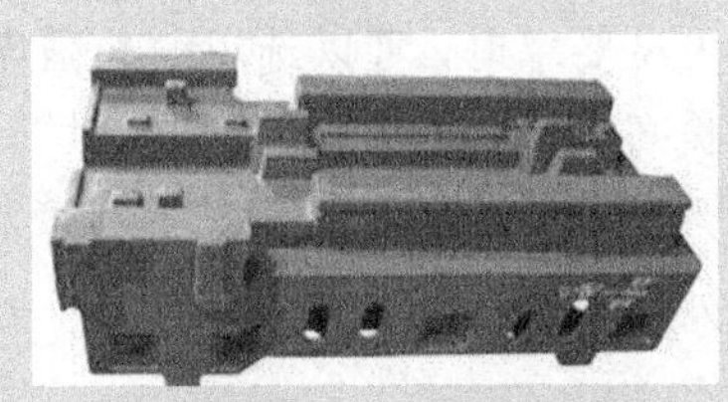

图 1-23　底座

（2）钢。钢的强度较高，塑性较好，可通过轧制、锻造、冲压、焊接、铸造等方法加工各种机械零件，并且可以用热处理和表面处理的方法提高机械性能，因此，被广泛应用在机械生产中。

钢的种类较多，其按用途可分为结构钢、工具钢和特殊用途钢。

- 结构钢可用于加工机械零件和各种工程结构。
- 工具钢可用于制造各种刀具、模具等，如图 1-24 所示。
- 特殊用途钢主要用于制造特殊工况条件下使用的零件，如图 1-25 所示的不锈钢法兰。

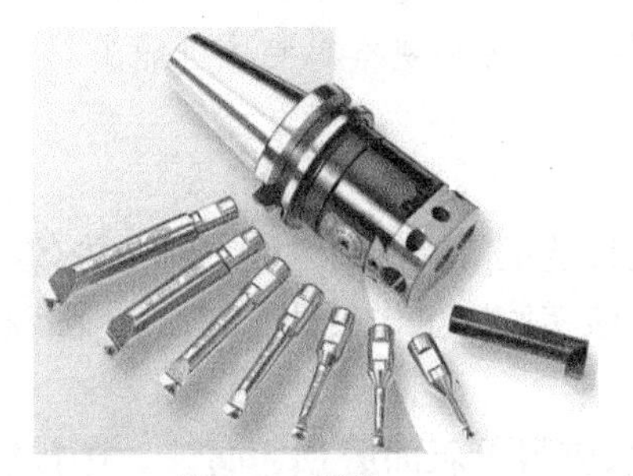

图 1-24　刀具

图 1-25　不锈钢法兰

问题思考

（1）在现代机械制造中，还经常使用有色金属合金，有色金属合金的种类有哪些？有何优点？使用范围有哪些？

（2）机械制造中的非金属材料有哪些？具有什么特性？

近年来出现了新型复合材料和功能材料，即将两种以上不同性质的材料通过人工合成，使其既保持了各自的特性，又具有了组合后的新特性，从而可满足零件对材料性能的要求，以便更合理地利用材料。

2. 材料选用原则

机械材料的种类较多，选用机械材料时应遵循下面的选用原则。

（1）使用要求。

- 当零件所受载荷大或要求重量轻、尺寸小时，可选用强度较高而价格较高的材料。
- 当零件承受静应力时，可以选用塑性或脆性材料；当零件承受冲击载荷时，必须选用塑性材料，特别要求它的冲击韧性较好。
- 当零件承受变应力时，须选用疲劳强度较高的材料；有时选用强度较低的材料，而采用改进结构形状或表面硬化处理的方法来提高疲劳强度。
- 当零件以刚度为主要要求时，可以选用一般强度的材料，并注意适当选取零件的截面形状和尺寸，以提高零件的刚度。
- 当零件以耐磨性为主要要求时，可以选用减摩材料，有时可以选用一般强度的材料，再进行表面硬化处理来提高其耐磨性。

（2）工艺要求。

- 当零件的尺寸较大时，如直径大于500mm的齿轮毛坯，在一般设备条件下锻造比较困难，就应该选用铸件或焊接件。
- 当零件形状比较复杂时，如箱形零件，也应选用铸件或焊接件。

（3）经济要求。

- 当零件用价格低的材料已能满足使用要求时，就不应该选用价格高的材料。
- 铸铁与钢板相比，其价格较低，但对于单件或小批生产的某些箱形零件，选用钢板焊接反而有利。
- 对于同一零件的不同部位采用不同材料的情况，如有的齿轮由于轮齿需具有耐磨性和抗胶合的力，故将齿圈的材料选得好一些，而轮心则选用较差的材料。
- 为了生产准备和供应方便，所用材料的牌号、品种和规格，要尽可能少。

1.1.3 零件的失效形式及其设计准则

机械零件在预定的时间和规定的条件下，不能具备正常的使用性能，称为失效。

零件失效的形式与许多因素有关，具体取决于该零件的工作条件、材质、受载状态及其所在的应力性质等多种因素。

机械零件的失效形式主要有断裂、过大的残余应力、表面磨损、腐蚀、接触疲劳、共振等。

零件工作时都必须承受力的作用，有些零件处于非常复杂的受力环境中，故在设计零件时必须考虑到零件设计准则，防止或者减少零件的失效。

（1）强度。强度是保证机械零件正常工作的基本要求，为了避免零件在工作中发生断裂，必须使零件满足以下设计准则

$$\sigma \leqslant [\sigma]$$

式中：σ、$[\sigma]$——零件工作时的正应力和材料的许用应力。

为了提高机械零件的强度，设计者设计时可采用以下措施。

- 用高强度的材料。
- 使零件具有足够的截面尺寸。
- 合理设计机械零件的截面形状，以增大截面的惯性矩。
- 采用各种热处理和化学处理方法来提高材料的机械强度特性。
- 合理地进行结构设计，以降低作用于零件上的载荷。

（2）刚度。刚度是指零件在载荷作用下抵抗弹性变形的能力。如果零件的刚度不够，就会产生过大的挠度或转角而影响机器正常工作。例如，车床的主轴弹性变形过大，将影响加工精度。

在机械产品中，当零件受力过大并且超出其本身的承受能力时，零件将发生断裂等破坏，轻者将导致其无法继续工作，重者将引发严重的事故。因此，对机械产品进行受力分析，发现潜在的设计隐患是机械设计中的重要技术环节。

（3）耐磨性。机械中相互接触且有相对运动的两个零件表面之间，因摩擦的存在会导致零件表面材料的逐渐丧失，称为磨损。

据统计，机械零件的报废约 80%是由磨损造成的。零件的磨损可分为跑合磨损阶段、稳定磨损阶段和剧烈磨损阶段。

提高零件表面质量或硬度、采取良好的润滑措施等都可以提高零件的耐磨性。此外，零件的磨损与环境条件也有关，在工作中应加以注意。

（4）振动稳定性。零件发生周期弹性变形的现象称为振动。振幅和频率是描述振动现象的两个参数。随着现代机器工作速度的不断提高，易于使机器出现振动问题，影响工作质量。

引起振动的周期性外力：往复运动零件产生的惯性力和摆动零件产生的惯性力矩；转动零件的不平衡产生的离心力；周期性作用的外力。

减小振动可以采取下列措施：对转动零件进行平衡；利用阻尼作用消耗引起振动的能量；设置隔振零件（如弹簧、橡胶垫等）。

（5）可靠性。按传统的强度设计方法设计的零件，由于材料强度、外载荷和加工尺寸等存在离散性，有可能出现达不到预定工作时间而失效的情况，因此，希望将出现这种失效情况的概率限制在一定程度之内，这就是对零件提出的可靠性要求。

可靠性是指产品在规定的条件下和规定的时间内，完成规定功能的能力。

（6）标准化。标准化是指零件的特征参数以及其结构尺寸、检验方法、制图等的规范要求。标准化是缩短产品设计周期，提高产品质量和生产效率，降低生产成本的重要途径。

1.2 机械设计简介

【课前思考】

假如你是一个机械设计师，你打算怎样组装你的机械产品？怎样使用最简单的方法使设计的机器能够实现你需要的功能？试从宏观上进行规划。

1.2.1 机械设计的任务和用途

机械设计是根据使用要求对机械的工作原理、结构、运动方式、力和能量的传递方式、各个零件的材料和形状尺寸、润滑方法等进行构思、分析和计算，并将其转化为具体的描述，以作为制造依据的工作过程。

机械设计是机械生产的第一步，是决定机械性能的最主要的因素。其主要任务是在各种限定的条件（如材料、加工能力、理论知识、计算手段等）下按具体情况权衡轻重，统筹兼顾，使设计的机械有最优的综合技术经济效果。

机械设计的用途是应用不同的工作原理，设计不同功能和特性的机械产品，服务于不同产业的不同机械。

1.2.2 机械设计的方法

在满足预期功能的前提下，机械设计应满足性能好、效率高、成本低，在预定使用期限内安全可靠、操作方便、维修简单、造型美观等要求。

1. 机械设计的基本步骤

机械零件的设计常按以下步骤进行。

（1）根据机器的具体运转情况和简化的计算方案，确定零件的载荷。

（2）根据材料的力学性能、物理性质、经济因素、供应情况等选择零件的材料。

（3）根据零件的工作能力准则，确定零件的主要尺寸，并加以标准化或圆整。

（4）根据确定的主要尺寸并结合结构上和工艺上的要求，绘制零件的工作图。

（5）零件工作图是制造零件的依据，故应对其进行严格的检查，以提高工艺性，避免差错，造成浪费。

传统的机械设计主要依靠试验，通过归纳总结的方法获得设计参数和经验公式，然后制作产品样机，根据样机的性能来判断设计的优劣。

2. 现代设计新手段

现代设计者已经不再把设计精力放在烦琐的计算和推导上，也不再通过刻板枯燥的图纸来表达自己的设计思想。现代机械设计中，使用的设计手段更加丰富，产品的更新周期更短，第一代产品问世不久，第二代和第三代产品就接踵而至，现代设计具有以下特点。

认识机械设计过程

（1）重视产品的创新性。创新是现代设计的核心。现代设计不是对以前的产品进行简单地修修补补，而是打破传统观念，创造出具有特色的新产品，这非常符合当今时代的潮流。

请同学们对比图 1-26 和图 1-27 所示的早期黑白电视机和现在等离子彩色电视机在设计上的区别，然后思考现代产品具有哪些特点？

请同学们将图 1-28 所示的老式汽车和图 1-29 所示的现代汽车进行对比，然后思考现代汽车设计具有哪些特点？

图 1-26　早期的黑白电视机

图 1-27　等离子彩色电视机

图 1-28　老式汽车

（2）先进设计手段的采用。随着计算机技术的发展，计算机辅助设计（CAD）技术被广泛用于设计领域，这也是现代设计的重要标志。CAD 技术不但提高了设计质量，还极大提高了设计效率，同时实现资源共享，减轻设计者的负担，避免了“闭门造车”的落后设计方法。

应用 CAD 技术开发设计的机械产品模型，如图 1-30 所示。

图 1-29　现代汽车

图 1-30　CAD 产品模型

问题思考

现代设计阶段所使用的理论和方法称为现代设计方法，请同学们查阅相关资料了解现在有哪些常用的现代设计方法。

小　结

机械基础是机械学科中的一门重要的技术基础课。其研究的内容主要包括力学、机械零件、机械传动、液压气压传动等。通过对这些基础知识的学习，同学们能够认识机械的一般构成，理解机械的工作原理，初步具备设计简易机械的能力。

本课程与生产实际结合紧密，书中涉及的各种机器和机构在生活中随处可见，这就要求同学们具有开阔的思维，善于观察身边的事物，并能将学过的知识用于实践。当前，随着计算机辅助设计技术的发展，通过计算机软件可以方便地完成机械产品的设计，有兴趣的同学可以学习相关的技能，逐步成长为一名机械设计专业人才。

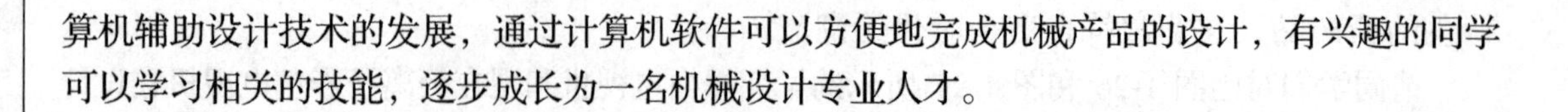

思考与练习

1. 观察你身边的事物，寻找“力”的影子。
2. 观察你使用的自行车，看看动力是怎么传递的。
3. 观察生活中使用的各种工程材料，分别说明各种材料的优点和缺点。
4. 拆开一个旧钟表，看看机构是怎么工作的。

第 2 章　工程力学基础

工程力学分为静力学和材料力学。静力学主要研究物体受力分析的方法和物体在力系作用下处于平衡的条件，如在设计轴、齿轮、螺栓等机械零件时，对其进行力学分析，以确保其能可靠工作；材料力学主要研究物体在外力的作用下，其几何形状和尺寸发生的变化，即研究构件的变形问题，以保证和满足机械构件工作的安全要求及合理性。

【学习目标】

- 了解静力学的基本概念。
- 掌握平面力系的受力分析。
- 了解材料力学的基本概念。
- 掌握 4 个基本的变形。

【观察与思考】

（1）图 2-1 所示为举世闻名的密佑高架桥，想一想，桥墩、桥面及桥上的钢绳都分别承受哪种类型力的作用？

（2）图 2-2 和图 2-3 所示为两种不同的篮球架设计方案，请试着从受力角度分析两种方案各自的优点，学完本章后再验证你的分析是否正确。

（3）观察图 2-4 所示的天平，理解受力平衡的概念，思考物体受力平衡时会有什么显著特点？

（4）在金属切削加工时，机床主轴和工件都会受到切削力的作用，并且在力的作用下发生变形，结合图 2-5 所示思考主轴和工件将会产生怎样的变形？

（5）加工细长轴时，可以使用跟刀架来减少轴的弯曲程度，提高零件的刚度，如图 2-6 所示，思考这是为什么？

图 2-1　密佑高架桥

图 2-2　篮球架方案 1

图 2-3 篮球架方案 2

图 2-4 平衡状态下的天平

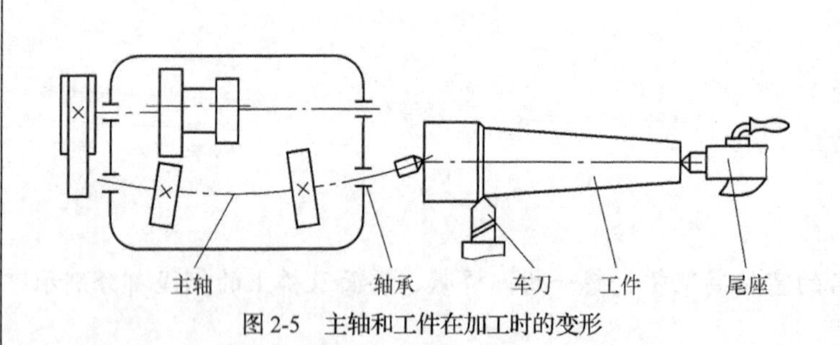

图 2-5 主轴和工件在加工时的变形

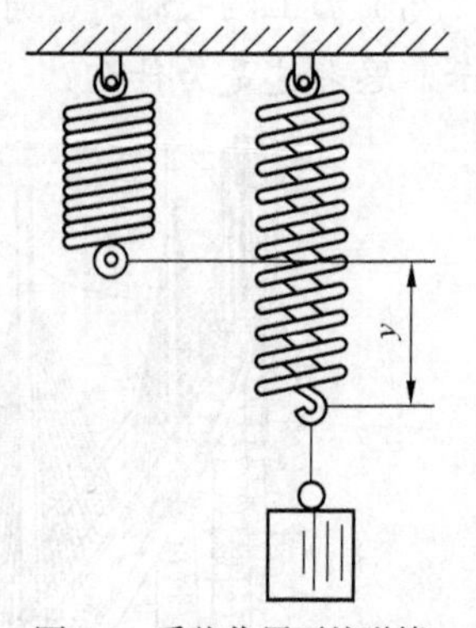
图 2-6 使用跟刀架

2.1 静力学基础

小球在细绳的牵引下旋转（见图 2-7），其运动轨迹是什么？给出你的结论。

弹簧在重物的作用下（见图 2-8）将产生怎样的形变？给出你的结论。

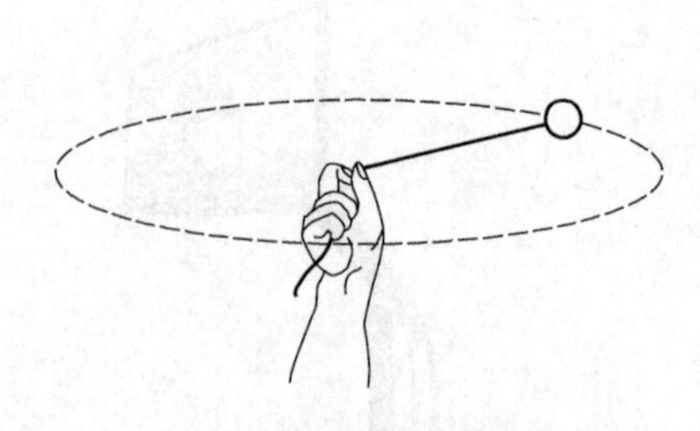
图 2-7 细绳牵引下旋转的小球

图 2-8 重物作用下的弹簧

用同样大小的力从左向右推动物体（见图 2-9），当力的作用位置不同时，物体的运动情况是否相同？给出你的结论。

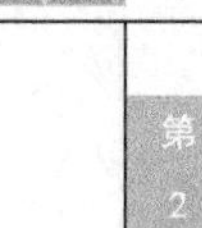

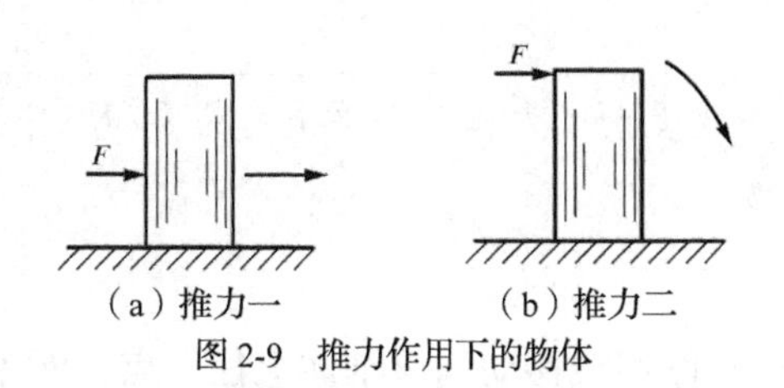

图 2-9　推力作用下的物体

上述各物体无一例外都承受了力的作用。

① 当小球在细绳的牵引下旋转时，其运动方向时刻都在发生改变。

② 弹簧在重物的作用下会伸长，重物撤销后又会自动恢复原长。

③ 当推力用力点在中间时，物体向前移动；而当推力用力点在上端时，物体可能翻倒。

通过上述各例，我们对“力”有了以下初步认识。

① 力是物体间的相互作用。

② 力对物体的效应是使物体的运动状态发生变化或使物体发生变形。

③ 力对物体的效应取决于力的大小、方向和作用点，即力的 3 要素。

2.1.1　基本概念

大千世界中的每个物体，无时无刻不承受力的作用。

1. 刚体

刚体是指在力的作用下不变形的物体。事实上，现实生活中绝对的刚体是不存在的，刚体是人们为了简化对物体受力分析的过程而做的一种科学抽象。在对物体进行静力学分析时，通常都假定物体为刚体。

2. 受力平衡

如果物体在力的作用下，其运动状态不发生改变，如保持静止状态或者其运动速度的大小和方向都不改变，则此时物体处于受力平衡状态。

连杆

图 2-10　内燃机中的连杆

3. 物体的二力平衡

现实生活中，我们见到很多只承受两个力作用的物体。例如，在不考虑重力的作用下，图 2-3 所示篮球架上的拉杆以及图 2-10 所示内燃机中的连杆。

图 2-10 所示内燃机中的连杆受到两个力的作用，这两个力大小相等，方向相反，都作用在连杆上。

只受两个力作用而平衡的刚体为二力杆，如图 2-11（a）所示的 AB 杆以及图 2-11（b）所示的 BC 杆。

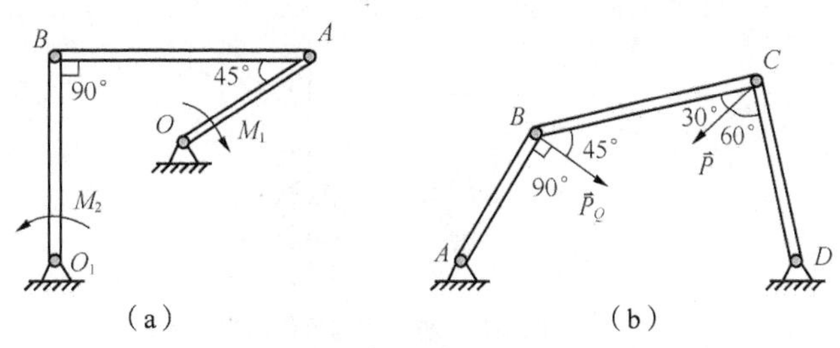

图 2-11　四杆机构

要点提示

刚体上仅受两个力作用而平衡的必要和充分条件：此两力必须等值、反向、共线。

4. 力的可传性

作用于刚体上的力可沿其作用线移动到该刚体上任一点，而不改变此力对刚体的作用效果，如图2-12所示，这就是力的可传性。

5. 力的平行四边形法则

观察图2-13，思考两根绳悬挂重物与一根绳悬挂重物，绳上的拉力是否相同。

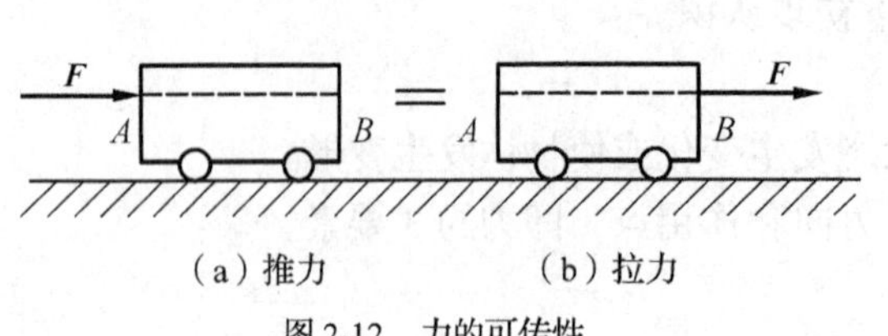

图2-12 力的可传性

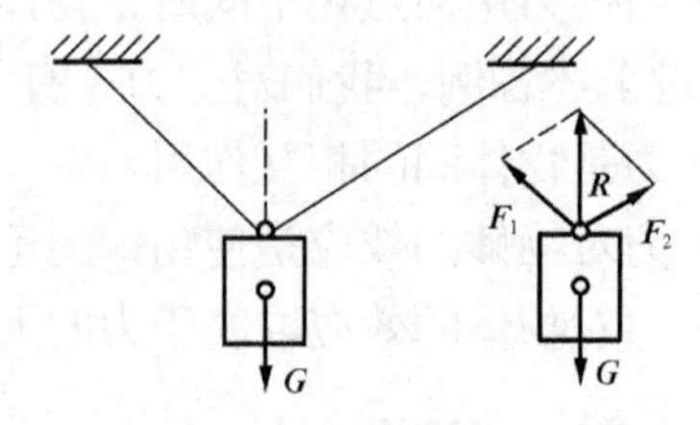

图2-13 受拉力的绳

一根绳上的拉力 **R** 可以认为是两根绳上拉力（$\boldsymbol{F}_1$、$\boldsymbol{F}_2$）的合力，而拉力（$\boldsymbol{F}_1$、$\boldsymbol{F}_2$）叫作力 **R** 的两个分力。

要点提示

作用于物体上同一点的两个力的合力也作用于该点，且合力的大小和方向可用以这两个力作用线为邻边所作的平行四边形的对角线来确定。

6. 作用力与反作用力

如图2-14所示，作用在工件上的力和作用在车刀上的力大小相等，方向相反，作用在同一直线上。

由于这两个力是分别作用于两个不同的物体上，而不是同一物体上，所以并不是二力平衡。

两物体间相互作用的力总是同时存在，并且两力等值、反向、共线，分别作用于两个物体。这两个力互为作用与反作用的关系。

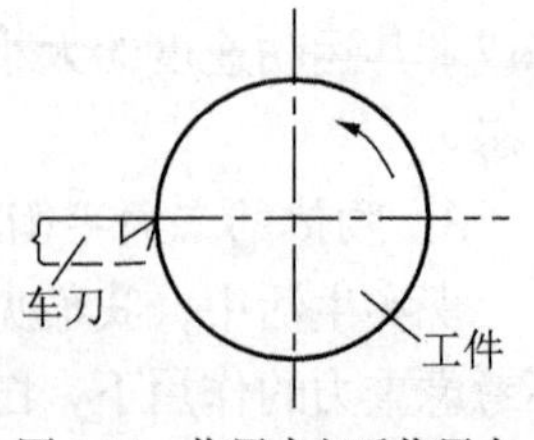

图2-14 作用力与反作用力

要点提示

如图2-15所示，小球上的 $\boldsymbol{F}_\mathrm{T}$ 与绳上的 $\boldsymbol{F}_\mathrm{T}$ 就不是二力平衡，而是作用力与反作用力。

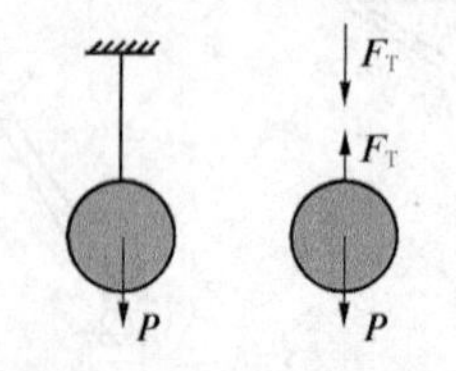

图2-15 作用力与反作用力

2.1.2 约束和约束反力

观察图2-16，思考绳索受到什么力的作用，绳索能受压力吗？观察图2-17，思考带轮传动中皮带受到什么力的作用，皮带能受压力吗？

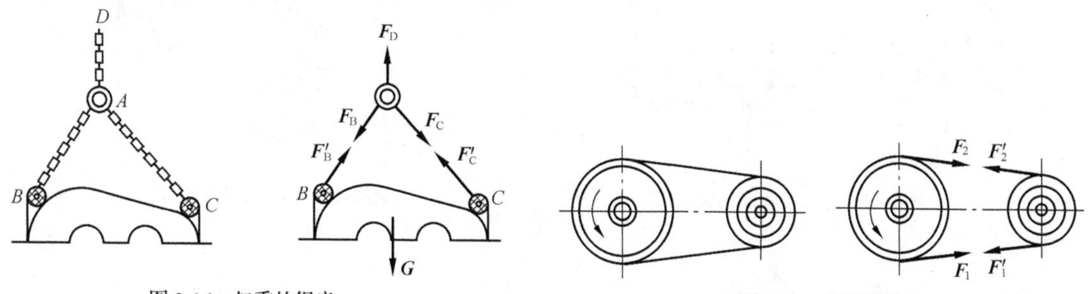

图2-16　起重的绳索

图2-17　皮带传动

1. 约束

自然界的一切事物总是以各种形式与周围的事物互相联系、互相制约。在工程上，各种构件的运动都受到与其相联系的其他构件的限制。一个物体的运动受到周围其他物体的限制，这种限制条件称为约束。

【分析】

① 在图2-16中，起吊一减速箱盖，链条*AB*、*AC*、*AD*分别作用于铁环*A*的力为拉力，链条*AB*、*AC*作用于盖上点*B*、点*C*的力也为拉力。

② 皮带作用于带轮上的力为拉力。

③ 链、皮带为柔索，而柔索本身只能承受拉力，不能承受压力。

④ 柔索约束特点：限制物体沿柔索伸长方向运动，只能给物体提供拉力。

2. 光滑接触面约束

观察图2-18，思考球的受力及杆的受力有什么特点。

【分析】

① 当两物体接触面上的摩擦力略去不计时，构成光滑接触面约束。

② 被约束的物体可以沿接触面滑动或沿接触面的公法线方向脱离，但不能沿公法线方向压入接触面。

③ 光滑接触面约束力的作用线沿接触面公法线方向，指向被约束物体，恒为压力。

3. 铰链约束

首先观察图2-19，图中曲柄与连杆用销连接，连杆与活塞也用销连接，思考两个销的受力情况是否相同。

继续观察图2-20，思考两个铰链连接的受力情况是否相同。

【分析】

① 曲柄连杆机构中的两个销的结构是相同的，受力分析也是相同的。

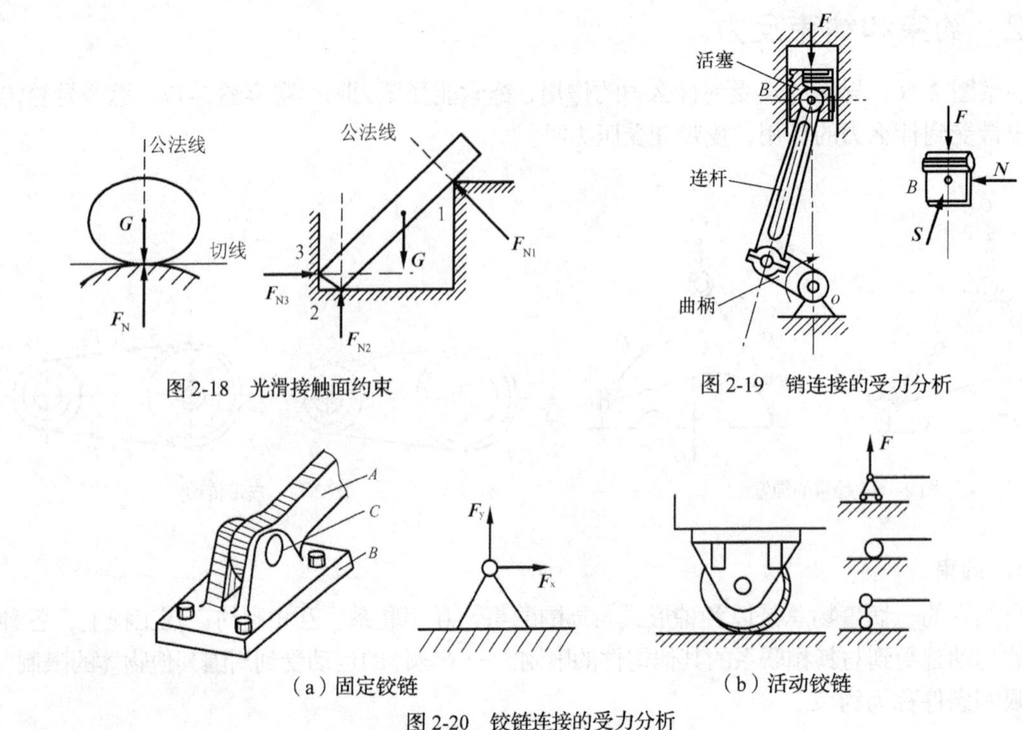

图 2-18 光滑接触面约束

图 2-19 销连接的受力分析

（a）固定铰链

（b）活动铰链

图 2-20 铰链连接的受力分析

② 图 2-20（a）所示为用销子连接的两个构件，其中一个是固定件，为支座，销子固定于支座上，另一构件可绕销子的中心旋转，称为固定铰链。而在图 2-20（b）中，支座在滚子上可任意左右移动，称为活动铰链。

③ 固定铰链约束反力的方向随转动零件所处位置的变化而变化，通常可用两个相互垂直的分力表示，约束反力的作用线必定通过铰链的中心。

④ 活动铰链在不计摩擦的条件下，支座只能限制构件沿支撑面垂直方向的运动，故活动铰链支座的约束反力必定通过铰链中心，并与支撑面相垂直。

4. 固定端约束

观察图 2-21，思考车床上的刀架对车刀的约束情况。

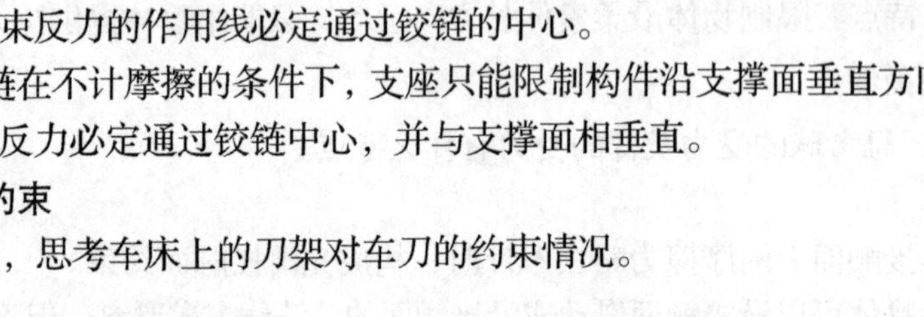

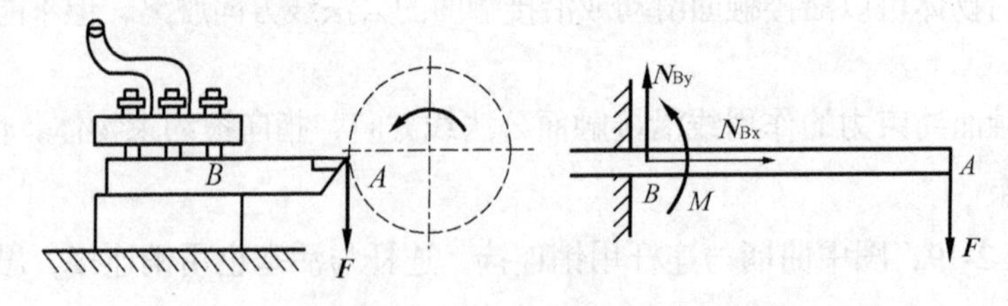

图 2-21 固定端约束

【分析】

① 车床上的刀架对车刀的约束为固定端约束。

② 固定端约束可阻止被约束物体做任何移动和转动，所以除存在互相垂直的约束反力

外，还存在一个阻止其转动的力偶矩。

2.1.3　力矩与力偶

观察图 2-22，思考在用扳手拧紧螺母时，拧紧程度与什么有关。

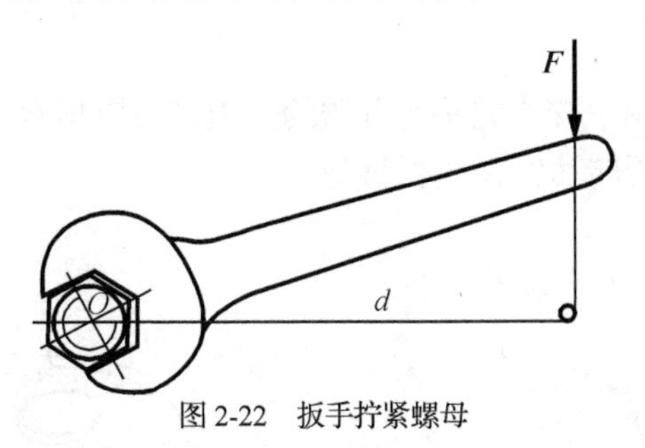

图 2-22　扳手拧紧螺母

【分析】

① 拧紧螺母时，其拧紧程度不仅与力 **F** 的大小有关，而且与转动中心（点 O）到力的作用线的垂直距离 d 有关。

② 当力 **F** 大小一定时，d 越大，力 **F** 使螺母拧得越紧。同理，当 d 一定时，力 **F** 越大，螺母拧得越紧。

③ 在力学上以乘积 Fd 作为度量力 **F** 使物体绕点 O 转动的效果的物理量，称为力 **F** 对点 O 之矩，简称力矩，表示为 $M_O(\boldsymbol{F}) = \pm Fd$。其中，点 O 称为力矩中心，简称矩心；点 O 到力 **F** 作用线的垂直距离称为力臂。

正负号说明力矩的转向，规定力使物体绕矩心作逆时针方向转动时，力矩取正号，反之取负号，力矩的单位常取 N · m 或 kN · m。

1. 合力矩定理

如图 2-23 所示，一对齿轮啮合传动时，其中一个齿轮齿面的受力为 **N** 可分解成两力（**Q**、**F**），试分析力 **Q**、**F** 对点 O 的矩的代数和与力 **N** 对点 O 的矩是否相等。

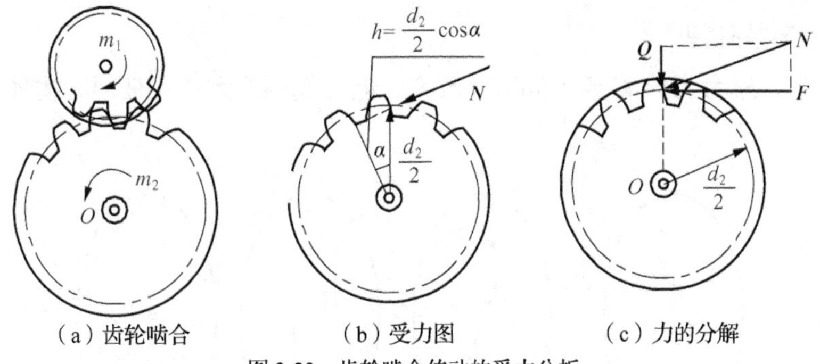

（a）齿轮啮合　　（b）受力图　　（c）力的分解

图 2-23　齿轮啮合传动的受力分析

【分析】

两力（**Q**、**F**）对点 O 的矩=$\frac{d_2}{2}N\cos\alpha$，方向为逆时针；而力 **N** 对 O 点的矩也为 $\frac{d_2}{2}N\cos\alpha$，

方向也为逆时针。

要点提示 一个力系的合力对某点的矩等于该力系中各分力对该点的矩之和，此为合力矩定理。

2. 认识力偶

观察图2-24，思考人用手拧水龙头时开关的受力，司机用双手转动转向盘时转向盘的受力。此时开关或转向盘能否转动？又能否移动？

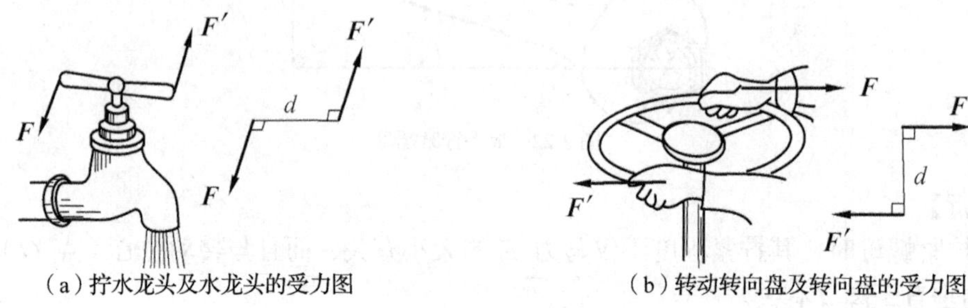

（a）拧水龙头及水龙头的受力图　　（b）转动转向盘及转向盘的受力图

图2-24　认识力偶

【分析】

① 人用手拧水龙头时，作用在开关上的两个力为 $\boldsymbol{F}$ 和 $\boldsymbol{F}'$；司机用双手转动转向盘时，作用在转向盘上的两个力为 $\boldsymbol{F}$ 和 $\boldsymbol{F}'$。这两个力等值、反向、不共线且平行，这个特殊力系称为力偶。

② 力偶对刚体的作用效应仅仅是使其产生转动。

③ 在力学中，用力偶中的任一力的大小 $\boldsymbol{F}$ 与力偶臂 d 的乘积再冠以相应的正负号，作为力偶使物体产生转动效应的度量，称为力偶矩，记作

$$M(\boldsymbol{F},\ \boldsymbol{F}') = M = \pm Fd$$

④ 正负号表示力偶的转向，力偶逆时针转动取正号，顺时针转动取负号。

⑤ 力偶矩的单位为N · m或kN · m。

3. 力偶的等效处理

观察图2-25，思考当力 $\boldsymbol{F}$ 或力偶臂 d 改变，但力偶矩的大小不变时，物体的运动效应有无改变。

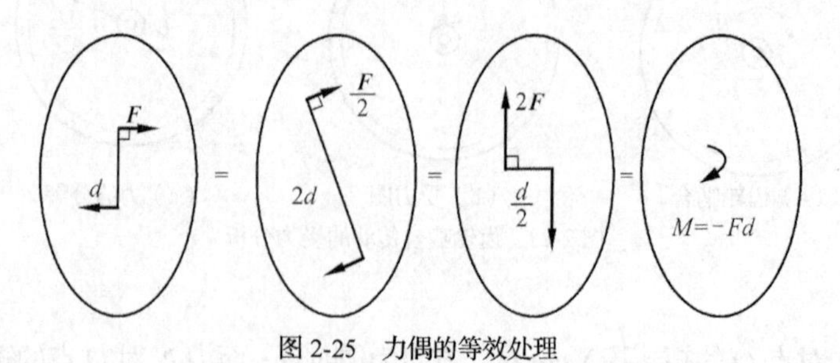

图2-25　力偶的等效处理

要点提示 只要保持力偶矩的大小和转向不变，刚体上的力偶就可以在其作用平面内任意移动，且可以同时改变力偶中力的大小和力偶臂的长短，而不改变其作用效应。

4. 力的平移

观察图 2-26（a)、(b)、(c)，3 个图的受力 $\boldsymbol{F}=\boldsymbol{F}'=\boldsymbol{F}''$，思考物体的作用效应是否相同。

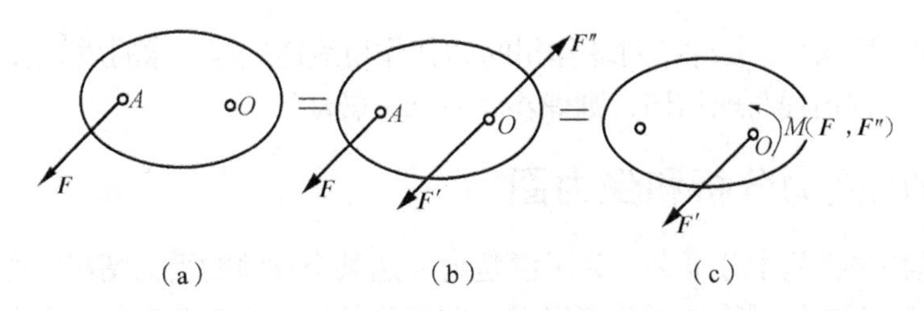

图 2-26　力的平移

【分析】

① 图 2-26（b）所示相当于在图 2-26（a）的基础上增加了一对平衡力，对物体的运动效应没有改变。

② 可以把力 $\boldsymbol{F}$、$\boldsymbol{F}''$当作一个力偶 $M(\boldsymbol{F},\boldsymbol{F}'')$，化简成一个力 $\boldsymbol{F}'$和一个力偶 $M(\boldsymbol{F},\boldsymbol{F}'')$。

③ 力可以平行移动到刚体内任意点 O，但是，平移后必须附加一个力偶，其力偶矩的大小等于原力对点 O 的力矩值。

观察图 2-27，思考在用丝锥攻螺纹时，为什么要用双手，而不能用单手？如果用单手攻丝，可能出现什么情况？

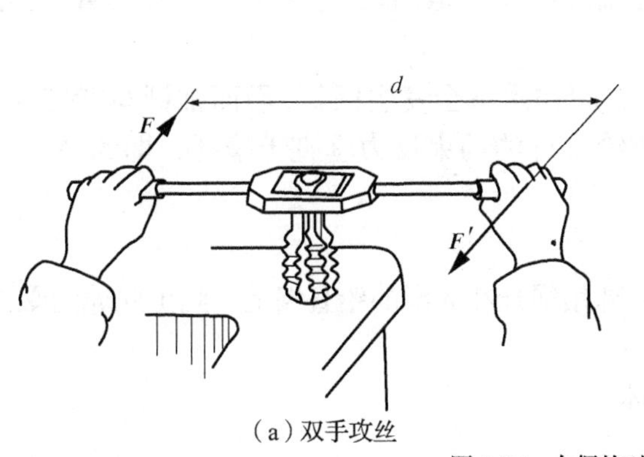

（a）双手攻丝

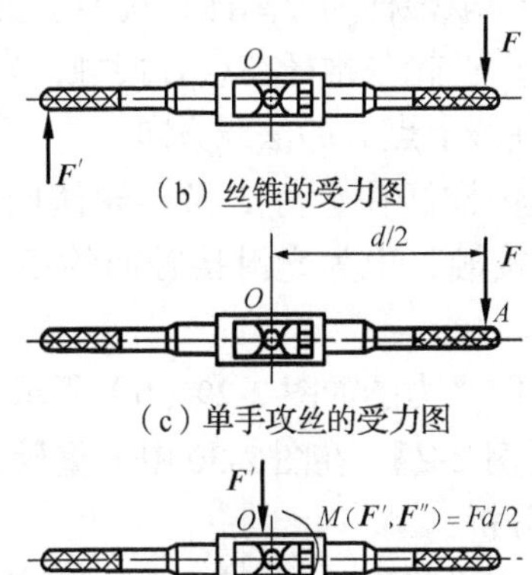

图 2-27　力偶的对称性

【分析】

① 如果只是单手施力，作用在手柄点 A 的力 $\boldsymbol{F}$ 平移到中心点 O 得到一个力 $\boldsymbol{F}'$和一个力偶矩[$M(\boldsymbol{F},\boldsymbol{F}'')=Fd/2$]，力偶矩 M 使丝锥旋转攻出内螺纹，而作用于丝锥的径向力 $\boldsymbol{F}'$则可能使丝锥折断。

② 双手施力组成力偶，就不会产生折断丝锥的横向作用力。

结合图2-28所示思考打乒乓球时，如何削球才能使球产生平动和转动？

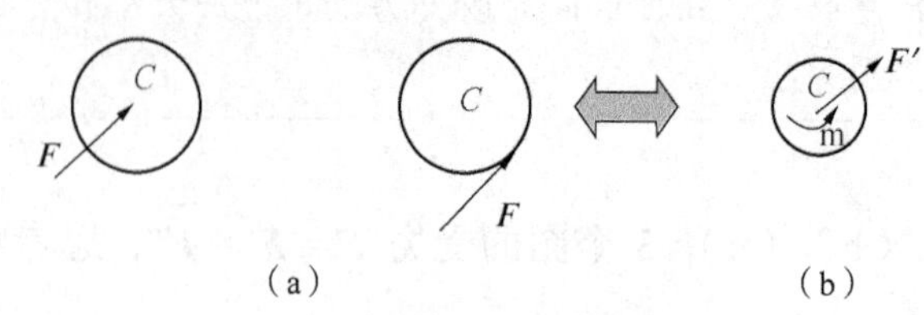

图2-28 削球原理

【分析】打乒乓球时，若球拍对球作用的力其作用线通过球（球的质心），则球将平动而不旋转；但若力的作用线与球相切，则球将既平动又转动。

2.1.4 物体的受力分析和受力图

工程中的结构与机构十分复杂，为了清楚地表达某个物体的受力情况，必须将其从相联系的周围物体中分离出来，即解除其约束成为分离体，在分离体上画出其所受的主动力和约束反力，此图称为受力图。正确地画出物体的受力图是解决静力学问题的基础。

物体的受力分析和受力图

画受力图的步骤一般如下。

① 确定研究对象，取分离体。

② 在分离体上画出全部主动力。

③ 在分离体上画出全部约束反力。

【例2-1】 图2-29所示为一凸轮机构，试画出推杆的受力图。

分析：

① 取推杆为分离体，找出主动力为 $\boldsymbol{F}$。

② 凸轮与推杆在点 E 接触，为光滑接触面约束，故凸轮给推杆的约束反力 $\boldsymbol{R}_{\mathrm{E}}$ 的方向为凸轮曲线上点 E 的法线方向。

③ 推杆在负荷 $\boldsymbol{F}$ 及凸轮法向压力 $\boldsymbol{R}_{\mathrm{E}}$ 的作用下会发生倾斜，因而推杆与滑道在点 b、点 c 接触，也为光滑接触面约束，滑道给推杆的约束反力垂直于推杆，即为 $\boldsymbol{N}_{\mathrm{b}}$、$\boldsymbol{N}_{\mathrm{c}}$ 两个力。

④ 受力图如图2-29（b）所示。

【例2-2】 在图2-30中，重量为 G 的球用绳挂在光滑的铅直墙上，画出此球的受力图。

分析：

① 以球为研究对象，画出球的分离体。

② 画出主动力 $\boldsymbol{G}$。

③ 画出绳的柔性约束反力 $\boldsymbol{F}_{\mathrm{B}}$，墙的光滑面的法向约束反力 $\boldsymbol{F}_{\mathrm{ND}}$。

思考图2-29所示凸轮机构中的推杆是否处于平衡状态？图2-30所示的小球是否一直处于静止状态？

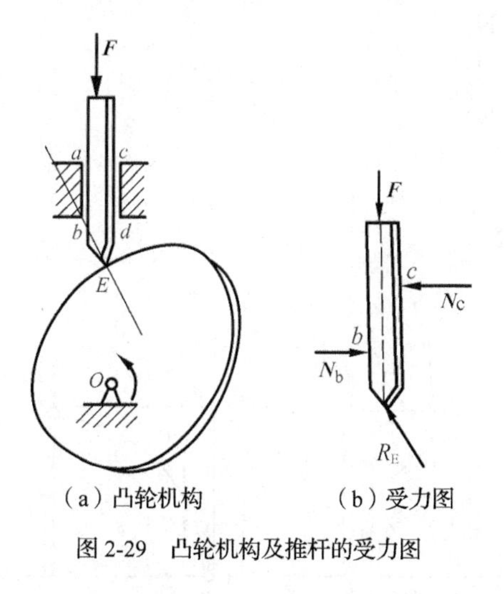

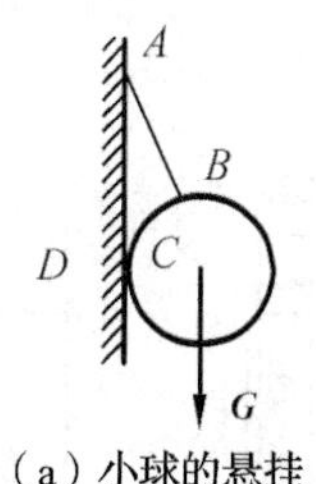

（a）凸轮机构　（b）受力图

图 2-29　凸轮机构及推杆的受力图

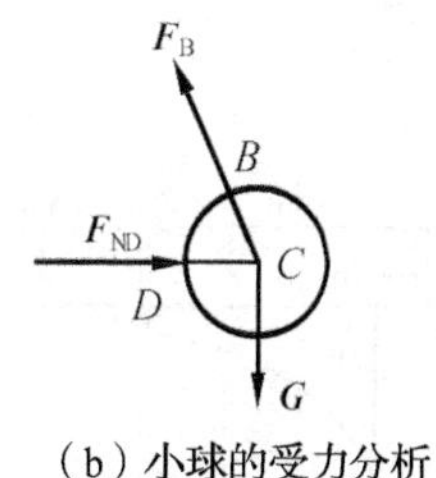

（a）小球的悬挂　（b）小球的受力分析

图 2-30　悬挂的重物

平衡是指物体相对于地球保持静止或做匀速直线运动的状态。图 2-29 所示的推杆如果处在匀速直线运动状态，则也处于平衡状态。

物体受平面任意力系平衡的条件如下。

- $\sum F_x=0$，即力系中各力在 x 坐标轴上投影的代数和为零。
- $\sum F_y=0$，即力系中各力在 y 坐标轴上投影的代数和为零。
- $\sum M_O=0$，即力系中所有各力对任一点力矩的代数和也为零。

【例 2-3】 图 2-31 所示为一座三铰拱桥。左右两半拱通过铰链 C 连接起来，通过铰链 A、B 与桥基连接。已知 $G=40\text{kN}$，$P=10\text{kN}$。试求铰链 A、B、C 三处的约束反力。

解： ① 取拱桥整体为研究对象，并建立图 2-32 所示坐标系，画出受力分析图，然后求解平衡方程。

$$\begin{cases}12F_{\text{NBy}}-9P-11G-G=0\\F_{\text{NAx}}-F_{\text{NBx}}=0\\F_{\text{NAy}}+F_{\text{NBy}}-P-2G=0\end{cases}$$

求得

$$F_{\text{NBy}}=47.5(\text{kN})$$
$$F_{\text{NAy}}=42.5(\text{kN})$$

② 取左半拱为研究对象，并建立图 2-33 所示的坐标系，画出受力分析图，然后求解平衡方程。

$$\begin{cases}-F_{\text{NCy}}+F_{\text{NAy}}-G=0\\F_{\text{NAx}}-F_{\text{NCx}}=0\\6F_{\text{NAx}}+5G-6F_{\text{NAy}}=0\end{cases}$$

求得

$$\begin{cases} F_{NAx}=9.2(kN) \\ F_{NCx}=9.2(kN) \\ F_{NCy}=2.5(kN) \end{cases}$$

最后求得

$$F_{NBx}=9.2(kN)$$

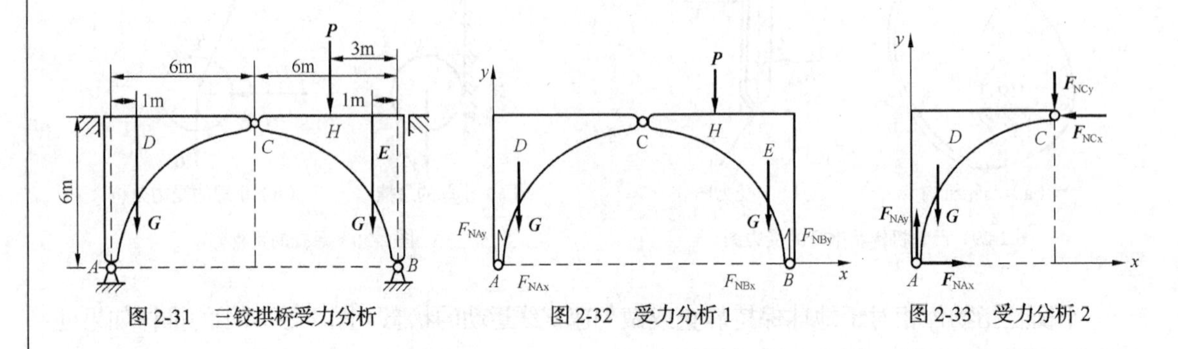

图 2-31 三铰拱桥受力分析　　图 2-32 受力分析 1　　图 2-33 受力分析 2

2.2 材料力学基础

在静力学中，我们讨论的物体都是刚体，生活中的物体在受力时也会像刚体一样不变形吗？物体变形过大将会有什么后果？观察图 2-34，分别指出这些物体的受力特点和变形特点。

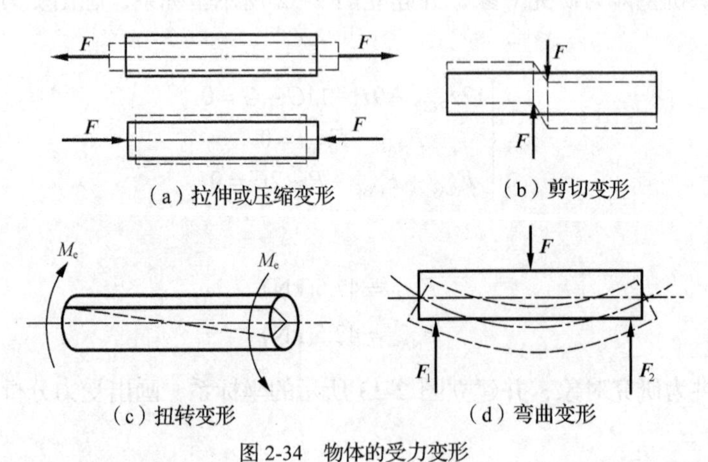

（a）拉伸或压缩变形　　（b）剪切变形

（c）扭转变形　　（d）弯曲变形

图 2-34 物体的受力变形

2.2.1 材料力学概论

在静力学部分，研究物体所受外力时，把物体当做不变形的刚体，而实际上真正的刚体并不存在，一般物体在外力作用下，其几何形状和尺寸均要发生变化。

1. 构件正常工作的基本要求

为了保证零件有足够的承载能力，零件必须满足下列基本要求。

（1）足够的强度。每个构件都只能承受一定大小的载荷，载荷过大，构件就会被破坏，构件在载荷的作用下对破坏的抵抗能力称为构件的强度。

（2）足够的刚度。实际构件在力的作用下，还会产生变形，若构件的变形过大，就不能正常工作。构件在外载荷作用下抵抗过大弹性变形（外载荷去掉后能恢复的变形）的能力称为构件的刚度。

（3）足够的稳定性。某些物体，如受压的细长杆和薄壁构件，当载荷增加时，可能突然失去其原有形状，这种现象称为丧失稳定。构件在载荷作用下保持其原有平衡形态的能力称为构件的稳定性。

2. 变形固体及其基本假设

自然界中的一切物体，在外力作用下或多或少总要产生变形。为了便于分析和简化计算，常略去变形固体的一些次要性质。为此，对变形固体做以下假设。

（1）均匀连续假设。认为构成变形固体的物质毫无空隙地充满整个几何空间，并且各处具有相同的性质。

（2）各向同性假设。认为材料在各个不同的方向具有相同的力学性能。

3. 杆件变形的基本形式

在材料力学中，主要研究以下 4 种杆件变形形式。

（1）轴向拉伸或压缩变形，如图 2-34（a）所示。

（2）剪切变形，如图 2-34（b）所示。

（3）扭转变形，如图 2-34（c）所示。

（4）弯曲变形，如图 2-34（d）所示。

在机器或机构中，零件的形式是多种多样的，若零件的长度远大于横截面的尺寸，则称为杆件或杆。杆件的基本变形为上述 4 种，其他复杂的变形形式只不过是两种或两种以上基本变形的组合。

2.2.2　拉伸与压缩

1. 拉伸和压缩的特点

观察图 2-35，思考内燃机中连杆的受力情况，想想它将会产生怎样的变形？

拉伸与压缩变形

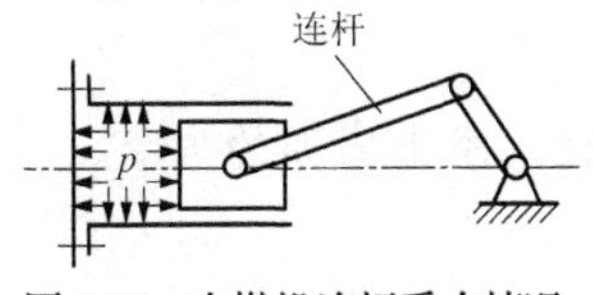

图 2-35　内燃机连杆受力情况

继续观察图 2-36，思考悬臂吊车中拉杆的受力情况及其变形特点。

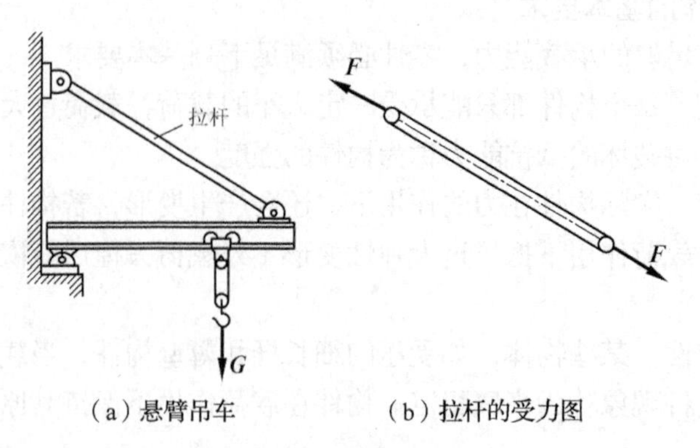

（a）悬臂吊车　　（b）拉杆的受力图

图 2-36　悬臂吊车受力情况

通过以上观察可知以下内容。

① 内燃机的连杆受到一对大小相等，方向相反，作用在一条直线上的平衡力，在这对力的作用下发生压缩变形。

② 悬臂吊车的拉杆受到一对大小相等，方向相反，作用在一条直线上的平衡力，在这对力的作用下发生拉伸变形。

③ 这两个零件受力的共同特点：外力的作用线与杆轴线重合，杆件的轴向长度发生缩短或伸长。

在轴向拉、压外力作用下，零件将产生拉伸或压缩变形，为了抵抗这种变形，零件内部各质点间将产生相应的相互作用力，这种零件内部各质点间的相互作用力称为内力。内力由外力引起，随外力的增大而增大，当增大至某一极限值时，零件将发生破坏。

2. 内力的计算

请同学们思考以下问题。

① 与外力相比，内力有什么特点？

② 如何计算内力？

在生产实际中，通常采用截面法求内力，其主要求解步骤包括以下 3 点。

- 截开：欲求哪个截面的内力，就假想将杆从此截面截开，分成两部分。
- 代替：取其中一部分为研究对象，移去另一部分，把移去部分对留下部分的作用力用内力代替。
- 平衡：利用平衡条件，列出平衡方程，求出内力的大小。

【例 2-4】 求图 2-37 所示拉杆的内力。

解：① 用截面 l—l 将杆件切开。

② 用内力“F_N”代替移出的部分对留下部分产生的作用力。

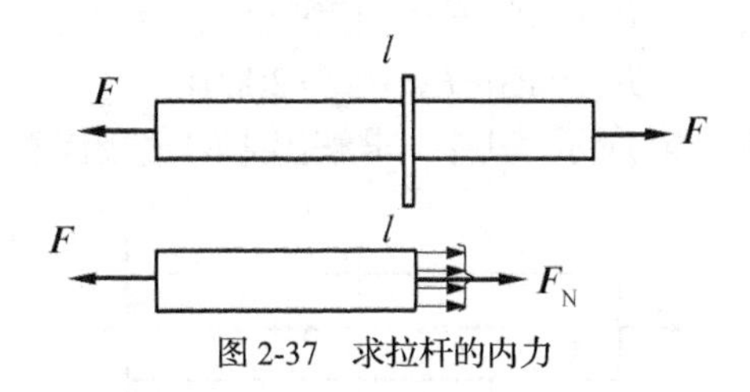

图 2-37　求拉杆的内力

③ 列出平衡方程，求内力

$$F_N - F = 0$$

求得

$$F_N = F$$

3. 轴力的符号规定

杆件受到拉压作用时，其受力方向沿着轴线，因此将轴向内力简称为轴力。

- 拉伸——拉力，其轴力为正值，方向背离所在截面，如图 2-38（a）所示。
- 压缩——压力，其轴力为负值，方向指向所在截面，如图 2-38（b）所示。

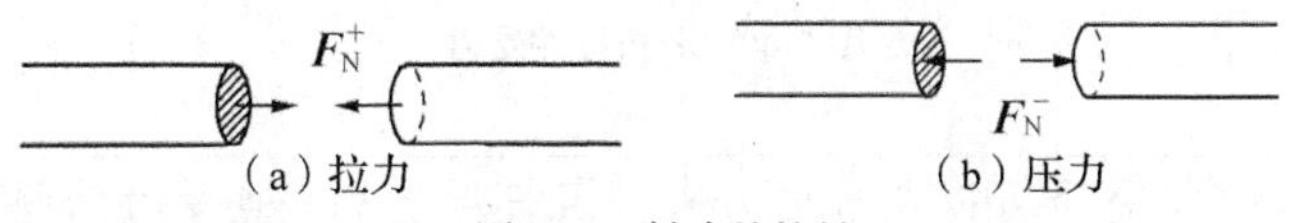

图 2-38　轴力的符号

4. 轴力图

为了表达轴力大小沿杆件轴线变化的情况，需要绘制轴力图，主要步骤如下。

① 取坐标系。

② 选比例尺。

③ 正值的轴力画在 x 轴的上侧，负值的轴力画在 x 轴的下侧，如图 2-39 所示。

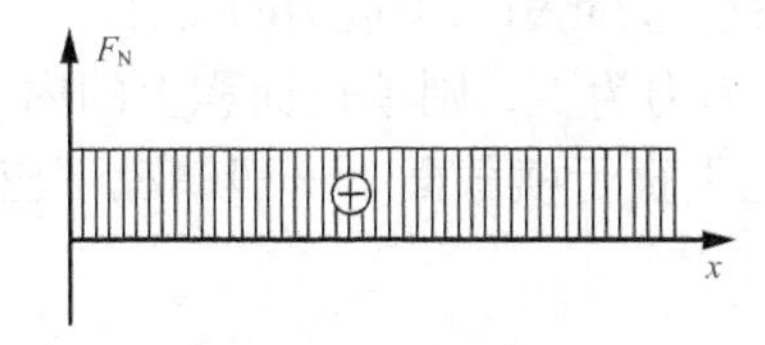

图 2-39　轴力图

轴力图反映出轴力沿截面位置变化的关系，非常直观；确定出最大轴力及其所在横截面的位置，即确定出危险截面所在的位置，并为强度计算提供依据。

【例 2-5】 如图 2-40 所示，已知 $F_1 = 20\text{kN}$、$F_2 = 8\text{kN}$、$F_3 = 10\text{kN}$，试用截面法求图示杆件指定截面 1—1、2—2、3—3 的轴力，并画出轴力图。

解：外力 $\boldsymbol{F}_R$、$\boldsymbol{F}_1$、$\boldsymbol{F}_2$、$\boldsymbol{F}_3$ 将杆件分为 AB、BC 和 CD 段，取每段左边为研究对象，使用截面法依次求得各段轴力为

$$F_{N1} = F_2 = 8(\text{kN})$$

$$F_{N2}=F_2-F_1=-12(\text{kN})$$
$$F_{N3}=F_2+F_3-F_1=-2(\text{kN})$$

最后画出轴力图，如图2-40所示。其中，求解出来的负号代表力的方向与所设方向相反。

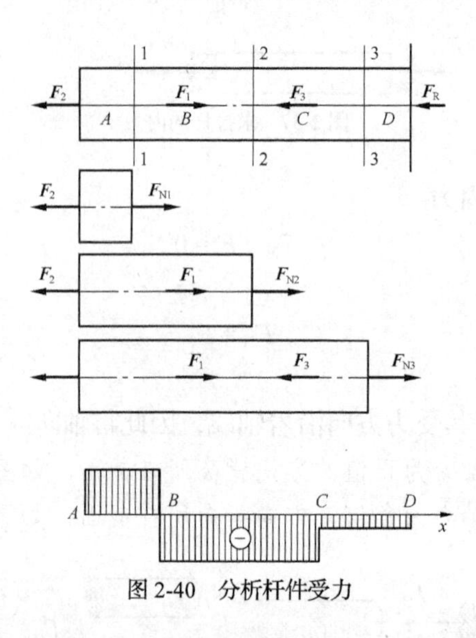

图2-40　分析杆件受力

① 是否可以通过内力来判断杆件上某一点受力的强弱程度？

② 如果有一根不等直径的杆件，两端受外力作用而拉伸，当外力增加到足够大时，试判断断裂的位置会发生在直径较小处还是直径较大处？

杆件受力的强弱程度不仅与内力大小有关，还与杆件的截面积大小有关，因此工程上常用单位面积上内力的大小来衡量构件受力的强弱程度。

5. 应力的概念

由于内力不能解决强度问题，为此引入了应力的概念。

设杆件横截面面积为A，内力为N，则单位面积上的内力（应力）为N/A。如果内力N垂直于横截面，那么应力也垂直于横截面，一般情况下应力σ在横截面上均匀分布，此时有

$$\sigma=\frac{N}{A}\ (\text{N/m}^2,\ \text{Pa})$$

6. 许用应力

为了保证构件能安全正常地工作，必须对每一种材料规定其所允许承受的最大应力，即许用应力，用符号[σ]表示。

为了保证拉（压）构件使用安全，必须使其最大应力不超过材料在拉伸（压缩）时的许用应力，即

$$\sigma=\frac{N}{A}\leqslant[\sigma]$$

【例 2-6】 有一根钢丝绳，其横截面面积为 0.725cm^2，受到 3 000N 的拉力，其钢丝绳的许用应力为 50MPa，试求钢丝绳的应力是多少？钢丝绳会不会拉断？

解：

$$N = 3\,000(\text{N})$$
$$A = 0.725(\text{cm}^2) = 0.725 \times 10^{-4}(\text{m}^2)$$

则
$$\sigma = \frac{N}{A} = \frac{3\,000}{0.725 \times 10^{-4}} = 41.38\text{MPa} < [\sigma] = 50(\text{MPa})$$

分析：钢丝强度满足要求，不会拉断。

2.2.3　剪切与挤压

观察图 2-41，思考零件的受力特点和变形特点。

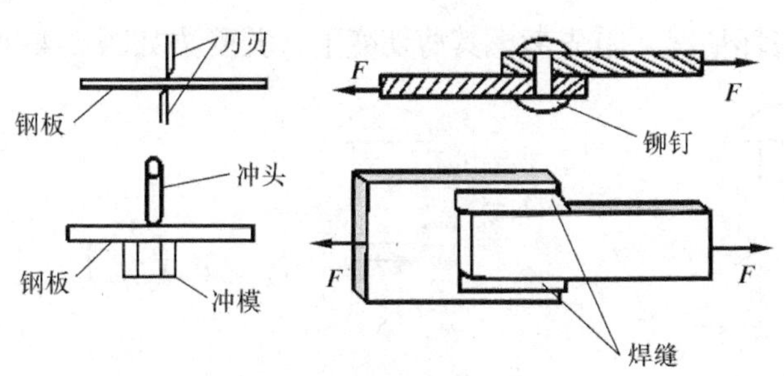

图 2-41　零件的受力分析

【分析】

① 受力特点：在构件的两边作用了一对大小相等、方向相反，作用线相互平行且相距很近的力。

② 在这对力的作用下，构件在截面处沿外力方向发生相对错动或有错动的趋势。

分析图 2-42 所示铆钉连接的受力情况，画出铆钉的受力图，说明铆钉可能出现的变形。

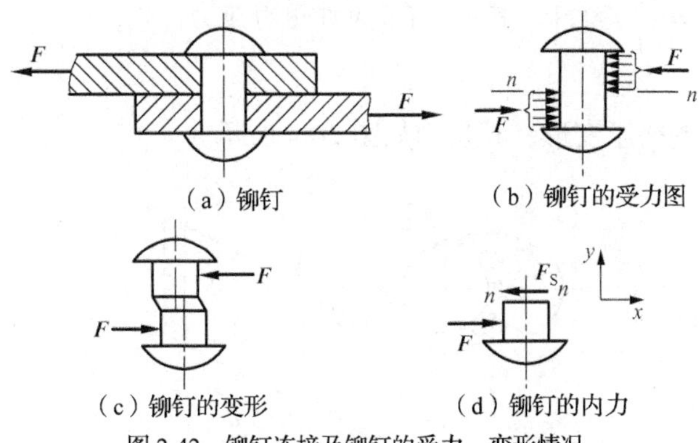

图 2-42　铆钉连接及铆钉的受力、变形情况

【分析】

① 铆钉的受力如图 2-42（b）所示，作用在铆钉上的这对力与铆钉的轴线垂直，大小相等，方向相反，不作用在一条直线上，但相距极近。

② 在这对力的作用下，铆钉的 n—n 截面的相邻截面将出现相互的错动，如图 2-42（c）所示，这种变形称为剪切变形。

③ 另外，铆钉在承受剪切作用的同时，钢板的孔壁和铆钉的圆柱表面间还将产生挤压作用，即在外力的作用下，两个零件在接触表面上相互压紧。

挤压时会使零件表面产生局部塑性变形。构件承受挤压力过大而发生挤压破坏时，会使连接松动，构件不能正常工作。因此，对发生剪切变形的构件，通常除了进行剪切强度计算外，还要进行挤压强度计算。

思考在什么情况下铆钉可能发生破坏？

1. 剪切变形

考虑图 2-42 所示铆钉的破坏情况，首先考虑其剪切变形，其受力如图 2-43 所示。

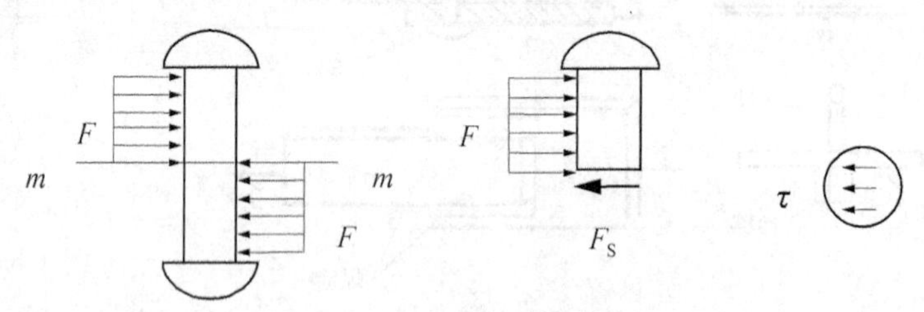

图 2-43　铆钉的剪切变形

- 外力：F。
- 内力：（截面法）剪力 $F_S = F$。
- 应力：假设剪切面上只存在切应力，而且其分布是均匀的，则名义切应力（剪应力）为 $\tau = \dfrac{F_S}{A}$，其方向同剪力 F_S 的方向。
- 强度条件：$\tau = \dfrac{F_S}{A} \leqslant [\tau]$。其中，$[\tau]$ 为许用剪应力。

2. 挤压变形

其次再考虑铆钉的挤压变形，其受力如图 2-44 所示。

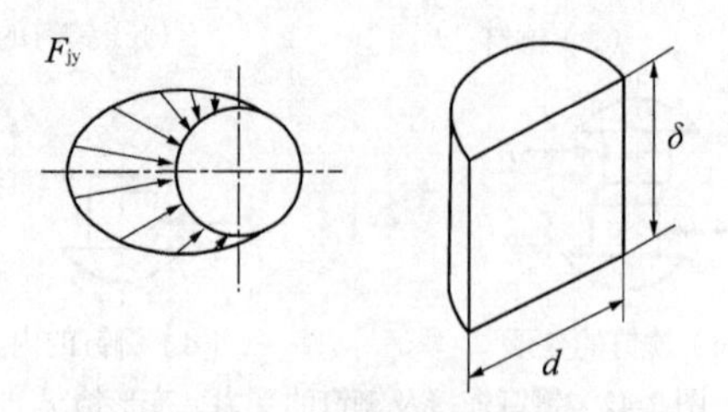

图 2-44　铆钉的挤压变形

- 挤压力：$F_{jy} = F$。
- 应力：认为挤压应力在挤压面上的分布是均匀的，故挤压应力为

$$\sigma_{jy} = \frac{F_{jy}}{A_{jy}}$$

- 挤压面积：当挤压面为半圆柱侧面时，中点的挤压应力值最大，如果用挤压面的正投影面作为挤压计算面积，计算得到的挤压应力与理论分析所得到的最大挤压应力近似相等。因此，在挤压的实用计算中，对于铆钉、销钉等圆柱形连接件的挤压面积用下式计算

$$A_{jy} = d\delta$$

式中：d——挤压面宽度；

δ——挤压面高度（见图 2-44）。

- 强度条件

$$\sigma_{jy} = \frac{F_{jy}}{A_{jy}} \leqslant [\sigma_{jy}]$$

在图 2-45 中，剪切面与挤压面应该是哪个？

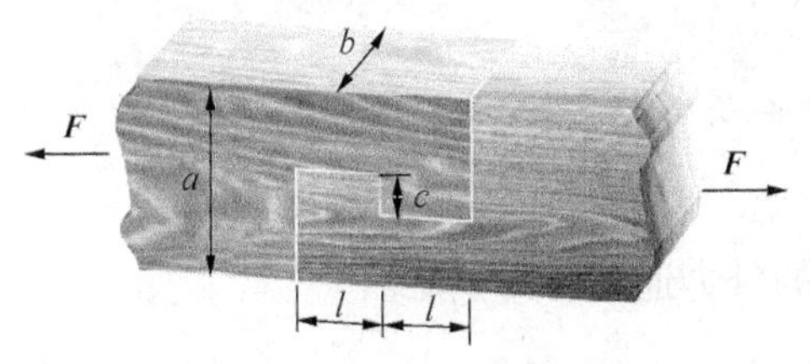

图 2-45　剪切与挤压变形

2.2.4　圆轴扭转

观察图 2-46，思考当钳工攻丝时，丝锥的受力情况及变形特点；当驾驶员转动转向盘时，转向轴的受力情况及变形特点。

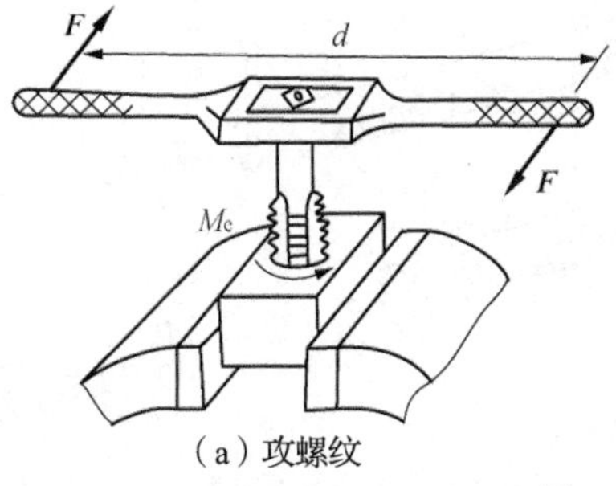

（a）攻螺纹

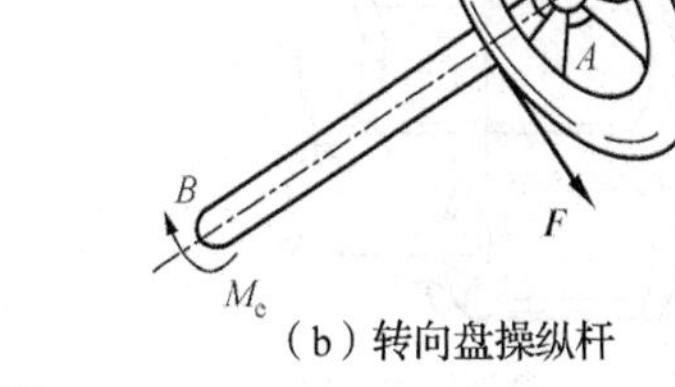

（b）转向盘操纵杆

图 2-46　扭转受力分析

【分析】

① 当钳工攻螺纹孔时，两手所加的外力偶作用在丝锥的上端，工件作用的反力偶作用在丝锥的下端，使丝锥杆发生扭转变形。

② 同理，转向轴也发生扭转变形。

③ 丝锥和转向轴都受到一对大小相等，方向相反，作用面平行的力偶。

④ 受力特点：在垂直于杆件轴线的平面内，作用了一对大小相等，转向相反，作用面平行的外力偶矩。

⑤ 变形特点是杆件的各横截面绕杆轴线发生相对转动，杆轴线始终保持直线，这种变形称为扭转变形。

在工程实际中，物体承受扭转变形的情况很多，图 2-47 所示的齿轮轴和图 2-48 所示的螺栓在工作时都要承受扭转作用。

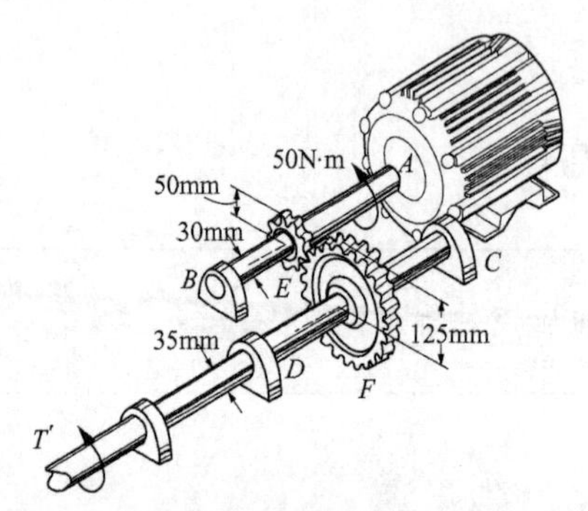

图 2-47　齿轮轴的受力

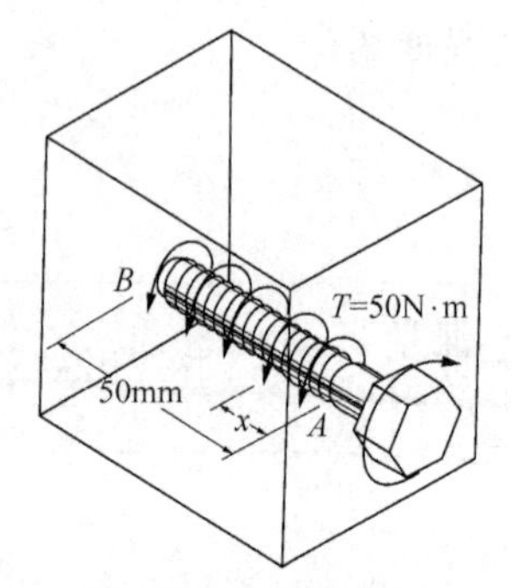

图 2-48　螺栓的受力

1．扭转变形的强度计算

（1）外力。扭转变形的外力通常为力偶矩。

若已知功率 P（千瓦，kW）、转速 n（转/分，r/min），则力偶矩 $m=9\,550\dfrac{P}{n}$（N · m）。

（2）内力。求内力也通常使用截面法，如图 2-49 所示。

内力大小为 $T=m$。

内力方向：用右手法则判定，如图 2-50 所示，即用右手四指顺着扭矩的转向握住轴，大拇指指向与截面外法线方向一致时扭矩为正，反之为负。

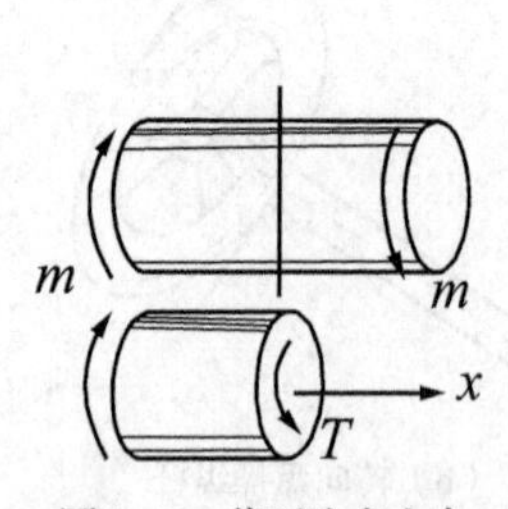

图 2-49　截面法求内力

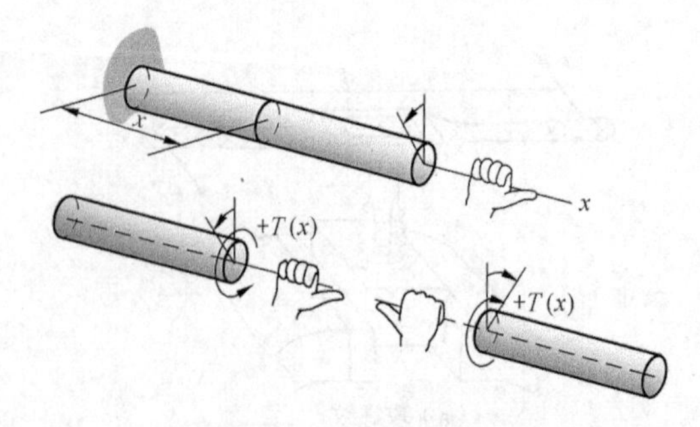

图 2-50　内力的方向判定

要点提示

当截面上的扭矩实际转向未知时，一般先假设扭矩为正，若求得结果为正，则说明假设正确；若求得结果为负，则表示扭矩实际转向与假设相反，即为负扭矩。

【例 2-7】 如图 2-51 所示，主动轮 A 的输入功率 $P_A=36\text{kW}$，从动轮 B、C、D 的输出功率分别为 $P_B=P_C=11\text{kW}$、$P_D=14\text{kW}$，轴的转速 $n=300\text{r/min}$。试求传动轴指定截面的扭矩，并作出扭矩图。

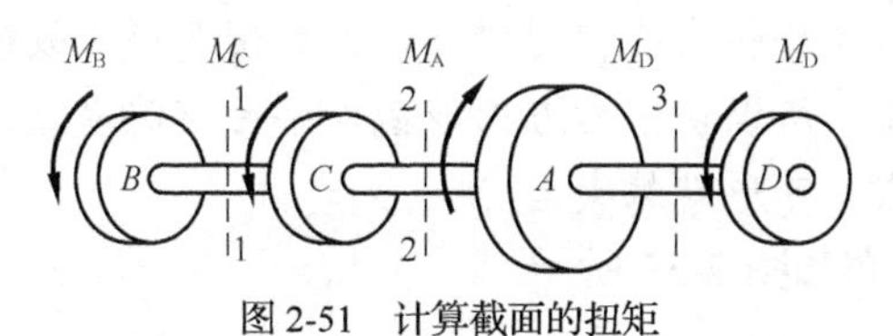

图 2-51　计算截面的扭矩

解：① 由外力偶矩的计算公式求各个轮的力偶矩。

$$M_A=9\,550P_A/n=9\,550\times36/300=1\,146(\text{N}\cdot\text{m})$$

$$M_B=M_C=9\,550P_B/n=350(\text{N}\cdot\text{m})$$

$$M_D=9\,550P_D/n=446(\text{N}\cdot\text{m})$$

② 根据图 2-52 所示，用截面法分别求 1—1、2—2、3—3 截面上的扭矩，即 BC、CA、AD 段轴的扭矩。

$$M_1+M_B=0,\ M_1=-M_B=-350(\text{N}\cdot\text{m})$$

$$M_B+M_C+M_2=0,\ M_2=-M_B-M_C=-700(\text{N}\cdot\text{m})$$

$$M_D-M_3=0,\ M_3=M_D=446(\text{N}\cdot\text{m})$$

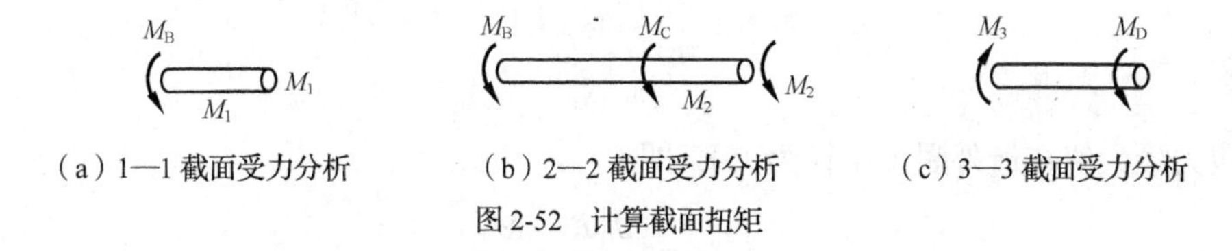

（a）1—1 截面受力分析　（b）2—2 截面受力分析　（c）3—3 截面受力分析

图 2-52　计算截面扭矩

③ 作扭矩图。最后使用计算获得的数据绘制出图 2-53 所示的扭矩图。

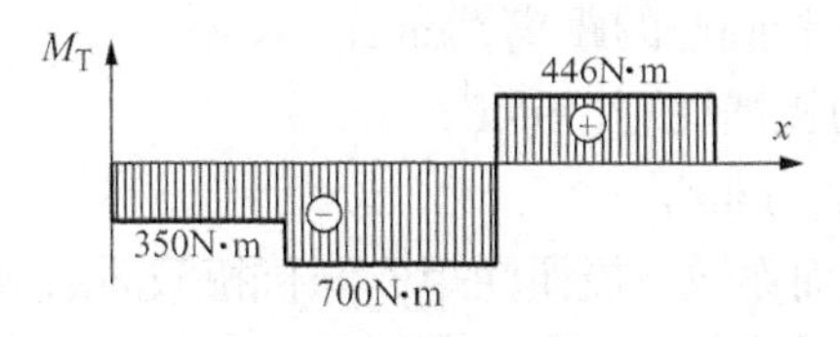

图 2-53　绘制扭矩图

2. 圆轴扭转

观察图 2-54，思考圆轴受到一对力偶 m 的作用时，其变形情况。

在分析圆轴变形前，先了解以下 3 个概念。

- 圆周线：形状、大小、间距不变，各圆周线只是绕轴线转动了一个不同的角度。
- 纵向线：倾斜了同一个角度，小方格变成了平行四边形。
- 平面假设：变形前的横截面，变形后仍为平面，且形状、大小、间距不变，半径线仍为直线。

圆轴扭转的特点如下。

- 横截面上各点无轴向变形，故横截面上无正应力。
- 横截面绕轴线发生了旋转式的相对错动，即剪切变形，故横截面上有切应力存在。
- 各横截面半径不变，所以切应力方向与截面半径方向垂直。
- 距离圆心越远的点，变形就越大。

此时圆轴的剪应力分布如图2-55所示。

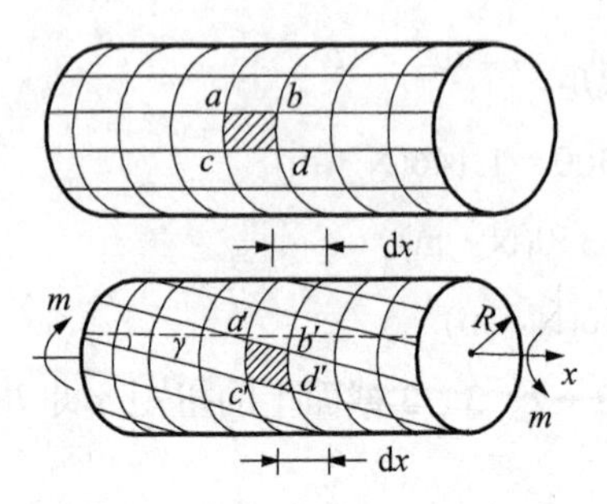

图2-54 受到一对力偶作用的圆轴

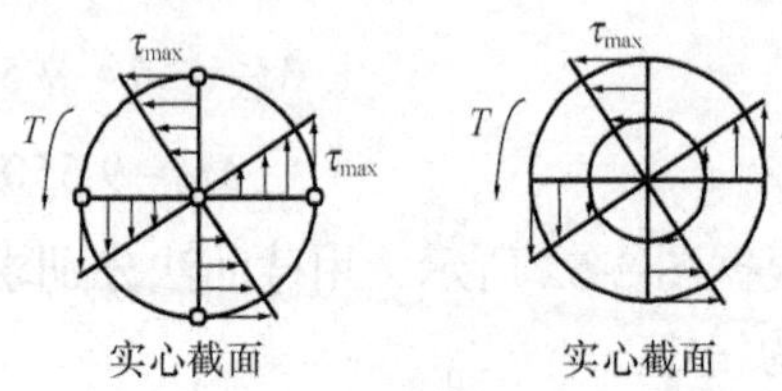

图2-55 圆轴的剪应力分布

（1）切应力计算。根据横截面上切应力的分布规律和静力平衡条件，推导出截面上任一点的切应力 τ_ρ 计算公式如下：

$$\tau_\rho = \frac{M_T \rho}{I_\rho}$$

剪应力最大值在最外圈（半径为 R），即

$$\tau_{\rho\max} = \frac{M_T R}{I_\rho} = \frac{M_T}{W_\rho}$$

式中：M_T——欲求横截面上的扭矩，N · mm；

ρ——欲求应力的点到圆心的距离，mm；

I_ρ——截面对圆心的极惯性矩，mm^4；

W_ρ——抗扭截面系数，mm^3。

（2）极惯性矩与抗扭截面系数。极惯性矩 I_ρ 与抗扭截面系数 W_ρ 表示了截面的几何性质，其大小只与截面的形状和尺寸有关。工程上经常采用的轴有实心圆轴和空心圆轴两种，其极惯性矩与抗扭截面系数按下式计算。

实心轴：$I_\rho = \dfrac{\pi D^4}{32} \approx 0.1D^4$，$W_\rho = \dfrac{I_\rho}{R} = \dfrac{\pi D^3}{16} \approx 0.2D^3$

空心轴：$I_\rho = \dfrac{\pi D^4}{32} - \dfrac{\pi d^4}{32} = \dfrac{\pi D^4}{32}(1-\alpha^4) \approx 0.1D^4(1-\alpha^4)$

$$W_\rho = \frac{I_\rho}{R} = \frac{\pi D^3}{16}(1-\alpha^4) \approx 0.2D^3(1-\alpha^4),\quad \alpha = \frac{d}{D}$$

（3）强度条件。圆轴扭转时的强度要求仍是最大工作切应力 τ_{max} 不超过材料的许用切应力$[\tau]$，即 $\tau_{max}=\dfrac{M_{T\max}}{W_\rho}\leqslant[\tau]$

对于阶梯轴，由于抗扭截面系数 W_ρ 不是常量，故最大工作应力不一定发生在最大扭矩所在的截面上。要综合考虑扭矩和抗扭截面系数 W_ρ，按这两个因素来确定最大切应力。

【例 2-8】 图 2-56 所示为直径 $d=50\text{mm}$ 的等截面圆轴，主动轮功率 $P_A=20\text{kW}$，轴的转速 $n=180\text{r/min}$，齿轮 B、C、D 的输出功率分别为 $P_B=3\text{kW}$、$P_C=10\text{kW}$、$P_D=7\text{kW}$，轴的许用切应力$[\tau]=38\text{MPa}$，试校核该轴的强度。

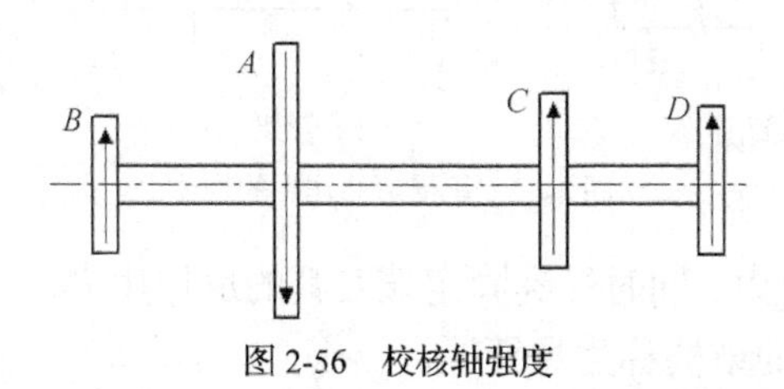

图 2-56　校核轴强度

解：① 求各轮的外力偶矩。

$$M_A=9\,550\times20/180=1\,061(\text{N}\cdot\text{m})$$

$$M_B=9\,550\times3/180=159(\text{N}\cdot\text{m})$$

$$M_C=9\,550\times10/180=531(\text{N}\cdot\text{m})$$

$$M_D=9\,550\times7/180=371(\text{N}\cdot\text{m})$$

② 用截面法分析转矩。

$$M_{AB}=159(\text{N}\cdot\text{m});\quad M_{AC}=902(\text{N}\cdot\text{m});\quad M_{CD}=371(\text{N}\cdot\text{m})$$

③ 求最大应力。由于是等截面圆轴，所以最大剪应力应出现在转矩最大的 AC 段截面上，即

$$\tau_{max}=M_{T\max}/W_\rho=902\times10^3/0.2\times50^3=36.08(\text{MPa})<(38\text{MPa})$$

结论：该轴的强度合格。

2.2.5　直梁弯曲

观察图 2-57，分析起重机横梁、车轮轴及管架的受力情况和变形特点。

通过上述分析，总结弯曲变形的特点如下。

① 起重机横梁受到重物的重力及支撑对其的反作用力，其中梁的一端为固定铰链支座，另一端为活动铰链支座，横梁发生弯曲变形，这种结构的梁为简支梁。

② 车轮轴受到两个外力及支撑对其的反作用力，其中车轮轴的支撑也是一端为固定铰链，另一端为活动铰链，但轴的一端（或两端）向支座外伸出，并在外伸端有载荷，这种结构称为外伸梁。

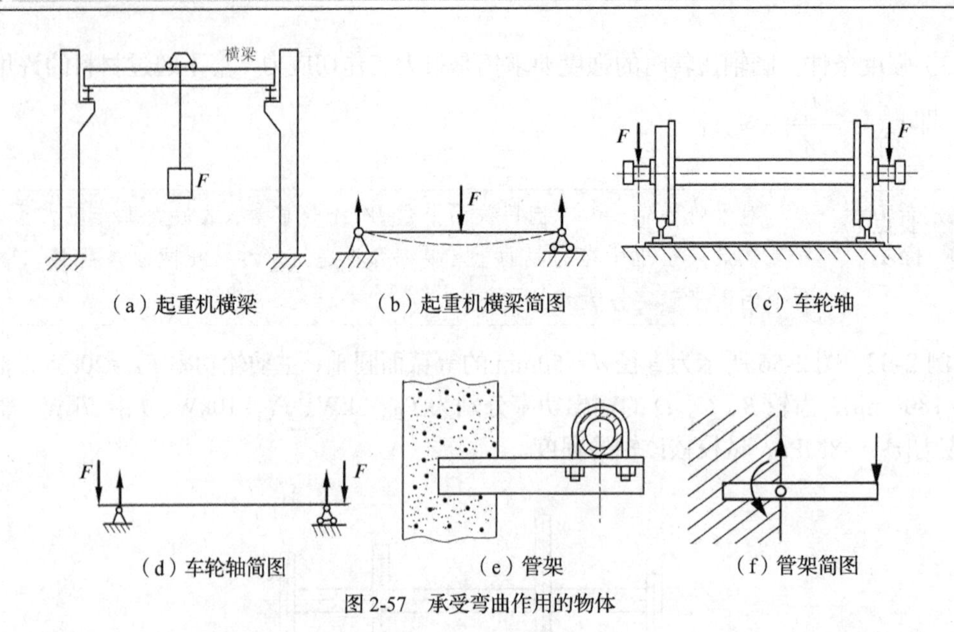

（a）起重机横梁　（b）起重机横梁简图　（c）车轮轴

（d）车轮轴简图　（e）管架　（f）管架简图

图 2-57　承受弯曲作用的物体

③ 管架受到重物的重力，同时受到固定端对其的反作用力，管架的一端为固定端，而另一端为自由端，这种形式的结构称为悬臂梁。

④ 3 个杆件的共同受力特点是在通过杆轴线的面内，受到力偶或垂直于轴线的外力作用。

⑤ 其变形特点是杆的轴线被弯成一条曲线，这种变形为弯曲变形。

⑥ 在外力作用下产生弯曲变形或以弯曲变形为主的杆件习惯上称为梁。

⑦ 梁的轴线和横截面的对称轴构成的平面称为纵向对称面，如图 2-58 所示。

1. 梁内力的计算

求梁内力的方法仍然是截面法，如图 2-59 所示。

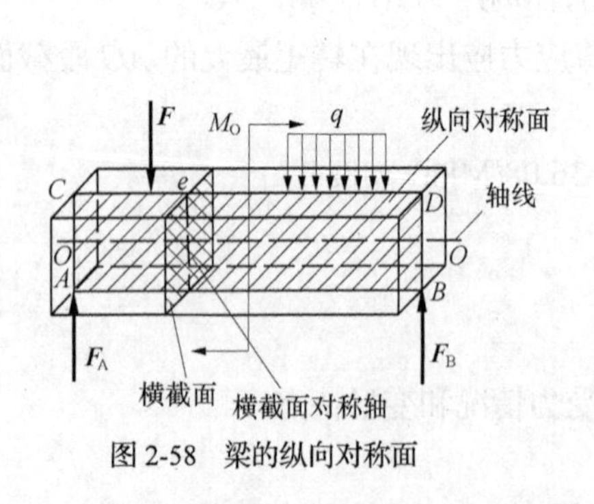

图 2-58　梁的纵向对称面

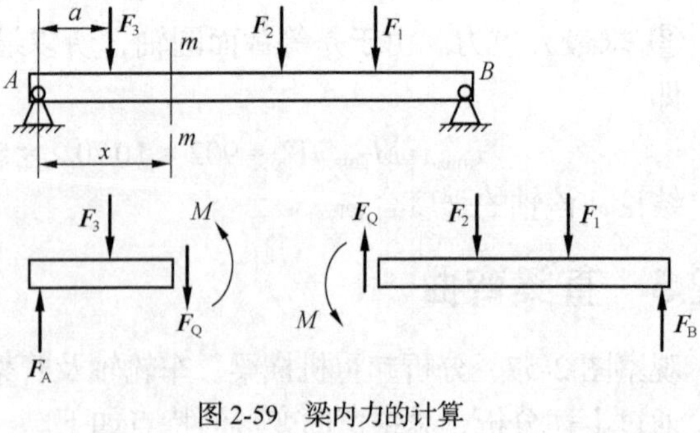

图 2-59　梁内力的计算

内力的计算以横截面 $m—m$ 处为例：

$$F_Q = F_A - F_3$$
$$M = F_A x - F_3 (x - a)$$

2. 受力方向的规定

受力方向的规定如图 2-60 所示，或者从变形的角度来规定，如图 2-61 所示。

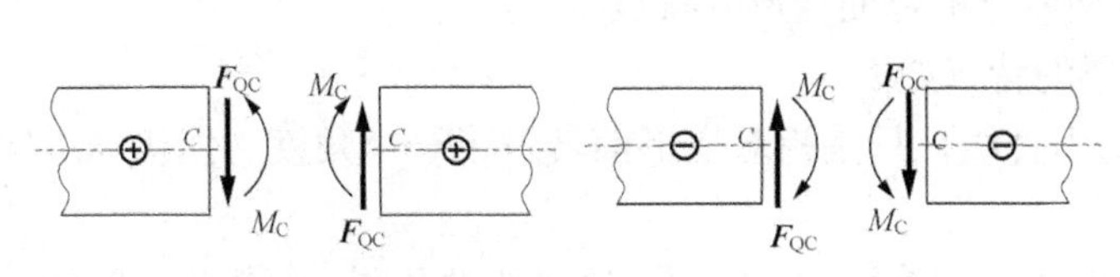

图 2-60　受力方向的规定 1

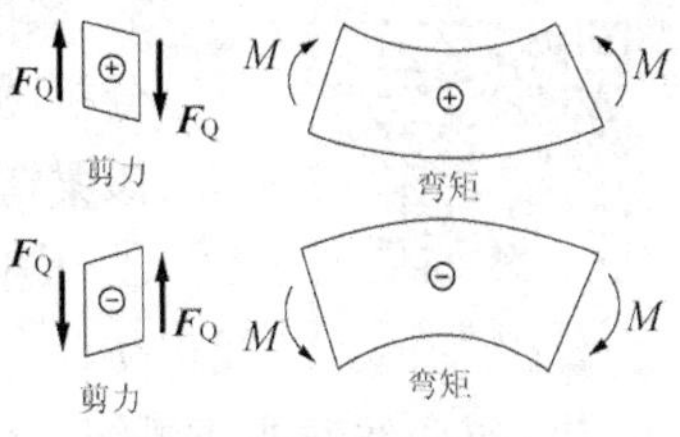

图 2-61　受力方向的规定 2

【例 2-9】 图 2-62 所示的简支梁 AB，在点 C 处受到集中力 $\boldsymbol{F}$ 的作用，尺寸 a、b 和 l 均为已知，试作出梁的弯矩图。

解：① 求约束反力。

$$\sum M_A = 0,\ F_A = \frac{b}{l}F$$

$$\sum M_B = 0,\ F_B = \frac{a}{l}F$$

② 分两段建立弯矩方程。

AC 段：

$$M = F_A x_1 = \frac{b}{l}Fx_1;\ 0 \leqslant x_1 \leqslant a$$

当 $x_1 = 0$ 时

$$M = 0$$

当 $x_1 = a$ 时

$$M = \frac{ab}{l}F$$

CB 段：

$$M - F_A x_2 + F(x_2 - a) = 0;\quad M = -\frac{a}{l}Fx_2 + aF;\quad a \leqslant x_2 \leqslant l$$

当 $x_2 = a$ 时

$$M = \frac{ab}{l}F$$

当 $x_2 = l$ 时

$$M = 0$$

③ 画弯矩图。根据计算结果绘制弯矩图，如图 2-63 所示。

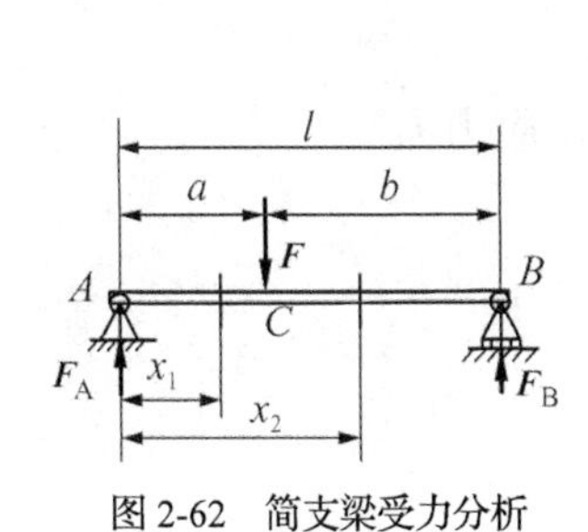

图 2-62　简支梁受力分析

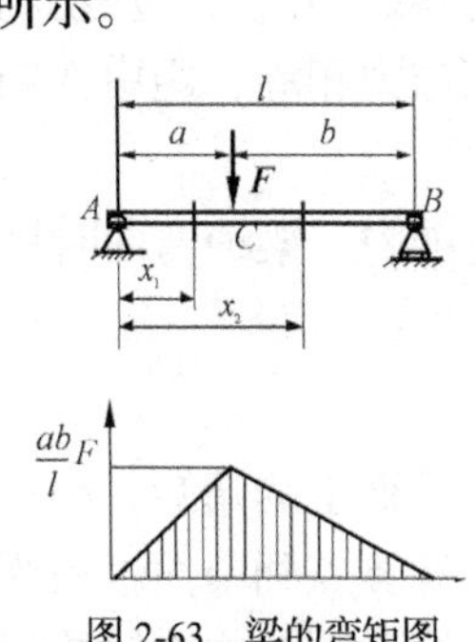

图 2-63　梁的弯矩图

3. 梁的纯弯曲

分析图2-64所示梁的弯曲变形的特点。

该梁弯曲变形的特点如下。

① 横向线仍为直线，只是相对变形前转过了一个角度，但仍与纵向线正交。

② 纵向线弯曲成弧线，且靠近凹边的线缩短了，靠近凸边的线伸长了，而位于中间的一条纵向线既不缩短，也不伸长。

③ 平面假设：梁弯曲变形后，其横截面仍为平面，并且垂直于梁的轴线，只是绕截面上的某轴转动了一个角度。

④ 如果设想梁是由无数层纵向纤维组成的，由于横截面保持平面，说明纵向纤维从缩短到伸长是逐渐连续变化的，其中必定有一个既不缩短也不伸长的中性层（不受压又不受拉）。中性层是梁上拉伸区与压缩区的分界面。中性层与横截面的交线称为中性轴，如图2-64所示。变形时横截面是绕中性轴旋转的。

4. 纯弯曲时的正应力

梁在弯曲时的正应力分布如图2-65所示。

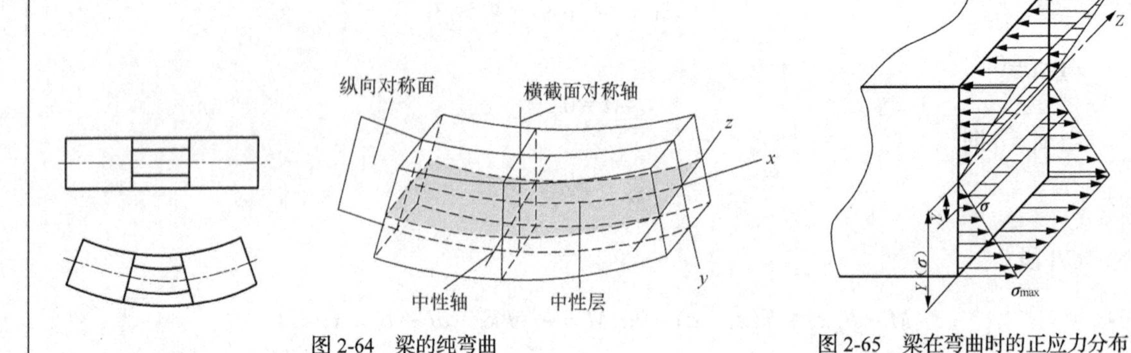

图2-64 梁的纯弯曲

图2-65 梁在弯曲时的正应力分布

【分析】

① 由平面假设可知，纯弯曲时梁横截面上只有正应力而无切应力。

② 由于梁横截面保持平面，所以沿横截面高度方向的纵向纤维从缩短到伸长是线性变化的，因此横截面上的正应力沿横截面的高度方向也是线性分布的。

③ 以中性轴为界，凹边是压应力，使梁缩短；凸边是拉应力，使梁伸长。横截面上同一高度各点的正应力相等，距中性轴最远点有最大拉应力和最大压应力，中性轴上各点正应力为零。

在弹性范围内，梁纯弯曲时横截面上任意一点的正应力为

$$\sigma = \frac{My}{I_z} \text{ (MPa)}$$

式中：M——截面上的弯矩，N · mm；

y——计算点到中性轴的距离，mm；

I_z——横截面对中性轴的惯性矩。

5. **纯弯曲时的强度条件**

梁内危险截面上的最大弯曲正应力不超过材料的许用弯曲应力，即

$$\sigma_{max}=\frac{My_{max}}{I_z}=\frac{M}{W}\leqslant[\sigma]$$

式中：M——横截面上的弯矩；

I_z——截面对中性轴的惯性矩；

y_{max}——横截面上离中性轴最远的点至中性轴的距离；

W——抗弯截面模量，$W=I_z/y_{max}$。

对于距形截面：$W=\dfrac{bh^2}{6}$。

式中：b——梁的宽度；

h——梁的高度。

计算时，M 和 y 均以绝对值代入，至于弯曲正应力是拉应力还是压应力，则由欲求应力的点处于受拉侧还是受压侧来判断。受拉侧的弯曲正应力为正，受压侧的为负。

① 观察图 2-66，思考哪个梁的承载能力更强？

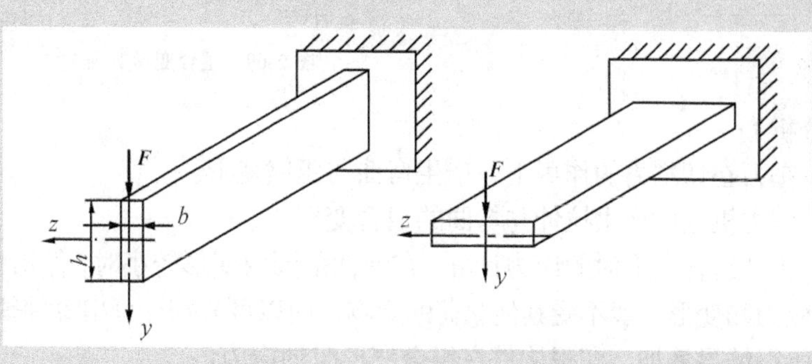

图 2-66　梁的弯曲分析 1

② 观察图 2-67，思考哪个梁更容易发生弯曲？

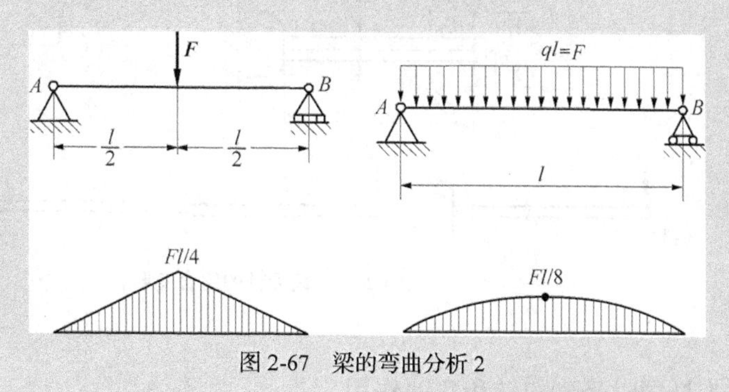

图 2-67　梁的弯曲分析 2

③ 观察图 2-68，思考哪个截面更抗弯？

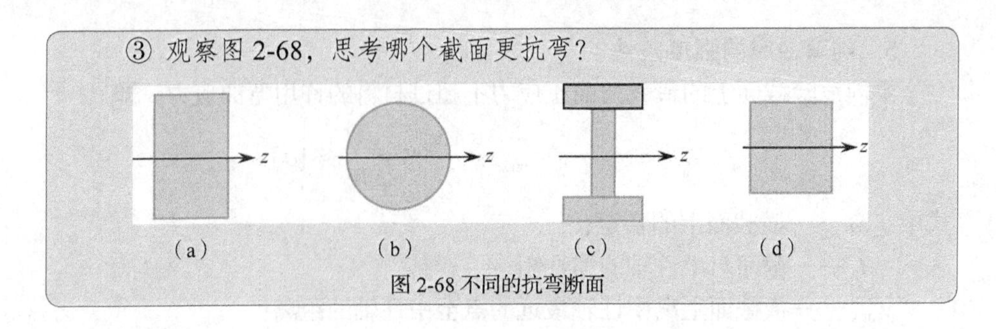

图 2-68 不同的抗弯断面

2.2.6　物体组合变形

前面讨论了构件的拉压、剪切、扭转、弯曲等基本变形，在工程实际中，有许多构件在载荷作用下，常常同时产生两种或两种以上的基本变形，这种情况称为组合变形。

分析图 2-69 所示车刀的变形和压力机立柱的变形。

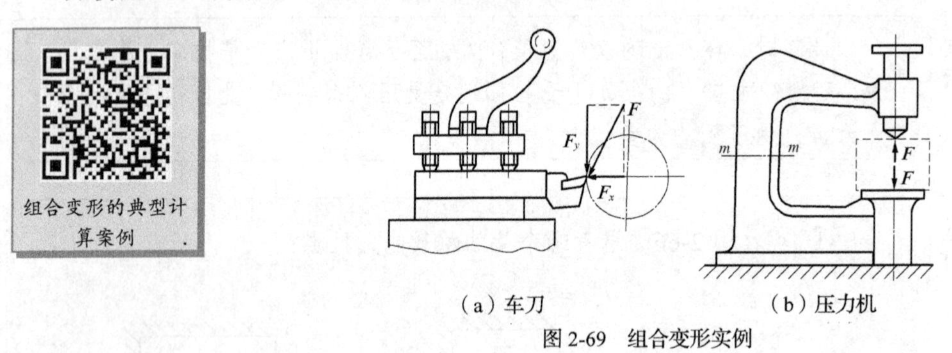

图 2-69　组合变形实例

【分析】

① 车刀在切削力的作用下，产生弯曲与压缩变形。

② 压力机立柱产生拉伸与弯曲的组合变形。

③ 构件组合变形时的应力计算。在弹性范围内变形较小时，作用在构件上的任一载荷所引起的应力和变形一般不受其他载荷的影响，所以可分别计算出每种基本变形所引起的应力，然后将所得结果叠加，即得构件在组合变形时的应力。

继续思考图 2-70 所示的镗刀杆在加工过程中的受力情况。

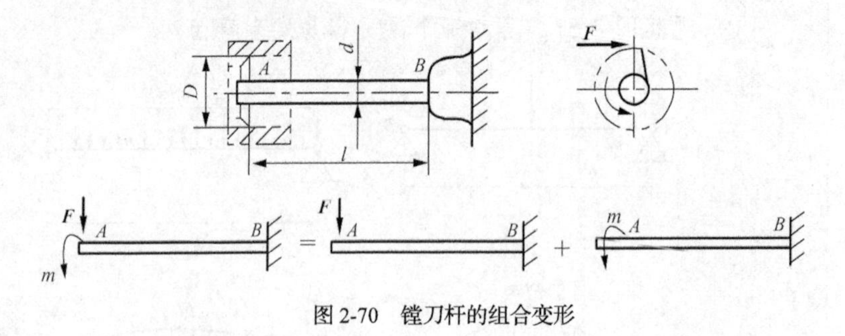

图 2-70　镗刀杆的组合变形

【分析】

① 镗刀杆同时受到扭转和弯曲作用。

② 构件的横截面上同时存在弯曲正应力和扭转切应力。

③ 强度计算时，不能简单地按正应力和切应力分别建立强度条件，应考虑两种应力对材料的综合影响。

2.2.7 压杆稳定

观察图 2-71 所示的细长杆和薄壁构件，思考当载荷增加时，会出现什么变形情况？

① 细长直杆在较大的压力作用下，其轴线可能突然由直线变成曲线。

② 受压的薄壁容器，在较大的外压力作用下，可能突然变扁。

③ 上述现象称为丧失稳定性。

④ 构件在载荷作用下保持其原有平衡形态的能力称为构件的稳定性。

继续观察图 2-72，说明杆 *AB* 的可能的变形形式。

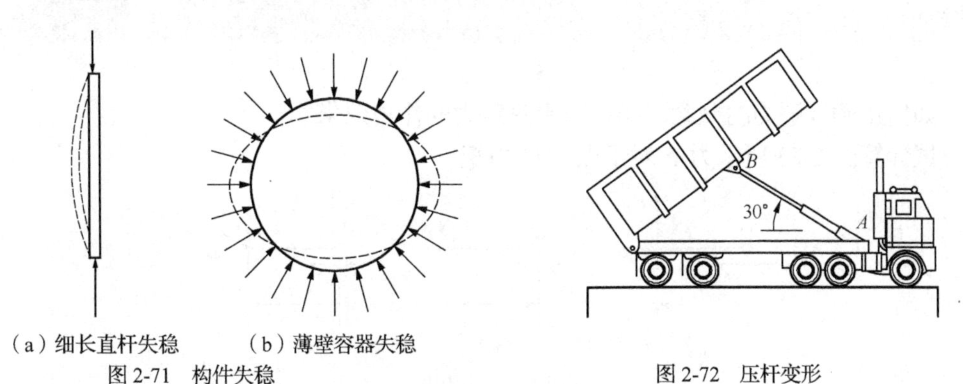

（a）细长直杆失稳　（b）薄壁容器失稳

图 2-71　构件失稳

图 2-72　压杆变形

杆 *AB* 受到压力，可能压断，也可能突然失稳。

【视野拓展】

疲劳破坏

许多机械零件（如轴、齿轮等）在工作过程中各点应力随时间做周期性的变化，这种随时间做周期性变化的应力称为交变应力。例如，轮齿在工作时，每旋转一周啮合一次，齿轮上的每一个齿，自开始啮合至脱离过程，齿根上的弯曲正应力就由零增至某一最大值，然后再逐渐减小到零。齿轮不停地旋转，应力就不断地做周期性变化。

实践表明金属材料在交变应力作用下，其破坏形式与在静载荷作用下不同，在交变应力作用下，构件所承受的应力虽低于静载荷作用下的抗拉强度，甚至低于屈服强度，但经过较长一段时间的工作会产生裂纹，金属的这种破坏过程称为疲劳破坏。

疲劳破坏是机械零件失效的主要原因之一，有 80% 以上的机械零件的失效属于疲劳破坏。

小　结

工程力学包括静力学和材料力学两部分的内容。

静力学研究静载荷作用下的平衡问题，分析物体平衡时的受力情况，确定各力的大小和方向，为机械的受力分析打下基础。

由于静力学主要研究非自由体的平衡，因此，研究约束及约束力的性质十分重要。约束是物体间实际接触和连接方式的力学模型。如何对工程中遇到的实际约束进行合理的简化，并估计其约束力的特征是一个重要的然而有时也是十分困难的问题。

材料力学研究物体受力时的变形情况及如何进行强度计算，为机械设备的零部件确定合理的材料、形状和尺寸，以达到安全及经济的目的。

每个构件都只能承受一定大小的载荷。载荷过大，构件就会被破坏。实际构件在力的作用下，还会产生变形。若构件的变形过大，就不能正常工作。某些物体，如受压的细长杆和薄壁构件，当载荷增加时，可能突然失去其原有形状，这种现象称为丧失稳定。

思考与练习

1. 如何正确理解力的概念，哪些因素决定力的作用效果？
2. 试计算图 2-73 所示力 $\boldsymbol{F}$ 对于点 O 的力矩。

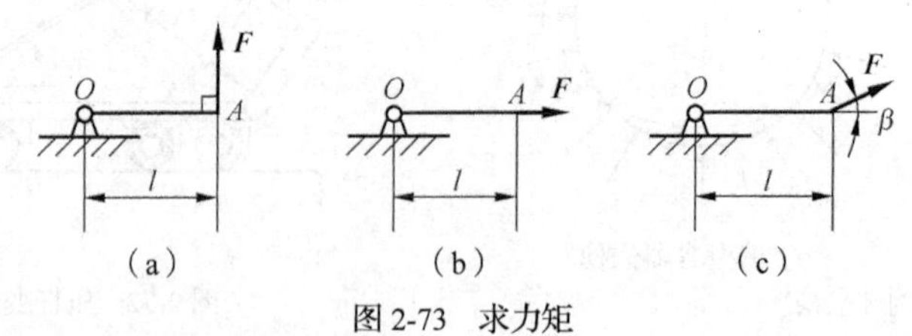

图 2-73　求力矩

3. 画出图 2-74 所示工件及压块的受力图。
4. 内燃机的曲柄滑块受载荷 $\boldsymbol{F}$ 作用，画出图 2-75 所示滑块的受力图。

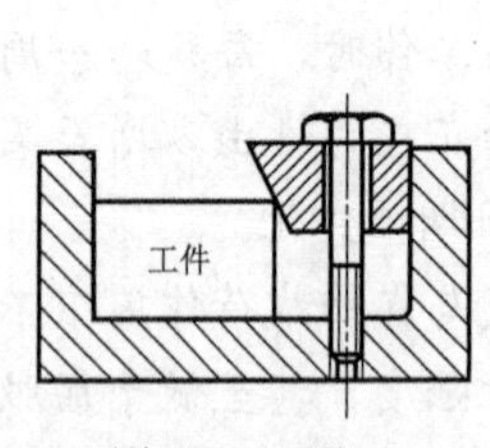

图 2-74　压块

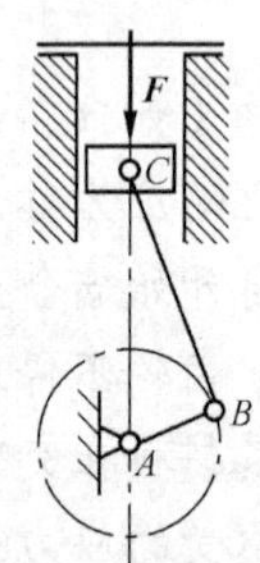

图 2-75　曲柄滑块机构

5. 试求图 2-76 所示各梁的支座反力。已知 F = 6kN、q = 2kN/m、M = 2kN · m、l = 2m、a = 1m、α = 45°。

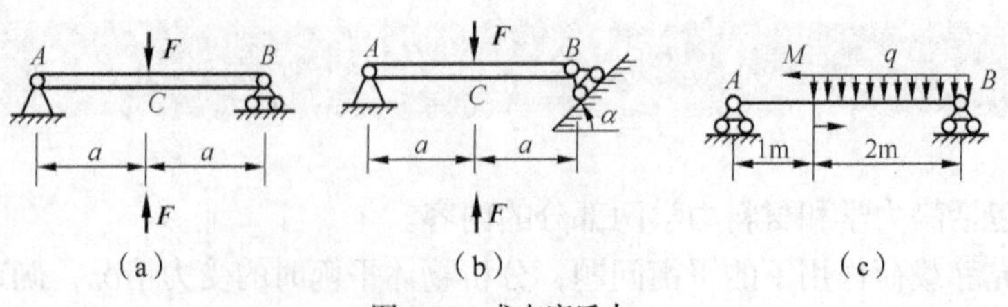

图 2-76　求支座反力

6. 如图 2-77 所示，起重机吊钩的上端用螺母固定，若吊钩螺栓部分的直径 $d = 55\text{mm}$，材料的许用应力$[\sigma] = 80\text{MPa}$，试校核螺栓的部分强度。

7. 已知零件的尺寸如图 2-78 所示，受力 $F = 40\text{kN}$，试求销杆上的剪应力和挤压应力。

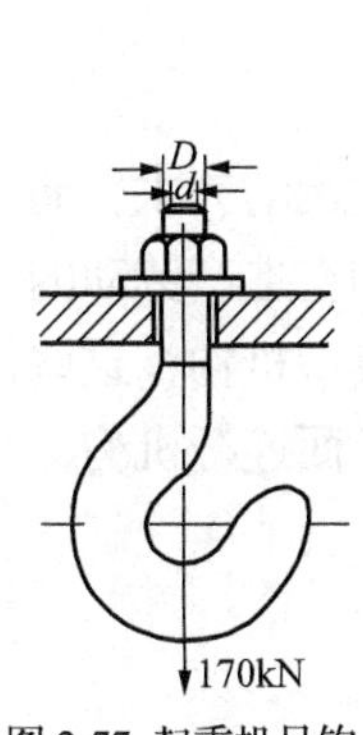

图 2-77 起重机吊钩

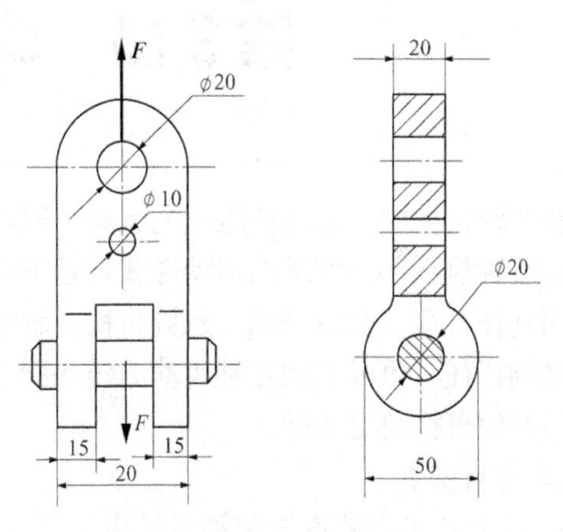

图 2-78 求剪应力和挤压应力

8. 阶梯轴 AB 的尺寸如图 2-79 所示，外力偶矩 $M_B = 1\,500\text{N}\cdot\text{m}$、$M_A = 600\text{N}\cdot\text{m}$、$M_C = 900\text{N}\cdot\text{m}$、材料的许用应力$[\tau] = 60\text{MPa}$，试校核轴的强度。

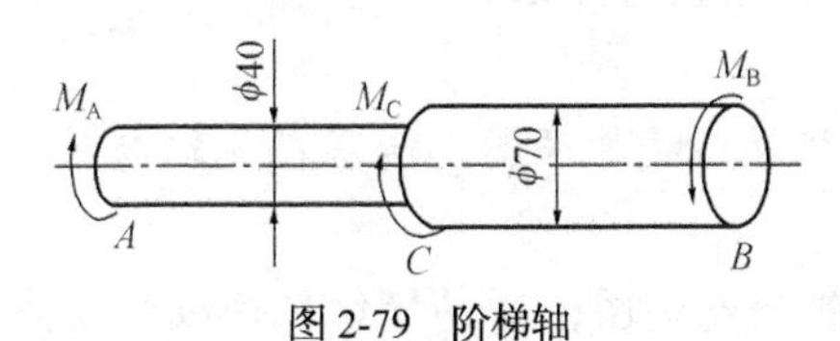

图 2-79　阶梯轴

9. 图 2-80 所示扭转切应力的分布是否正确（其中 M_n 为该截面的扭矩）？

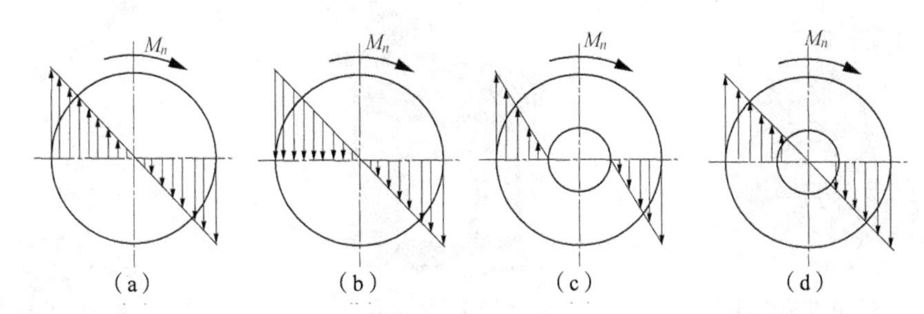

图 2-80　扭转切应力的分布

10. 什么是压杆稳定？如何提高压杆的稳定性？

第3章　平面连杆机构

在各种机械中，原动件输出的运动一般以匀速旋转和往复直线运动为主，而生产实际中机械的各种执行部件要求的运动形式却是千变万化的。为此，人们在生产劳动的实践中创造了平面连杆机构、凸轮机构、螺旋机构、棘轮机构、槽轮机构等典型机构，这些机构都有典型的结构特征，可以实现各种运动的传递和变化。本章主要学习平面连杆机构，为下一章深入学习其他机构奠定基础。

【学习目标】

- 了解运动副的概念和平面机构运动简图的用途。
- 掌握平面连杆机构的主要形式。
- 了解平面连杆机构的演化形式。
- 了解平面连杆机构的基本设计方法。

【观察与思考】

（1）图3-1所示为内燃机的结构原理图，活塞在气缸内做上下往复移动主要通过什么机构来实现？

（2）图3-2所示为缝纫机的结构图，踩动缝纫机踏板，动力是如何传递到机头上的？

（3）图3-3所示为工业上使用的机械手，应该怎样设计各个关节使之能够灵活抓取目标？

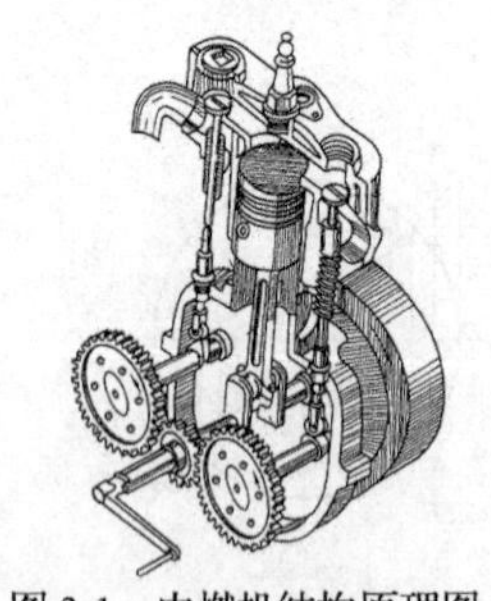

图3-1　内燃机结构原理图

图3-2　缝纫机

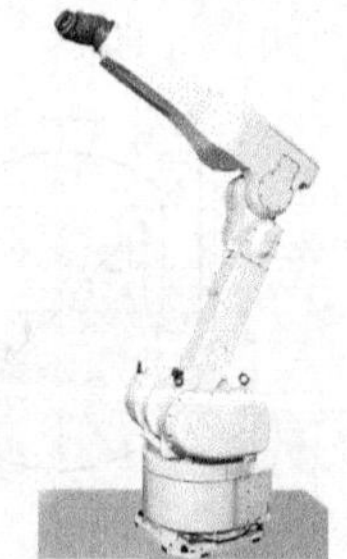

图3-3　机械手

3.1　运动副及平面机构运动简图

要将两个机件连接起来，可以采用螺栓连接（见图3-4），也可以采用铆钉连接（见图3-5），还可以将两个机件焊接在一起（见图3-6）。但是采用这些方式连接的机件之间不能做任何相对运动。

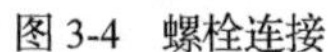

图 3-4　螺栓连接

图 3-5　铆接

图 3-6　焊接

3.1.1　机构

机器中大都包含了能够产生相对运动的零部件。不同机器上的零部件的运动形式和运动规律具有多样性，如转动、往复直线移动、摆动、间歇运动或者按照特定轨迹运动等。

① 图 3-7 所示为曲柄滑块机构，左侧曲柄转动时，右侧滑块在滑槽内作直线移动。

② 图 3-8 所示为滚动轴承，球形滚动体可以在轴承内外圈之间自由滚动。

③ 图 3-9 所示为齿轮机构，啮合的一对渐开线轮齿的表面之间可以相互滑动。

图 3-7　曲柄滑块机构

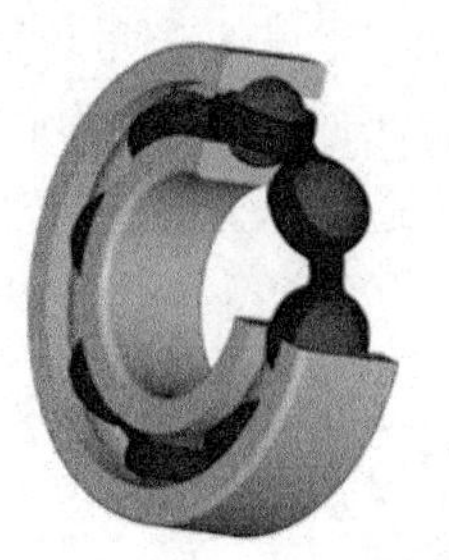

图 3-8　滚动轴承

图 3-9　齿轮机构

1. 构件

任何机器都由许多零件组合而成，图 3-1 所示的内燃机就是由气缸、活塞、连杆体、连杆头、曲轴及齿轮等一系列零件组成的。在这些零件中，有的是作为一个独立的运动单元体而运动的，有的则是与其他零件刚性地连接在一起作为一个整体而运动，其中刚性地连接在一起的零件共同组成一个独立的运动单元体。机器中每个独立的运动单元体称为一个构件。因此，也可以说任何机器都是由若干个（两个以上）构件组合而成的。

2. 运动副

由两个构件直接接触而组成的可动的连接称为运动副，按照接触方式不同，通常把运动副分为低副和高副两类。

运动副的种类及特点

（1）低副。通过面接触构成的运动副称为低副。低副具有制造简便、耐磨损、承载力强等特点，在机械中应用最广。根据两个构件之间相对运动的性质，可将低副分为转动副（见图 3-10）和移动副（见图 3-11）两类。

图 3-10　转动副

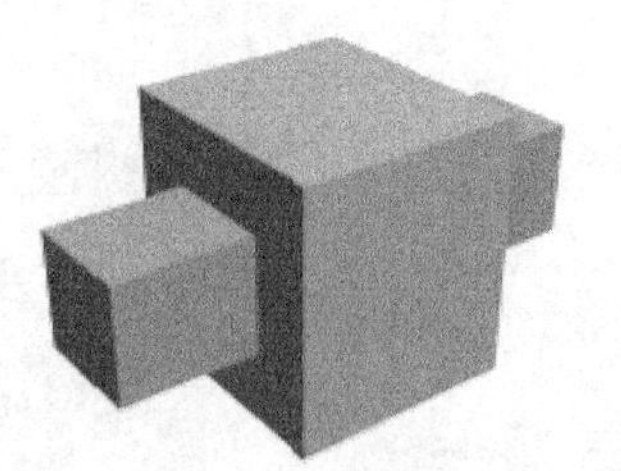
图 3-11　移动副

（2）高副。通过点或线接触而构成的运动副称为高副，常见的高副有凸轮副和齿轮副，分别如图 3-12 和图 3-13 所示。

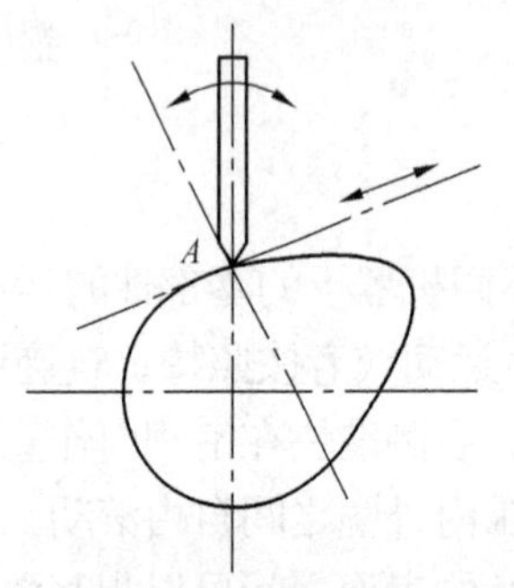

图 3-12　凸轮副

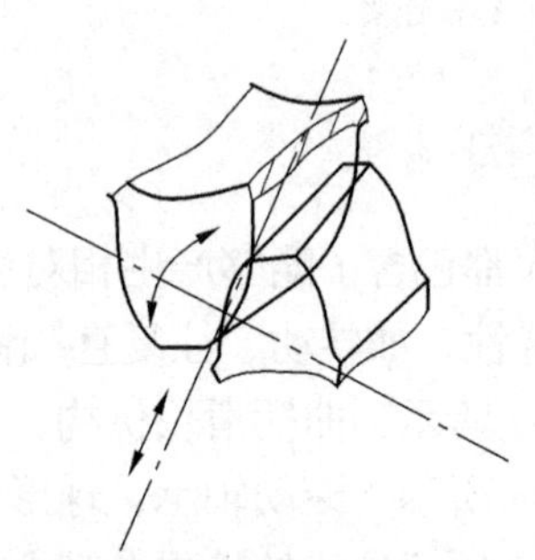
图 3-13　齿轮副

在机械运动中通常也采用球面副和螺旋副。球面副中的构件可绕空间坐标系作独立转动，如图 3-14 所示；而螺旋副中的两构件同时做转动和移动的合成运动，通常称为螺旋运动，如图 3-15 所示。

图 3-14 球面副

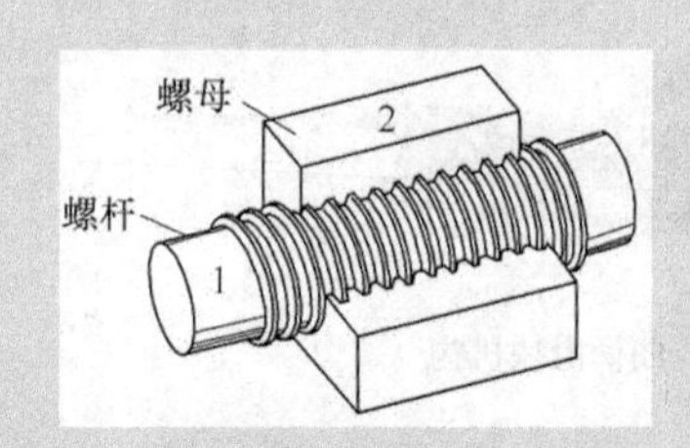

图 3-15　螺旋副

3. **运动链**

构件通过运动副的连接而构成的可相对运动的系统称为运动链。如果组成运动链的各构件构成了首末封闭的系统则为闭式运动链，如图 3-16 所示；如果组成运动链的构件未构成首末封闭的系统则为开式运动链，如图 3-17 所示。

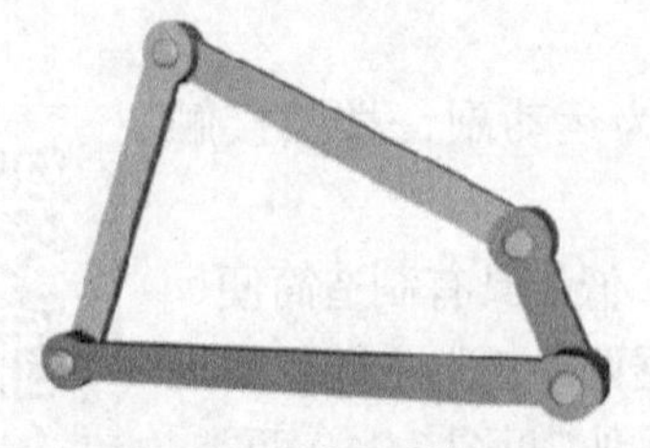
图 3-16　闭式运动链

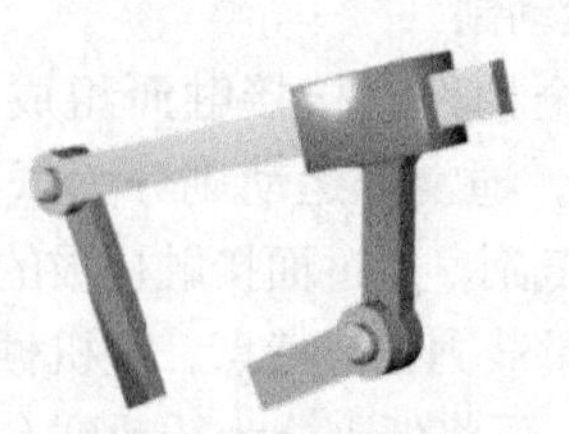
图 3-17　开式运动链

4. 机构的概念和分类

在运动链中，如果将其中某一构件加以固定而成为机架，该运动链就称为机构，如图 3-18 所示。机构通常由机架、原动件和从动件组成，如图 3-19 所示。

图 3-18　平面四杆机构

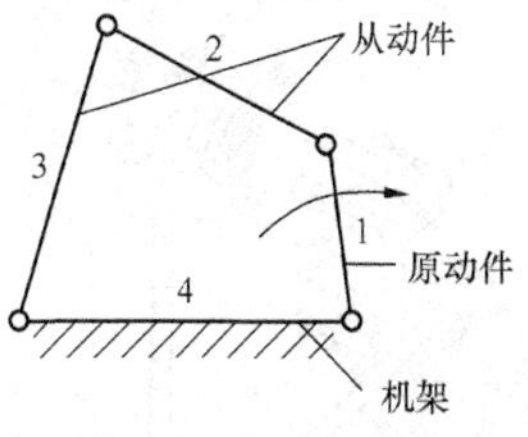

图 3-19　机构的组成

机构中的固定构件称为机架，工作时通常不做任何运动。

机构中按给定的已知运动规律独立运动的构件称为原动件，常在其上加箭头表示。

机构中的其余活动构件则为从动件，从动件的运动规律决定于原动件的运动规律和机构的结构及构件的尺寸。

一个机器中通常包含多种不同类型的机构，每个机构可以实现不同的运动功能。机构可以按照以下原则进行分类。

① 按组成的各构件间相对运动形式的不同，机构可分为平面机构（如平面连杆机构、圆柱齿轮机构等）和空间机构（如空间连杆机构、蜗轮蜗杆机构等）。

② 按结构特征可分为连杆机构、齿轮机构、棘轮机构等。

③ 按所转换的运动或力的特征可分为匀速和非匀速转动机构、直线运动机构、换向机构、间歇运动机构等。

④ 按功用可分为安全保险机构、联锁机构、擒纵机构等。

⑤ 按运动副类别可分为低副机构（如连杆机构等）和高副机构（如凸轮机构等）。

【视野拓展】——变速机构

图 3-20 所示为生产中常用的齿轮变速机构。

齿轮变速机构工作时，轴Ⅰ上的双联滑移齿轮和轴Ⅱ上的三联滑移齿轮由变速手柄操纵。变速手柄的转动通过链传动到轴 4，在轴 4 上装有盘形凸轮 3 和曲柄 2。

凸轮 3 上有一条封闭的曲线槽，由两段不同半径的圆弧和直线组成。凸轮上有 1～6 个变速位置，如图 3-20 所示的小图。

位置 1、2、3 使杠杆 5 上端的滚子处于凸轮槽曲线的大半径圆弧处。杠杆 5 通过拨叉 6 将轴Ⅰ上的双联滑移齿轮移向左端位置。

位置 4、5、6 则将双联滑移齿轮移向右端位置。曲柄 2 随轴 4 转动，带动拨叉，拨动轴Ⅱ上的三联齿轮，使它位于左、中、右 3 个位置。

顺序转动手柄，就可使两个滑移齿轮的位置实现 6 种组合，使轴Ⅱ得到 6 种转速。

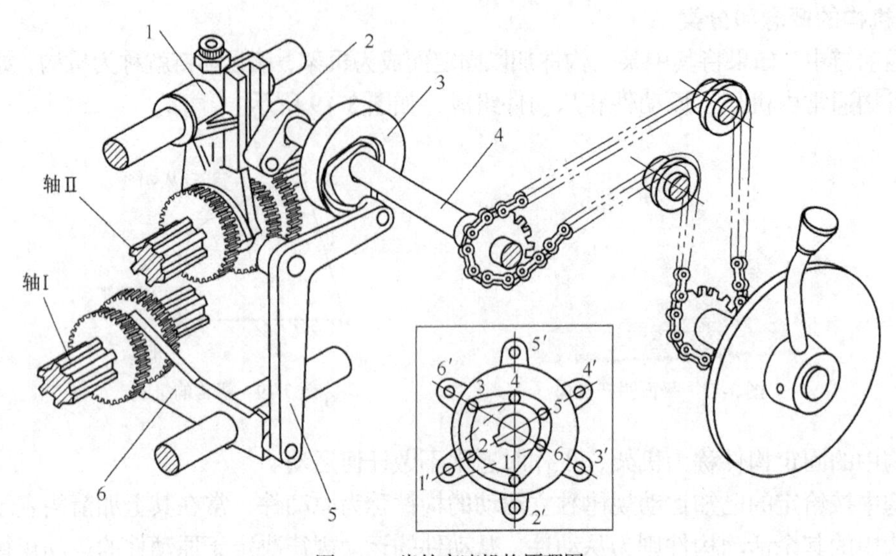

图3-20　齿轮变速机构原理图

1，6—拨叉；2—曲柄；3—盘形凸轮；4—轴；5—杠杆

3.1.2　机构运动简图

研究机械的运动时，通常情况下需要研究机器上各点的位移、轨迹、速度及加速度等，如果使用实物结构图，不仅绘制烦琐，而且由于图形复杂，分析也不方便。

为了使问题简化，可以去掉那些与运动无关的因素，如构件的形状、运动副的具体构造等，仅用简单线条和符号表示构件和运动副，并按一定比例画出各运动副的位置，这种可以简明扼要表达机构中各构件间相对运动关系的简化图形称为机构运动简图。

图3-21所示为颚式破碎机的实物结构图，通过该图能否弄清机器的工作原理？在生产实践中，通常用图3-22所示的机构运动简图来表达机构的结构和工作原理，想想这种表达方式有何优点？

图3-21　颚式破碎机结构图

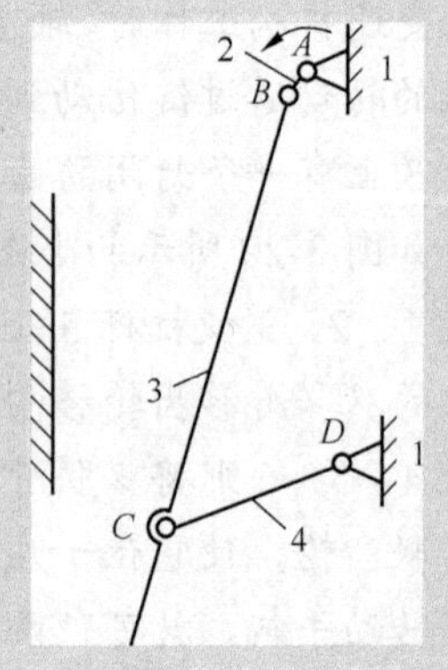

图3-22　机构运动简图

1. 机构运动简图的用途

图 3-21 所示的产品实物结构图中，大部分结构用于支撑和连接，与运动无关。去掉这些结构后，仅用简单线条和符号表示构件与运动副，并按一定比例画出各运动副的位置，最后得到图 3-22 所示的图形，使用该图对整个机械进行各种分析将更为简便。

由以上分析可知，机构实物结构图虽然较为直观地表现出机构的外观形态，但没有突出机构中的主要运动关系，不便于对机构进行运动分析。而使用机构运动简图则具有以下优势。

① 机构运动简图仅用简单线条和符号表示构件和运动副，便于研究和计算。

② 机构运动简图简明扼要地表明了机构的运动副、运动件的运动特性，能分析出机构的主要构成和运动传递情况。

③ 机构中都具有可以运动的构件，这些构件之间通过运动副可以按照特定轨迹产生相对运动。而平面机构运动简图则是表达运动关系的一种特殊“语言”。

2. 绘制机构运动简图

正确绘制机构运动简图前，必须首先弄清图示机构的组成情况，明确机构的运动原理。绘制机构运动简图的基本步骤如图 3-23 所示。

【例 3-1】 画出图 3-1 所示内燃机的机构运动简图。

分析：此内燃机由齿轮机构、凸轮机构和四杆机构构成，共有 4 个转动副、3 个移动副、1 个齿轮副和 2 个凸轮高副。

（1）绘制活塞连杆机构的机构运动简图。首先从图 3-1 中抽取出活塞连杆机构，如图 3-24 所示，然后按照下列步骤绘制其机构运动简图。

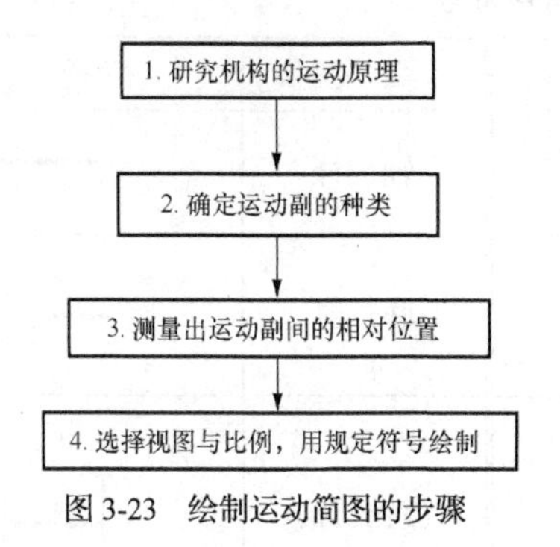

图 3-23　绘制运动简图的步骤

图 3-24　活塞连杆机构原理图

① 选择视图平面。

② 选择比例尺，并根据机构运动尺寸定出各运动副间的相对位置。

③ 画出各运动副和机构符号，并画出各构件。

④ 完成必要的标注。

完成后的机构运动简图如图 3-25 所示。

（2）绘制内燃机的机构运动简图。根据类似的步骤绘出内燃机的机构运动简图，结果如图 3-26 所示。

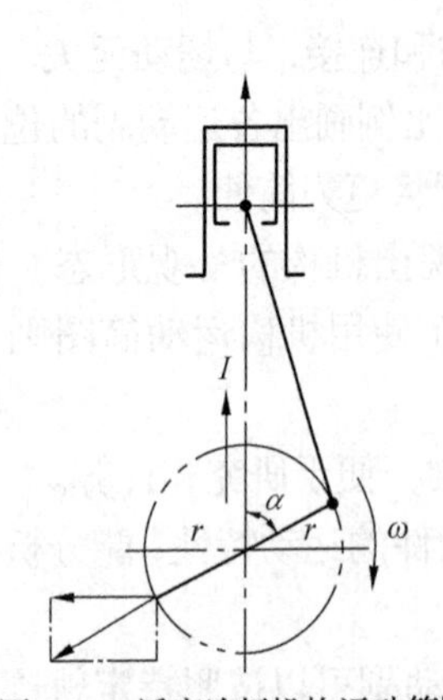

图 3-25　活塞连杆机构运动简图

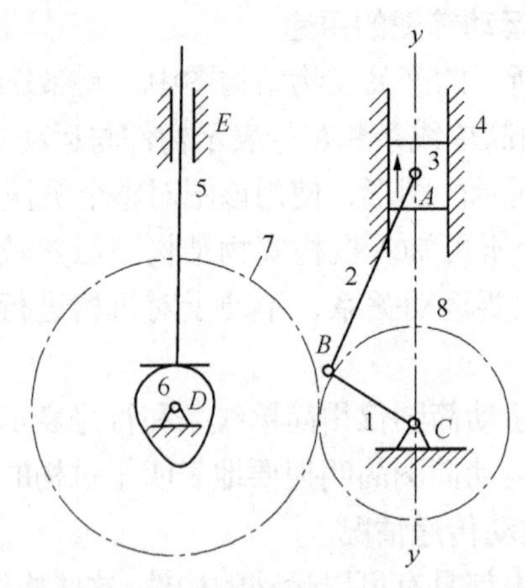

图 3-26　内燃机的运动简图

1—曲轴；2—连杆；3—活塞；4—缸体；5—阀杆；6—凸轮；7，8—齿轮

根据机构运动简图，能分析出机构的主要构成和运动传递情况。如果只是为了表明机械的结构状况，也可以不按严格的比例来绘制简图，通常把这样的简图称为机构示意图。

【视野拓展】——机构运动简图符号

为了统一和规范机构运动简图的绘制，国家标准《机械制图　机械运动简图用图形符号》（GB/T 4460—2013）规定了机构运动简图中使用的符号，其中常用的符号如表 3-1 所示。

表 3-1　机构简图中的常用符号

名　称	符　　号	名　称	符　号	名　称	符　　号
转动副		移动副		轴、杆	
永久连接		带回转副的机架		联轴器	
滑块	θ	导杆		齿轮机构	
凸轮机构		带传动		链传动	
螺杆传动		轴承		弹簧	

课堂练习

观察图 3-27 所示的偏心轮机构实物结构图，绘制出相应的机构运动简图。

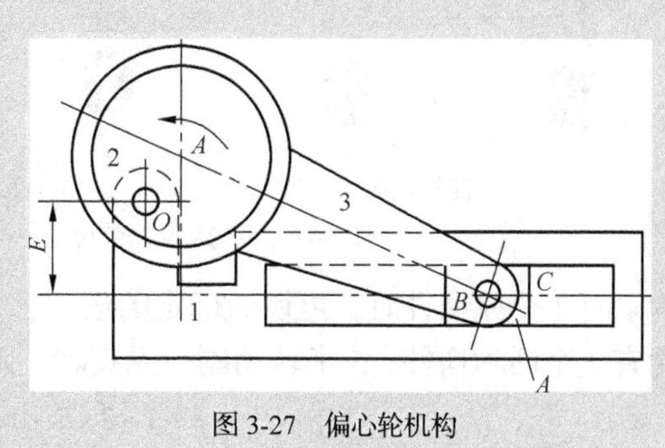

图 3-27　偏心轮机构

3.1.3　平面机构的自由度

问题思考

想一想，放在水平地面上的物体可以做哪些自由运动？

一个机器要能够正常工作，组成机器的各个机构必须具有确定的运动。确定的运动是指机构首先必须具有运动，同时机构的运动形式是唯一确定的。

1. 自由度的概念

放在水平地面上的物体可以沿着地面的长度和宽度两个方向移动，同时也可以垂直于地面的轴线转动，总共具有 3 个独立的运动，通常把构件具有的独立运动称为自由度。

2. 机构自由度的计算

在活动构件数为 n 的平面机构中，在未连接运动副之前共有 $3n$ 个自由度。当用 P_L 个低副和 P_H 个高副连接组成机构后，每个低副引入两个约束，每个高副引入 1 个约束。

故平面机构的自由度的计算公式为

$$f = 3n - 2P_L - P_H$$

式中：f——机构自由度；

n——机构中活动构件的数量，不包括机架等固定构件；

P_L——机构中低副数量；

P_H——机构中高副数量。

3. 机构具有确定运动的条件

如果机构上提供驱动力的构件（称为原动件）数量与机构的自由度数量相同，则该机构具有确定的运动。

【例 3-2】 分别计算图 3-28 所示的四杆机构和五杆机构的自由度，并判断这些机构能否做确定的运动。

解：（1）四杆机构有 3 个活动构件，4 个转动副，无高副，则自由度为

$$f_1 = 3n - 2P_L - P_H = 3\times3 - 2\times4 - 0 = 1$$

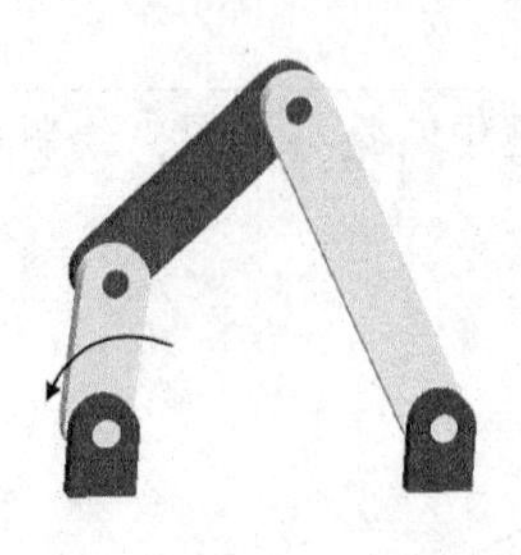

（a）四杆机构

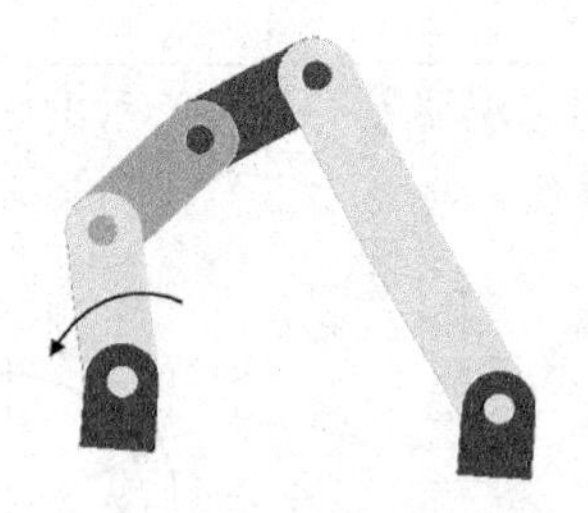

（b）五杆机构

图 3-28　机构运动的分析

由于四杆机构只有 1 个原动件时，可以做确定的运动。

（2）五杆机构有 4 个活动构件，5 个转动副，无高副，则自由度为

$$f_2 = 3n - 2P_L - P_H = 3\times4 - 2\times5 - 0 = 2$$

由于五杆机构只有 1 个原动件，所以运动情况不确定。

4. 计算平面机构自由度应注意的事项

实际工作中，机构的组成更加复杂，这时采用公式 $F = 3n - 2P_L - P_H$ 计算自由度时，可能出现差错，这是由于机构中常常存在一些特殊的结构形式，计算时需要特殊处理。

（1）复合铰链。两个以上的构件同时在一处用转动副相连接时构成复合铰链。

例如，有 m 个构件在一处组成复合铰链，应含有（$m-1$）个转动副。

【例 3-3】 观察图 3-29 所示摇杆机构的运动简图，计算其自由度。

解：粗看该机构包括 4 个活动构件以及 A、B、C、D、E、F 这 6 个铰链组成 6 个回转副，从而计算自由度为

$$F = 3n - 2P_L - P_H = 3\times5 - 2\times6 - 0 = 3$$

这样，似乎机构必须具有 3 个原动件才具有确定的运动，但是这与实际情况并不相符。

这种计算忽略了构件 2、3、4 在铰链 C 构成了复合铰链，组成了两个同轴回转副，因此，该机构总的回转副应该是 7 个。

重新计算自由度为

$$F = 3n - 2P_L - P_H = 3\times5 - 2\times7 - 0 = 1$$

这样，机构在一个原动件驱动下即可具有确定的运动。

（2）局部自由度。机构中与输出构件运动无关的自由度称为局部自由度，这种自由度不影响输入和输出构件之间的运动关系，在计算时应予以排除。

【例 3-4】 计算图 3-30（a）所示凸轮机构中的自由度，其中凸轮为原动件。

解：该机构中有 3 个活动构件（凸轮、滚子和推杆），2 个转动副，1 个移动副，1 个高副。

计算其自由度为

$$F = 3n - 2P_L - P_H = 3\times3 - 2\times3 - 1 = 2$$

按照计算结果，原动件数量小于自由度，没有确定的运动。但实际上该凸轮机构具有确定的运动，这是为什么？

要点提示

分析凸轮机构中滚子的作用，发现其运动对推杆的运动并无直接影响。

在实际计算中，可以假想将滚子与从动件焊在一起，如图 3-30（b）所示，此时减少 1 个活动构件，减少 1 个转动副，其自由度为

$$F = 3n-2P_L-P_H = 3 \times 2-2 \times 2-1 = 1$$

这样，机构由一个原动件驱动，具有确定的运动，与实际运动相符。

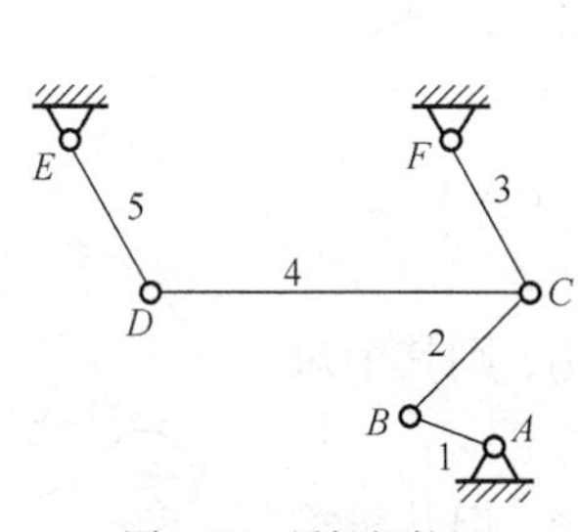

图 3-29　摇杆机构

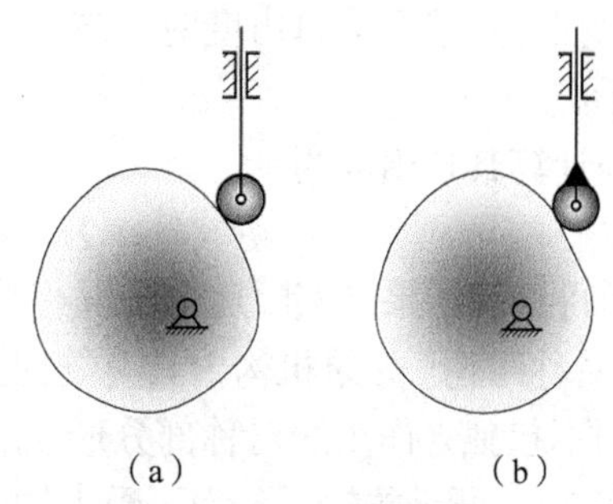

图 3-30　凸轮机构运动简图

局部自由度的存在对机构的正常运行往往具有一定的实际意义。例如，凸轮中的滚子绕其自身轴线的自由转动不但可以减小滚子与凸轮之间的摩擦力，还可以使滚子的磨损均匀，避免过大的形变。

（3）虚约束。在机构引入的约束中，有些约束对机构自由度的影响与其他约束重复，这些重复的约束称为虚约束，在计算自由度时应予以去除。

下面举例说明虚约束的主要形式。

① 导路平行或重合的移动副。如果机构的两构件构成多个导路相互平行的移动副，在计算时只能按一个移动副计算，其余的则作为虚约束处理。

在图 3-31 所示的曲柄滑块机构中，两处 D 均为机架，与杆只有一个起约束作用，组成一个移动副，另一个则为虚约束。

② 轨迹重合。如果在特定约束下的运动轨迹与在没有该约束作用下的运动轨迹一致，则该约束为虚约束。

【例 3-5】 观察图 3-32 所示的平行四边形机构，计算其自由度，判断是否具有确定的运动。

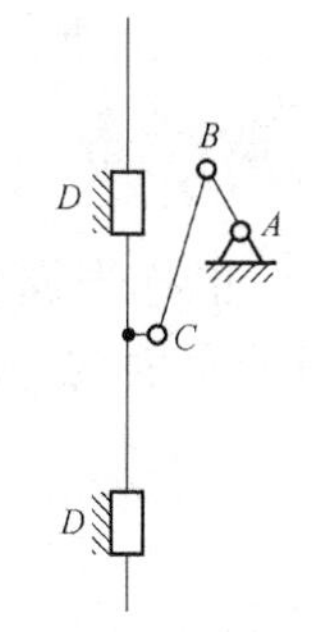

图 3-31　曲柄滑块机构

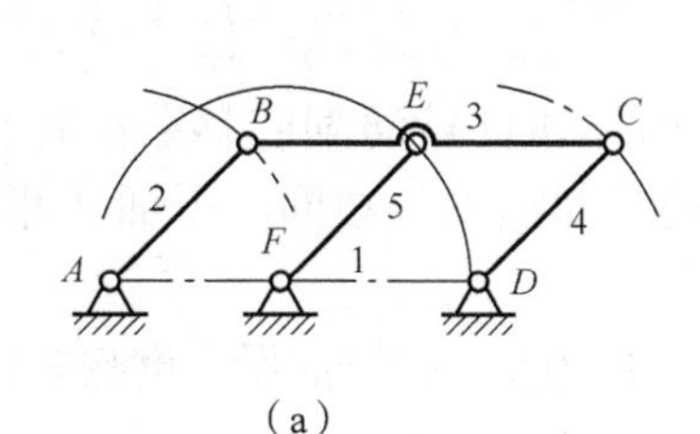

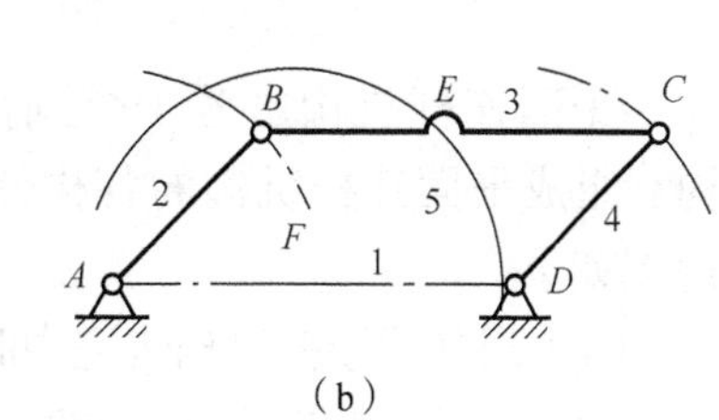

图 3-32　平行四边形机构

解：该机构具有 4 个活动构件，6 个低副，没有高副。

计算其自由度为

$$F = 3n - 2P_L - P_H = 3 \times 4 - 2 \times 6 - 0 = 0$$

从计算结果得到，该平行四边形机构不能运动，与实际不相符。

分析机构特点不难发现，平行机构中杆件 3 做平移运动。由于杆 EF 与杆 AB 和 CD 平行且等长，因此，杆 EF 对机构的运动不产生任何影响。

所以在计算该机构自由度时，应将该构件 EF 及转动副 E、F 按虚约束去掉，如图 3-32（b）所示。

重新计算其自由度为

$$F = 3n - 2P_L - P_H = 3 \times 3 - 2 \times 4 - 0 = 1$$

最后得到的结果与实际运动情况相符合。

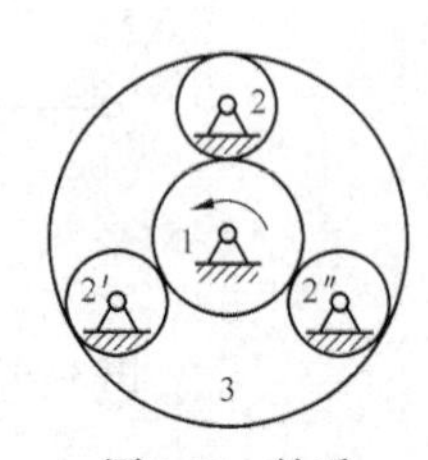

图 3-33　轮系

③ 对称结构。如果机构中具有结构完全相同的对称结构，则其中对传递运动不起独立作用的对称部分形成虚约束。

如图 3-33 所示的轮系，为了受力均衡安装了 3 个行星轮，但从机构运动传递来看，仅有一个行星轮即可实现既定的运动，而其余两个行星轮并不影响机构的运动传递，故为虚约束。

机构中的虚约束虽然不会对机构的运动特点产生影响，但是能够增加系统的刚度，平衡受力，从而改善机构的受力情况，减小机构的运动负荷。

3.2　铰链四杆机构

图 3-34 所示为一组最简单的四杆机构，如果在其中任意一杆上施加一定的转矩，想一想其余各杆应做怎样的运动？这类机构在生活中有何用途？

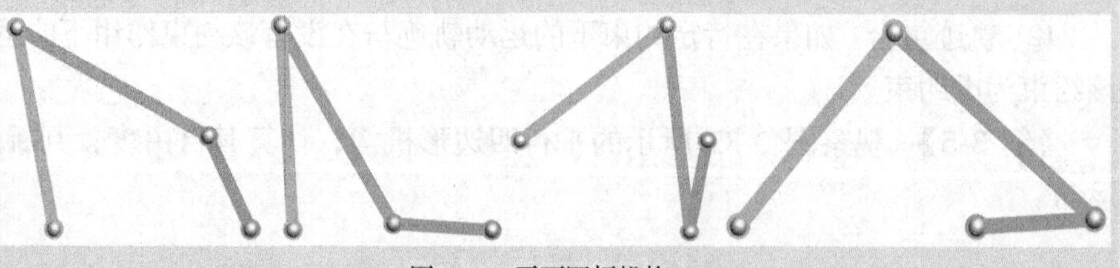

图 3-34　平面四杆机构

平面连杆机构由若干个刚性构件通过转动副或移动副连接而成，也称平面低副机构。组成平面连杆机构的各构件的相对运动均在同一平面或相互平行的平面内，其主要特点如下。

（1）用平面连杆机构传递力时，应力小、便于润滑、磨损较轻。

（2）平面连杆机构加工方便，并易于保证精度。

（3）平面连杆机构能方便地实现转动、移动等基本运动形式及相互间的转换等。

（4）由于低副中存在间隙，机构运动误差不可避免，故平面连杆机构难以实现精确和较复杂的运动。

3.2.1　铰链四杆机构的结构

平面四杆机构由 4 个刚性构件用低副（铰链）连接而成，各个运动构件均在同一平面内运动，通常称为铰链四杆机构，这类机构在生产中的应用最为广泛。本节主要介绍这类机构的特点和应用。

1. 铰链四杆机构的组成

铰链四杆机构的组成如图 3-35 所示，其中包括以下组成要素。

- 机架：固定不动的构件（如杆 *AD*）。
- 连架杆：与机架相连的构件（如杆 *AB* 和 *CD*）。
- 连杆：不与机架直接相连的构件（如杆 *BC*）。

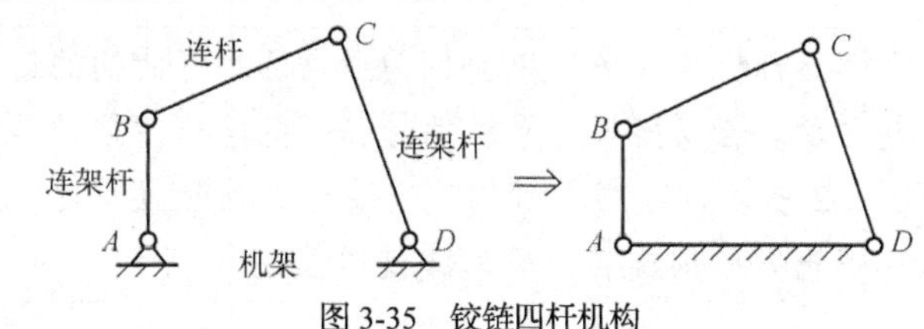

图 3-35　铰链四杆机构

2. 曲柄和摇杆

连架杆中，能做整周回转的称为曲柄，只能做往复摆动的称为摇杆。

在铰链四杆机构中，存在曲柄必须同时满足以下两个条件。

（1）最短杆与最长杆的长度之和小于或等于其他两杆长度之和。

（2）连架杆和机架中必有一个是最短杆。

3.2.2　铰链四杆机构的分类

根据两连架杆中曲柄（或摇杆）的数目，铰链四杆机构可分为曲柄摇杆机构、双曲柄机构和双摇杆机构 3 种类型。

图 3-36　牛头刨床横向进给机构

1. 曲柄摇杆机构

两个连架杆中，一个是曲柄，另一个是摇杆的铰链四杆机构称为曲柄摇杆机构。曲柄作为主动件，可以将连续转动转化为摇杆的往复摆动，同时连杆做平面复杂运动。

曲柄摇杆机构的工作原理

（1）牛头刨床的横向进给机构。图 3-36 所示为牛头刨床的横向进给机构。工作时，右侧小齿轮带动相当于曲柄的大齿轮转动，通过连杆带动带有棘爪的摇杆做往复摆动，从而带动棘轮连同丝杠做单向间歇运动。

该机构由曲柄摇杆机构与棘轮机构串联构成。

（2）物料搅拌机构。图3-37所示为食品设备中的物料搅拌机构，当曲柄旋转时，利用连杆上点E的运动可以实现物料搅拌操作。

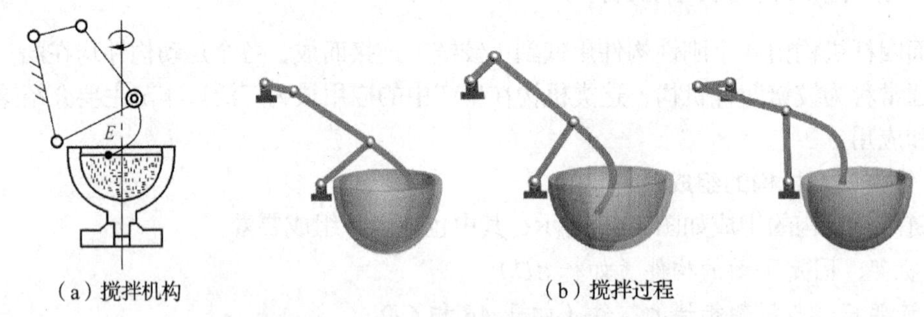

（a）搅拌机构　（b）搅拌过程

图3-37　物料搅拌机构

要点提示

曲柄摇杆机构大多数以曲柄为原动件，将曲柄的连续运动转变为摇杆的往复摆动。若以摇杆为原动件时，可将摇杆的摆动转变为曲柄的整周转动。图3-2所示的缝纫机机构，当踏板做往复摆动时，通过连杆带动曲柄上的皮带轮做整周旋转，驱动缝纫机头工作。

课堂练习

想一想，图3-38所示的雷达天线俯仰搜索机构是如何工作的？图3-39所示的飞剪机构是如何工作的？这两个装置中包含了哪种典型的铰链四杆机构？

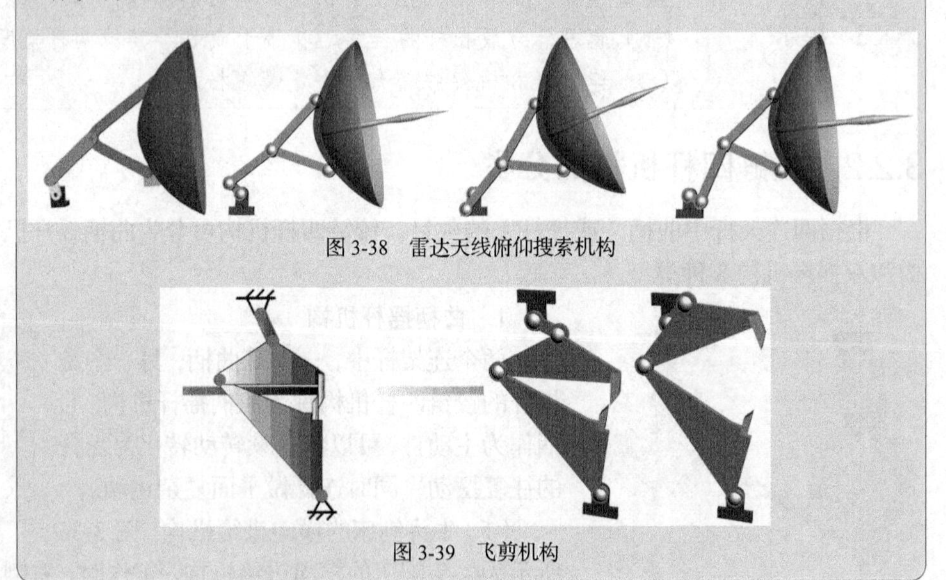

图3-38　雷达天线俯仰搜索机构

图3-39　飞剪机构

2. 双曲柄机构

两个连架杆都是曲柄的平面四杆机构称为双曲柄机构。

（1）惯性筛。惯性筛的工作原理如图3-40所示，主动曲柄AB转动时，通过连杆BC、从动曲柄CD和连杆CE，带动滑块E（筛）做水平往复移动。

该机构由双曲柄机构与 1 个连杆和 1 个滑块串联组成。

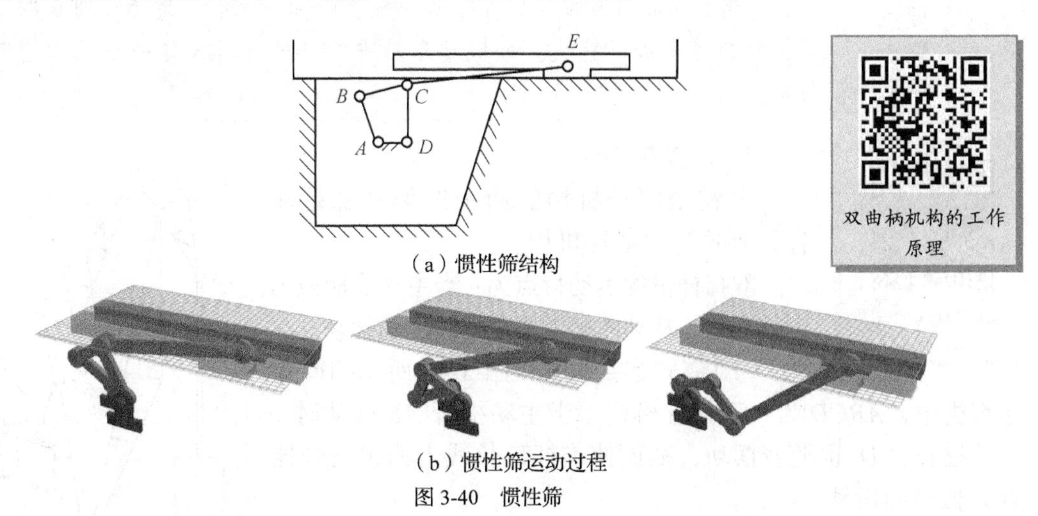

（a）惯性筛结构

（b）惯性筛运动过程

图 3-40　惯性筛

（2）机车车轮联动机构。在图 3-41 所示的机车车轮联动机构中，*AB*//*CD*，*BC*//*AD*，这类机构通常称为正平行四边形机构，主动曲柄 *AB* 与从动曲柄 *CD* 做同速同向转动，连杆 *BC* 则做平移运动。

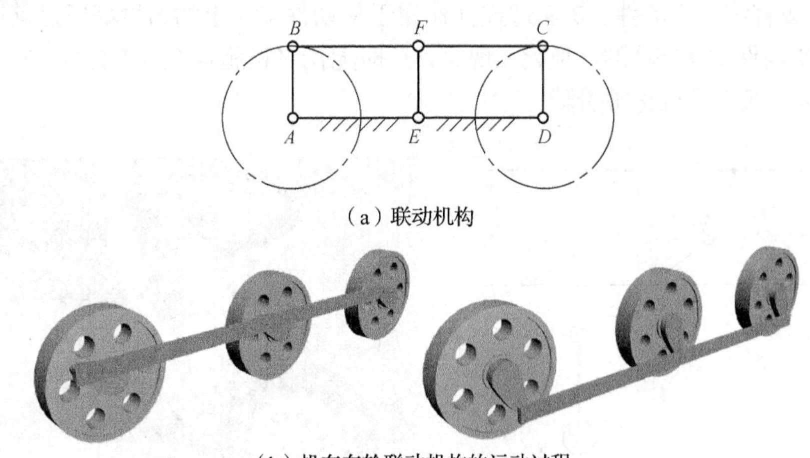

（a）联动机构

（b）机车车轮联动机构的运动过程

图 3-41　机车车轮联动机构

要点提示

在双曲柄机构中，如果两个曲柄的长度相等，且机架与连杆的长度也相等，则为平行双曲柄机构，当机架与连杆平行时，也称为正平行四边形机构。

课堂练习

对照图 3-41，思考以下问题。

（1）取消连杆 *EF*，对两个车轮的运动是否有影响？

（2）该机构工作时，连杆 *BC* 做什么运动？

因车轮组成的双曲柄机构为平行双曲柄机构，故取消连杆 *EF*，对两个车轮的运动没有影响。但当平行双曲柄机构的 4 个铰链中心处于同一直线上时，将出现运动的不确定状态。

要点提示

为避免这种现象发生，可在从动杆上附加一个有一定转动惯量的飞轮等辅助装置来加以解决。如机车车轮中的 *EF* 即可当作一个添加的辅助曲柄。

双摇杆机构的工作原理

3. 双摇杆机构

若铰链四杆机构的两个连架杆都是摇杆，则称为双摇杆机构。

双摇杆机构运动特点为：当主动曲柄做匀速转动时，从动曲柄做周期性的变速运动。

（1）鹤式起重机。在图3-42所示的鹤式起重机中，*ABCD* 为一双摇杆机构，当主动摇杆 *AB* 摆动时，从动摇杆 *CD* 也随着摆动，从而使连杆延长线上的重物悬挂点 *E* 做平面运动。

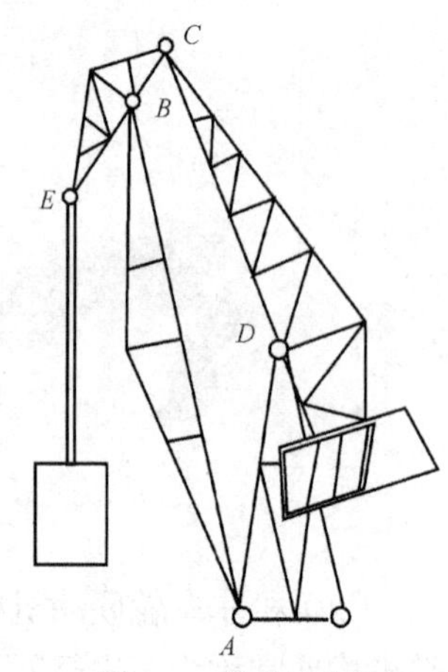

图3-42 鹤式起重机

（2）飞机起落架。在图3-43所示的飞机起落架中，*ABCD* 构成一个双摇杆机构。

摇杆 *AB* 摆动，带动摇杆 *CD* 摆动，使飞机轮子放下，此时 *AB* 与 *BC* 连成直线，主动件 *AB* 通过连杆作用于从动件 *CD* 上的力恰好通过其回转中心，出现了不能使构件 *CD* 转动的"顶死"现象，这时无论飞机施加在 *AB* 上的力有多大，都不能使 *BC* 转动，保证飞机正常着陆。

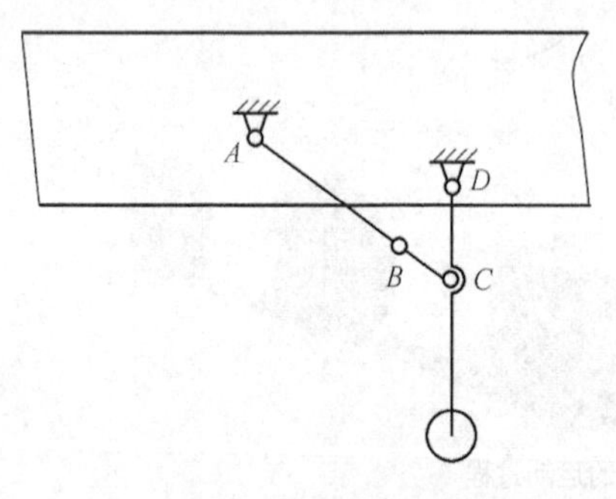

（a）飞机起落架结构

（b）飞机起落架的照片

图3-43 飞机起落架

要点提示

铰链四杆机构中，当取最短杆的相邻杆为机架时，为曲柄摇杆机构；取最短杆为机架时，为双曲柄机构；取与最短杆相对的杆为机架时，为双摇杆机构。

3.2.3 铰链四杆机构的演化

除上述3种形式的铰链四杆机构之外，在机械中还广泛地采用其他形式的四杆机构，不过，这些形式的四杆机构可认为是由基本形式演化而来的。常见的演化形式如表3-2所示。

表 3-2　　铰链四杆机构的演化形式

类　别	演 化 方 法	图　例
改变构件的形状和尺寸	将摇杆 3 做成滑块，铰链四杆机构演化为具有曲线导轨的曲柄滑块机构	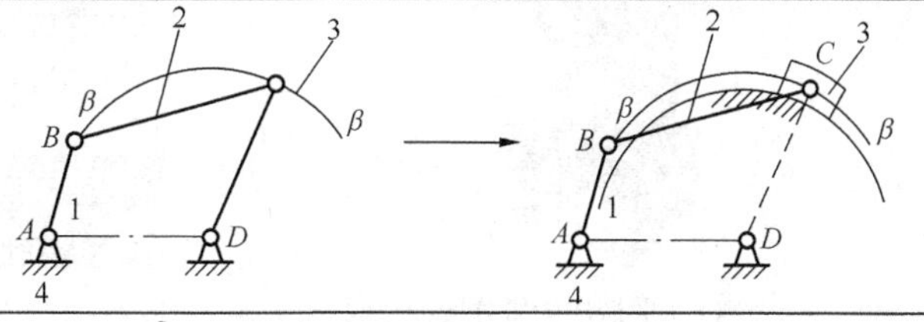
	将摇杆 3 的长度无限增大，曲线导轨将变成直线导轨，机构就演化为曲柄滑块机构	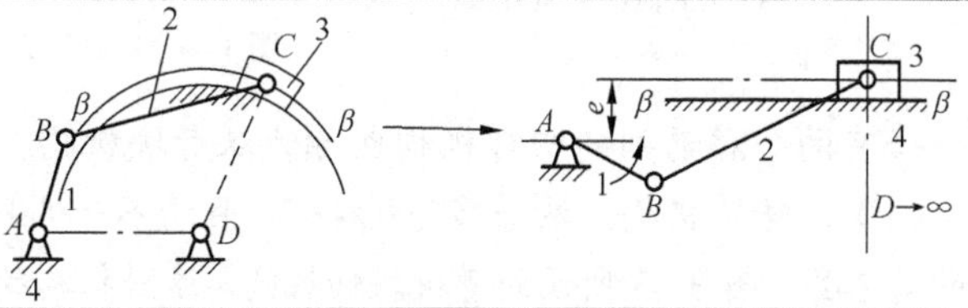
改变运动副的尺寸	改变运动副尺寸超过曲柄，将曲柄滑块机构演化为偏心轮机构	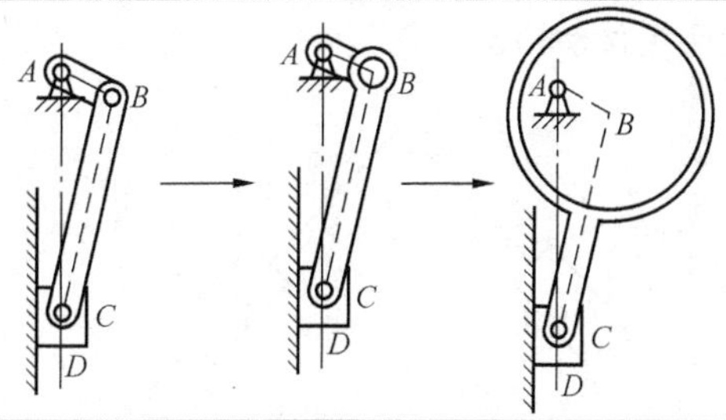
选用不同的构件为机架	曲柄滑块机构中，改选构件 AB 为机架，构件 4 绕轴 A 转动，形成导杆，演化为导杆机构	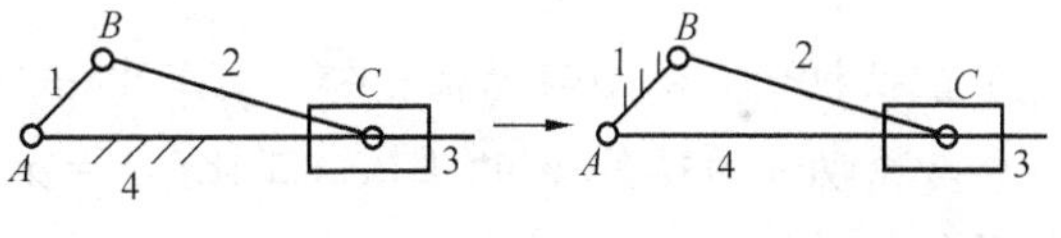
	选构件 BC 为机架，则演化为曲柄摇块机构。构件 3 仅能绕点 C 摇摆	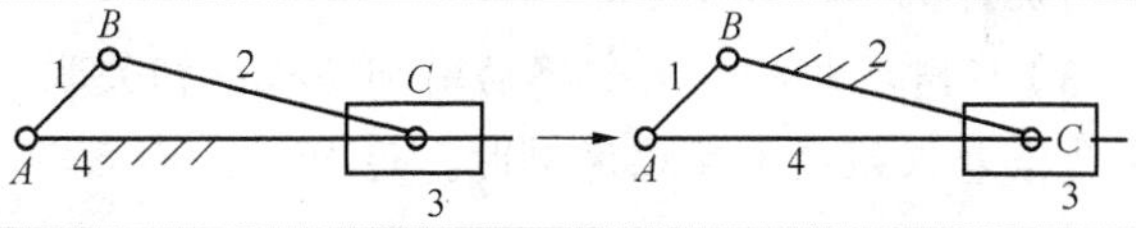
	改选滑块 3 为机架，则演化为直动滑杆机构	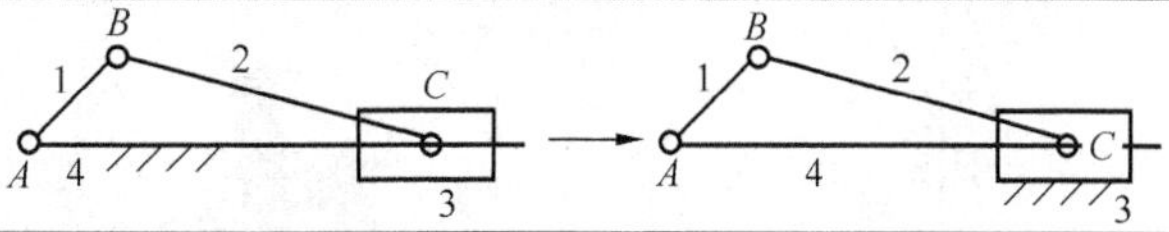

四杆机构演化形式 1

四杆机构演化形式 2

四杆机构演化形式 3

四杆机构演化形式 4

【视野拓展】——机构的演化

偏心轮机构可认为是由曲柄滑块机构中的转动副的半径扩大，使之超过曲柄的长度演化而成的。偏心轮机构的运动特性与曲柄滑块机构完全相同，在锻压设备和柱塞泵等设备中应用较广。图 3-44 所示的曲柄压力机就是应用之一。

（a）曲柄压力机外形

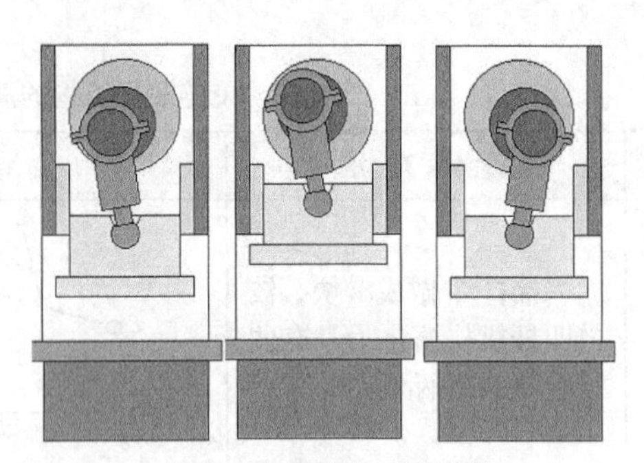

（b）曲柄压力机工作原理

图3-44　曲柄压力机

含有两个移动副的四杆机构也称为双滑块机构。

（1）双转块机构。两个移动副相邻，且均不与机架关联，此时，主动件1与从动件3具有相等的角速度。图3-45所示的滑块联轴器就是这种机构的应用实例，它可以用来连接中心线平行但不重合的两根传动轴。

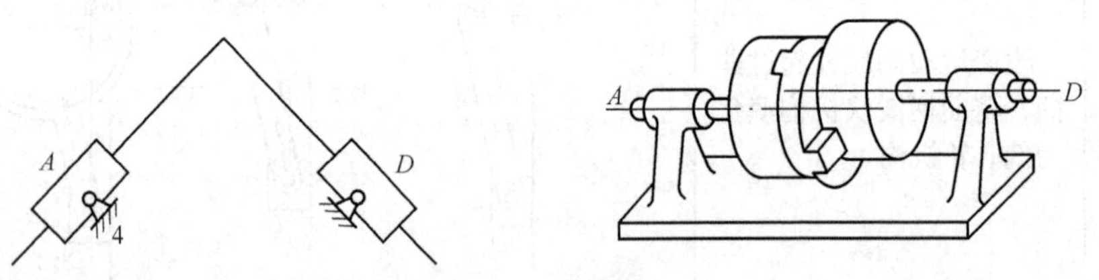

图3-45　双转块机构

（2）正弦机构。两个移动副相邻，且其中一个移动副与机架相关联，这种机构中从动件3的位移与原动件的转角 φ 的正弦成正比：$S = a\sin\varphi$，通常称为正弦机构。其典型应用是缝纫机的跳针机构，如图3-46所示。

（3）双滑块机构。两个移动副都与机架相关联。在图3-47所示的椭圆仪中，当滑块1和滑块3沿着机架的十字槽滑动时，连杆2上各点可以绘制出长、短轴不同的椭圆。

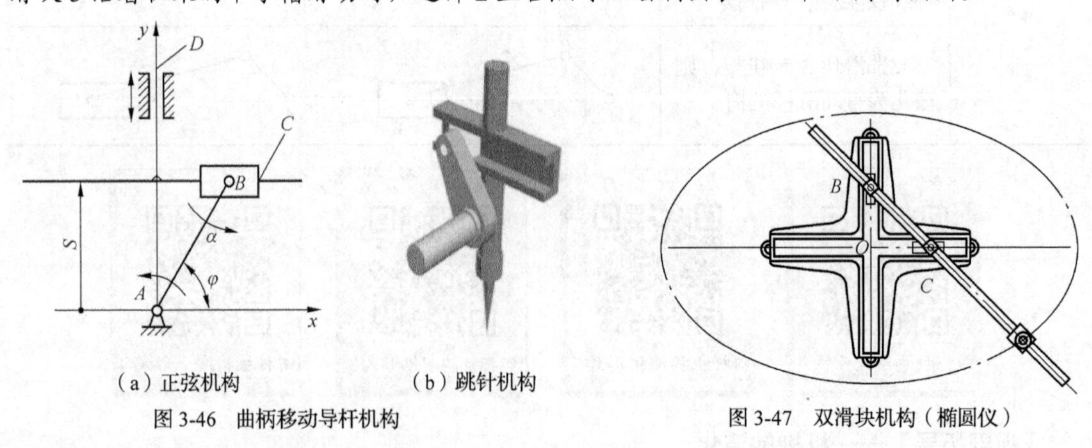

（a）正弦机构　　（b）跳针机构

图3-46　曲柄移动导杆机构

图3-47　双滑块机构（椭圆仪）

*3.2.4　铰链四杆机构设计

平面四杆机构工作时，由于构件的长度不同以及各构件的用途不同，其形式具有多样性，同时，机构也表现出一些重要特性，掌握这些特性有利于更好地使用这些机构。

1. 急回特性

如图 3-48 所示，当曲柄顺时针方向匀速从 AB 旋转到 AB_2 时，转过的角度为

$$\varphi_1 = 180° + \theta$$

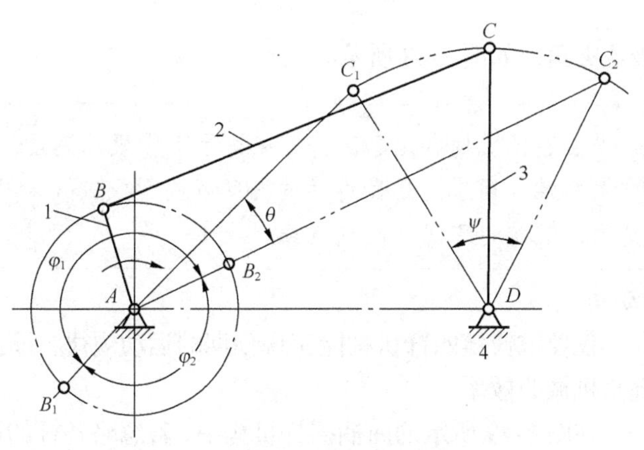

图 3-48　曲柄摇杆机构急回运动的性质

1—曲柄；2—连杆；3—摇杆；4—机架

所用时间 t_1 为

$$t_1 = \varphi_1 / \omega$$

此时摇杆从 C_1D 摆到 C_2D，摆角为ψ，则摇杆点 C 的平均速度为

$$v_1 = \frac{C_1C_2}{t_1}$$

当曲柄继续匀速地从 AB_2 转到 AB_1，转过的角度为

$$\varphi_2 = 180° - \theta$$

所用时间 t_2 为

$$t_2 = \varphi_2 / \omega$$

此时，摇杆从 C_2D 摆回到 C_1D，摆角仍为ψ，则摇杆点 C 的平均速度为

$$v_2 = \frac{C_2C_1}{t_2}$$

显然：$v_1 < v_2$。

从以上分析不难得知，这种主动件做等速运动，从动件空回行程平均速度大于工作行程平均速度的特性，称为连杆机构的急回特性。

牛头刨床、往复式运输机等机械就是利用这种急回特性来缩短非生产时间，提高生产效率的。

2. 行程速比系数和极位夹角

从动摇杆的急回运动程度可用行程速比系数 K 来描述，即

$$K=\frac{v_2}{v_1}=\frac{t_1}{t_2}=\frac{\varphi_1}{\varphi_2}=\frac{180°+\theta}{180°-\theta}$$

或

$$\theta=180°\frac{K-1}{K+1}$$

此时的 θ 称为极位夹角，如图 3-48 所示。

平面连杆机构有无急回特性取决于有无极位夹角，若 $\theta=0$，则机构没有急回特性。而机构急回运动的程度取决于极位夹角 θ 的大小，θ 越大，K 越大，机构的急回特性越显著。

3. 压力角和传动角

在生产实际中，不仅要求铰链四杆机构能实现预期的运动规律，而且还希望机构具有较好的传力性能，以提高机械的效率。

机构的压力角和传动角

在图 3-49 所示的曲柄摇杆机构中，若忽略各杆的质量和运动副中的摩擦，连杆 BC 是二力共线的构件，原动件曲柄通过连杆作用在从动摇杆上的力 $\boldsymbol{F}$ 沿 BC 方向。

从动件所受压力 $\boldsymbol{F}$ 与受力点速度 v_c 所夹的锐角 α 称为压力角。显然，压力角越小，机构的传力性能越好，驱动力能够更多地转化为机构直接推力。

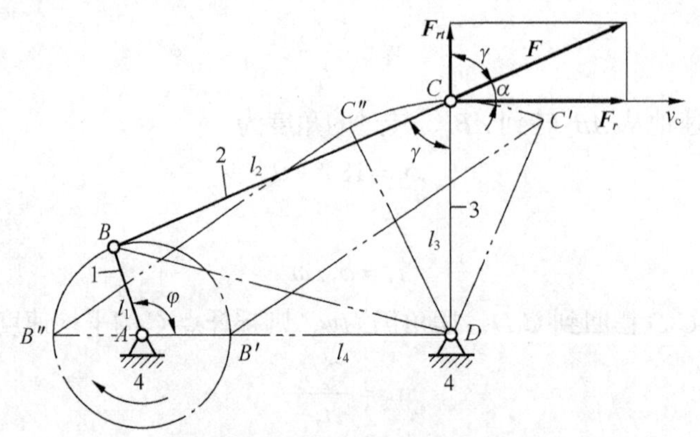

图 3-49　四杆机构的传动角与压力角

1—曲柄；2—连杆；3—摇杆；4—机架

在实际应用中，为度量方便，常以压力角 α 的余角 $\gamma=90°-\alpha$ 来判断连杆机构的传力性能。γ 称为传动角，显然，γ 越大，机构的传力性能越好。

【例 3-6】 在四杆机构中，已知摇杆 CD 的长度 l_{CD}、摆角 φ、行程速比系数 K 的大小，试设计该四杆机构。

解：（1）根据公式计算出极位夹角为

$$\theta = 180° \frac{K-1}{K+1}$$

（2）选定作图比例尺 μ_1，任意选取一点作为回转副 D 的位置，按照给定摇杆长度 l_{CD} 及摆角 φ 做出摇杆的两个极限位置 C_1D 和 C_2D。

（3）连接 C_1C_2，并作 $\angle C_1C_2O=\angle C_2C_1O=90°-\theta$ 的两条直线，使其相交于点 O，则 $\angle C_1OC_2=2\theta$。

（4）以点 O 为圆心，OC_1 为半径作圆，由于同一圆弧上圆周角是圆心角的一半，在此圆上任取一点 A 作为曲柄的回转中心，均能满足行程速比系数 K 的要求，即：使得 $\angle C_1AC_2=\theta$，因此本例应该有多解。然后再根据机架长度 l_{AD} 等其他条件来确定点 A 的准确位置。

（5）确定 A 点位置后，根据极限位置曲柄与连杆共线原理可得到方程

$$l_{AC_1} = C_1A \cdot \mu_1 = l_{BC} - l_{AB}$$
$$l_{AC_2} = C_2A \cdot \mu_1 = l_{BC} + l_{AB}$$

求解得到

$$l_{AB} = \frac{l_{AC_2} - l_{AC_1}}{2}$$
$$l_{BC} = \frac{l_{AC_2} + l_{AC_1}}{2}$$

整个设计的作图过程如图 3-50 所示。

4. 死点位置

在图 3-51 所示的曲柄摇杆机构中，若以摇杆 3 作为原动件，而曲柄 1 为从动件，则在摇杆处于极限位置 C_1D 和 C_2D 时，连杆与曲柄两次共线，此时传动角为 0°。

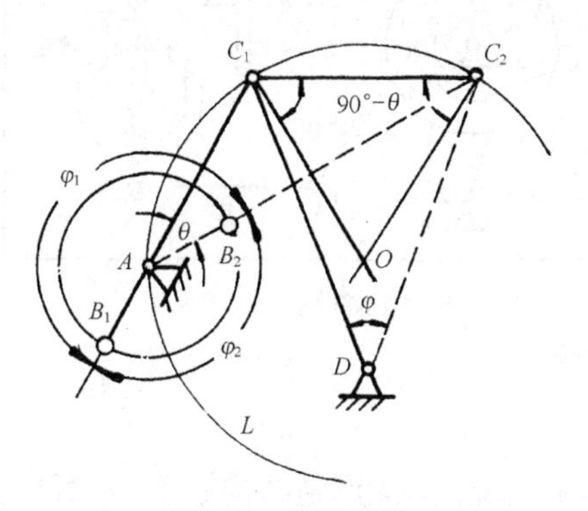

图 3-50　作图过程

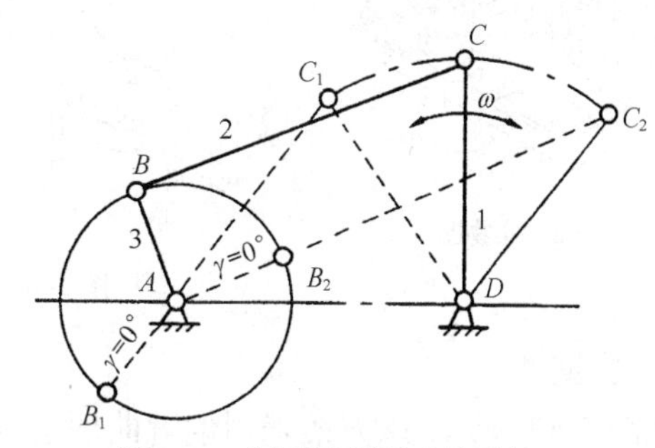

图 3-51　曲柄摇杆机构中的死点

若忽略各杆质量，则这时连杆传给曲柄的力将通过铰链中心 A，此力对点 A 不产生力矩，因此，不能使曲柄转动，机构的该位置称为死点位置。

当机构处于死点位置时，从动件将发生自锁，出现卡死现象；或者受到突然外力的影响，从动件会出现运动方向不确定的现象。

在日常生活中，有许多利用机构死点的实例，如前面讲过的飞机起落架以及生活中使用

的折叠椅等。

3.3 牛头刨床传动机构设计

牛头刨床是一种用于平面切削加工的机床，如图3-52所示，其工作原理如下。

牛头刨床的工作原理

（1）电动机经皮带轮和齿轮传动，带动曲柄2和固结在其上的凸轮8。

（2）刨床工作时，由导杆机构1-2-3-4-5-6带动刨头6和刨刀做往复运动。

（3）刨头右行时，刨刀进行切削加工，称为工作行程，要求速度较低且均匀，以减小电机容量并提高切削质量。

（4）刨头左行时，刨刀不进行切削加工，称为空回行程，要求速度较高，以提高产率。因此，刨床上通常采用具有急回特性的导杆机构。

（5）刨刀每完成一次切削加工，利用空回行程的时间，凸轮 8 通过四杆机构 1-9-10-11与棘轮带动螺旋机构（图中未绘出）使工作台连同工件做进给运动，以便切削加工继续进行。

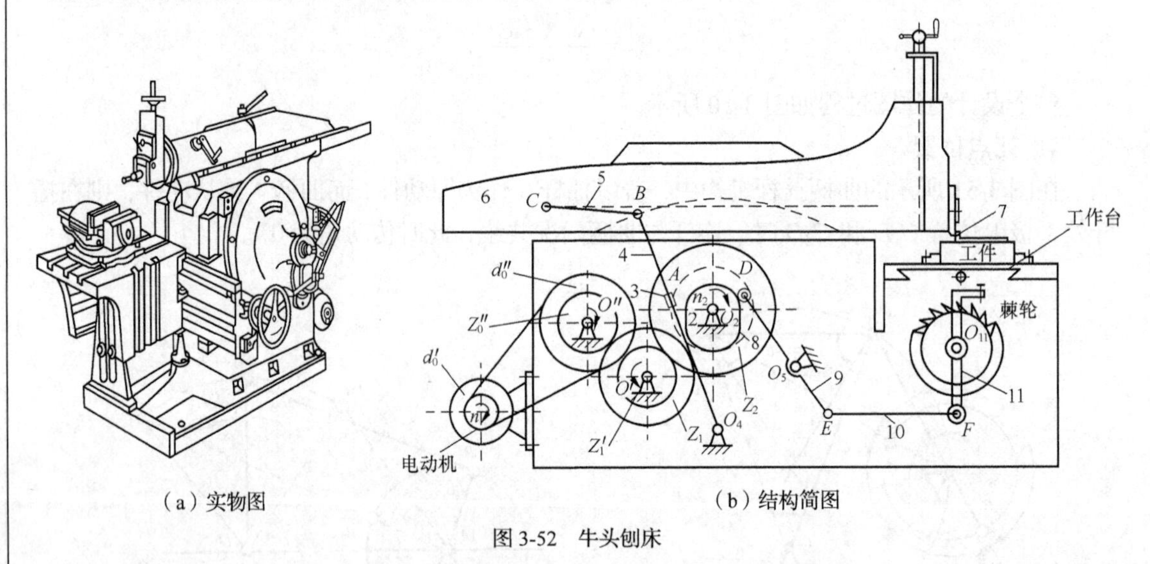

（a）实物图　　（b）结构简图

图3-52　牛头刨床

1. 方案1

如图3-53所示，该方案采用偏置曲柄滑块结构来实现，其优点是结构简单，承载能力强。主要缺点有两个：一是由于执行件的行程较大，因此要求曲柄较长，机构运动所占据的空间也较大，从而导致机器的体积庞大；二是机构在运动过程中，随着行程速比系数的增加，压力角增大，传力特性变差，这将导致机构工作性能不稳定。

2. 方案2

如图3-54所示，该方案采用曲柄摇杆机构和摇杆滑块机构串联而成。与方案1相比，方案2在传力特性和执行件的速度变化方面有所改进，但是在曲柄摇杆机构 *ABCD* 中，随着行程速比系数的增加，机构的最大压力角仍然较大，而且整个机构占据的空间位置比方案 1 更大。

3. 方案 3

如图 3-55 所示，该方案由摆动导杆机构和摇杆滑块机构串联而成。该方案克服了前两个方案的缺点，传力特性较好，机构所占空间小，执行件的速度在工作行程中的变化也较缓慢，是理想方案。

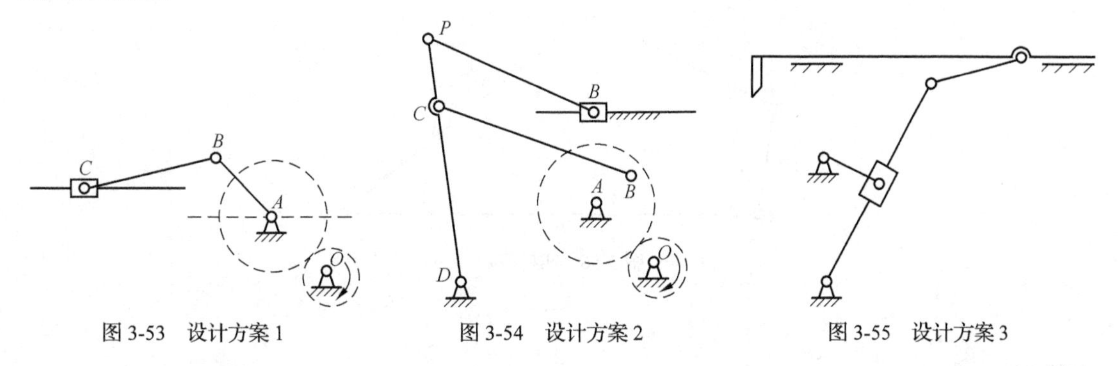

图 3-53　设计方案 1　　图 3-54　设计方案 2　　图 3-55　设计方案 3

小　　结

在各类机械中，为传递运动或变换运动形式，应用了各种类型的机构，机构由具有确定相对运动的构件组成。在对机构运动进行分析及设计时，由于不涉及机构的强度与结构，其相对运动的性质仅与其接触部分的几何形状有关，通常用机构运动简图来描述机构的组成。

平面连杆机构是由许多低副（转动副和移动副）连接组成的平面机构。低副是面接触，耐磨损，而转动副和移动副的接触表面是圆柱面和平面，制造简便，易于获得较高的制造精度。因此，平面连杆机构在各种机械和仪器中获得广泛应用。

平面连杆机构的缺点是：低副中存在间隙，数目较多的低副会引起运动累积误差；其设计过程比较复杂，不易精确地实现复杂的运动规律。

平面连杆机构中最常用的是四杆机构，其构件数目最少，还能实现运动速度和形式的转换。多于四杆的平面连杆机构称多杆机构，它能实现一些复杂的运动，但稳定性较差。

思考与练习

1. 构件和零件有何不同?
2. 简要说明低副和高副在结构和用法上的区别。
3. 举例说明机构具有确定运动的条件。
4. 自由度为 1 的机构是不是一定就具有确定的运动?
5. 观察生活中使用的各种机械，总结这些机械上都使用了哪些平面连杆机构。

6. 试述四杆机构中曲柄、摇杆、连杆和机架的特性。

7. 在四杆机构中满足什么条件可以组成曲柄摇杆机构、双曲柄机构和双摇杆机构？

8. 图 3-56 所示的四杆机构，$AB = 150\text{mm}$、$BC = 240\text{mm}$、$CD = 400\text{mm}$、$DA = 500\text{mm}$，问：（1）该机构属何种类型？（2）写出 AB、BC、CD、DA 四杆的名称。

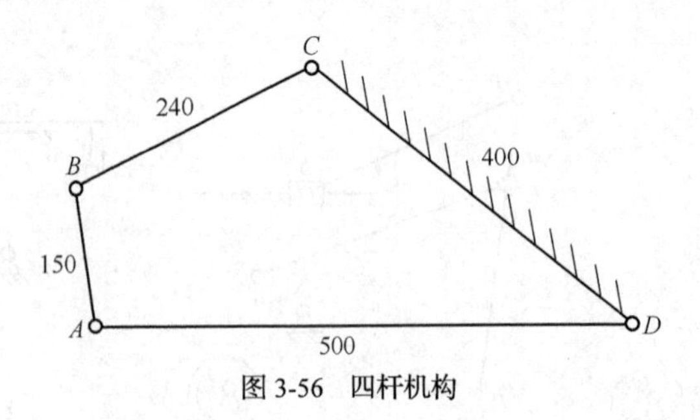

图 3-56　四杆机构

第 4 章　其他常用机构

在实际生产中凸轮机构被广泛应用于各行各业，尤其是在自动机和自动控制装置中起着不可替代的作用。此外间歇运动机构以及螺旋机构也常被用于一些机械中。本章将对这些机构的工作原理、运动特点、应用情况及设计要点予以介绍。

【学习目标】

- 掌握常见几种类型凸轮机构的特点以及应用场合。
- 了解凸轮机构的运动规律以及简单凸轮机构的设计思路。
- 学习棘轮机构和槽轮机构各自的特点和应用。
- 了解普通螺旋机构和滚动螺旋机构的特点和用途。

【观察与思考】

（1）图 4-1 所示为汽车发动机配气机构系统。

① 想一想该机构是如何控制可燃物质在适当的时间进入气缸和排出废气的？

② 凸轮机构在工作中有何特点？

（2）图 4-2 所示为自行车后轮的超越离合器。

① 思考该棘轮机构是怎样驱动自行车后轮的？

② 当不踩踏板时，棘轮机构将会怎样运动？

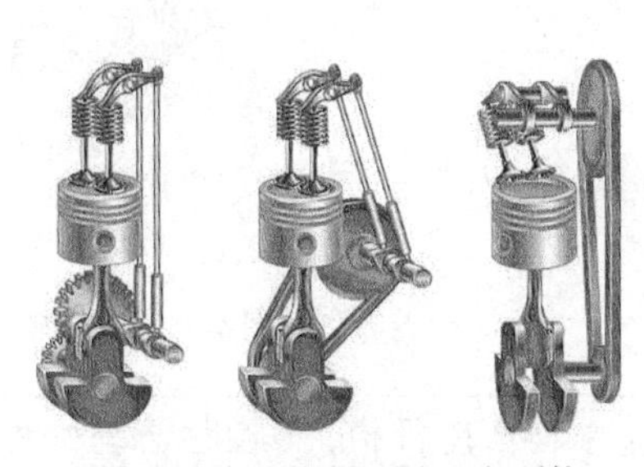

图 4-1　汽车发动机配气机构系统

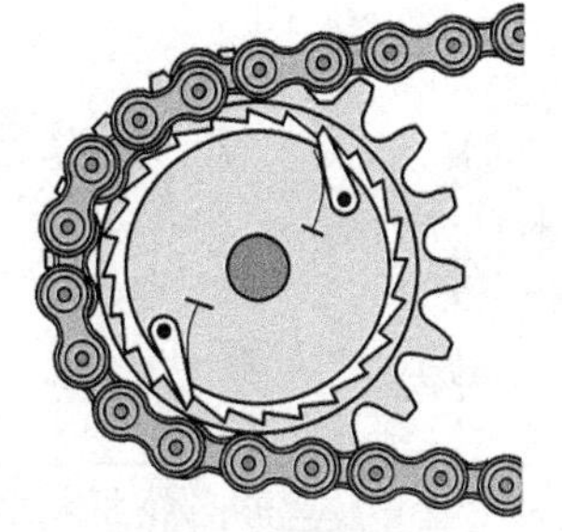

图 4-2　超越离合器

4.1 凸 轮 机 构

问题思考

观察图 4-3 所示的各种凸轮实物，想想这些凸轮各有什么特点和用途？

图 4-3　典型凸轮机构

凸轮机构是由凸轮、从动件和机架3个基本构件组成的高副机构，通过凸轮轮廓设计获得从动件预期的任意复杂运动规律，从而满足所给定的工作要求。

4.1.1 凸轮机构的分类

凸轮机构是通过凸轮与从动件之间的直接接触来传递运动和动力的，是一种常用的高副机构，在机械中应用很广泛。

凸轮机构的种类及其应用

在实际生产应用中，凸轮机构的类型很多，可以按凸轮形状、推杆形状以及凸轮与推杆保持的接触方法来分类。

1. 按凸轮的形状分

凸轮按形状可以分为盘形凸轮和圆柱凸轮两类。

（1）盘形凸轮。盘形凸轮是一个具有径向廓线尺寸变化的盘形构件，且绕固定轴线回转，从动件与凸轮在同一平面内运动，并与凸轮轴线垂直，如图 4-4 所示。移动凸轮可看作是转轴在无穷远处的盘形凸轮的一部分，它做往复直线移动，如图 4-5 所示。

（2）圆柱凸轮。圆柱凸轮是一个在圆柱面上开有曲线凹槽，或是在圆柱端面上做出曲线轮廓的构件，它可看作是将移动凸轮卷于圆柱体上形成的，如图 4-6 所示。

图 4-4　盘形凸轮

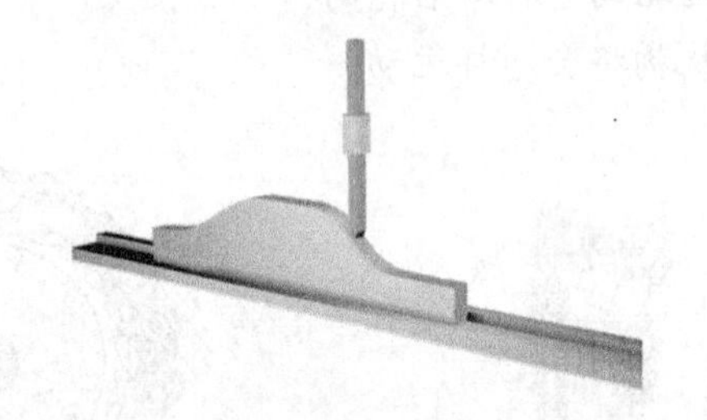

图 4-5　移动凸轮

图 4-6　圆柱凸轮

盘形凸轮机构和移动凸轮机构为平面凸轮机构，而圆柱凸轮机构由于凸轮与推杆的运动不在同一平面内，所以是一种空间凸轮机构。盘形凸轮机构的结构比较简单，应用也最广泛，但其推杆的行程不能太大，否则将使凸轮的尺寸过大。

2. 按推杆的形状分

（1）尖顶推杆。尖顶推杆的尖端能够与任意复杂的凸轮轮廓保持接触，从而使从动件实现任意的运动规律，如图 4-7 所示。

尖顶推杆的构造最简单，尖顶能与复杂的凸轮轮廓保持接触，但易磨损，所以只适用于作用力不大和速度较低的场合，如用于仪表等机构中。

（2）滚子推杆。滚子推杆凸轮机构是为减小摩擦磨损，所以在从动件端部安装一个滚轮，把从动件与凸轮之间的滑动摩擦变成滚动摩擦，如图 4-8 所示。

滚子推杆由于滚子与凸轮轮廓之间为滚动摩擦，所以磨损较小，故可用来传递较大的动力，因而应用较广。

（3）平底推杆。平底推杆凸轮机构是为了使推杆受力平衡，提高工作效率，故将从动件与凸轮的接触部分制作为平底，如图 4-9 所示。

图 4-7 尖顶推杆

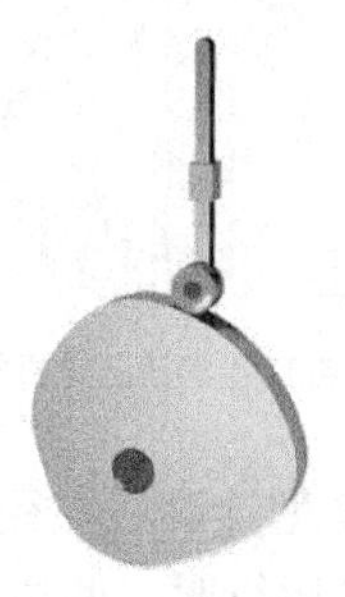

图 4-8 滚子推杆

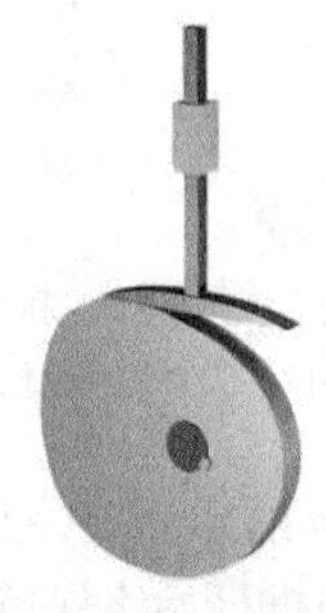

图 4-9 平底推杆

平底推杆的优点是凸轮与平底的接触面间易形成油膜，润滑较好。此外，在不计摩擦时，凸轮对从动件的作用力始终垂直于从动件的平底，受力平稳，所以常用于高速传动中。

以上 3 种从动件都是相对机架做往复直线运动，我们把做往复直线运动的从动件称为直动从动件，把做往复摆动的从动件称为摆动从动件，如图 4-10 所示。

（a）摆动尖顶推杆

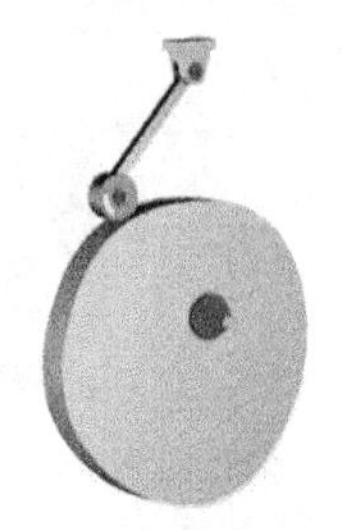

（b）摆动滚子推杆

（c）摆动平底推杆

图 4-10 摆动从动件

要点提示

在直动从动件中，若其导路的中心线通过凸轮的回转中心，则称其为对心直动从动件；若不通过凸轮回转中心，则称为偏置直动从动件。

3. 按凸轮与推杆保持的接触方法分

（1）力封闭凸轮机构。力封闭凸轮机构主要利用推杆的重力或弹簧力来使推杆与凸轮保持接触，如图 4-11 所示。

（2）几何封闭凸轮机构。几何封闭凸轮机构利用凸轮或推杆的特殊几何结构使凸轮与推杆保持接触，来达到预期的运动规律，常见的有以下 4 种类型。

图 4-12 所示为沟槽凸轮机构，它利用凸轮上的凹槽与置于凹槽中的滚子使凸轮与推杆保持接触。

图 4-13 所示为等宽凸轮机构，由于在运动工作中凸轮轮廓相切的任意两平行线间的宽度处处相等，且等于推杆内壁的距离，所以凸轮和推杆可以始终保持接触。

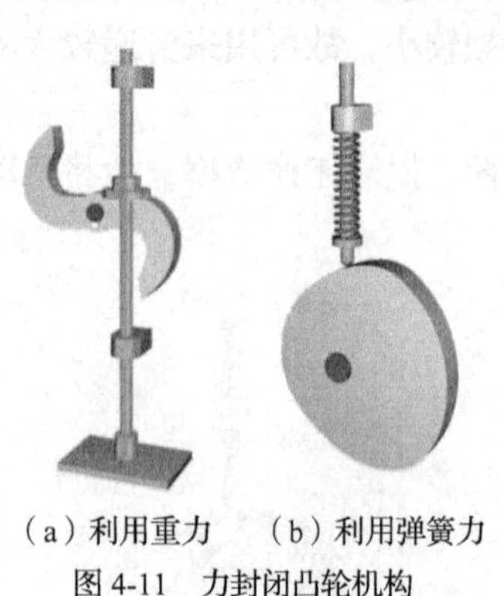

（a）利用重力　（b）利用弹簧力

图 4-11　力封闭凸轮机构

图 4-12　沟槽凸轮机构

图 4-13　等宽凸轮机构

图 4-14 所示为等径凸轮机构，因凸轮理论廓线在径向线上两点之间的距离处处相等，故可使凸轮与推杆始终保持接触。等径凸轮运行时，两边的从动件就会同时、同向、同速地平移，且移动的距离恒定。

图 4-15 所示为共轭凸轮机构，该机构用两个固结在一起的凸轮控制同一推杆，从而使凸轮与推杆始终保持接触。

图 4-14　等径凸轮机构

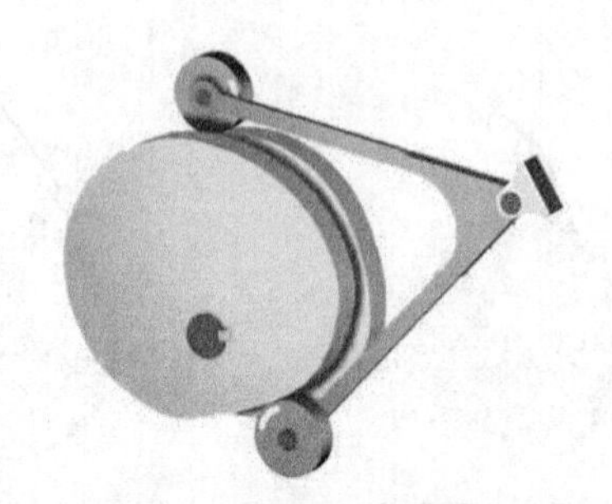

图 4-15　共轭凸轮机构

常见的几种几何封闭凸轮机构各自的特点如下。

- 沟槽凸轮机构结构简单，但加大了凸轮的尺寸和重量。
- 等宽凸轮机构中从动件运动规律的选择将受到一定的限制，当 180° 范围内的凸轮廓线根据从动件运动规律确定后，其余 180° 内的凸轮廓线必须符合等宽原则。
- 等径凸轮机构工作时从动件运动规律的选择将受到一定的限制。
- 共轭凸轮机构克服了等宽、等径凸轮机构工作时从动件运动规律的选择受限制的缺点，但由于其结构复杂、制造精度要求高，所以提高了生产成本。

4.1.2　凸轮机构的应用

凸轮机构具有结构简单、能准确实现需求的运动规律等优点，因而在工业生产中得到广

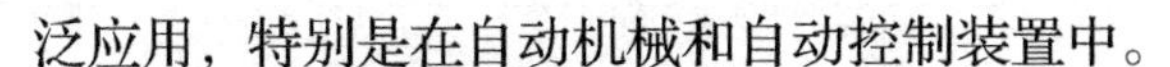

泛应用，特别是在自动机械和自动控制装置中。

1. 凸轮机构作为主动件

图 4-16 所示为一内燃机的配气机构。当凸轮回转时，其轮廓将迫使推杆做往复摆动，从而使气阀开启或关闭（关闭是借弹簧的作用），以控制可燃物质在适当的时间进入气缸或排出废气。至于气阀开启和关闭时间的长短及其速度和加速度的变化规律，则取决于凸轮轮廓曲线的形状。

图 4-17 所示为一自动机床的进刀机构。当具有凹槽的圆柱凸轮回转时，其凹槽的侧面通过嵌于凹槽中的滚子迫使推杆绕其轴做往复摆动，从而控制刀架的进刀和退刀运动。至于进刀和退刀的运动规律如何，则决定于凹槽曲线的形状。

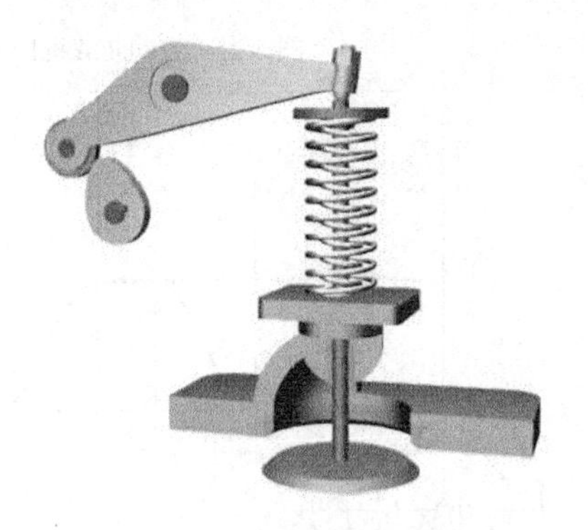

图 4-16　内燃机的配气机构

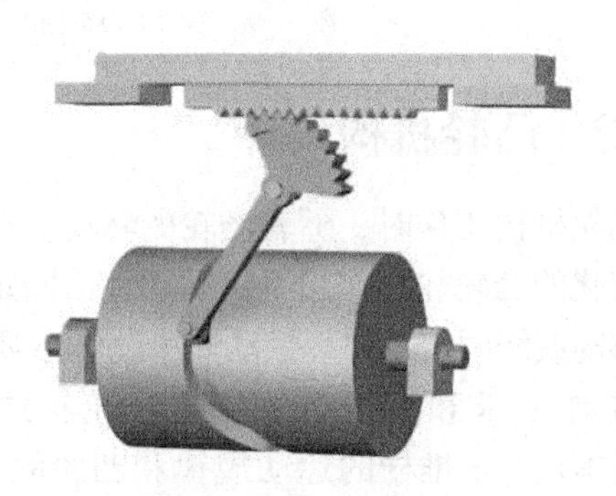

图 4-17　自动机床的进刀机构

2. 凸轮机构作为从动件

凸轮通常为主动件做等速转动，但也有做往复摆动或移动的。若凸轮为从动件，则称为反凸轮机构，如图 4-18 所示的勃朗宁机枪，反凸轮机构位于节套后部，使枪机向后加速移动，以便弹壳及时退出。

只要适当地设计出凸轮的轮廓曲线就能得到推杆预期的运动规律，而且响应快速，结构简单紧凑。正因如此，凸轮在实际生产中获得了广泛的应用。

枪机
加速凸轮
枪管
节套

图 4-18　勃朗宁机枪

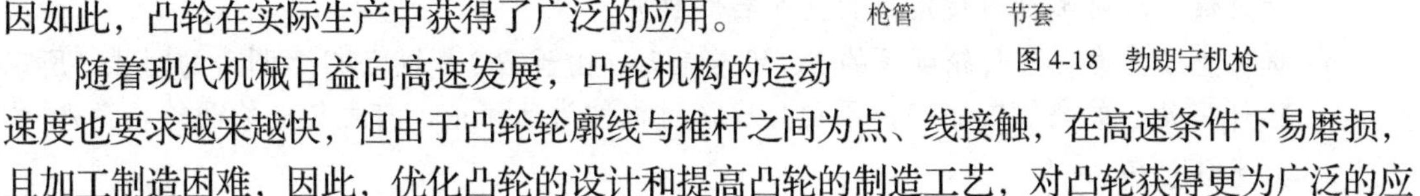

随着现代机械日益向高速发展，凸轮机构的运动速度也要求越来越快，但由于凸轮轮廓线与推杆之间为点、线接触，在高速条件下易磨损，且加工制造困难，因此，优化凸轮的设计和提高凸轮的制造工艺，对凸轮获得更为广泛的应用是很有必要的。

课堂练习

（1）观察图 4-19 所示的车床走刀机构，结合动画思考下列问题。

① 若按推杆的形状分，该凸轮机构属于哪类？

② 在该机构中，弹簧主要起什么作用？

③ 分析车床是如何利用该凸轮机构实现走刀功能的。

（2）观察图 4-20 所示的自动装载机构，结合动画思考下列问题。

① 该机构的凸轮机构是属于直动从动件还是摆动从动件？

② 结合动画试分析该机构的工作原理。

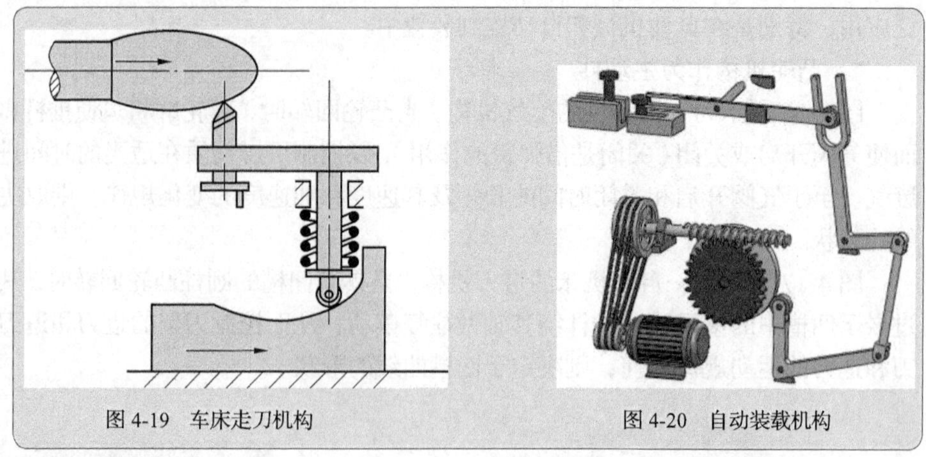
图 4-19 车床走刀机构　　图 4-20 自动装载机构

*4.1.3 凸轮机构设计

凸轮机构工作时，随着凸轮的转动，在向径逐渐变化的凸轮轮廓作用下，从动件沿固定直线往复移动或绕固定点往复摆动。其设计主要包括根据工作要求和结构条件选定凸轮机构的形式、基本尺寸、推杆的运动规律和凸轮的转向，然后再根据选定的推杆运动规律设计出凸轮应有的轮廓曲线。

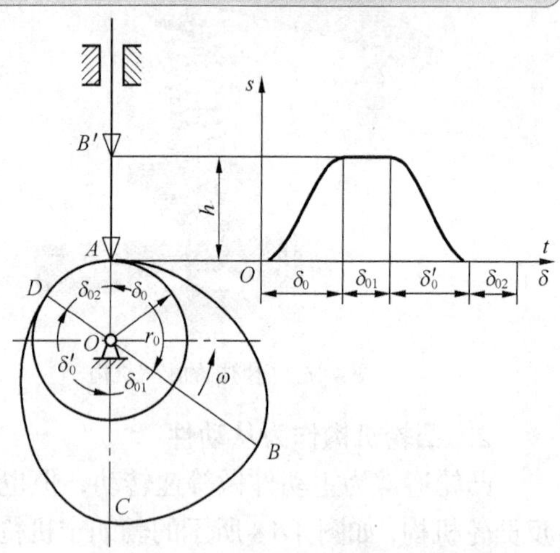

图 4-21 直动尖顶推杆盘形凸轮机构

1. 凸轮的结构

图 4-21 所示为直动尖顶推杆盘形凸轮机构，其主要参数如下。

- 基圆：以凸轮最小半径 r_0 为半径所作的圆。r_0 称为基圆半径。
- 推程：凸轮转动时，推杆在轮廓线 *AB* 的作用下，由最低点 *A* 被推到最高位置 *B′* 的这一过程。凸轮相应的转角 δ_0 称为推程运动角。
- 远休止：当推杆与凸轮廓线的 *BC* 段接触时，由于 *BC* 是以点 *O* 为圆心的圆弧，所以推杆将处于最高位置而静止不动，这一过程称为远休止，与之相应的凸轮转角 δ_{01} 称为远休止角。
- 回程：推杆与凸轮廓线的 *CD* 段接触，由最高位置回到最低位置的这一过程。凸轮相应的转角 δ_0' 称为回程运动角。
- 近休止：当推杆与凸轮廓线 *DA* 段接触时，由于 *DA* 段是以点 *O* 为圆心的圆弧，所以推杆将在最低点静止不动，这一过程称为近休止。相应的凸轮转角 δ_{02} 称为近休止角。

凸轮轮廓设计典型案例

2. 作图法设计凸轮机构

凸轮轮廓曲线设计所依据的基本原理是反转法原理，给整个凸轮机构施以$-\omega$ 的等角速度使其绕轴心 *O* 转动，在不影响各构件之间的相对运动的情况下，此时，凸轮将静止，而推杆则随其导轨以$-\omega$ 绕轴心转动，这样从动件尖顶复合运动的轨迹即凸轮的轮廓曲线，如图 4-22 所示。

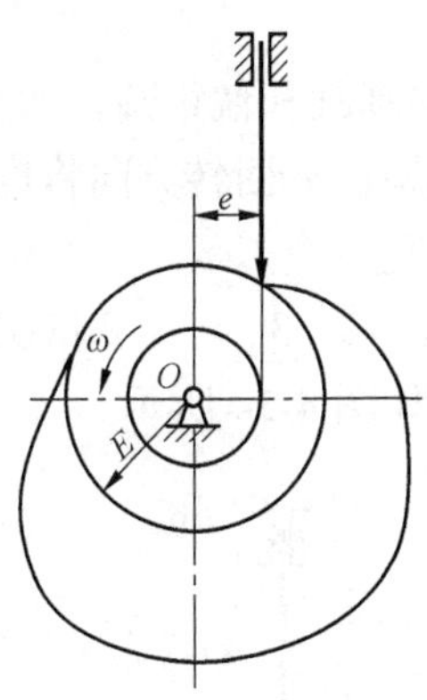

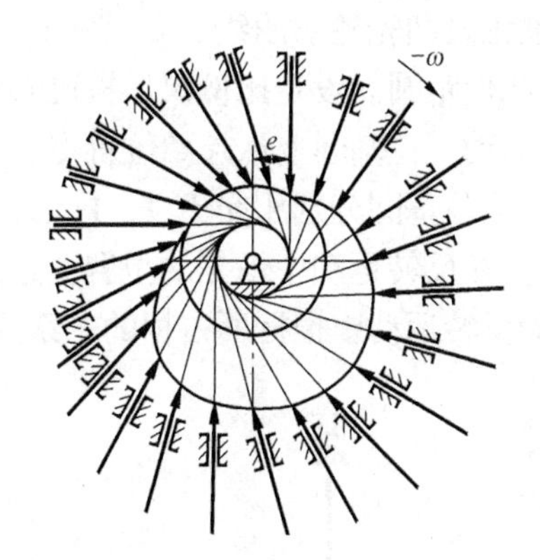

图 4-22　反转法设计原理

作图法设计凸轮机构的基本步骤如下。

（1）根据推杆的运动规律按选定的某一分度值计算出各分点的位移值。

（2）选取比例尺，并画出基圆及推杆起始位置。

（3）求出推杆在反转运动中占据的各个位置。

（4）将推杆尖顶的各位置点连成一条光滑的曲线，即为凸轮的理论轮廓线。

（5）用包络的方法求凸轮的实际轮廓线。

【例 4-1】 已知凸轮的基圆半径 $r_0=15$mm、偏距 $e=7.5$mm，凸轮以等角速度 ω 沿逆时针方向回转，推杆行程 $h=16$mm，试设计此偏置直动尖顶推杆盘形凸轮轮廓线。

已知推杆运动规律如表 4-1 所示。

表 4-1　　**推杆运动规律**

凸轮转角 φ/°	0～120	120～180	180～270	270～360
推杆位移 s/mm	匀速上升 16	上停	按照特定规律下降 16	下停

设定凸轮推程为等速运动规律，如表 4-2 所示。

表 4-2　　**凸轮推程运动规律**

凸轮转角 φ/°	0	15	30	45	60	75	90	105	120
推杆位移 s/mm	0	2	4	6	8	10	12	14	16

设定回程运动规律如表 4-3 所示。

表 4-3　　**凸轮回程运动规律**

凸轮转角 φ/°	0	15	30	45	60	75	90
推杆位移 s/mm	16	15.5	12.9	8	3.1	0.5	0

解：（1）推程段凸轮轮廓曲线。

① 作基圆和偏距圆。设定比例尺，按已知尺寸作出基圆和偏距圆，如图 4-23 所示。

② 做反转运动。在基圆上从起始位置点 A 出发，沿着$-\omega$ 回转方向将推程运动角均匀分为 9 等份。等分线与基圆分别相交于 A、1、2、…、8 点。

③ 确定推杆在反转运动中占据的位置。过等分点 1、2、3、…、8 依次作基圆的切线，这些放射线即为反转运动中推杆所占据的一系列位置，如图 4-24 所示。

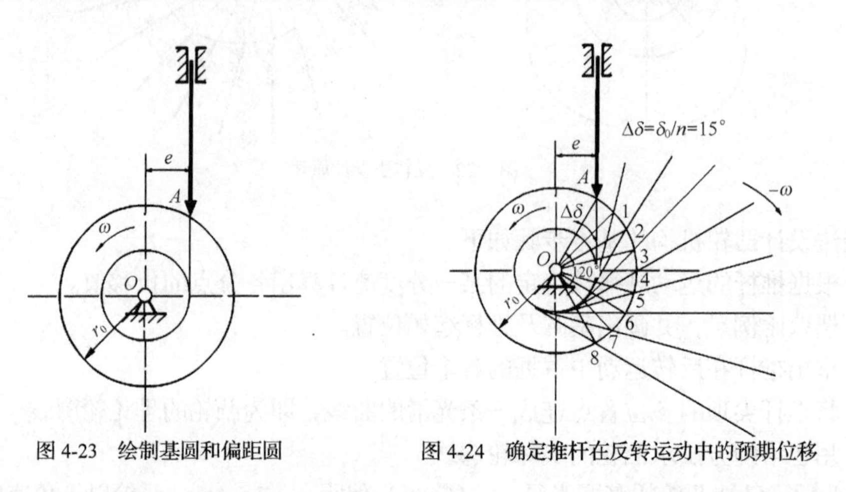

图 4-23　绘制基圆和偏距圆　　图 4-24　确定推杆在反转运动中的预期位移

④ 确定推杆在反转运动中的预期位移。在每条放射线上，从基圆开始按照表 4-2 中对应的数值量取推杆的位移量，得到一系列位置点 1′、2′、…、8′，如图 4-25 所示。

⑤ 获得轮廓曲线。按照顺序，光滑连接 A、1′、2′、…、8′，即为凸轮推程的轮廓曲线，如图 4-26 所示。

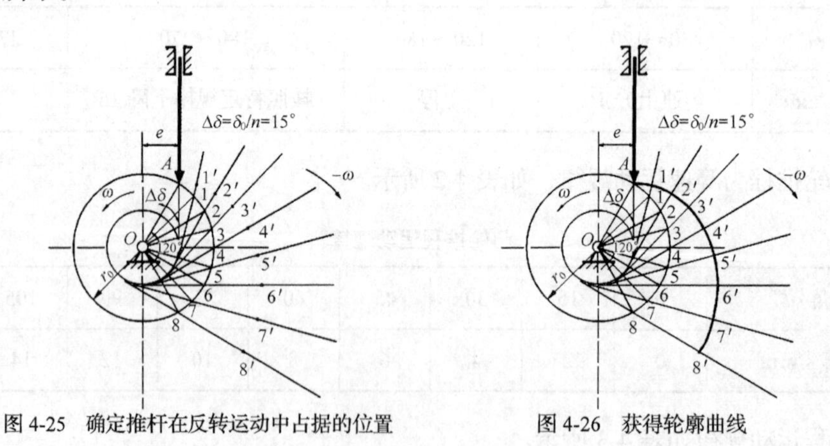

图 4-25　确定推杆在反转运动中占据的位置　　图 4-26　获得轮廓曲线

（2）远休止段凸轮轮廓曲线。在远休止段内，推杆保持静止状态。绘图时，首先确定远休止 60°运动角内推杆在反转运动中占据的位置，由于此时推杆保持静止，因此不必对运动角进行细分，只需作出两极限位置的放射线即可，得到点 9。

然后确定推杆在反转运动中的预期位移，9′的位置与 8′相同，然后光滑连接 8′9′，如图 4-27 所示。

（3）回程段凸轮轮廓曲线。具体作图步骤同推程段，结果如图 4-28 所示。

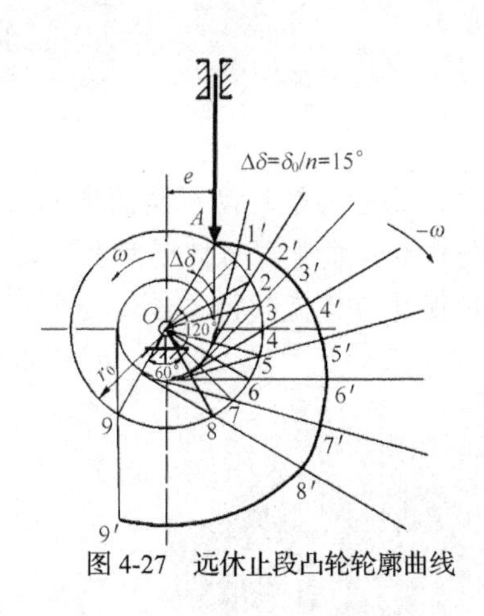

图 4-27　远休止段凸轮轮廓曲线

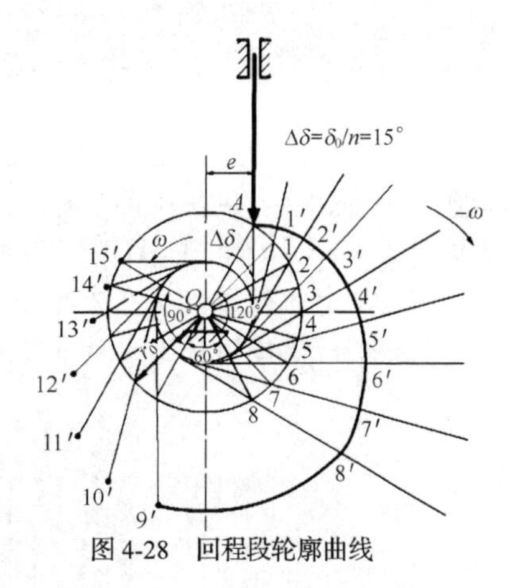

图 4-28　回程段轮廓曲线

（4）近休止段凸轮轮廓曲线。具体作图步骤同远休止段，结果如图 4-29 所示。完成后的凸轮轮廓曲线如图 4-30 所示。

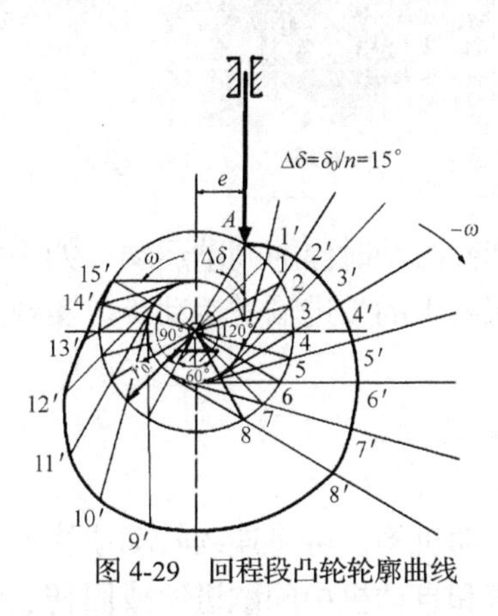

图 4-29　回程段凸轮轮廓曲线

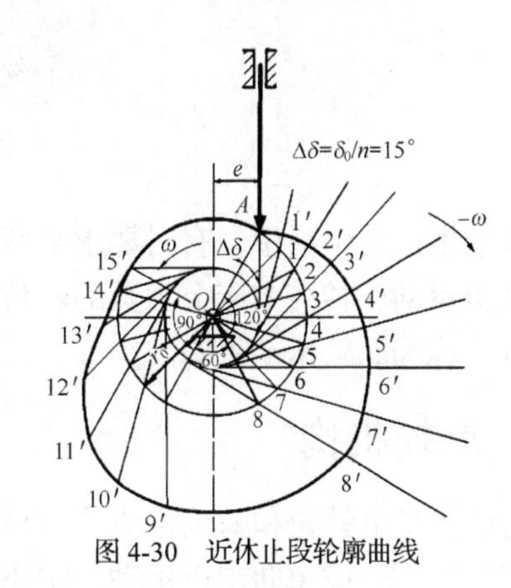

图 4-30　近休止段轮廓曲线

【视野拓展】

由于凸轮容易磨损，在高速运动场合受到限制，所以在设计凸轮机构时要尽量使凸轮耐磨，可从以下几点考虑。

（1）凸轮机构易磨损的主要原因之一是接触应力较大，凸轮与滚子的接触应力可以看作是半径分别等于凸轮接触处的曲率半径和滚子半径的两圆柱面接触时的压应力，可用赫兹公式进行计算，应使计算应力小于许用应力。

（2）促使凸轮磨损的因素还有载荷特性、几何参数、材料、表面粗糙度、腐蚀、滑动、润滑、加工情况等。其中润滑情况和材料选择对磨损寿命影响较大。

（3）为了减小磨损、提高使用寿命，除限制接触应力外还要采取表面化学热处理和低载跑合等措施，以提高材料的表面硬度。

4.2 间歇运动机构

（1）在日常生产、生活中，你见过哪些间歇运动机构的实例？

（2）图 4-31 所示为电影放映机的工作原理，当槽轮间歇运动时，胶片上的画面依次在方框中停留，通过视觉暂留而获得连续的场景，认真思考后明确间歇运动的含义。

图 4-31 电影放映机的工作原理

在日常生产、生活中，有时要求某些构件做周期性时动时停的间歇运动，如牛头刨床上工件的进给运动，转塔车床上刀具的转位运动，装配线上的步进输送运动等。实现这种间歇运动的机构称为间歇运动机构。

4.2.1 棘轮机构

棘轮机构是由棘轮和棘爪组成的一种单向间歇运动机构，可将连续转动或往复运动转换成单向步进运动，常用在各种机床和自动机中间歇进给或回转工作台的转位上。

棘轮机构的构成和工作原理

1. 棘轮机构的组成及工作原理

图 4-32 所示的棘轮机构主要由棘轮、棘爪、止动爪和摇杆组成，弹簧使止动爪和棘轮保持接触。

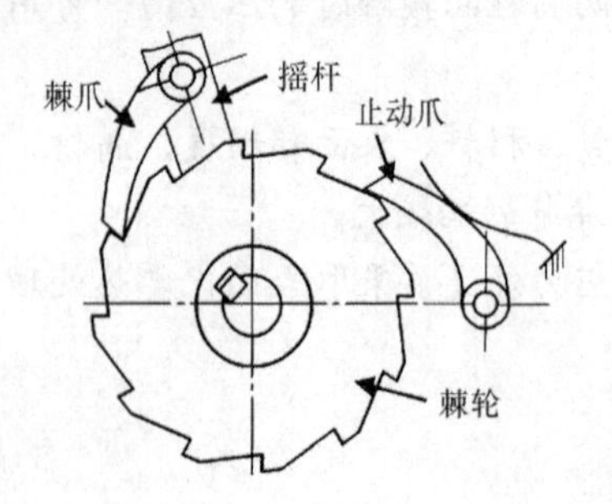

图 4-32 棘轮机构

在工作过程中当摇杆逆时针摆动时，棘爪插入齿槽推动棘轮转过一定角度，随后止动爪划过齿背，防止棘轮反转。当摇杆顺时针摆动时，止动爪阻止棘轮做顺时针转动。因此当摇杆做连续往复摆动时，棘轮将做单向间歇转动。

棘轮机构的工作原理如下。

（1）棘轮上的齿大多做在棘轮的外缘上，构成外接棘轮机构；若做在棘轮的内缘上，则构成内接棘轮机构。

（2）棘轮用键连接在机构的传动轴上，而主动杆则空套在主传动轴上，驱动棘爪与主动杆用转动副相连接。

（3）当主动杆逆时针方向摆动时，驱动棘爪借助弹簧或自重插入棘轮齿槽内，使棘轮转过一定角度。

（4）当主动杆顺时针方向摆动时，止动棘爪阻止棘轮顺时针转动，驱动棘轮在棘爪齿背上滑过，而棘轮静止不动，从而使主动杆做连续的往复摆动，而棘轮做单向间歇转动。

棘轮机构的结构简单、制造方便、运动可靠，而且棘轮轴每次转过角度的大小可以在较大的范围内调节。但其缺点是工作时有较大的冲击和噪声，而且运动精度较差，所以棘轮机构常用于速度较低和载荷不大的场合。

2. 棘轮机构的类型

常用棘轮机构可分为轮齿式和摩擦式两大类，其中轮齿式棘轮机构按运动方式可分为单向式棘轮机构和双向式棘轮机构，其应用较为广泛。摩擦式棘轮机构可分为偏心楔块式和滚子楔紧式两种，常用于低速轻载的场合。

（1）轮齿式棘轮机构。

① 单向式棘轮机构。图 4-33 所示为单向式棘轮机构，当摆杆向一个方向摆动时，棘轮沿同一方向转过某一角度；而摆杆向另一个方向摆动时，棘轮静止不动。

单向棘轮机构的工作原理

图 4-34 所示为双动式棘轮机构，工作时主动摇杆向两个方向往复摆动，分别带动两个棘爪两次推动棘轮转动。常用于载荷较大，棘轮尺寸受限，齿数较少，而主动摆杆的摆角小于棘轮齿距的场合。

图 4-33　单向式棘轮机构

图 4-34　双动式棘轮机构

② 双向式棘轮机构。单向式棘轮机构只能做单向间歇传动，如果工作需要棘轮做不同转向的间歇传动时，则可使用图 4-35（a）所示的双向式棘轮机构。将棘轮轮齿做成短梯形或矩形，且变动棘爪制成可翻转形式。因此，当棘爪处在图 4-35（b）所示的 B 位置时，棘轮可获得逆时

针单向间歇传动；而当棘爪绕其轴销 A 翻转到位置 B' 时，棘轮即可获得顺时针单向间歇传动。

（a）

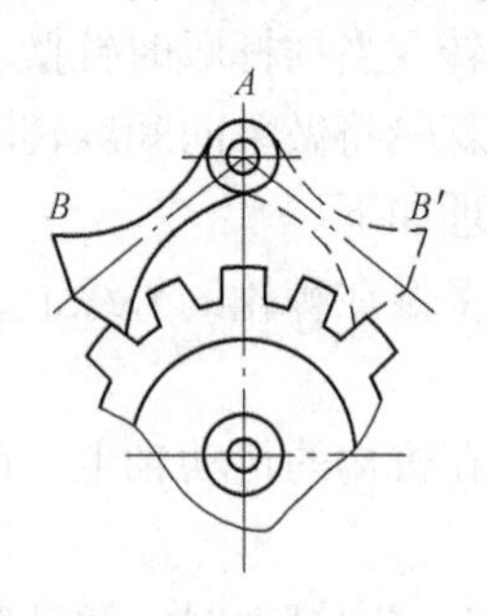

（b）

图 4-35 双向式棘轮机构

要点提示 双向式棘轮机构必须采用对称齿形，而棘爪制成可翻转的。这样棘轮在正、反两个转动方向上才能实现间歇转动。

（2）摩擦式棘轮机构。

① 偏心楔块式棘轮机构。偏心楔块式棘轮机构的工作原理与轮齿式棘轮机构相同，只是用偏心扇形楔块代替棘爪，用摩擦轮代替了棘轮。其主要利用楔块与摩擦轮间的摩擦力与楔块偏心的几何条件来实现摩擦轮的单向间歇转动，如图 4-36 所示。

② 滚子楔紧式棘轮机构。图 4-37 所示为滚子楔紧式棘轮机构，构件 1 逆时针转动或构件 3 顺时针转动时，在摩擦力作用下能使滚子 2 楔紧在构件 1、3 形成的收敛狭隙处，这时构件 1、3 成一体，一起转动；运动相反时，构件 1、3 成脱离状态。

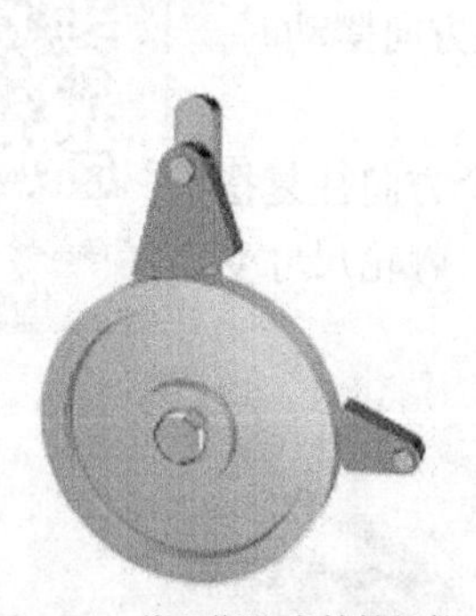

图 4-36 偏心楔块式棘轮机构

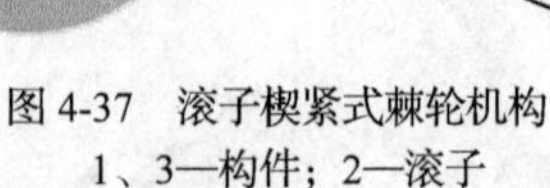

图 4-37 滚子楔紧式棘轮机构
1、3—构件；2—滚子

【视野拓展】

轮齿式和摩擦式棘轮机构各有如下特点。

（1）轮齿式棘轮机构结构简单，易于制造，运动可靠，从动棘轮转角容易实现有级调整，但棘爪在齿面滑过会引起噪声与冲击，在高速时尤为严重。故常在低速、轻载的场合用作间歇运动控制。

（2）摩擦式棘轮机构传递运动较平稳，无噪声，从动件的转角可作无级调整。但难以避免打滑现象，因而运动准确性较差，不适合用于精确传递运动的场合。

3. 棘轮机构的应用——牛头刨床工作台的横向进给机构

牛头刨床工作台的横向进给机构的工作原理如图 4-38 所示。

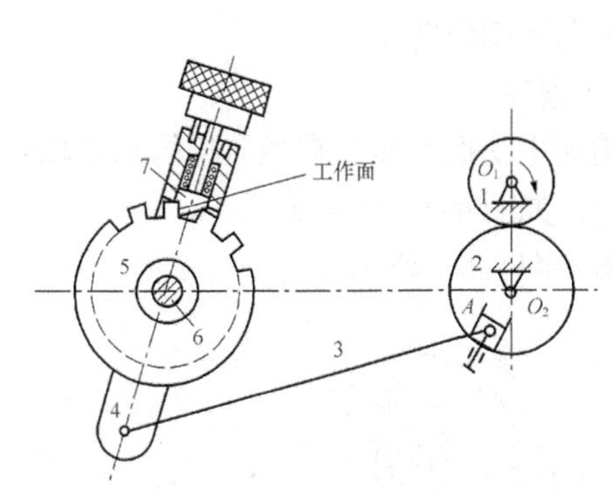

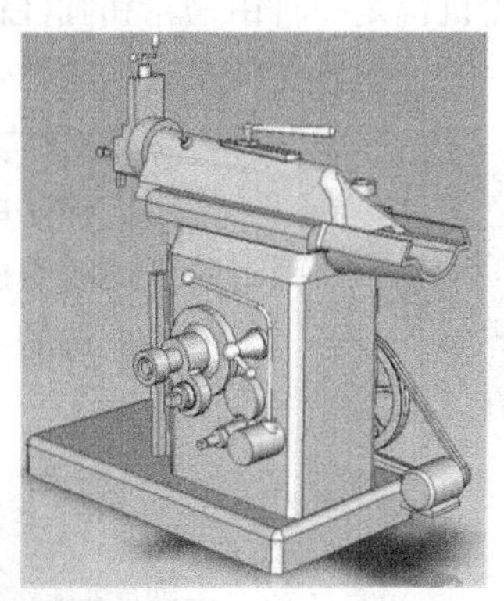

图 4-38　牛头刨床工作台的横向进给机构

1、2—齿轮；3—连杆；4—摇杆；5—棘轮；6—丝杆；7—棘爪

在此机构中通过齿轮（1、2）、曲柄摇杆机构（2、3、4）、棘轮机构（4、5、7）驱动与棘轮固连的丝杠 6 做间歇转动，从而使牛头刨床的工作台实现横向间歇进给。

（1）改变工作台横向进给量大小。若要改变工作台横向进给量的大小，可通过改变曲柄 O_2A 的长度来实现。

（2）使棘轮反向转动。当棘爪处在图 4-38 所示的状态时，棘轮 5 沿逆时针方向做间歇进给。若将棘爪 7 拔出，绕本身轴线转 180° 后再放下，由于棘爪工作面的改变，棘轮将改为沿顺时针方向间歇进给。

（3）改变棘轮每次转过角度的大小。改变棘轮每次转过角度的大小，可采用图 4-39 和图 4-40 所示的方法。

- 在图 4-39 中，改变摇杆的摆角大小，使其逐渐增大，棘轮转角随之增大。
- 在图 4-40 中，在棘轮外加装一个棘轮罩，用以遮盖摇杆摆角范围内的一部分棘齿。这样，当摇杆逆时针摆动时，棘爪先在罩上滑动，然后才嵌入棘轮的齿间来推动棘轮转动，被棘轮罩遮住的齿越多，棘轮每次转过的角度就越小。

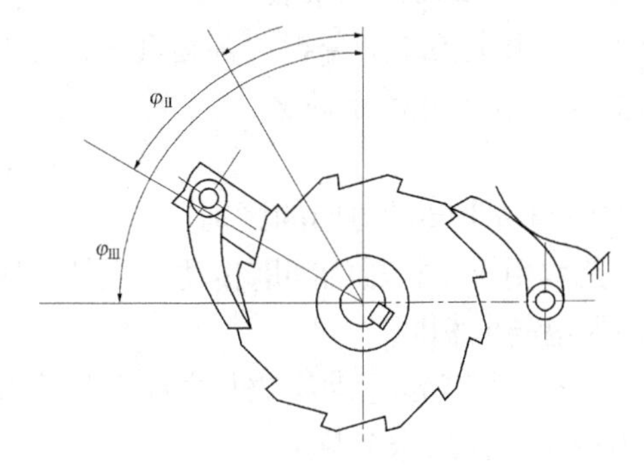

图 4-39　调整棘轮转角一

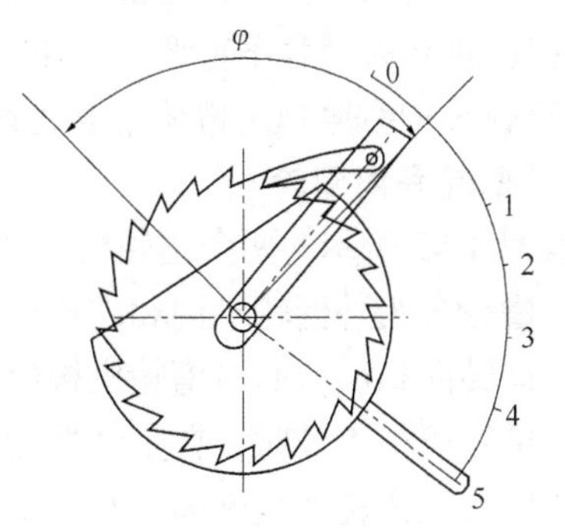

图 4-40　调整棘轮转角二

4.2.2 槽轮机构

槽轮机构是一种由槽轮和圆柱销组成的单向间歇运动机构，又称马尔他机构。常被用来将主动件的连续转动转换成从动件带有停歇的单向周期性转动。

1. 槽轮机构的组成及工作原理

槽轮机构是由装有圆柱销的主动拨盘和开有径向槽的从动槽轮及安装两者的机架所组成的高副机构，如图 4-41（a）所示。

槽轮机构的工作原理如图 4-41（b）所示。

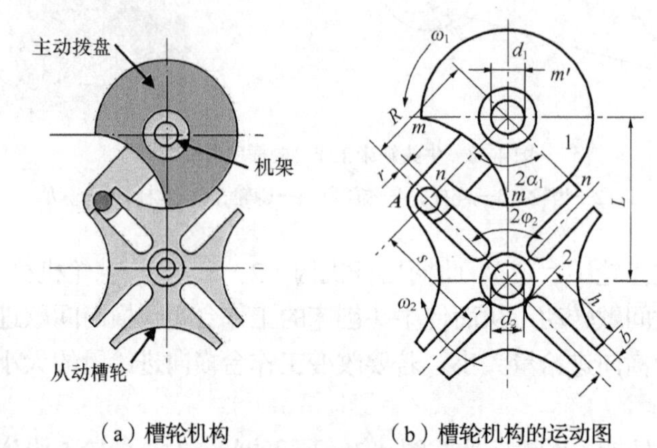

（a）槽轮机构　　（b）槽轮机构的运动图

图 4-41　槽轮机构

（1）拨盘 1 以等角速度做连续回转，当拨盘上的圆销 A 未进入槽轮的径向槽时，由于槽轮的内凹锁止弧 nn 被拨盘 1 的外凸锁止弧 $mm'm$ 卡住，故槽轮不动。

（2）当圆销 A 刚进入槽轮径向槽时的位置，此时锁止弧 nn 也刚好被松开。此后，槽轮受圆销 A 的驱使而转动。

（3）当圆销 A 在另一边离开径向槽时，锁止弧 nn 又被卡住，槽轮又静止不动，直至圆销 A 再次进入槽轮的另一个径向槽时，又重复上述运动，槽轮做时动时停的间歇运动。

槽轮机构的特点如下。

- 槽轮机构结构简单，易加工，工作可靠，转角准确，机械效率高。
- 槽轮机构的动程不可调节，转角不能太小，槽轮在起、停时的加速度大，有冲击，并随着转速的增加或槽轮槽数的减少而加剧，故不宜用于高速。

2. 外槽轮和内槽轮

观察图 4-42 所示的两个槽轮机构，对比槽轮与拨盘转动方向的区别。

（1）槽轮分为外槽轮机构和内槽轮机构，其均用于平行轴的间歇传动，但外槽轮机构中槽轮与拨盘转向相反，而内槽轮机构中槽轮与拨盘转向相同。

（2）槽轮机构工作时，在主动拨盘转动一周中，槽轮的运动次数与主动拨盘的圆销个数相同，槽轮每次的转动角度为（360°/n）（n 为槽轮的径向槽个数）。

（3）图 4-42（a）所示的外槽轮机构中，槽轮上开有 4 条径向槽，拨盘为单销，所以拨盘转动一周时，槽轮运动一次，且每次转动角度为 90°。

观察图 4-43 所示的双销式外啮合槽轮机构，说明拨盘转动一周时，槽轮运动几次，且每次转过的角度为多少。

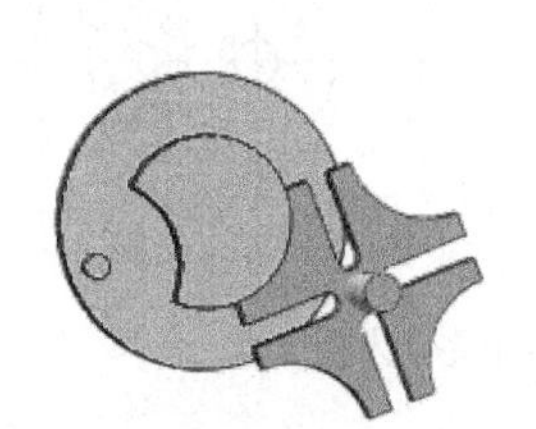

（a）外槽轮机构

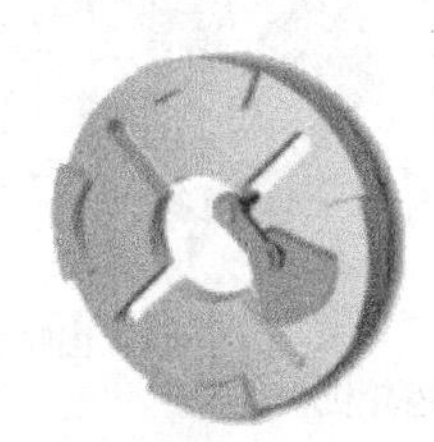

（b）内槽轮机构

图 4-42　槽轮机构

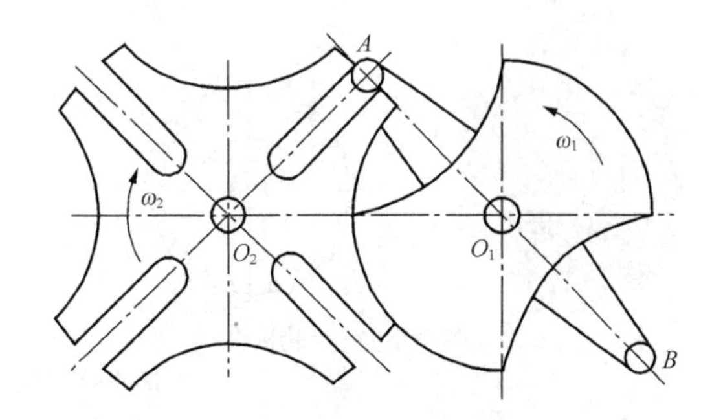

图 4-43　双销式外啮合槽轮机构

3. 槽轮机构的应用——蜂窝煤制作机的传动系统

槽轮机构在生产实际中应用广泛，图 4-44 所示为槽轮机构在蜂窝煤制作机的传动系统的应用。

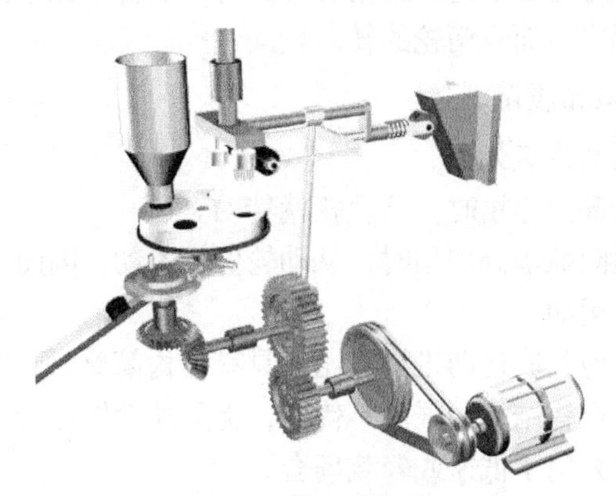

图 4-44　蜂窝煤制作机

蜂窝煤制作机工作原理

此蜂窝煤制作机的模盘转位机构采用了单销四槽槽轮机构，可满足其模盘完成制煤 4 道工序的停歇与转位的运动要求。

*4.2.3　不完全齿轮机构

顾名思义，不完全齿轮就是一个结构不完整的齿轮，是一种常用的间歇运动机构。

不完全齿轮机构的工作原理

1. 不完全齿轮的结构和工作原理

不完全齿轮机构由具有一个或多个轮齿的不完全齿轮 1（其上有锁止弧 s_1）、带正常齿的从动齿轮 2（其上有锁止弧 s_2）以及机架组成，如图 4-45 所示。

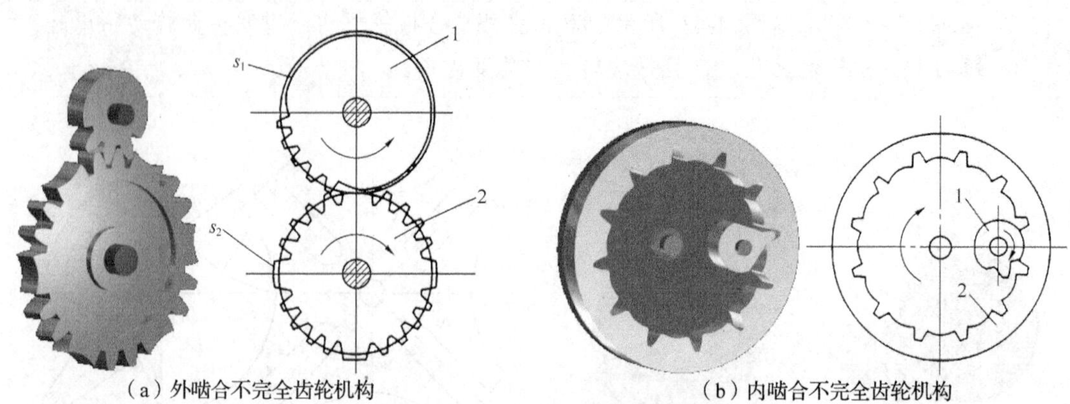

（a）外啮合不完全齿轮机构　　（b）内啮合不完全齿轮机构

图 4-45　不完全齿轮机构

工作时，不完全齿轮等速连续旋转，其上的轮齿与从动轮正常啮合时，主动轮驱动从动轮转动，当主动轮上的锁止弧 s_1 与从动齿轮上的锁止弧 s_2 接触时，从动轮停止转动并停留在确定的位置上，从而实现周期性的单向间歇运动。

如图 4-45（a）所示，主动轮转过一周，从动轮仅转过 1/4 周。

图 4-45（b）所示为内啮合不完全齿轮机构。与外啮合不完全齿轮机构相比，内啮合不完全齿轮机构不但结构紧凑，而且两轮的转向相同。

2. 不完全齿轮的特点和应用

不完全齿轮机构的运动特点如下。

（1）当主动轮的有齿部分作用时，从动轮就转动。

（2）当主动轮的无齿圆弧部分作用时，从动轮停止不动，因而当主动轮连续转动时，从动轮获得时转时停的间歇运动。

不完全齿轮机构与其他间歇运动机构相比，具有结构简单、制造方便、从动轮的运动时间和静止时间的比例不受机构结构的限制等优点，但是从动轮在转动开始和终止时角速度有突变，冲击较大，故一般只用于低速或轻载场合。

4.3 螺旋机构

想一想，图 4-46 所示的螺旋千斤顶是依靠什么原理抬升重物的？在图 4-47 所示的车床中，哪个主要部件上具有螺旋结构，有何用途？

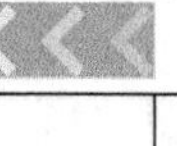

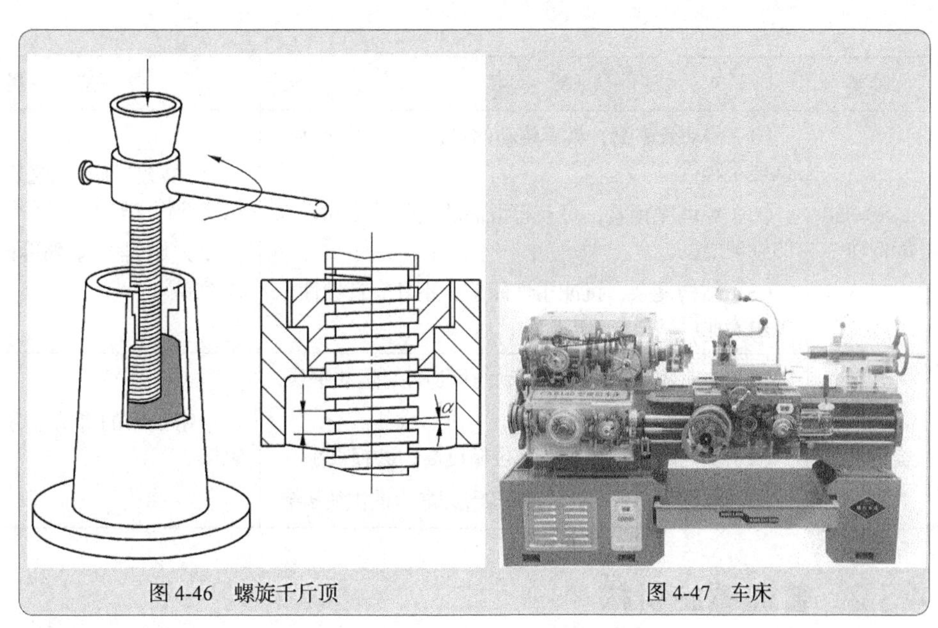

图 4-46　螺旋千斤顶　　图 4-47　车床

4.3.1　螺旋机构的特点和分类

螺旋机构利用螺杆与螺母组成的螺旋副将旋转运动转换成直线运动，同时传递转矩和动力。还可以调整零件的相对位置，广泛用于各种机械和仪器中。

1．螺旋机构的特点

螺旋传动是利用螺旋副来传递运动和（或）动力的一种机械传动，它可以方便地把主动件的回转运动转变为从动件的直线运动。

与其他将回转运动转变为直线运动的传动装置相比，螺旋机构具有以下特点。

（1）螺旋传动结构简单，工作连续、平稳。

（2）螺旋传动承载能力大，传动精度高。

（3）普通螺旋传动摩擦损失大，传动效率较低；但滚动螺旋传动的应用，已使螺旋传动摩擦大、易磨损和效率低的缺点得到了很大程度的改善。

2．螺旋传动的分类

螺旋传动机构根据螺旋副的摩擦性质不同可分为普通螺旋传动、滚动螺旋传动和静压螺旋传动等，其特点和应用如表 4-4 所示。

表 4-4　　各类螺旋传动机构的特点和应用

种类	特　　点	应　　用
普通螺旋传动	（1）结构简单，制造方便，运转平稳，易于自锁 （2）摩擦阻力大，传动效率低（30%～40%） （3）有侧向间隙，反向有空行程，低速有爬行	（1）金属切削机床的进给螺旋 （2）分度机构的传动螺旋 （3）摩擦压力机、千斤顶的传力螺旋

续表

种类	特　　点	应　　用
滚动螺旋传动	（1）传动效率高，具有传动的可逆性，运转平稳，低速不爬行 （2）经调整预紧，可获得很高的定位精度和较高的轴向刚度 （3）结构复杂，抗冲击性能差，不具有自锁性，多由专业厂制造	（1）数控机床、精密机床、测试机械、仪器的传动螺旋和调整螺旋 （2）飞行器、船舶等自动控制系统的传动螺旋
静压螺旋传动	（1）传动效率高，具有传动的可逆性，运动平稳，无爬行现象 （2）反向时无空行程，定位精度高，磨损很小 （3）螺母结构复杂，需有一套要求较高的供油系统	精密机床的进给、分度机构的传动螺旋

4.3.2 普通螺旋机构

由螺杆和螺母组成的简单螺旋副实现的螺旋传动机构即为普通螺旋传动，通常分为3种类型，如表4-5所示。

表4-5　　普通螺旋机构的分类及其应用

类型	特　　点	应　　用
传力螺旋	（1）以传递动力为主 （2）用较小的力转动螺杆（或螺母），产生较大的轴向力，形成轴向运动 （3）要求较高的强度和自锁性	传力螺旋在生产实际中常用于举重或挤压机构，如螺旋千斤顶
传动螺旋	（1）以传递运动为主，有时也承受较大的轴向载荷 （2）要求有较高的传动精度和传动效率，常采用多线螺纹来提高效率	传动螺旋广泛应用于各种机床刀架和工作台的进给机构
调整螺旋	（1）用来调整并固定零件或部件之间的相对位置，一般在空载下调整 （2）受力较小，要求有可靠的自锁性能和精度	调整螺旋主要应用于工具、夹具以及车床的手动调整机构中

普通传动螺旋工作时，螺母和螺杆的运动关系具有以下4种情况。

1. 螺母固定不动，螺杆回转

图4-48所示为螺旋千斤顶中的一种结构形式，螺母连接于底座固定不动，转动手柄使螺杆回转并做上升或下降的直线运动，从而举起或放下托盘。

螺杆不动，螺母回转并做直线运动的形式还用于插齿机刀架传动中。

2. 螺杆固定不动，螺母回转并做直线运动

图4-49所示为台钳定心夹紧机构，螺杆3的A段是右旋螺纹，B段是左旋螺纹，采用导

程不同的复式螺旋。当转动螺杆 3 时，夹爪 1 与 V 形夹爪 2 相对移动，从而夹紧工件 5。

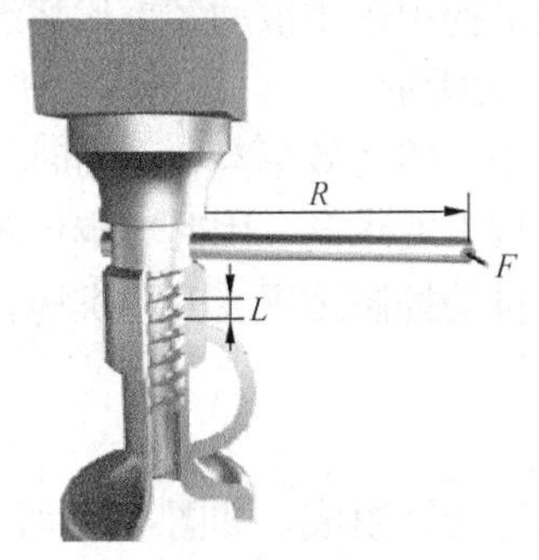

图 4-48　螺旋千斤顶

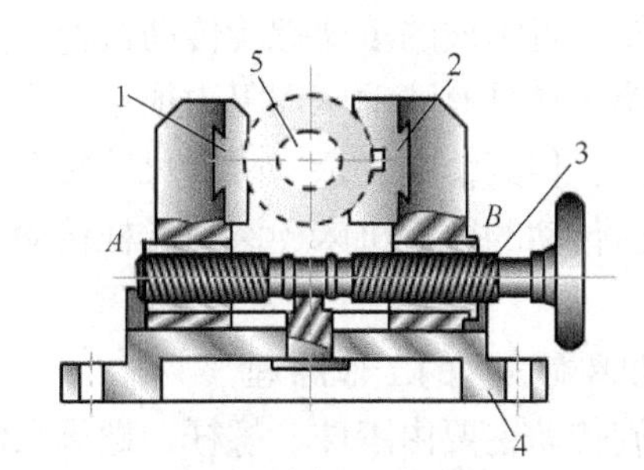

图 4-49　台钳定心夹紧机构

1、2—夹爪；3—螺杆；4—机座；5—工件

螺母不动，螺杆回转并移动的形式，通常还可以应用于螺旋压力机和千分尺中。

3. 螺杆回转，螺母做直线运动

图 4-50 所示为螺旋压力机，螺杆 1 左右两段分别与螺母 3、4 组成旋向相反、导程相同的螺旋副 A 和 C。当转动螺杆 1 时，螺母 3、4 很快地相对靠近，再通过连杆 5、6 使压板 2 向下运动，以压紧物件。

螺杆回转、螺母做直线运动的形式应用较广，如机床的滑板移动机构等。

4. 螺母回转，螺杆做直线运动

图 4-51 所示为显微镜装置，当逆时针旋转螺旋 1 时，显微镜内部的螺杆便带动目镜 2 向上移动；当螺旋 1 反向回转时，螺杆连同目镜 2 向下移动。

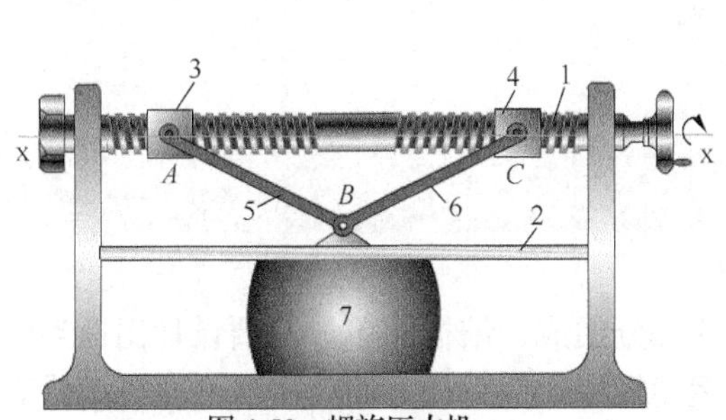

图 4-50　螺旋压力机

1—螺杆；2—压板；3、4—螺母；5、6—连杆

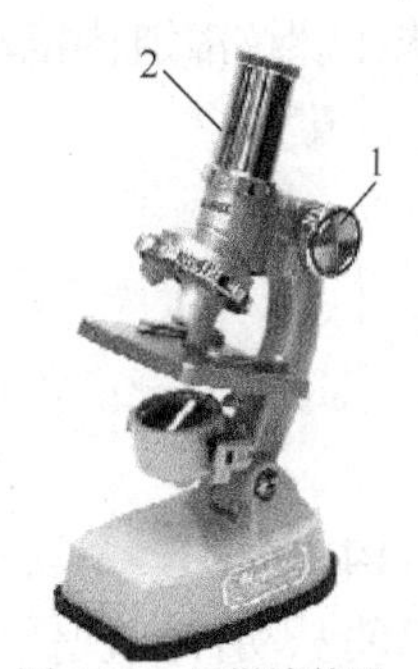

图 4-51　显微镜装置

1—螺旋；2—目镜

要点提示

滑动螺旋的结构主要是指螺杆、螺母的固定和支承的结构形式。螺旋传动的工作刚度和精度等与支承结构有直接关系，当螺杆短而粗且垂直布置时，可以利用螺母本身作为支承；当螺杆细长且水平布置时，应在螺杆两端或中间附加支承，以提高螺杆工作刚度。

4.3.3　滚动螺旋机构

随着机械向高精度和自动化方向发展，普通螺旋副由于摩擦阻力大、磨损快和效率低等原因，已不能适应高精度和自动化的发展。

1. 滚动螺旋机构的特点和用途

为了改善普通螺旋传动的功能，近年来，在螺旋机构中采用滚动摩擦代替滑动摩擦，形成用滚动螺旋装置组成的滚动螺旋传动机构，如图4-52所示。

滚动螺旋传动具有滚动摩擦阻力很小，摩擦损失小，传动效率高，传动时运动稳定、动作灵敏等优点。但其结构复杂，外形尺寸较大，制造技术要求高，因此成本也较高。目前主要应用于精密传动的数控机床（滚珠丝杠传动）以及自动控制装置、升降机构和精密测量仪器等。

2. 滚动螺旋机构的工作原理

滚动螺旋传动主要由滚珠、螺杆、螺母及滚动循环装置组成，如图4-53所示。

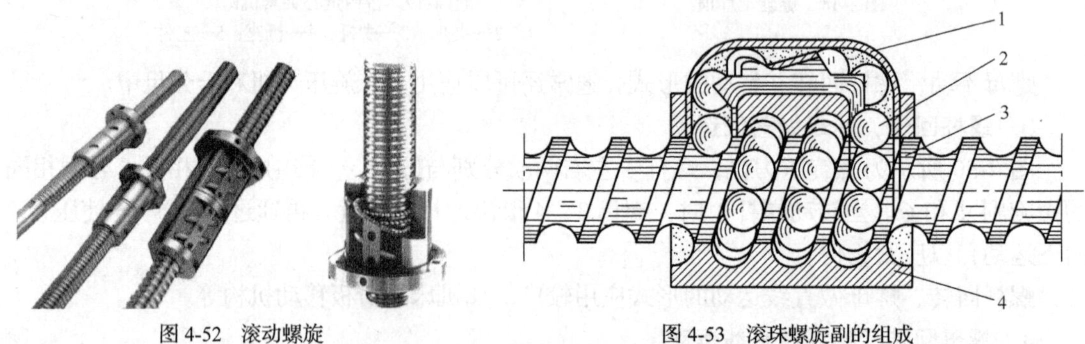

图4-52　滚动螺旋

图4-53　滚珠螺旋副的组成

1—滚动循环装置；2—滚珠；3—螺杆；4—螺母

在螺杆和螺母的螺纹滚道中，装有一定数量的滚珠（钢球），当螺杆与螺母做相对螺旋运动时，滚珠在螺纹滚道内滚动，并通过滚动循环装置的通道构成封闭循环，从而实现螺杆与螺母间的滚动摩擦。

小　结

凸轮机构由凸轮、从动件和机架3部分组成，结构简单，只要设计出适当的凸轮轮廓曲线，就可以使从动件实现任何预期的运动规律。但另一方面，由于凸轮机构是高副机构，易于磨损，因此只适用于传递动力不大的场合。

机械中常用的间歇运动机构有棘轮机构和槽轮机构。棘轮机构由棘爪、棘轮、止动爪和摇杆组成。槽轮机构是由装有圆柱销的主动拨盘和开有径向槽的从动槽轮及安装两者的机架所组成的高副机构，常被用来将主动件的连续转动转换成从动件带有停歇的单向周期性转动。

螺旋机构能将回转运动变换为直线运动，其运动准确性高，且有很大的减速比；工作平稳、无噪声，可以传递很大的轴向力。但由于螺旋副为面接触，且接触面间的相对滑动速度较大，故运动副表面摩擦、磨损较大，传动效率较低，一般螺旋传动具有自锁作用。

思考与练习

1. 凸轮机构中从动件的常用运动规律有哪几种，各有何特点，各适用于哪些场合？
2. 凸轮机构中从动件的运动规律取决于什么？
3. 设计凸轮机构时，凸轮的轮廓曲线形状取决于从动件的什么？
4. 保证棘爪顺利滑入棘轮齿槽的几何条件是什么？
5. 槽轮机构中圆柱销无冲击地进入轮槽和退出轮槽条件是什么？
6. 简要说明不完全齿轮结构的特点和用途。
7. 普通螺旋机构有哪些类型？
8. 简要说明滚动螺旋机构的特点和应用。

第 5 章　齿轮传动和蜗杆传动

认识齿轮传动

齿轮是生活中最常见的机械零件之一，用于实现机械运动和动力的传递。齿轮机构结构紧凑，使用范围广，传动效率高。蜗轮蜗杆可以实现传动比较大的减速运动，是一种重要的传动零件。本章将带领同学们深入认识齿轮机构的传动原理，认识齿轮传动家族各主要成员的特点、用途，最终达到能够灵活使用齿轮机构进行机械设计的目的。

【学习目标】

- 了解齿轮的特点及分类。
- 掌握渐开线齿轮的特点及正确传动、连续传动的条件。
- 掌握齿轮连续传动需要具备的条件。
- 掌握齿轮切削加工的方法。
- 了解斜齿轮、锥齿轮的特点及应用。
- 了解蜗杆传动的特点及应用。

【观察与思考】

（1）钟表是生活中常见的机械产品，图 5-1 所示为钟表的构造图。

① 钟表走时准确的关键因素在哪里？

② 找出钟表中的齿轮零件，并思考其主要功能是什么？

③ 齿轮的制造精度与手表走时准确度之间的关系是什么？

（2）图 5-2 所示为一个齿轮传动系统的工作原理图。

① 这个系统是如何工作的？

② 这个系统中的各种齿轮主要担负着什么工作？

（3）减速器是机械中的常用设备，图 5-3 所示为减速器的结构图。

① 此系统中的哪个部分是工作的核心？

② 图中哪个部件是蜗杆蜗轮机构？

③ 蜗杆蜗轮传动是怎样达到减速目的的？

图 5-1　钟表的构造

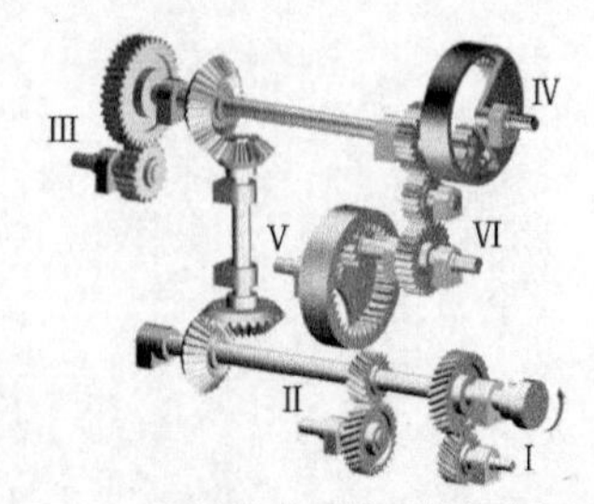

图 5-2　齿轮传动系统工作原理图

图 5-3　减速器结构图

（4）观察图 5-4 所示的齿轮在外形上有何不同，理解齿轮种类的多样性。

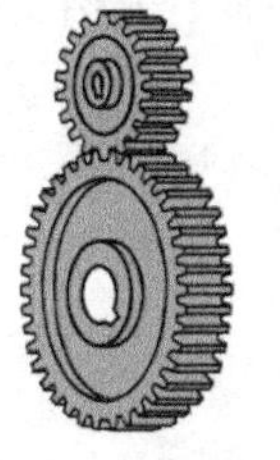

（a）外啮合

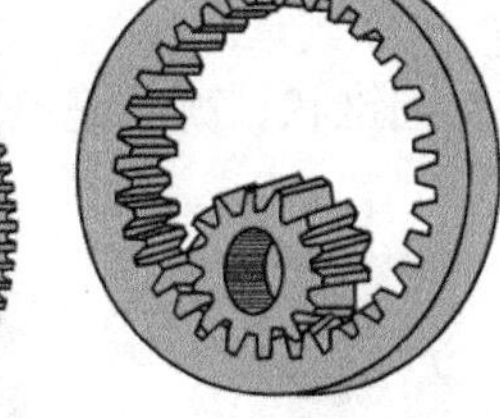

（b）内啮合

（c）斜齿轮

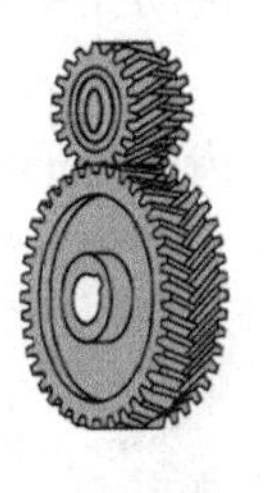

（d）人字齿轮

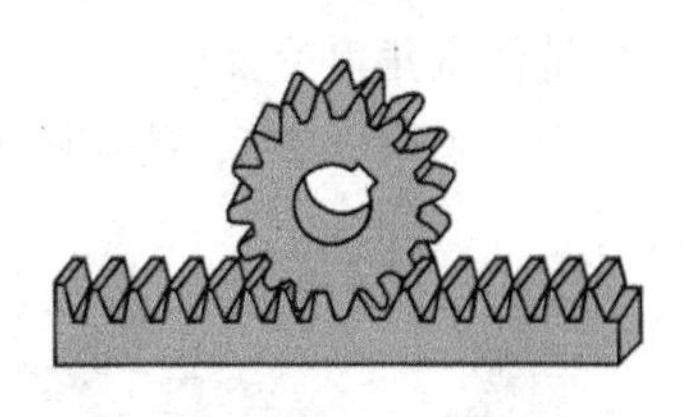

（e）齿轮与齿条

图 5-4　各种类型的齿轮

5.1　齿轮传动的特点和分类

齿轮传动是机械传动中应用最为广泛的一种传动方式，主要用来传递两轴间的回转运动，还可以实现回转运动和直线运动之间的转换。

齿轮传动的类型和特点

5.1.1　齿轮传动的特点

齿轮传动用于传递任意两轴之间的运动和动力，是现代机械中应用最广泛的传动形式之一，是机床、汽车、飞机以及各种动力机械中的关键零件。

1．齿轮传动的优点

齿轮传动与其他形式的机械传动相比，主要优点如下。

（1）传动效率高，可达 99%。

（2）结构紧凑、传动平稳、工作可靠。

（3）齿轮传动工作可靠，寿命长。

（4）能保证恒定的瞬时传动比。

（5）适用功率和速度范围广。

（6）可实现平行轴、任意角相交轴、任意角交错轴之间的传动。

（7）与带传动、链传动相比，在同样的使用条件下，齿轮传动所需的空间一般较小。

2．齿轮传动的缺点

齿轮传动与其他形式的机械传动相比，主要缺点如下。

（1）制造成本较高。

（2）加工和安装精度要求较高。

（3）低精度齿轮传动的振动和噪声较大。

（4）不适宜于远距离两轴间的传动。

5.1.2　齿轮传动的分类

齿轮家族成员众多，不同种类的齿轮不但用途不同，在结构和制造方法上也有差别。

1. 认识齿轮传动的多样性

（1）观察图 5-5，指出组成传动关系的两个齿轮的轴线，哪个是平行的，哪个是相交的，哪个是任意角度交叉的。

（2）观察图 5-6，指出哪些齿轮的形状是圆柱状，哪些是圆锥状，哪个是条状。

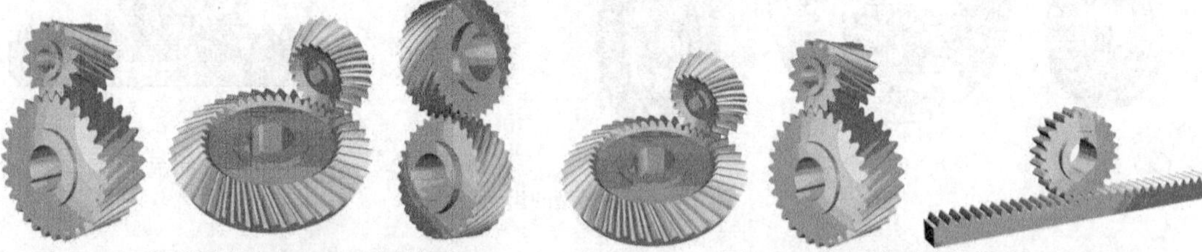

图 5-5　不同传动轴空间位置的齿轮传动　　　图 5-6　不同形状的齿轮传动

（3）观察图 5-7，指出哪个齿轮是直齿，哪个是斜齿，哪个是人字齿，哪个是螺旋齿。

（4）观察图 5-8，指出哪个齿轮是内啮合，哪个是外啮合。

图 5-7　不同齿形的齿轮传动

图 5-8　不同啮合方式的齿轮传动

（5）观察图 5-9，指出哪些齿轮是在旋转运动之间变换，哪个是在旋转运动和直线移动之间变换。

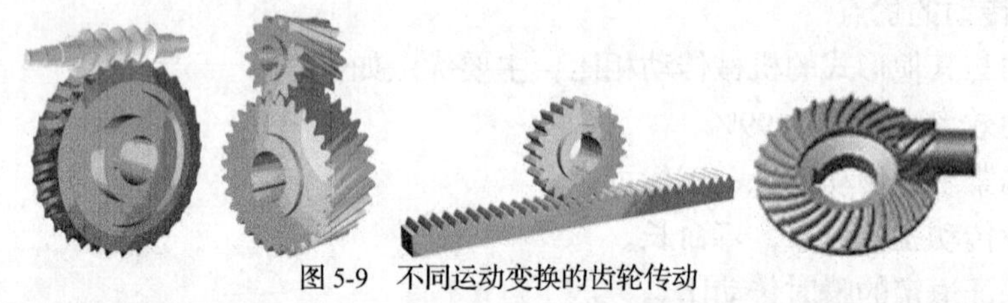

图 5-9　不同运动变换的齿轮传动

2. 齿轮传动的分类

齿轮传动的分类方法很多，按轴之间的相互位置、齿向和啮合情况分类如图 5-10 所示。

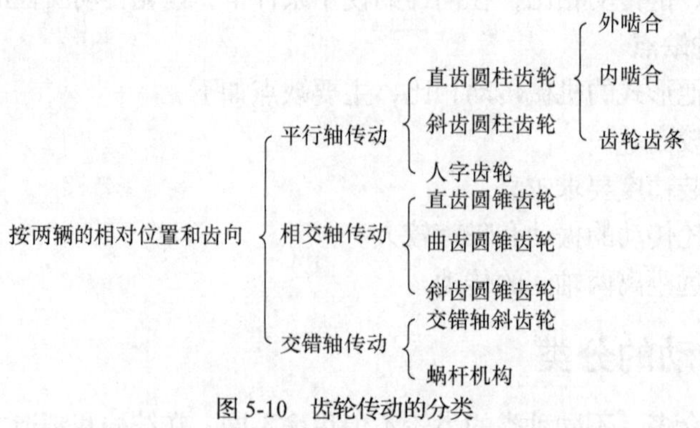

图 5-10　齿轮传动的分类

【视野拓展】

齿轮传动按照工作条件还可分为开式齿轮传动、闭式齿轮传动和半开式齿轮传动。

（1）开式齿轮传动。齿轮无箱无盖，直接暴露在外，不具有防尘防污染的效果，极易磨损，常用于低速或低精度的场合，如水泥搅拌机等，如图 5-11 所示。

（2）闭式齿轮传动。齿轮安装在密闭的箱体中，防尘效果好，且能够保证良好的润滑性，适用于机床主轴箱、汽车发动机等较为重要的场合，如图 5-12 所示。

（3）半开式齿轮传动。它介于开式齿轮传动和闭式齿轮传动之间，通常在齿轮的外面安装简易的罩盖，如图 5-13 所示的车床交换齿轮等。

图 5-11　水泥搅拌机

图 5-12　汽车发动机

图 5-13　机床交换齿轮

5.2　齿轮传动的功能及轮廓曲线

齿轮传动作为最终的机械传动方式，主要用于传递和变换运动与动力。归纳起来，齿轮传动有以下功能。

5.2.1　转速大小的变换

这是齿轮传动的主要功能，通过调整主动齿轮和从动齿轮的齿数比，可以调整从动轴输出转速的大小。其中，两齿轮的齿数比称为传动比，用 i 表示，该参数决定了转速变化量的大小，如图 5-14 所示。

$$i=\frac{z_1}{z_2}$$

式中：z_1、z_2——主动齿轮和从动齿轮的齿数。

$$\omega_2=\frac{z_1}{z_2}\omega_1$$

式中：ω_1、ω_2——主动轴和从动轴的角速度。

5.2.2　转速方向的变换

平行轴外啮合齿轮传动可改变齿轮的回转方向，主动轴、从动轴转速方向相反，如

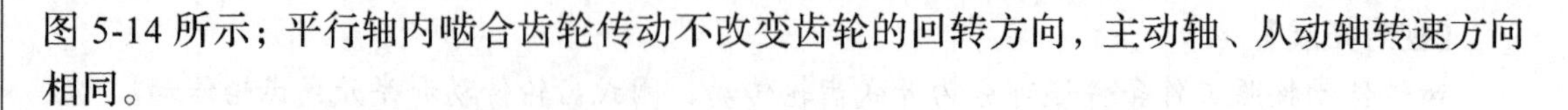

图 5-14 所示；平行轴内啮合齿轮传动不改变齿轮的回转方向，主动轴、从动轴转速方向相同。

5.2.3 改变运动的传递方向

相交轴外啮合齿轮传动和交错轴外啮合齿轮传动不仅改变齿轮的回转方向，还改变运动的传递方向，如图 5-15 所示。

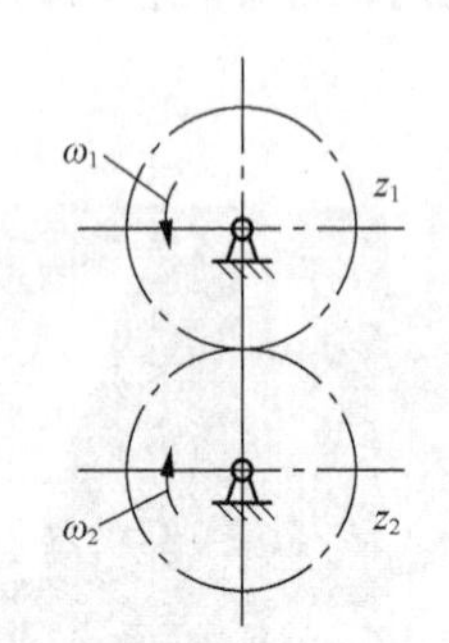

图 5-14 转速大小和方向的变换

图 5-15 转速传递方向的变换

5.2.4 改变运动特性

齿轮齿条传动可以把一个转动变换为移动，或者把一个移动变换为转动，如图 5-16 所示。非圆齿轮传动可以把一个匀速转动变换为非匀速转动，或者把一个非匀速转动变换为匀速转动，如图 5-17 所示。

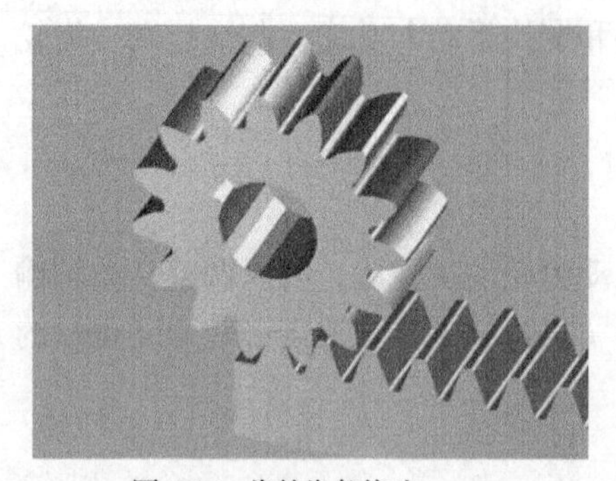

图 5-16 齿轮齿条传动

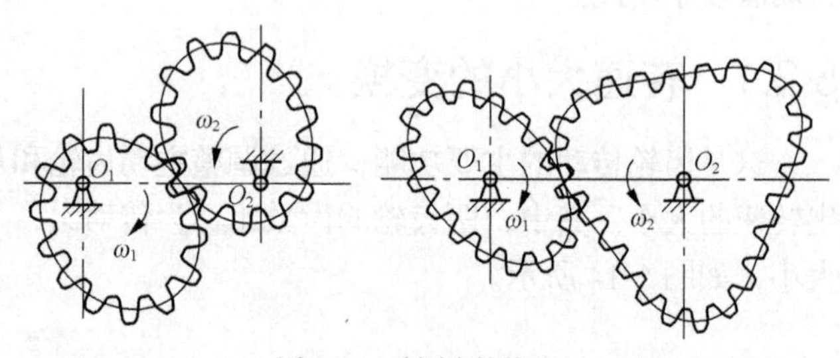

图 5-17 非圆齿轮传动

5.2.5 齿轮啮合的基本定律

通过思考得知：一对齿轮传动必须保证主动轮、从动轮匀角速度转动，否则将会产生惯性力，影响齿轮的强度和寿命。

图 5-18 所示为一对啮合齿轮的啮合过程，其特点如下。

（1）轮齿 E_1、E_2 在点 K 接触。

（2）主动轮、从动轮分别以 ω_1、ω_2 转动。

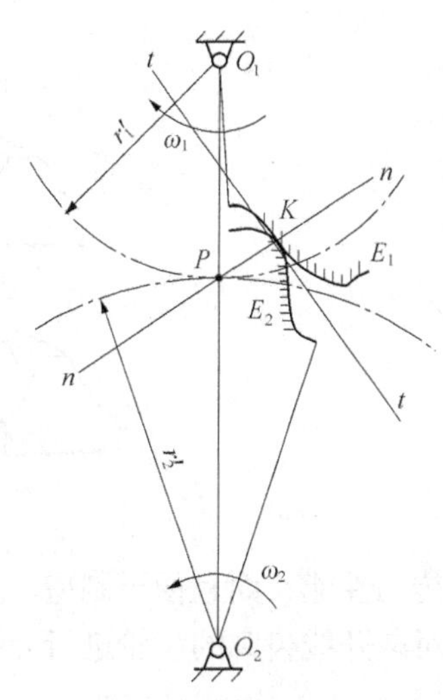

图 5-18　齿轮啮合过程

1. 基本概念

先介绍几个齿轮传动中的基本概念。

（1）公法线。过点 K 作两齿廓的公切线 tt，与之相垂直的直线 nn 即为两齿廓在点 K 处的公法线。

（2）节点。公法线与连心线 O_1O_2 的交点为 P，称为节点。

（3）瞬时传动比。两齿轮的瞬时传动比为

$$i_{12}=\frac{\omega_1}{\omega_2}=\frac{O_2P}{O_1P}=\frac{r_2'}{r_1'}$$

式中：r'_1、r'_2——过点 P 所作的两个相切圆的半径。

（4）节圆。过点 P 所作的两个相切圆被称为节圆。

2. 齿廓啮合基本定律

通过分析可知：若 O_2P/O_1P 为定值，则可保证齿轮瞬时传动比不变，即不论两齿廓在哪一点接触，过接触点的公法线与连心线的交点 P 都为一固定点，这一关系称为齿廓啮合基本定律。

3. 共轭齿廓

凡能满足齿廓啮合基本定律的一对齿廓称为共轭齿廓。共轭齿廓啮合时，两齿廓在啮合点相切，其啮合点的公法线通过节点 P。

理论上，只要给定一齿轮的齿廓曲线，并给定中心距和传动比 i_{12}，就可以求出与之共轭的另一齿轮的齿廓曲线，因此，能满足一定传动比规律的共轭齿廓曲线是很多的。

5.2.6　齿廓曲线的选择

对于定传动比传动的齿轮来说，目前最常用的齿廓曲线是渐开线，其次是摆线（见图 5-19）和变态摆线，近年来还有圆弧齿廓（见图 5-20）和抛物线齿廓等。

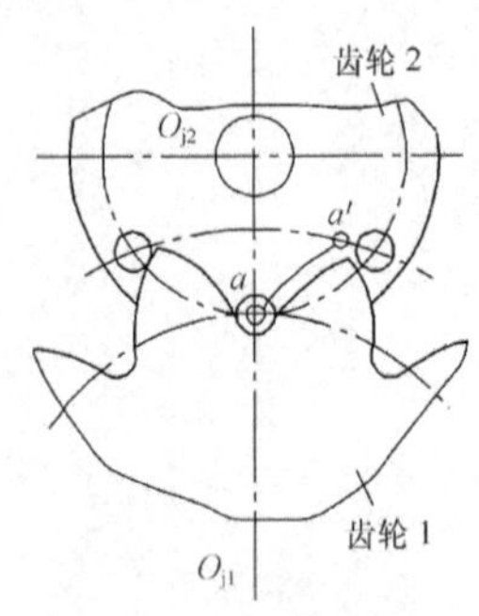

图 5-19　摆线齿廓齿轮

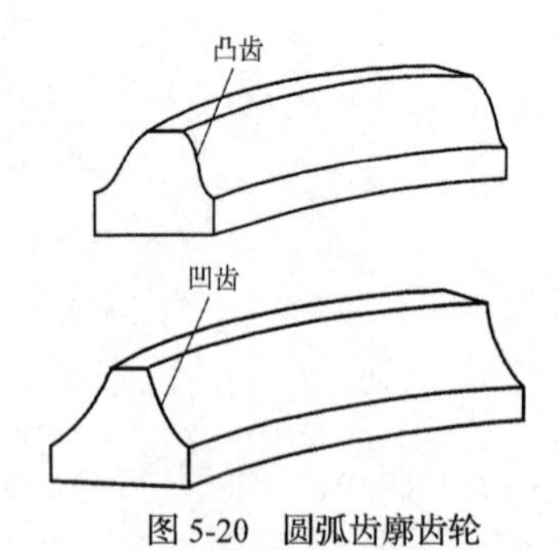

图 5-20　圆弧齿廓齿轮

由于渐开线齿廓具有良好的传动性能，而且便于制造、安装、测量和互换使用，因此它的应用最为广泛，故本章将着重对渐开线齿廓的齿轮进行介绍。

要点提示

在生产实践中，选择齿廓曲线时，不仅要满足传动比的要求，还必须从设计、制造、安装和使用等多方面予以综合考虑。

5.3　齿轮的渐开线齿廓

问题思考

一对齿轮要正确传递运动和动力，首先必须确保运动的平稳性，也就是说两个齿轮在相互啮合转动的过程中，其转速应该尽量匀速恒定，不能有速度波动和冲击振动。想一想，齿轮传动是通过什么因素来确保传动平稳的？

实际上，齿轮确保传动平稳性的关键是其齿轮轮廓的形状。生产实践证明，以渐开线、摆线以及经过特殊计算的圆弧作为齿廓形状，都可以达到传动要求。而以渐开线作为齿廓的齿轮目前在生产中应用最为广泛。

5.3.1　渐开线的形成及其特性

一对齿轮传动必须保证主、从动轮匀角速度转动，否则将会产生惯性力，影响齿轮的强度和寿命，情况严重时将导致工作事故。

1. 渐开线产生的原理

如图 5-21 所示，当一条直线沿着半径为 r_b 的圆做纯滚动时，该直线上任意一点 K 的运动轨迹 AK 为该圆的渐开线。

$$\cos\alpha_K = \frac{r_b}{r_K}$$

式中：半径 r_b 的圆——基圆；

nn ——渐开线的发生线；

α_K ——压力角。

2. 渐开线的性质

渐开线的形成及其特性

由渐开线的形成过程可知，渐开线具有以下性质。

（1）发生线沿基圆滚过的一段长度等于基圆上被滚过的一段弧长，即 $KB = AB$。

（2）发生线 *KA* 是渐开线在点 *A* 的法线，而发生线始终与基圆相切，故渐开线上任意一点的法线必与基圆相切。

（3）渐开线的形状取决于基圆的大小，基圆越小，渐开线越弯曲；基圆越大，渐开线越平直，如图 5-22 所示。基圆为无穷大时，渐开线变为一条直线，渐开线齿轮变为齿条。

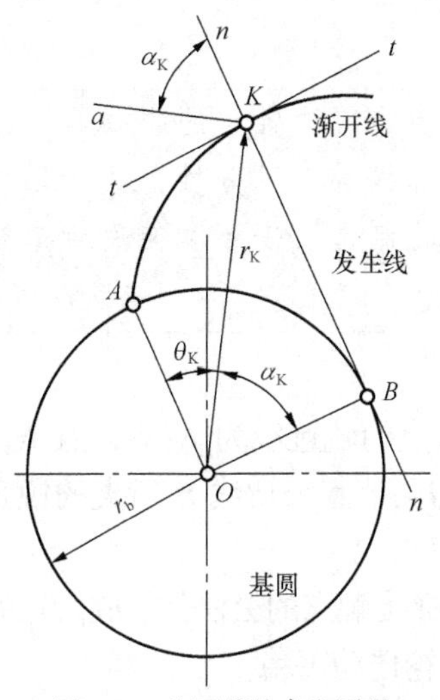

图 5-21 渐开线的产生原理

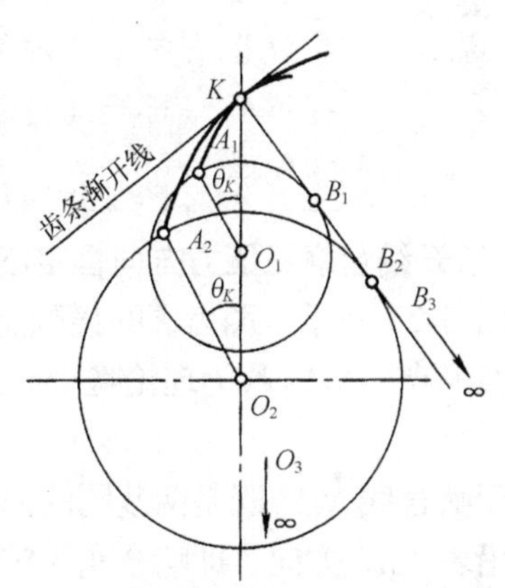

图 5-22 基圆大小与渐开线形状的关系

（4）渐开线上各点的压力角不等，并随着半径 r_K 的增大而增大。

（5）由于发生线与基圆相切，故基圆内无渐开线。

5.3.2 渐开线齿轮齿廓的啮合特性

要对渐开线齿轮传动有更深的认识和理解，首先必须理解渐开线齿轮齿廓的啮合特性。下面对这一内容进行介绍。

渐开线齿廓的啮合特性

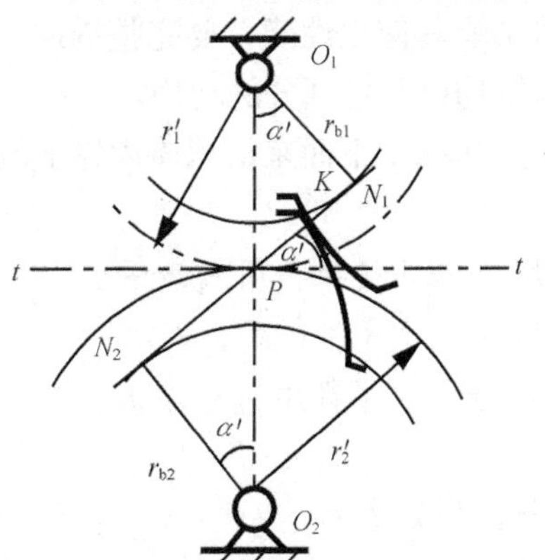

图 5-23 渐开线齿廓啮合原理图

1. 渐开线齿廓能保证定传动比传动

图 5-23 所示为两基圆半径分别为 r_{b1}、r_{b2} 的渐开线齿廓在任一点 *K* 啮合的示意图。分析可知，渐开线齿廓的啮合特点如下。

（1）过点 *K* 作两齿廓的公法线 N_1N_2，交两轮的连心线 O_1O_2 于点 *P*。

（2）公法线 N_1N_2 为两基圆的内公切线。

（3）由于两基圆大小、位置不变，故同一方向上的内公切线只有一条，即 N_1N_2 为一条直线，其与连心线的交点 P 为一固定点。

分析得知：渐开线齿廓满足齿廓啮合基本定律，且传动比为

$$i_{12}=\frac{\omega_1}{\omega_2}=\frac{O_2P}{O_1P}=\frac{r_2'}{r_1'}=\frac{r_{b2}}{r_{b1}}=\text{常数}$$

式中：r_{b1}、r_{b2} ——两齿轮的基圆半径；

r_1' 、r_2' ——两齿轮的节圆半径。

2. 渐开线齿轮具有可分性

两齿轮的传动比不仅与节圆半径成反比，也与两基圆的半径成反比。而一对渐开线齿轮制成后，其基圆半径不变，即使两轮的中心距略有改变，也不会影响其传动比。这个特性就称为渐开线齿轮的可分性。

在实际生产中由于制造误差、安装误差和轴承的磨损等因素，常导致齿轮中心距的微小变化，由于渐开线具有可分性，故传动比仍保持不变，渐开线齿轮的这一特性给齿轮制造、安装和使用带来很大的方便。

3. 渐开线齿廓正压力方向恒定不变

如图 5-23 所示，两齿廓的接触点称为啮合点，啮合点的轨迹线为 N_1N_2，点 N_1 与点 N_2 为啮合极限点，N_1N_2 称为理论啮合线段。啮合线 N_1N_2 与两节圆公切线 tt 所夹的锐角为啮合角 α' 。

由于啮合线 N_1N_2 既是两基圆的内公切线，又是两齿廓接触点的公法线，故齿轮的传力方向始终沿着 N_1N_2 方向，即啮合角为定值，因此渐开线齿轮传动平稳。

5.4 渐开线标准直齿圆柱齿轮

5.4.1 渐开线标准直齿圆柱齿轮的结构

齿轮是一种精密机械零件，其结构的准确性和精确性将影响其使用性能，要完整描述一个渐开线标准直齿圆柱齿轮，必须明确其结构以及各部分的功用。

渐开线直齿圆柱齿轮的构成

图 5-24 所示为渐开线直齿圆柱齿轮的结构图，下面来认识该齿轮上的重要结构要素。

- 齿顶圆：过齿轮齿顶所作的圆，直径用 d_a 表示（半径用 r_a 表示）。
- 齿根圆：过齿轮齿根所作的圆，直径用 d_f 表示（半径用 r_f 表示）。
- 基圆：发生渐开线齿廓的圆，直径用 d_b 表示（半径用 r_b 表示）。
- 齿厚：在任意圆周上轮齿两侧间的弧长，用 s_i 表示。
- 齿槽宽：在任意圆周上相邻两齿反向齿廓之间的弧长，用 e_i 表示。

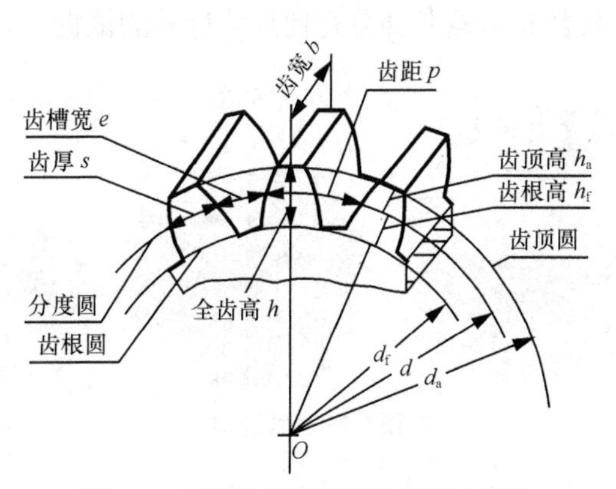

图 5-24 渐开线直齿圆柱齿轮的结构要素

- 齿宽：沿齿轮轴线量得齿轮的宽度，用 b 表示。
- 分度圆：对标准齿轮来说，齿厚与齿槽宽相等的圆称为分度圆，其直径用 d 表示（半径用 r 表示）。分度圆上的齿厚和齿槽宽分别用 s 和 e 表示，$s=e$。分度圆是设计和制造齿轮的基圆。
- 齿距：相邻两轮齿在分度圆上同侧齿廓对应点间的弧长，用 p 表示，$p=s+e$，$s=e=\dfrac{p}{2}$。
- 齿顶高：从分度圆到齿顶圆的径向距离，用 h_a 表示。
- 齿根高：从分度圆到齿根圆的径向距离，用 h_f 表示。
- 全齿高：从齿顶圆到齿根圆的径向距离，用 h 表示，$h=h_a+h_f$。

结合图 5-25 所示的齿条结构要素图，在齿条上找到与渐开线圆柱齿轮相对应的各个结构要素。

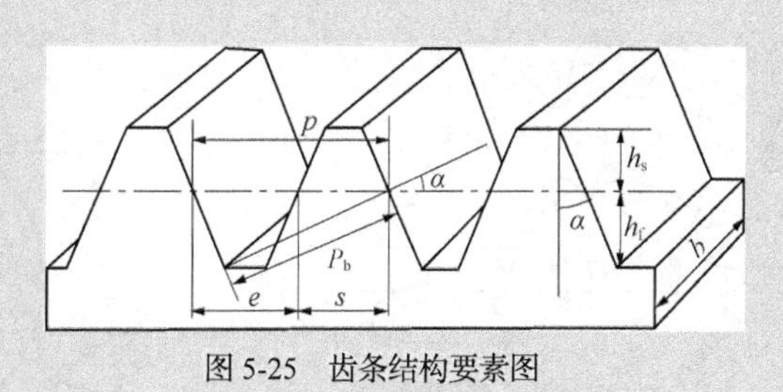

图 5-25 齿条结构要素图

5.4.2 渐开线直齿圆柱齿轮的基本参数和尺寸计算

观察图 5-26 所示的 3 个齿轮，指出它们在结构上的主要区别。

1. 渐开线直齿圆柱齿轮的基本参数

生产中使用的齿轮不但种类多样，而且参数众多，同一种类的齿轮也具有不同的齿数、大小和宽度等参数。直齿圆柱齿轮有齿数 z、模数 m、压力角 α 、齿顶高系数 h_a^* 和顶隙系数 c^*

5个基本参数，这些基本参数是齿轮各部分几何尺寸计算的依据。

图 5-26 齿轮对比

（1）齿数 z。一个齿轮的轮齿总数称为齿数，用 z 表示。齿轮设计时，按使用要求和强度计算确定齿数。

（2）模数 m。齿轮传动中，齿距 p 除以圆周率 π 所得到的商称为模数，即 $m=\frac{p}{\pi}$，单位为mm。

使用模数和齿数可以方便地计算齿轮的大小，用分度圆直径表示：$d=mz$。

【视野拓展】

齿数相同的情况下，改变齿轮的模数，齿轮的大小如何变化？模数相同的情况下，改变齿轮的齿数，齿廓的形状如何变化？

- 当齿轮的模数一定时，齿数不同，齿形也有差异，齿数越多，齿轮的几何尺寸越大，轮齿渐开线的曲率半径也越大，齿廓曲线越趋平直，当齿数趋于无穷大时，齿轮的齿廓已经变为直线，成为齿条，如图 5-27 所示。
- 模数的大小反映了轮齿的大小。模数越大，轮齿越大，齿轮所能承受的载荷就大；反之，模数越小，轮齿越小，齿轮所能承受的载荷就小，如图 5-28 所示。

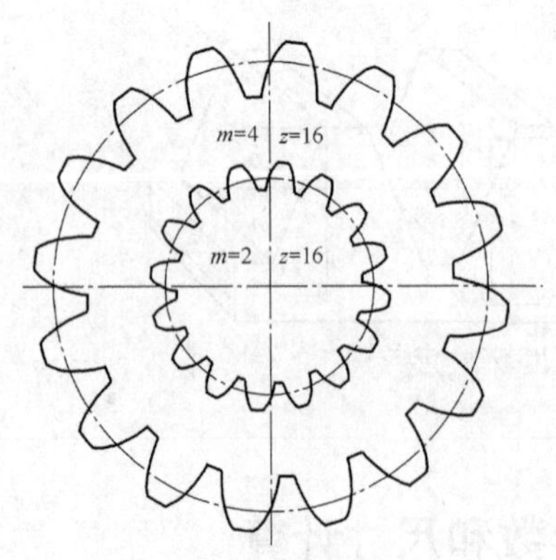

图 5-27 不同模数的齿轮

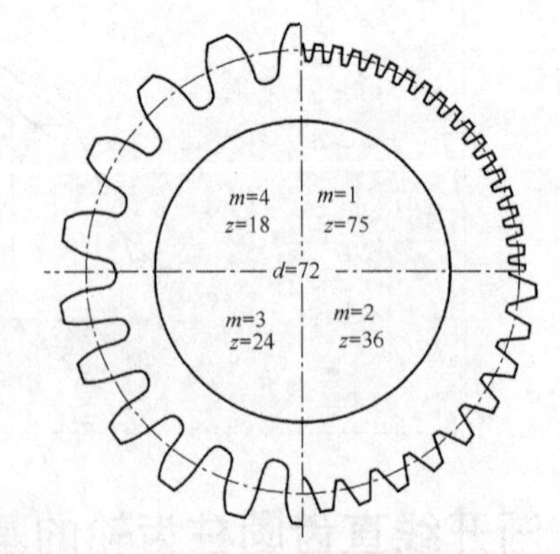

图 5-28 分度圆直径相同模数不同的齿轮

为了使用的方便，人为将 m 规定为有理数，并且其取值已经标准化，具体如表 5-1 所示。

表 5-1　渐开线齿轮模数（部分）

第一系列	0.8　1　1.25　1.5　2　2.5　3　4　5　6　8　10　12　16　20　25　32　40　50
第二系列	0.9　1.75　2.25　2.75　（3.25）　3.5　（3.75）　4.5　5.5　（6.5）　7　9　（11）　14　18　22　28　36　45

注：① 表中模数对于斜齿轮是指法向模数；

② 选取时，优先采用第一系列，括号内的模数尽可能不用。

（3）压力角 α 。由前面的分析可知，渐开线上各点的压力角不同。通常所说的压力角是指渐开线在分度圆上的压力角。不同压力角时轮齿的形状如图 5-29 所示。

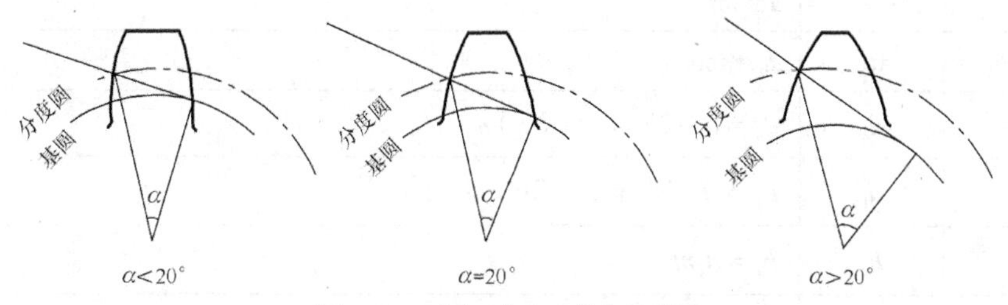

图 5-29　不同压力角时轮齿的形状

- 渐开线上任意点处的压力角是不相等的，在同一基圆的渐开线上，离基圆越远的点，压力角越大；离基圆越近的点，压力角越小。
- 当分度圆半径不变时，压力角减小，基圆半径增大，轮齿的齿顶变宽，齿根变窄，其承载能力降低。
- 压力角增大，基圆半径就减小，轮齿的齿顶变尖，齿根变厚，其承载能力增大，但传动较费力。
- 国家标准中规定分度圆上的压力角为标准值，即 $\alpha = 20°$ 。

（4）齿顶高系数 h_a^* 。齿顶高与模数之比值称为齿顶高系数，用 h_a^* 表示。

（5）顶隙系数 c^*。一对齿轮啮合时，一个齿轮的齿顶面与另一齿轮的齿槽底面并不直接接触，两者之间具有一定的径向间隙，这一间隙称为顶隙，如图 5-30 所示。

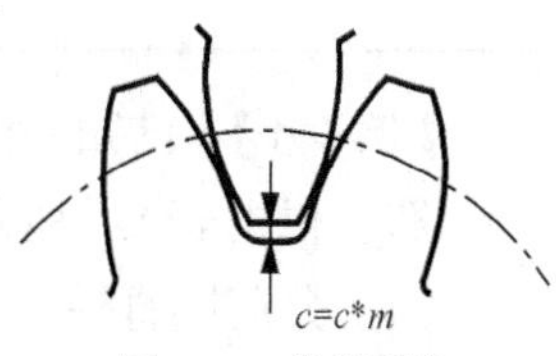

图 5-30　齿轮顶隙

轮齿的齿根高通常都应大于齿顶高。顶隙对应的空间可储存润滑油，有利于齿轮的润滑。

顶隙与模数之比值称为顶隙系数，用 c^*表示。

齿轮各部分尺寸均以模数作为计算基础，因此，标准齿轮的齿顶高和齿根高可表示为

$$h_a = h_a^* m$$

$$h_f = (h_a^* + c^*)m$$

对圆柱齿轮，我国标准规定正常齿时 $h_a^* = 1$，$c^* = 0.25$ 。

2. 渐开线直齿圆柱齿轮的尺寸计算

为了完整地确定一个齿轮的各个参数大小，需要详细计算其几何尺寸，在各个主要参数已知的情况下，标准直齿圆柱齿轮的主要尺寸参数可以通过表5-2所示的公式获得。

表5-2　标准直齿圆柱齿轮几何尺寸计算公式

名　称	代　号	公　式
齿数	z	设计选定
模数	m	设计选定
压力角	α	取标准值
分度圆直径	d	$d=mz$
基圆直径	d_b	$d_b=d\cos\alpha$
齿顶圆直径	d_a	$d_a=d+2h_a=(z+2h_a^*)m$
齿根圆直径	d_f	$d_f=d-2h_f=(z-2h_a^*-2c^*)m$
齿顶高	h_a	$h_a=h_a^*m$
齿根高	h_f	$h_f=(h_a^*+c^*)m$
全齿高	h	$h=h_a+h_f$
齿距	p	$p=\pi m$
齿厚	s	$s=\dfrac{\pi m}{2}$
槽宽	e	$e=\dfrac{\pi m}{2}$
中心距	a	$a=\dfrac{1}{2}(d_1+d_2)=\dfrac{1}{2}(z_1+z_2)m$

【例5-1】 已知一标准直齿圆柱齿轮的模数 $m=3$，齿数 $z=19$，求齿轮的各部分尺寸。

解：根据表5-2所示标准直齿圆柱齿轮的几何尺寸计算公式得到如下结果.

（1）分度圆直径

$$d=mz=3\times 19=57(\text{mm})$$

（2）基圆直径

$$d_b=d\cos\alpha=57\cos 20^\circ=53.56(\text{mm})$$

（3）齿顶圆直径

$$d_a=d+2h_a=57+2\times 1\times 3=63(\text{mm})$$

（4）齿根圆直径

$$d_f=d-2(h_a^*+c^*)m=57-2\times(1+0.25)\times 3=49.5(\text{mm})$$

（5）齿顶高

$$h_a=h_a^*m=1\times 3=3(\text{mm})$$

（6）齿根高

$$h_f = (h_a^* + c^*)m = (1 + 0.25) \times 3 = 3.75(\text{mm})$$

（7）全齿高

$$h = h_a + h_f = 3 + 3.75 = 6.75(\text{mm})$$

（8）齿距

$$p = \pi m = 3.14 \times 3 = 9.42(\text{mm})$$

（9）齿厚、齿槽宽

$$s = e = \frac{\pi m}{2} = \frac{3.14 \times 3}{2} = 4.71(\text{mm})$$

在所有齿轮参数中，哪些是已知的基本参数？标准齿轮是否有节圆？是否有分度圆？如果有，说明节圆和分度圆的不同。

对于标准齿轮，通常压力角为 20°，齿顶高系数为 1，顶隙系数为 0.25；单个齿轮上存在分度圆，而对于一对啮合齿轮，则存在节圆；使用公式 $s = e = \dfrac{\pi m}{2}$ 计算的齿厚与齿槽是指分度圆上的齿厚与齿槽。

5.4.3　渐开线齿轮的正确啮合条件

（1）想一想，是不是任何两个齿轮组合在一起都能够实现正确平稳的传动？

（2）观察图 5-31 所示齿轮的啮合情况，分析这对齿轮能否正常啮合运转？然后再观察图 5-32 所示的齿轮啮合示意图，找出它和图 5-31 所示齿轮啮合的区别所在，试着总结一对齿轮能够正确啮合的主要因素。

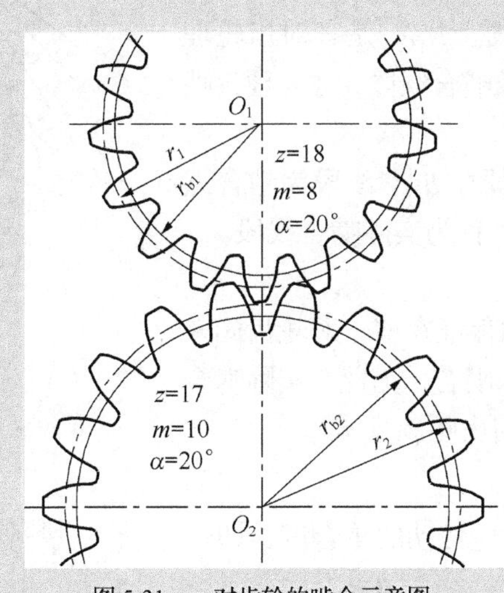

图 5-31　一对齿轮的啮合示意图

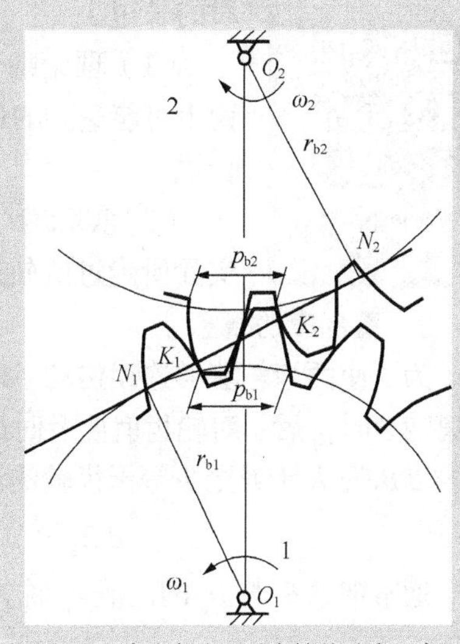

图 5-32　正确啮合的一对齿轮的啮合示意图

通过分析得知：一对渐开线齿轮在传动时，其齿廓啮合点都应位于啮合线 N_1N_2 上，因此要使两齿轮能正确啮合传动，应使处于啮合线上的各对轮齿都能同时进入啮合，为此，两齿轮的法向齿距应相等，即

$$p_{b1} = p_{b2}$$

$$\pi m_1 \cos\alpha_1 = \pi m_2 \cos\alpha_2$$

故

$$m_1 = m_2 = m$$

$$\alpha_1 = \alpha_2 = \alpha$$

综上所述，渐开线齿轮正确啮合的条件：两齿轮的模数、压力角必须分别相等，即其传动比计算简化为

$$i_{12} = \frac{\omega_1}{\omega_2} = \frac{d'_2}{d'_1} = \frac{d_{b2}}{d_{b1}} = \frac{d_2}{d_1} = \frac{z_2}{z_1}$$

要点提示

只有模数和压力角均相同的两个齿轮才能正确啮合；在齿轮传动中，齿轮的转速与其齿数成反比，齿数越多，其转速越低。

5.4.4 渐开线齿轮连续传动的条件

问题思考

齿轮传动实际上是一个一个轮齿依次进入啮合，然后再退出啮合的接力过程，请思考以下问题：当前一个齿轮退出啮合，而下一个齿轮尚未进入啮合时，将有什么后果？

1. 啮合线的概念

观察图 5-33 所示的啮合示意图，比较 B_1B_2 和 N_1N_2 两段线段的长短。

渐开线齿轮连续传动的条件

（1）理论啮合线。N_1N_2 是一对齿轮理论上可能达到的最长啮合线段，称为理论啮合线。

（2）实际啮合线段。B_1B_2 线段为啮合点实际所走过的轨迹，称为实际啮合线段。

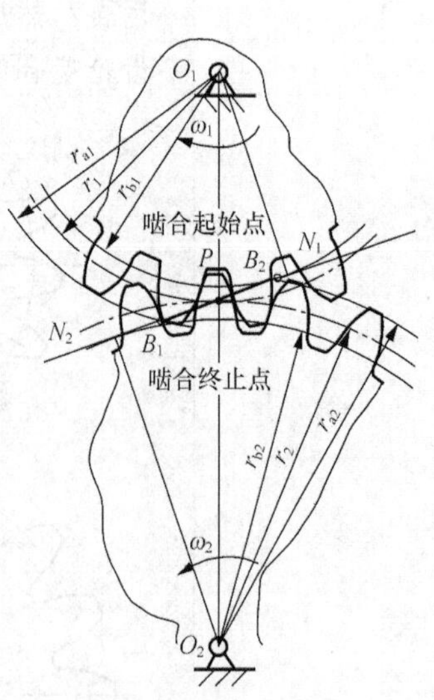

图 5-33 啮合示意图

2. 重合度的概念

为了使两齿轮能够连续传动，必须保证在前一对轮齿尚未脱离啮合时，后一对轮齿就要及时进入啮合，为此，实际啮合线段 B_1B_2 应大于或至少等于齿轮的法向齿距 p_b，即

$$B_1B_2 \geqslant p_b$$

通常把 B_1B_2 与 p_b 的比值 ε_α 称为齿轮传动的重合度，即

$$\varepsilon_\alpha = \frac{B_1B_2}{p_b}$$

即齿轮连续传动的条件为

$$\varepsilon_\alpha = \frac{B_1B_2}{p_\mathrm{b}} = \frac{B_1B_2}{\pi m\cos\alpha} \geqslant 1$$

课堂练习

（1）重合度ε_α是大于等于 1，还是小于 1?

（2）重合度ε_α越大，齿轮传动越平稳，对吗?

（3）重合度$\varepsilon_\alpha=1$，代表什么含义？而$\varepsilon_\alpha=2$ 又代表什么含义？若ε_α在 1～2，则表示什么意思?

要点提示

重合度越大，传动越平稳，每个轮齿受到的载荷也越小。重合度为 1，表示传动过程中始终只有一对轮齿在啮合；重合度为 2，表示有两对轮齿始终啮合；重合度为 1～2，表示有时一对轮齿啮合，有时有两对轮齿啮合。一般机械中，重合度通常为 1.1～1.4。

5.4.5　齿轮的安装

前面已经述及，齿轮的传动比与两个齿轮之间的安装距离没有直接的关系。想一想，如果增加两个齿轮之间的距离，对传动效果有何影响?

1. 正确安装的原则

根据生产中的经验，一对外啮合渐开线标准齿轮的正确安装，理论上应达到两个齿轮的齿侧间没有间隙，以防止传动时产生冲击和噪声，影响传动的精度。

2. 标准中心距

因标准齿轮的分度圆齿厚与槽宽相等，且一对相啮合齿轮的模数相等，如图 5-34 所示，即

$$s_1 = e_1 = s_2 = e_2 = \frac{\pi m}{2}$$

故两齿轮啮合时，分度圆相切，侧隙为零，从而得到标准中心距为

$$a = \frac{d_1 + d_2}{2} = \frac{m}{2}(z_1 + z_2)$$

3. 齿侧间隙

齿轮传动时，由于轮齿的热变形以及装配误差等原因，安装时齿廓间应根据传动要求留有微小的齿侧间隙，以储存润滑油等，如图 5-35 所示。

要点提示

为了减小或避免轮齿间的反向冲撞和空程，这种齿侧间隙一般都很小，并由制造公差来保证，因此，在计算齿轮的尺寸和中心距时，都按齿侧间隙为零来考虑。

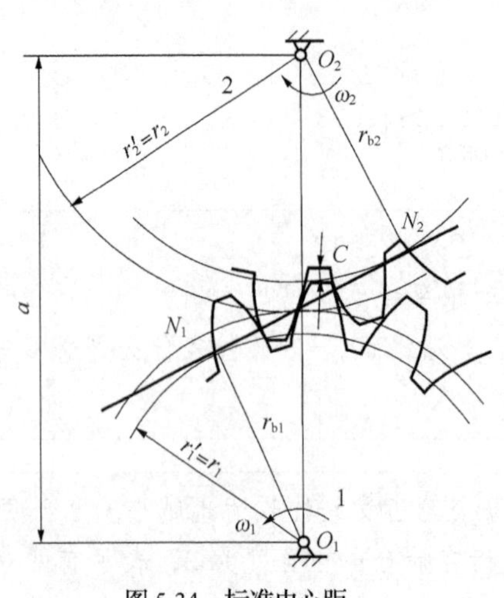

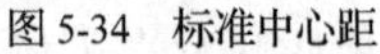

图 5-34 标准中心距

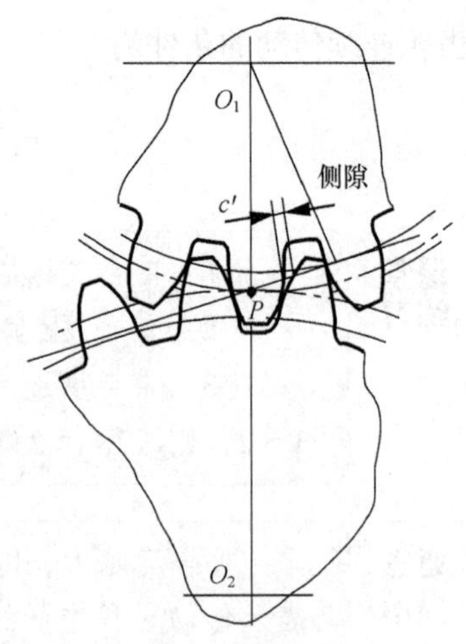

图 5-35 齿轮侧隙

4. 顶隙

（1）保证两轮的顶隙为标准值。顶隙的标准值为 $c=c^*m$。对于图 5-36 所示的标准齿轮外啮合传动，当顶隙为标准值时，两轮的中心距应为

$$a=r_{a1}+c+r_{f2}=(r_1+h^*a_m)+c^*m+(r_2-h^*a_m-c^*m)$$
$$=r_1+r_2=m(z_1+z_2)/2$$

即两轮的中心距等于两轮分度圆半径之和，此中心距称为标准中心距。

（2）保证两轮的理论齿侧间隙为零。在计算齿轮的名义尺寸和中心距时，都是按齿侧间隙为零来考虑的。欲使一对齿轮在传动时其齿侧间隙为零，需使一个齿轮在节圆上的齿厚等于另一个齿轮在节圆上的齿槽宽。

由于一对齿轮啮合时两轮的节圆总是相切的，而当两轮按标准中心距安装时，两轮的分度圆也是相切的，即 $r_1'+r_2'=r_1+r_2$。又因 $i_{12}=r_2'/r_1'=r_2/r_1$，故此时两轮的节圆分别与其分度圆相重合。

要点提示 由于分度圆上的齿厚与齿槽宽相等，因此有 $s_1'=e_1'=s_2'=e_2'=\pi m/2$，故标准齿轮在按标准中心距安装时无齿侧间隙。

5. 齿轮的中心距与啮合角

当两轮的实际中心距 a' 与标准中心距 a 不相同时，如将中心距增大（如图 5-37 所示，具有明显顶隙和侧隙），这时两轮的分度圆不再相切，而是相互分离。两轮的节圆半径将大于各自的分度圆半径，其啮合角 α' 也将大于分度圆的压力角 α。

因 $r_b=r\cos\alpha=r'\cos\alpha'$，故有 $r_{b1}+r_{b2}=(r_1+r_2)\cos\alpha=(r_1'+r_2')\cos\alpha'$，可得齿轮的中心距与啮合角的关系式为

$$a'\cos\alpha'=a\cos\alpha$$

要点提示 当两轮分度圆分离时，即实际中心距小于标准中心距时，啮合角将小于分度圆压力角。

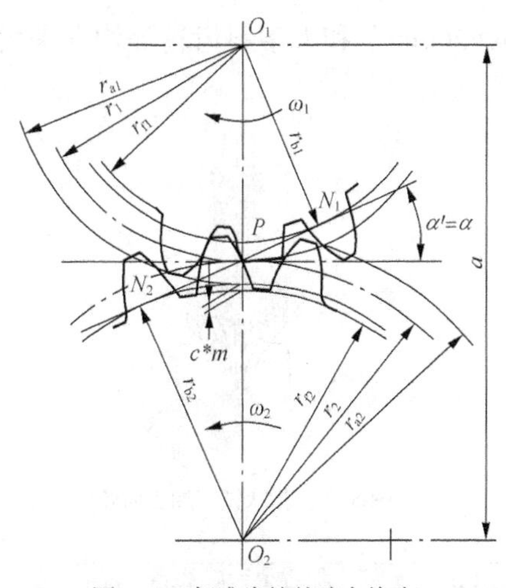

图 5-36　标准齿轮外啮合传动

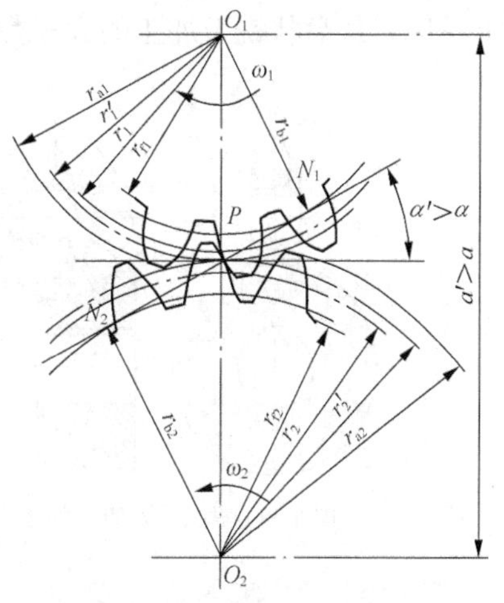

图 5-37　中心距增大后的啮合传动

5.5　齿轮的切削加工

问题思考

（1）观察图 5-38 所示的齿轮外形，思考齿轮加工的难度在哪里？怎样获得精确的渐开线齿廓？

（2）齿轮加工的基本要求是齿形准确、分度均匀，确保各个轮齿完整。试列举在机械制造中齿轮加工的方法。

图 5-38　齿轮

齿轮的铣削加工

5.5.1　铣齿

铣齿就是用与齿轮渐开线齿槽形状相同的成形铣刀直接切出齿形，也被称为成形法加工齿轮。

1. 加工刀具

铣齿加工采用的刀具有盘状铣刀和指状铣刀两种。

（1）盘状铣刀。图 5-39 所示为盘状铣刀加工齿轮的情况。铣刀绕自身轴线转动为切削运动，同时轮坯沿自身轴线方向移动为进给运动，这样便可切出一个齿槽，然后轮坯返回原位置，通过分度机构将轮坯转过 360°/z 的角度，再切第 2 个齿槽，如此循环，直至切出整个齿轮为止。

（2）指状铣刀。图 5-40 所示为指状铣刀加工齿轮的情况，其加工过程与盘状铣刀切齿类似。对于不便采用盘状铣刀加工的大模数齿轮（m>20mm）和人字斜齿轮等均宜采用指状铣刀加工。

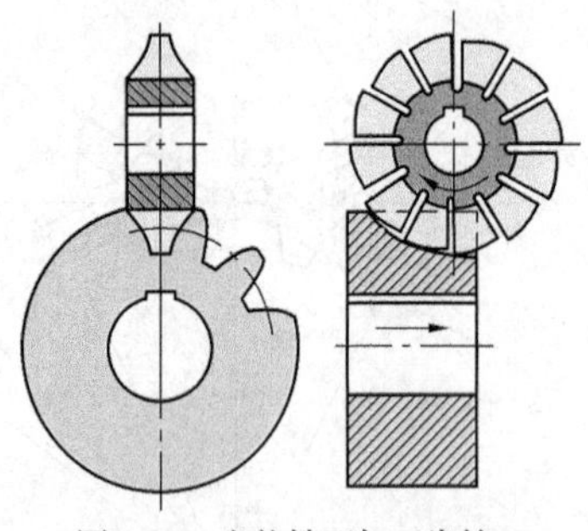

图 5-39 盘状铣刀加工齿轮

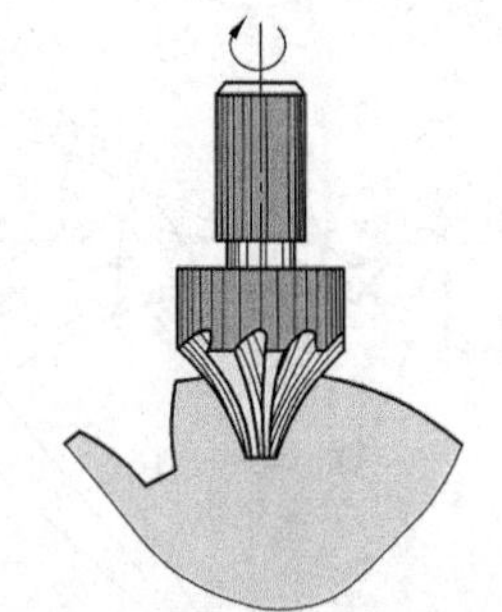

图 5-40 指状铣刀加工齿轮

要点提示

为了减少刀具数量，生产中通常用同一型号铣刀切制相同模数、不同齿数的齿轮，但是这样加工出来的齿形通常存在一定的形状误差。

表 5-3 列出了盘状铣刀的刀号与其加工齿轮的齿数范围的对应关系。

表 5-3 成形法加工时刀具的编组原则

铣刀号数	1	2	3	4	5	6	7	8
切制齿轮的齿数	12～13	14～16	17～20	21～25	26～34	35～54	55～134	≥135

2. 加工特点

由渐开线的性质可知，同模数而齿数不同的齿轮，其渐开线的形状不同，故理论上应给同一模数中每一齿数的齿轮配备一把铣刀。

要点提示

实际生产中，为减少刀具的数量，通常一个模数只配一组刀具（如配 8 把），每把铣刀要加工同一模数的一定齿数范围内的齿轮，故不可避免地会出现加工误差。

铣齿成形法加工齿轮不需要专用机床，但生产率较低，加工精度低，只适用于单件、小批量生产或修配。

问题思考

（1）思考铣斜齿轮和直齿轮有何不同。

（2）读表 5-3，思考为什么铣刀号数越大，其可切制齿轮的齿数范围越大。

5.5.2 插齿

插齿加工是齿轮加工方法中展成法的一种加工类型，主要包括齿轮插刀插齿加工和齿条插齿加工。

插齿加工

1. 齿轮插刀插齿加工

齿轮插刀是一个具有渐开线齿形且模数和压力角与被加工齿轮相同的刀具。切齿时，插刀沿轮坯轴线做往复切削运动，同时机床带动插刀与轮坯模仿一对齿轮传动以一定的角速度比转动，直至全部齿槽切削完毕。

图 5-41 所示为直齿轮的加工过程，图 5-42 所示为斜齿轮的加工过程。

图 5-41　直齿轮的插齿原理

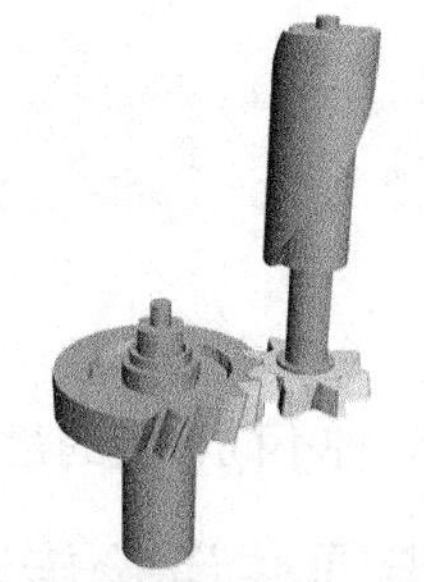

图 5-42　斜齿轮的插齿原理

问题思考

（1）与铣齿相比，插齿有何特点？

（2）插直齿与插斜齿有何不同？

2. 齿条插刀的插齿原理

当齿轮插刀切齿时将刀具做成齿条状，模仿齿条与齿轮的啮合过程，切出被加工齿轮的渐开线齿廓，如图 5-43 所示。齿条插刀切削轮齿的原理与齿轮插刀切削轮齿相同。

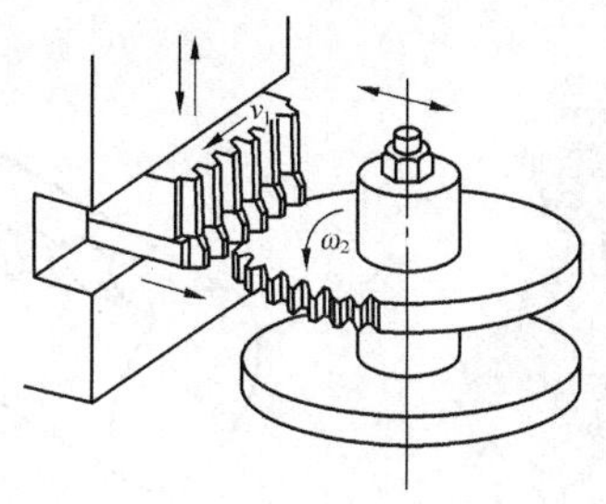

图 5-43　齿条插刀插齿

5.5.3　滚齿

滚齿加工是利用滚刀根据展成法原理来加工齿轮，是加工齿轮的常用方法之一。滚刀的形状像一个螺旋，其轴向截面的齿形与齿条相同，如图 5-44 所示。

滚齿加工

滚刀转动时，相当于一假想齿条刀具连续沿其轴线移动，轮坯在滚齿机带动下与该齿条保持着与齿条插刀相同的运动关系，便可以连续切出渐开线齿廓，滚刀加工齿轮的情形如图 5-45 所示。

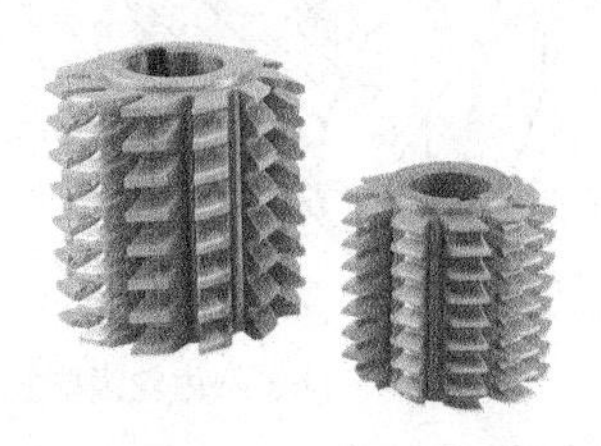

图 5-44　滚刀

滚直齿轮

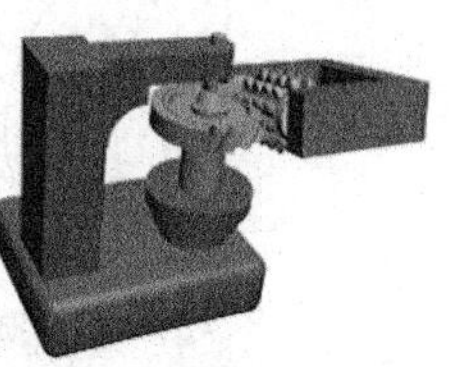

滚斜齿轮

图 5-45　滚齿加工

滚刀加工克服了齿轮插刀和齿条插刀不能连续切削的缺点，实现了连续切削，有利于提高生产率。

5.6 其他齿轮传动

齿轮具有一个庞大的家族，前面都以直齿圆柱齿轮为例来讲述齿轮的传动原理，在生产中，可以使用各种不同种类的齿轮构成传动系统来满足更多的设计要求。

5.6.1 斜齿圆柱齿轮传动

（1）观察图5-46所示的斜齿轮，思考斜齿轮和直齿轮在形状上的根本区别在哪里？

（2）如图5-47所示，假想用多个垂直于齿轮轴线的平面（端面）将直齿圆柱齿轮切成若干等宽的轮片，若第一个轮片不动，其余各轮片依次向同一方向错开一个角度，便得到阶梯轮。如果将这些轮片做得无限薄，阶梯轮会形成什么类型的传动机构？

图5-46 斜齿轮传动

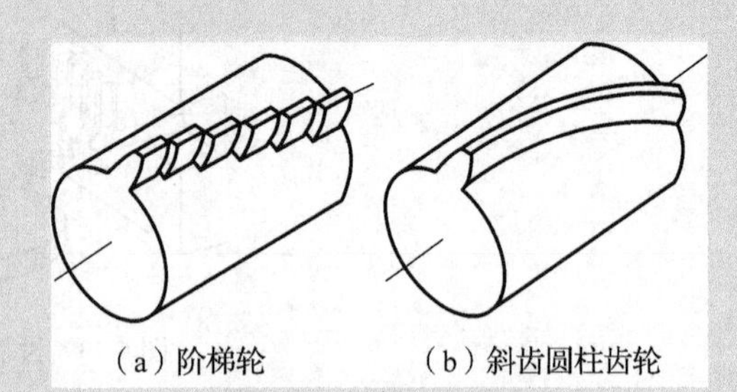

（a）阶梯轮　（b）斜齿圆柱齿轮

图5-47 斜齿轮的形成过程

斜齿圆柱齿轮齿廓曲面的形成

1. 斜齿轮的齿廓形成原理

如图5-48所示，将渐开线的发生原理做如下扩展就可获得斜齿轮的齿廓曲面。

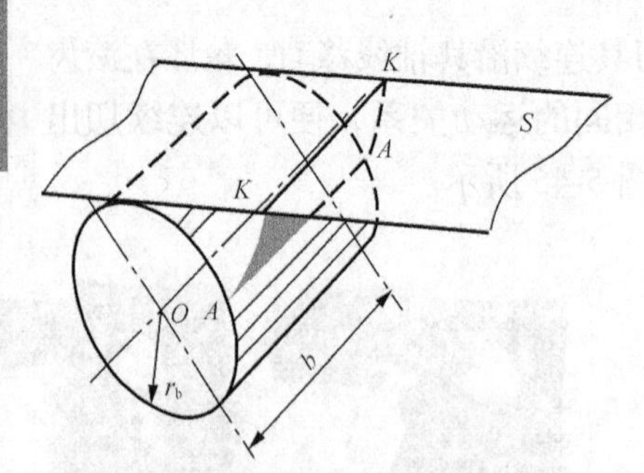

（a）直齿圆柱齿轮齿廓发生原理

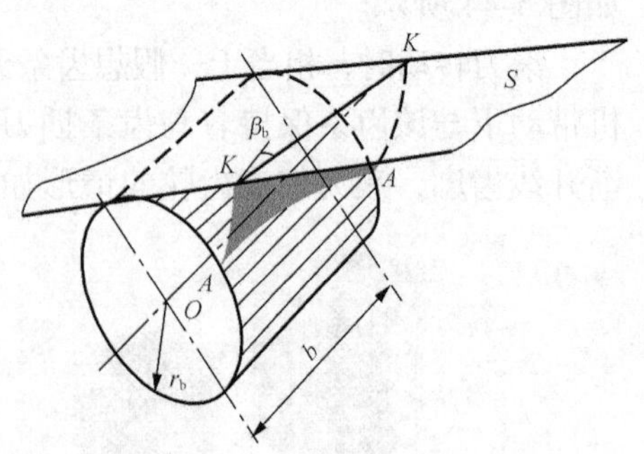

（b）斜齿轮齿廓发生原理

图5-48 斜齿轮齿廓发生原理

（1）假设一个曲面（发生面 S）沿着一圆柱面（基圆柱）做纯滚动。

（2）在曲面上选取一条直线 KK，该直线与圆柱的轴线（母线 AA）不平行，与之成一交角 β_b（基圆柱上的螺旋角）。

（3）发生面绕基圆柱滚动时，直线 KK 就形成一螺旋形渐开螺旋面，即为斜齿轮齿廓面。

2. 斜齿轮的传动特点

观察图 5-49 所示的一对斜齿轮啮合过程中接触线的变化，与直齿圆柱齿轮传动相比较，斜齿轮传动的特点如下。

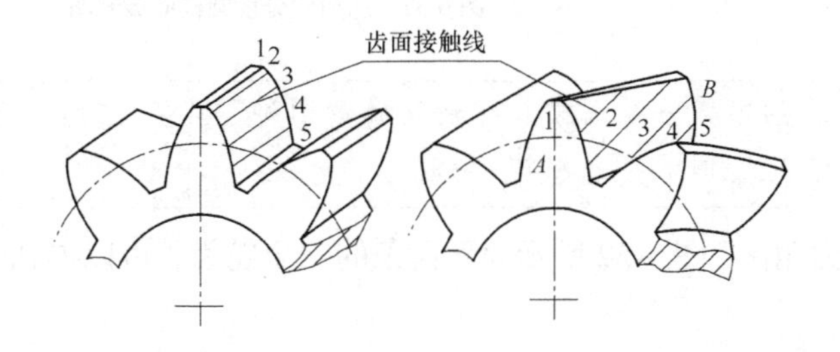

（a）直齿圆柱齿轮的齿面接触线　（b）斜齿圆柱齿轮的齿面接触线　（c）斜齿圆柱齿轮的螺旋角

图 5-49　齿轮接触线的变化对比

（1）啮合性能好。斜齿标准齿轮传动的每对轮齿逐渐进行进入啮合和脱离啮合，故传动平稳、噪声小，啮合性能较好。

（2）重合度大。斜齿标准齿轮传动降低了每对轮齿的载荷，从而提高了齿轮的承载能力，延长了齿轮的使用寿命，并使传动平稳。

（3）结构紧凑。斜齿标准齿轮不产生制造误差的最少齿数较直齿轮少。因此，采用斜齿轮传动可以得到更加紧凑的结构。

（4）缺点。在运转时会产生轴向推力。

3. 斜齿圆柱齿轮的参数

斜齿轮的几何参数有端面参数和法面参数两组。端面是与齿轮轴线垂直的平面，法面是与斜齿轮轮齿相垂直的平面，通常规定法面参数为标准值。

（1）螺旋角 β。斜齿轮的齿面与分度圆柱的交线，称为分度圆柱上的螺旋线。螺旋线的切线与齿轮轴线之间所夹的锐角，称为分度圆螺旋角（简称螺旋角），用 β 表示。

要点提示

螺旋角表示了轮齿的倾斜程度。β 大，传动的平稳性就好，但轴向力大，设计中常取 β 的范围是 8°～12°。

斜齿轮按其轮齿的倾斜方向（旋向）可以分为图 5-50 所示的左旋和右旋两种。

（2）法面模数 m_n 和端面模数 m_t。将斜齿轮沿其分度圆柱面展开，如图 5-51 所示，图中阴影部分表示齿厚，空白部分表示齿槽。端面垂直于齿轮的轴线，法面垂直于螺旋线。由图中的几何关系可得

$$p_n = p_t \cos\beta$$

式中：p_n——分度圆柱上轮齿的法面齿距；

p_t——分度圆柱上轮齿的端面齿距。

因法面模数 $m_n = p_n/\pi$，端面模数 $m_t = p_t/\pi$，故可知 $m_n = m_t\cos\beta$。

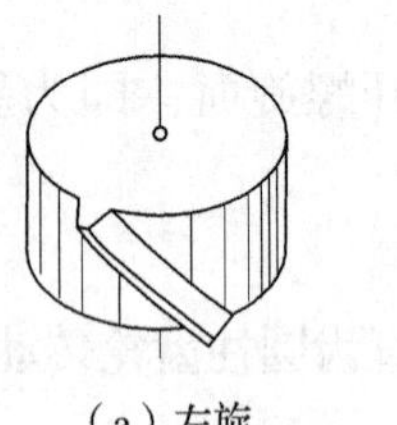

（a）左旋　（b）右旋

图 5-50　齿轮的旋向

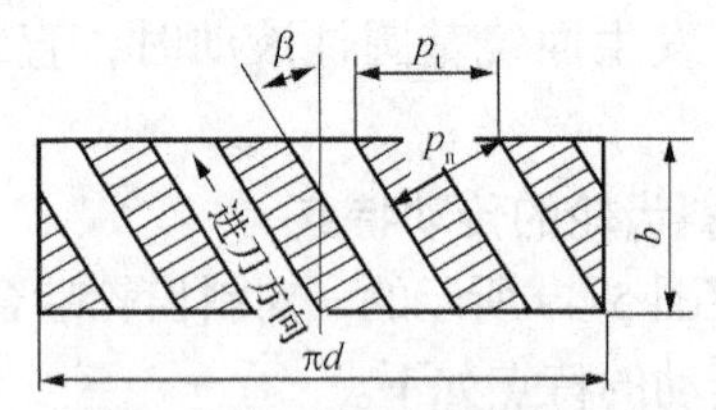

图 5-51　斜齿轮分度圆柱面展开图

要点提示

斜齿圆柱齿轮的模数分端面模数和法向模数两种，但在切齿加工时通常按照法向模数选取刀具和调整机床。

（3）法面压力角 α_n 和端面压力角 α_t。图 5-52 所示为斜齿条的一个轮齿，可以得到法面压力角 α_n 和端面压力角 α_t 的关系

$$\tan\alpha_n = \tan\alpha_t\cos\beta$$

通常法面压力角为标准值，即 $\alpha_n = 20°$。

（4）齿顶高系数和顶隙系数。从法面和端面观察，轮齿的齿顶高、齿根高分别相同。

要点提示

用铣刀或滚刀加工斜齿轮时，刀具的进刀方向垂直于斜齿轮的法面，故国家标准规定法面上的参数为标准值。对于正常齿，$h_{an}^*=1$，$c_n^*=0.25$。

4. 斜齿圆柱齿轮正确啮合条件

要保证图 5-53 所示的齿轮正确啮合，需要满足以下啮合条件。

（1）两齿轮的法向模数相等：$m_{n1} = m_{n2}$。

（2）两齿轮的法面压力角相等：$\alpha_{n1} = \alpha_{n2}$。

（3）外啮合时，螺旋角大小相等，方向相反：$\beta_1 = -\beta_2$。

（4）内啮合时，螺旋角大小相等，方向相同：$\beta_1 = \beta_2$。

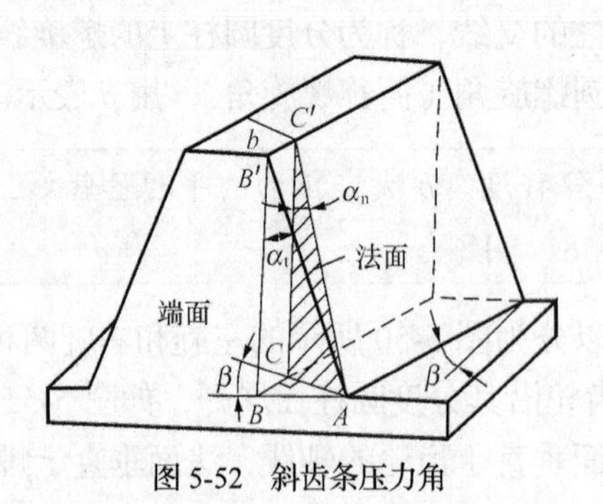

图 5-52　斜齿条压力角

图 5-53　斜齿轮正确啮合示意图

5. 斜齿圆柱齿轮几何尺寸的计算

由于斜齿圆柱齿轮的端面齿形也是渐开线，所以将斜齿轮的端面参数代入直齿圆柱

齿轮的几何尺寸计算公式，就可以得到斜齿圆柱齿轮相应的几何尺寸计算公式，如表 5-4 所示。

表 5-4　　外啮合标准斜齿圆柱齿轮的基本尺寸计算

名　称	符　号	计 算 公 式
分度圆直径	d	$d = m_t z = \dfrac{m_n z}{\cos\beta}$
基圆直径	d_b	$d_b = m_t z\cos\alpha_t = \dfrac{m_n z\cos\alpha_t}{\cos\beta}$
齿顶圆直径	d_a	$d_a = m_t\left(z + 2h_{at}^*\right) = m_n\left(\dfrac{z}{\cos\beta} + 2h_{an}^*\right)$
齿根圆直径	d_f	$d_f = m_t\left(z - 2h_{at}^* - 2c_t^*\right) = m_n\left(\dfrac{z}{\cos\beta} - 2h_{an}^* - 2c_n^*\right)$
齿顶高	h_a	$h_a = h_{at}^* m_t = h_{an}^* m_n$
齿根高	h_f	$h_f = \left(h_{at}^* + c_t^*\right)m_t = \left(h_{an}^* + c_n^*\right)m_n$
齿高	h	$h_f = \left(2h_{at}^* + c_t^*\right)m_t = \left(2h_{an}^* + c_n^*\right)m_n$
端面齿厚	s_t	$s_t = \dfrac{\pi m_t}{2} = \dfrac{\pi m_n}{2\cos\beta}$
端面齿距	p_t	$p_t = \pi m_t = \dfrac{\pi m_n}{\cos\beta}$
端面基圆齿距	p_{bt}	$p_{bt} = \pi m_t\cos\alpha_t = \dfrac{\pi m_n\cos\alpha_t}{\cos\beta}$
中心距	a	$a = \dfrac{m_t\left(z_1 + z_2\right)}{2} = \dfrac{m_n\left(z_1 + z_2\right)}{2\cos\beta}$

要点提示

从表 5-4 所示斜齿轮副中心距的计算公式可知，在齿数 z_1、z_2 和模数 m_n 已定的情况下，可以通过在一定范围内调整螺旋角 β 的大小来凑配中心距。

5.6.2　直齿圆锥齿轮传动

问题思考

（1）想一想，在前面介绍的圆柱齿轮传动副中，两个齿轮轴线是平行的还是相交的？

（2）怎样使用齿轮来实现空间两个相互垂直轴之间的运动传递？

1. 认识圆锥齿轮

观察图 5-54 所示的圆锥齿轮传动，可以得到如下圆锥齿轮的传动特点及齿轮的特点。

（a）直齿圆锥齿轮传动

（b）曲齿圆锥齿轮传动

图 5-54 圆锥齿轮传动

（1）圆锥齿轮用于相交轴之间的传动，通常两轴线相交成 90°。

（2）直齿圆锥齿轮的轮齿分布在一个锥体上，轮齿由大端向小端逐渐收缩。

（3）圆锥齿轮的轮齿是分布在一个圆锥面上的，与圆柱轮齿相似，圆锥齿轮有分度圆锥、齿顶圆锥、齿根圆锥和基圆锥，如图 5-55 所示。

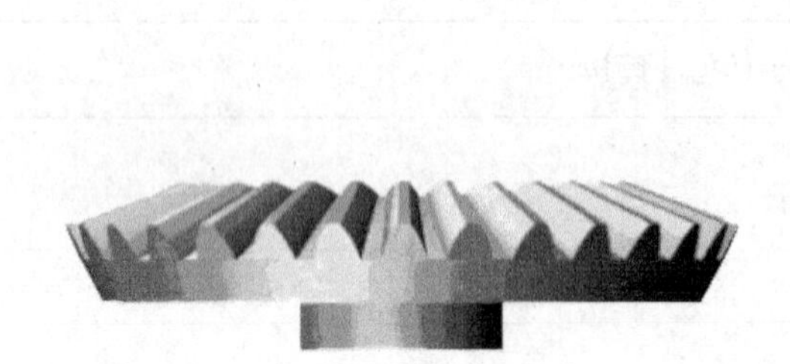

（a）圆锥齿轮

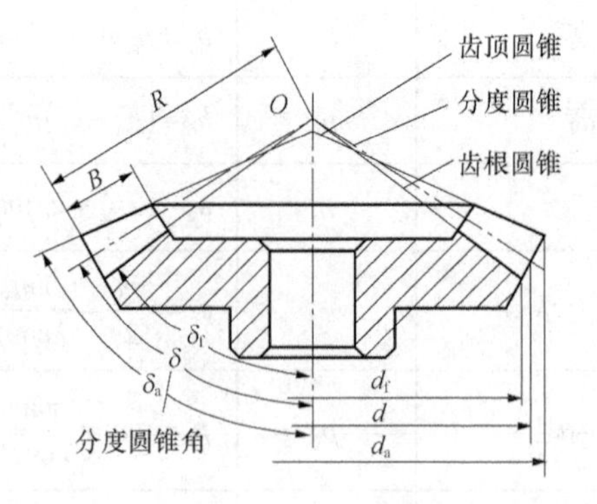

（b）圆锥齿轮的结构

图 5-55 圆锥齿轮的结构

（4）按照分度圆锥上的齿向，圆锥齿轮可分为直齿、斜齿和曲齿圆锥齿轮。直齿圆锥齿轮的设计、制造和安装都比较简单，应用上较广泛。

曲齿圆锥齿轮传动平稳，承载能力高，常用于高速负载传动，如汽车、拖拉机的差速器中。斜齿圆锥齿轮应用较少。

2. 直齿圆锥齿轮传动的参数

（1）主要参数。直齿圆锥齿轮的轮齿大端尺寸较大，为便于测量和计算，通常取大端的参数为标准值，即大端的模数为标准模数，大端压力角$\alpha = 20°$，齿顶高系数$h_a^* = 1$，顶隙系数$c^* = 0.2$。

（2）传动比。一对直齿圆锥齿轮啮合传动，小齿轮和大齿轮的分度圆锥角分别为δ_1和δ_2，两轴交角$\Sigma = \delta_1 + \delta_2 = 90°$，两齿轮的传动比为

$$i_{12} = \frac{n_1}{n_2} = \frac{z_2}{z_1} = \frac{d_2}{d_1} = \cot\delta_1 = \tan\delta_2$$

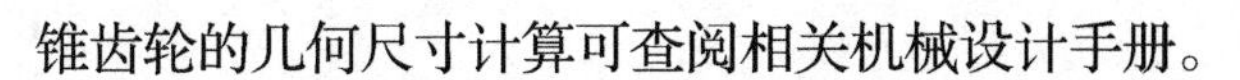

锥齿轮的几何尺寸计算可查阅相关机械设计手册。

要点提示

一对标准直齿圆锥齿轮传动的啮合条件：两齿轮的大端模数和大端压力角必须分别相等。

5.6.3　齿条传动

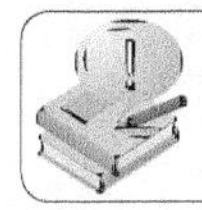

问题思考

（1）逐渐增加一个齿轮的齿数，思考齿轮的大小如何变化？齿形如何变化？

（2）当齿数趋于无穷大时，齿轮如何变化？齿轮的分度圆，齿顶圆和齿根圆又如何变化？

（3）使用直齿圆柱齿轮是否可以将转动变为移动？是否可以传递两相交轴之间的运动？

1. 认识齿条

齿条可视为模数一定、齿数 z 趋于无穷大的圆柱齿轮，如图 5-56 所示。

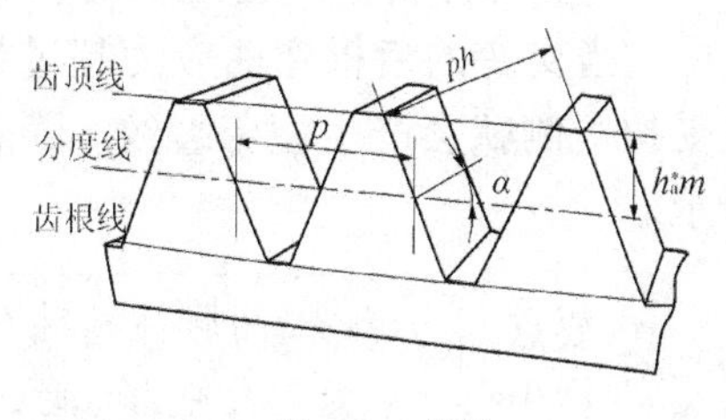

图 5-56　齿条

2. 齿条传动的特点

当一个圆柱齿轮的齿数无限增大时，其分度圆、齿顶圆、齿根圆成为互相平行的直线，分别称为分度线、齿顶线、齿根线，同时基圆半径也无限增大。

要点提示

由渐开线的性质可知，当基圆半径趋于无穷大时，渐开线变成直线，渐开线齿廓变成直线齿廓，圆柱齿轮变成齿条。

齿条与齿轮相比，其主要特点如下。

（1）由于齿条的齿廓是直线，故齿廓上各点的法线均相互平行，齿条上各点的速度大小相同、方向一致。

（2）齿廓上各点的齿形角均等于齿廓的倾斜角，即压力角。

（3）由于齿条上各齿的同侧齿廓是平行的，所以不论在分度线上、齿顶线上，还是在与分度线平行的其他直线上，齿距均相等，即 $p = \pi m$。

齿条各部分的尺寸计算与外啮合圆柱齿轮基本相同。

3. 齿条传动的运动分析

齿轮齿条传动是将齿轮的回转运动变为齿条的往复直线运动，或将齿条的往复直线运动变为齿轮的回转运动。齿条的直线移动速度与齿轮转速的关系可按下式进行计算。

$$v = n\pi mz$$

式中：v——齿条移动速度，mm/min；

n——齿轮转速，r/min；

m——齿轮模数，mm；

z——齿轮齿数。

5.7 齿轮传动的失效形式

齿轮工作过程中通常承受较重的负荷，工作时间也较长，为了保证机器工作的可靠性，要防止其在工作过程中因为损坏而失效。

5.7.1 齿轮的失效形式

齿轮传动失去正常工作能力的现象，称为失效。齿轮传动的失效主要发生在轮齿部分，主要失效形式有轮齿折断、齿面点蚀、齿面磨损、齿面胶合、塑性变形等。

1. 轮齿折断

齿轮传动工作时，轮齿像悬臂梁一样承受弯曲载荷。

（1）受力分析。轮齿工作时，其根部的弯曲应力最大，齿根的过渡圆角处还有应力集中。当交变的齿根弯曲应力超过材料的弯曲疲劳极限应力且多次重复作用后，在齿根处受拉一侧就会产生疲劳裂纹，随着裂纹的逐渐扩展，轮齿会发生疲劳折断，如图 5-57 所示。

要点提示

采用脆性材料（如铸铁、整体淬火钢等）制成的齿轮，当严重过载或承受较大冲击力时，轮齿容易发生突然折断。

（2）折断形式。直齿轮轮齿的折断一般是全齿折断，而斜齿轮和人字齿齿轮，由于接触线倾斜，一般是局部齿折断，如图 5-58 所示。

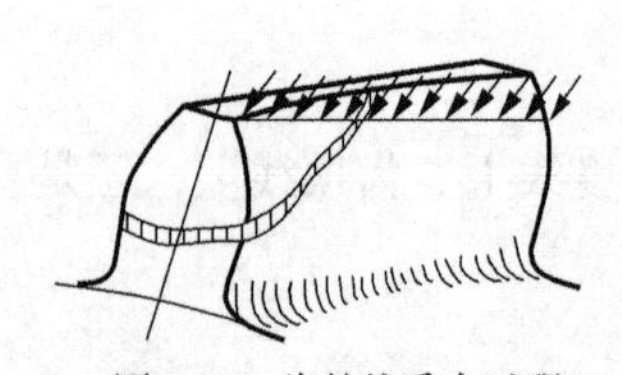

图 5-57　齿轮的受力过程

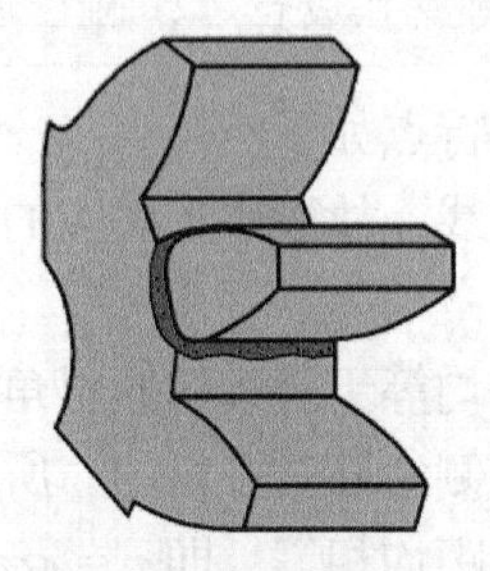

（a）整齿折断

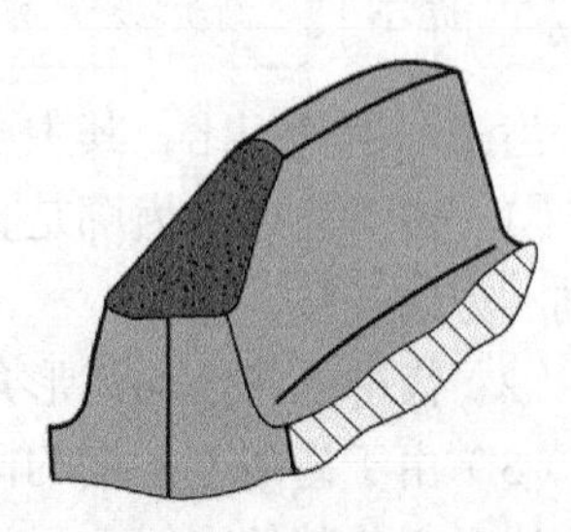

（b）部分齿折断

图 5-58　轮齿折断

轮齿折断是齿轮传动最严重的失效形式，必须避免。提高轮齿抗折断能力的措施如下。

- 适当增大齿根圆角半径以减小应力集中。
- 合理提高齿轮的制造精度和安装精度。
- 正确选择材料和热处理方式。
- 对齿根部位进行喷丸、辗压等强化处理。

2. 齿面点蚀

齿轮传动工作时，齿面间的接触相当于轴线平行的两圆柱滚子间的接触，在接触处将产生脉动循环变化的接触应力 σ_{h}。

（1）齿面点蚀的原因。在接触应力 σ_h 反复作用下，轮齿表面出现疲劳裂纹，疲劳裂纹扩展的结果，使齿面金属脱落而形成麻点状凹坑，这种现象称为齿面疲劳点蚀或齿面点蚀。

实践表明，疲劳点蚀首先出现在齿面节线附近的齿根部分，如图 5-59 所示。

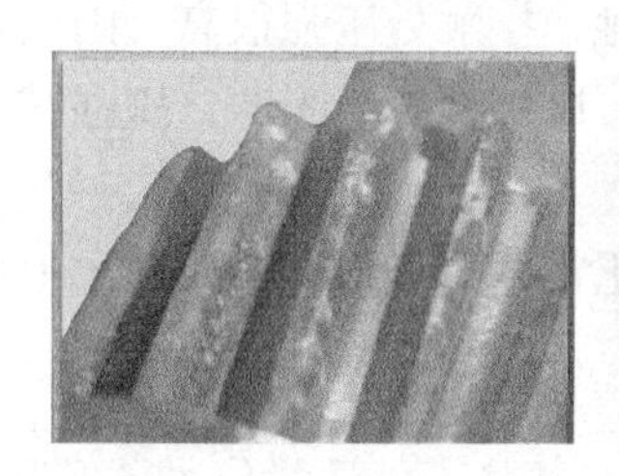

图 5-59 齿轮的点蚀

（2）点蚀的影响。发生点蚀后，齿廓形状遭破坏，齿轮在啮合过程中会产生剧烈的振动，噪声增大，以至于齿轮不能正常工作而使传动失效。

对于软齿面（硬度≤HBS350）的新齿轮，由于齿面不平，在个别凸起处接触应力很大，短期工作后，也会出现点蚀。但随着齿面磨损和辗压，凸起处逐渐变平，承压面积增加，接触应力下降，点蚀不再发展或反而消失，这种点蚀称为"局限性点蚀"。

要点提示

对于长时间工作的齿面，由于齿面疲劳，可能再度出现点蚀，这时点蚀面积将随着工作时间的延长而扩大，称为"扩展性点蚀"。而对于硬齿面齿轮，由于材料的脆性，不会出现局限性点蚀，一旦出现点蚀，即为扩展性点蚀。

（3）影响点蚀的因素。齿面抗点蚀能力主要与齿面硬度有关，齿面硬度越高，抗点蚀能力就越强。

- 齿面疲劳点蚀是软齿面闭式齿轮传动最主要的失效形式。
- 在开式传动中，由于齿面磨损较快，裂纹还来不及出现或扩展就被磨掉，因此在开式传动中通常无点蚀现象。
- 提高齿面硬度、降低齿面粗糙度、合理选用润滑油黏度等都能提高齿面的抗点蚀能力。

3. **齿面磨损**

齿面磨损通常有磨粒磨损和跑合磨损两种。

（1）磨粒磨损。由于灰尘、硬屑粒等进入齿面间而引起的磨损称为磨粒磨损，磨粒磨损是开式传动中难以避免的磨损形式。齿面过度磨损后，齿廓显著变形，如图 5-60 所示。

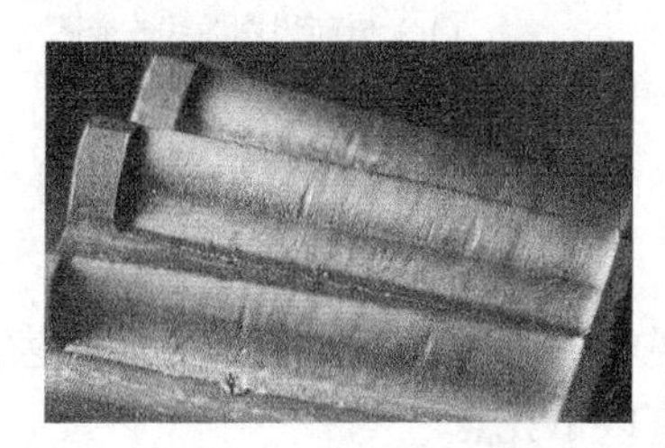
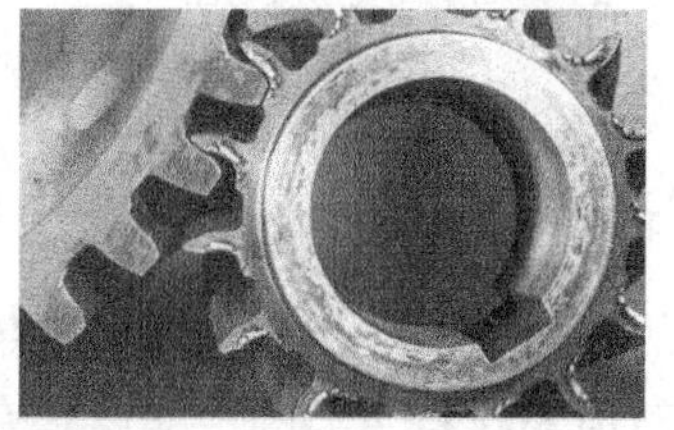

图 5-60 磨粒磨损

要点提示

采用闭式传动、减小齿面粗糙度值和保持良好的润滑可以防止或减轻磨粒磨损。

（2）跑合磨损。新齿轮副受载时实际上只有部分峰顶接触，接触处压强很高，因而在开始运转期间，磨损速度和磨损量都较大，磨损到一定程度后，摩擦面逐渐光洁，压强减小、磨损速度缓慢，这种磨损称为跑合磨损。

人们有意地使新齿轮副在轻载下进行跑合，可为随后的正常磨损创造有利条件。但应注意，跑合结束后，必须清洗和更换润滑油。

要点提示

改善密封和润滑条件，提高齿面硬度，均能提高抗磨损能力。但改用闭式齿轮传动则是避免齿面磨损最有效的办法。

4. 齿面胶合

在高速重载齿轮传动中，由于轮齿齿面为高副接触，接触面积小、压力大，接触点附近温度升高，使油膜破裂，两金属表面直接接触，产生粘附，随着齿面的相对运动，使金属从齿面上撕落而引起严重的粘着磨损，称为齿面胶合，如图 5-61 所示。

图 5-61 齿面胶合

5. 齿面塑性变形

齿面塑性变形常发生在齿面材料较软、低速重载与频繁起动的情况中。如图 5-62 所示，塑性变形后的齿面齿廓曲线改变，从而使传动精度下降。

（a）齿面塑性变形实物图

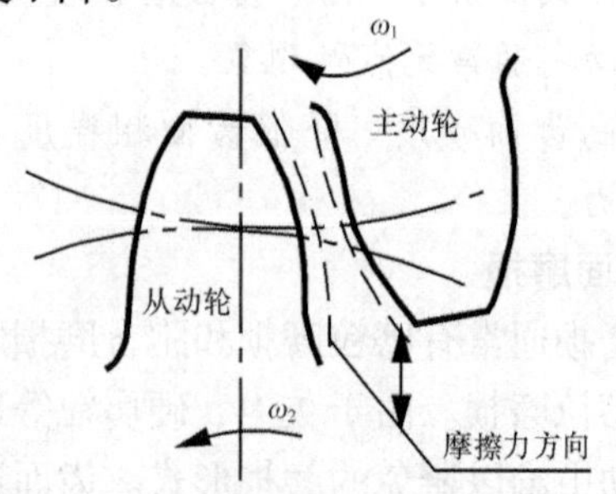

（b）齿面齿廓曲线改变图

图 5-62 齿面塑性变形

5.7.2 齿轮的材料

在选择齿轮的材料时，应保证齿面具有足够的硬度和耐磨性，以防止齿面点蚀、磨损以及胶合失效，故对齿轮材料主要的性能要求有以下几点。

（1）齿面具有较高的硬度和耐磨性。

（2）齿轮心部具有一定的韧性。

（3）齿轮具有良好的加工性能和热处理工艺性能。

常用的齿轮材料有锻钢、铸钢和铸铁，并经热处理。对于高速、轻载的齿轮传动，还可采用塑料、尼龙、胶木等非金属材料。常用齿轮材料及其力学性能如表 5-5 所示。

表 5-5　　常用齿轮材料及其力学性能

材　　料	热处理方法	强度极限 σ_b/MPa	屈服极限 σ_s/MPa	齿 面 硬 度
HT300		300		187～255HBS
QT600-3		600		190～270HBS
ZG310-570	正火	580	320	163～197HBS
ZG340-640		650	350	179～207HBS
45		580	290	162～217HBS
ZG340-640		700	380	241～269HBS
45	调质	650	360	217～255HBS
35SiMn		750	450	217～269HBS
40Cr		700	500	241～286HBS
45	调质后表面淬火			40～50HRC
40Cr				48～55HRC
20Cr	渗碳后淬火	650	400	56～62HRC
20CrMnTi		1 100	850	56～62HRC

齿轮材料的选择原则：

（1）齿轮材料必须满足工作条件。例如，飞行器上的齿轮选用合金钢；矿山机械中的齿轮一般选铸钢或铸铁；办公机械的齿轮常选工程塑料。

（2）考虑齿轮尺寸的大小、毛坯成形方法和制造工艺。大尺寸的齿轮一般选铸钢或铸铁材料；中等尺寸的齿轮选锻钢；尺寸小的齿轮选圆钢作齿轮材料。

（3）高速、重载、冲击载荷下工作的齿轮常选合金钢。

（4）尽量选择物美价廉的材料。合金钢价格高，应慎重选用。

5.7.3　齿轮的结构

齿轮的结构形式与齿轮的几何尺寸、毛坯材料、加工方法、使用要求及经济性等因素有关，通常先按齿轮直径选择适宜的结构形式，然后再根据推荐的经验公式进行结构设计。

齿轮的结构通常有图 5-63 所示的齿轮轴、实体式齿轮、腹板式齿轮、轮辐式齿轮等主要形式，其主要选用原则如下。

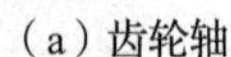
（a）齿轮轴

（b）实体式齿轮

（c）腹板式齿轮

（d）轮辐式齿轮

图 5-63　齿轮的结构

（1）直径较小的齿轮通常直接和传动轴做成一个整体，即做成齿轮轴。

（2）当齿顶圆直径比轴径大很多，同时能保证轮缘最薄处 $e \geqslant 2.5$mm 时，可做成实体式齿轮。

（3）当齿顶圆直径 $d_a=200 \sim 500$mm 时，常用锻造方法做成腹板式结构。

（4）当齿顶圆直径 $d_a=500 \sim 1\,000$mm 时，常采用轮辐式结构，因轮辐式齿轮结构复杂，故常采用铸铁或铸钢材料制造。

5.7.4　齿轮的润滑

合理选择润滑油和润滑方式，可使轮齿之间形成一层很薄的油膜，以避免两轮齿直接接触。这样能降低摩擦系数，减少磨损，提高传动效率，延长使用寿命，还能起到散热和防锈等作用，因此，选择适当的润滑方式对齿轮传动工作状况极为重要。

1. 润滑方式

齿轮传动的润滑方式主要根据齿轮圆周速度的大小来选择。

（1）当齿轮圆周速度 $v \leqslant 12$ m/s 时，通常采用图 5-64（a）所示的浸油润滑。大齿轮浸入油中的深度约为一个齿高，但不应小于 10mm。

（2）在多级齿轮传动中，可以采用带油轮浸入油池的轮齿齿面上，如图 5-64（b）所示。

（3）当齿轮圆周速度 $v > 12$ m/s 时，齿轮搅油剧烈，且粘附在齿面上的润滑油会由于离心力过大而被甩掉，所以不宜采用浸油润滑，通常采用图 5-65 所示的喷油润滑。

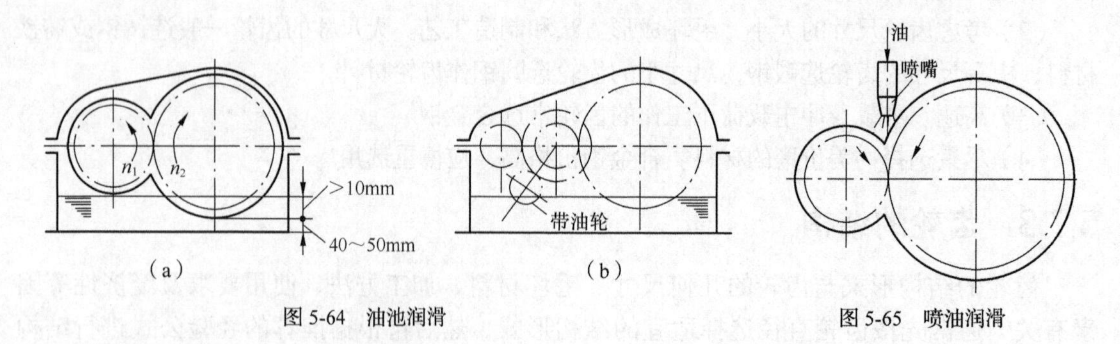

图 5-64　油池润滑

图 5-65　喷油润滑

2. 齿轮传动润滑油黏度的选择

表 5-6 所示为闭式传动齿轮用润滑油黏度的推荐值，供使用时参考。

表 5-6　　闭式传动齿轮用润滑油黏度的推荐值　　（$10^{-6}m^2/s$）

类型	低速级齿轮传动中心距/mm	适用黏度（v40）			
		环境温度-10℃～10℃		环境温度 10℃～50℃	
		轻-中载荷	中-重载荷	轻-中载荷	中-重载荷
圆柱齿轮传动（一级减速）	<200	60～70	90～100	90～100	110～150
	200～500	55～80	75～110	110～150	130～160
	>500	75～110	110～150	130～160	150～200
圆柱齿轮传动（二级减速）	<200	50～70	75～110	90～110	110～150
	200～500	75～110	110～150	110～150	130～160
	>500	110～150	130～160	130～160	150～200
行星齿轮减速器	齿轮箱外径	—	—	—	—
	<400	50～70	75～110	90～110	130～160
	>400	90～110	90～130	130～160	150～200
锥齿轮传动	外锥距	—	—	—	—
	<300	50～70	75～110	130～160	150～200
	>300	90～110	90～130	150～200	180～250
高速齿轮传动	—	30～50	60～75	60～70	90～110

5.8 蜗杆传动

蜗杆传动是用来传递空间交错轴之间的运动和动力的，它由蜗杆、蜗轮以及机架组成，如图 5-66 所示。蜗杆传动广泛应用于机器和仪器设备中。

图 5-66　蜗杆传动

5.8.1 蜗杆传动的分类和用途

1. 蜗杆传动的类型

根据蜗杆形状的不同，蜗杆传动可分为圆柱蜗杆传动、环面蜗杆传动和锥面蜗杆传动 3 大类，其中应用最广泛的是圆柱蜗杆传动。

根据齿面形状的不同，圆柱蜗杆传动又分为普通圆柱蜗杆传动和圆弧圆柱蜗杆传动。

（1）普通圆柱蜗杆传动。普通圆柱蜗杆多用直母线刀刃的车刀在车床上切制，随刀具安装位置和所用刀具的变化，可获得不同类型的普通圆柱蜗杆，如图5-67所示。

（2）圆弧圆柱蜗杆传动。圆弧圆柱蜗杆用刃边为凸圆弧形的刀具切制而成的，蜗杆的轴面为凹圆弧形。啮合时蜗杆的凹圆弧形齿面和蜗轮的凸圆弧形齿面接触，如图5-68所示。

图5-67　普通圆柱蜗杆

图5-68　圆弧圆柱蜗杆

圆弧圆柱蜗杆传动具有接触应力小、效率高等特点，适用于重载、高速传动。

（3）环面蜗杆传动。环面蜗杆的分度圆是以蜗杆轴线为旋转中心、凹圆弧为母线的旋转体，如图5-69所示。

环面蜗杆传动中，蜗轮的节圆与蜗杆的节圆弧重合，同时啮合的齿多，抗胶合能力强，故承载能力大、效率高。

（4）锥蜗杆传动。锥蜗杆传动的蜗轮外形类似于曲线齿锥齿轮，锥蜗杆的螺旋在节锥上的导程角相同，如图5-70所示。

图5-69　环面蜗杆传动

图5-70　锥蜗杆传动

锥蜗杆传动具有齿数多、重合度大、传动平稳等特点。

此外，根据蜗杆螺旋线的旋向，蜗杆可分为右旋蜗杆和左旋蜗杆；按蜗杆头数的不同，蜗杆又可分为单头蜗杆和多头蜗杆。

2. 蜗杆传动的特点

蜗杆传动的特点如下。

（1）传动比大。蜗杆传动的传动比 $i = 10 \sim 40$，最大可达80。若只传递运动，传动比可达1 000。

（2）传动平稳、噪声小。

（3）可制成具有自锁性的蜗杆。

（4）效率较低，$\eta = 0.7 \sim 0.8$。

（5）蜗轮造价较高。

（6）传动不具有可逆性，只能由蜗杆带动蜗轮实现减速运动。

5.8.2 普通圆柱蜗杆传动的主要参数

圆柱蜗杆传动的主要参数包括模数 m、压力角 α 、分度圆直径 d_2、直径系数 q、蜗杆的导程角 γ 、蜗杆头数 z_1、蜗轮齿数 z_2 以及传动比 i。

（1）模数 m、压力角 α 。在蜗杆传动中，蜗杆的轴向模数与蜗轮的端面模数相等，蜗杆的轴面压力角与蜗轮的端面压力角相等。

（2）蜗杆头数 z_1、蜗轮齿数 z_2 和传动比 i。蜗杆的头数越多，则传动效率越高，但加工越困难，所以通常取 $z_1=1$、2、4、6，同时蜗轮的齿数也不宜太少，以方便制造。

要点提示

一般 $i=4$～5 时，取 $z_1=6$；$i=7$～13 时，取 $z_1=4$；$i=14$～27 时，取 $z_1=2$；$i=29$～82 时，取 $z_1=1$。

（3）蜗杆直径系数、导程角。为了减少加工蜗杆滚刀的规格和便于滚刀的标准化，对每一模数的蜗杆只规定了 1～4 种分度圆直径，且取分度圆直径为模数的倍数，即

$$d_2=mq$$

式中：q——蜗杆的直径系数。

蜗杆圆柱面上的螺旋线升角即为导程角 γ ，有

$$\tan\gamma=\frac{mz_1}{d_1}$$

要点提示

导程角的大小与效率和加工工艺性有关。导程角大，效率高，但是加工困难，故导程角一般取 3.5°～27°。

5.8.3 蜗杆传动回转方向的判别

蜗杆传动中，根据蜗杆的螺旋线旋向和转向，用左右手定则确定蜗轮的转向。

（1）当蜗杆为右旋、顺时针方向转动（沿轴线向左看）时，用右手，四指顺蜗杆转向握住其轴线，大拇指的反方向即为蜗轮的转向，如图 5-71（a）所示。

（2）当蜗杆为左旋时，用左手按相同的方法判定蜗轮转向，如图 5-71（b）所示。

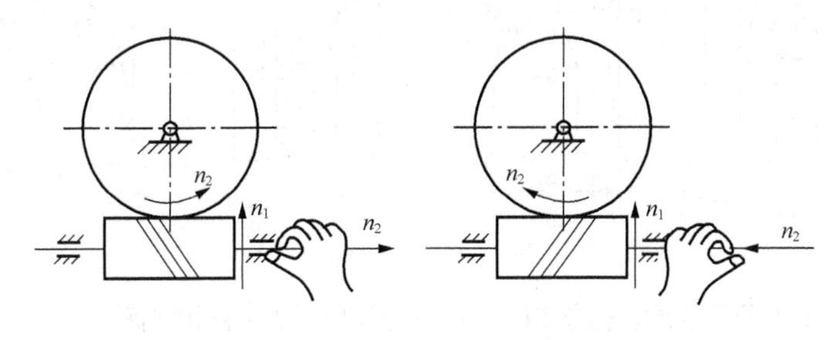

（a）右旋　　（b）左旋

图 5-71　蜗杆传动回转方向的判定

5.8.4 蜗杆传动的正确啮合条件

蜗杆传动的正确啮合条件与齿轮齿条传动相同。在中间平面上，蜗杆的轴向模数 m_{x1}、轴向压力角 α_{x1} 分别与蜗轮的端面模数 m_{t1}、端面压力角 α_{t2} 相等，均为标准值。

为保证蜗杆传动的正确啮合，还必须使蜗杆与蜗轮轮齿的螺旋线方向相同，并且蜗杆分度圆柱上的导程角 γ 等于蜗轮分度圆柱上的螺旋角 β，如图 5-72 所示。正确啮合的表达式为

$$m_{x1}=m_{t2};\ \alpha_{x1}=\alpha_{t2};\ \gamma=\beta$$

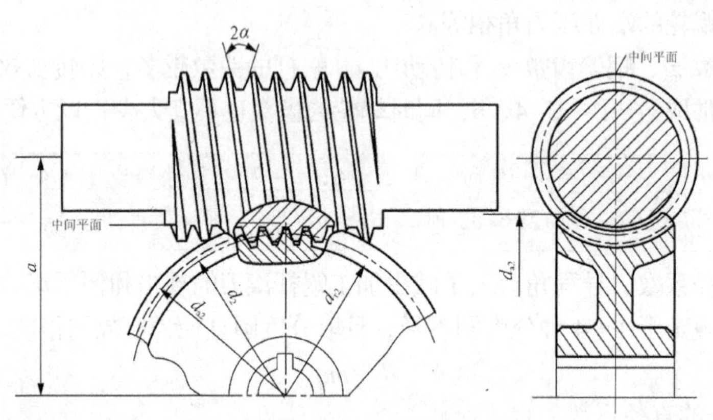

图 5-72　蜗杆传动示意图

5.8.5 蜗杆、蜗轮的结构

蜗杆通常与轴制成一体，称为蜗杆轴，如图 5-73 所示。

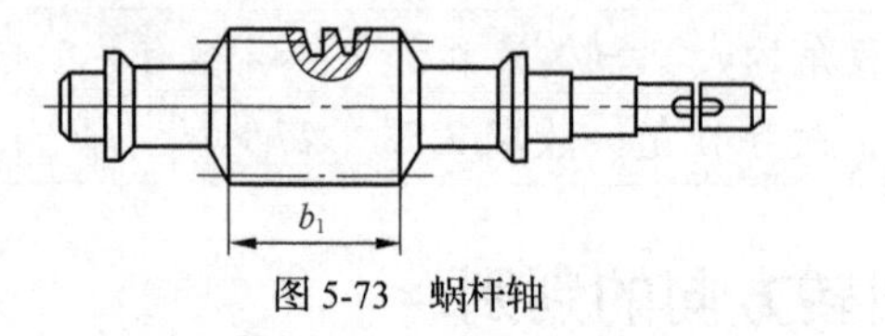

图 5-73　蜗杆轴

蜗轮如图 5-74 所示。

（1）图 5-74（a）所示为整体式结构，多应用于铸铁和尺寸小的青铜蜗轮。

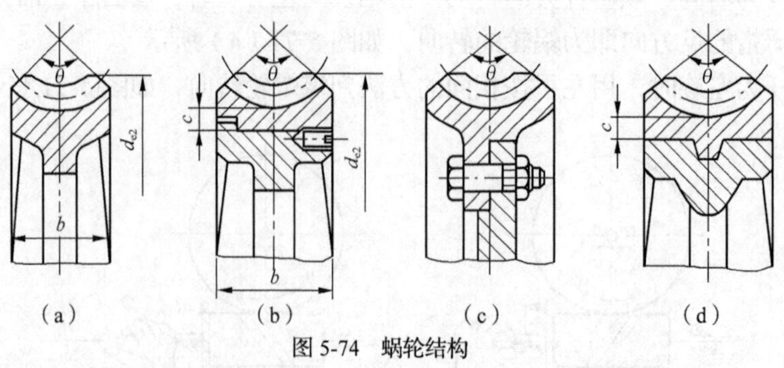

图 5-74　蜗轮结构

（2）图 5-74（b）所示为组合式结构，应用于尺寸大的青铜蜗轮。

（3）图 5-74（c）所示采用螺栓连接，螺栓连接是为防止齿圈和轮芯因发热而松动，在接缝处用 4～6 个紧定螺钉固定。

（4）图 5-74（d）所示为在铸铁轮芯上浇注青铜齿圈。

小　结

齿轮传动是指用主、从动轮轮齿直接传递运动和动力的装置，是生产中应用最广泛的传动机构之一，目前在机床和汽车变速器等机械中已得到普遍使用。

齿轮传动的主要优点是传动效率高、传递功率大、调速范围大、结构紧凑、工作可靠和寿命长，且能保证恒定的瞬时传动比，但不宜用于中心距较大的传动。

齿轮的类型很多，按齿轮轴线的相对位置分为平行轴圆柱齿轮传动、相交轴圆锥齿轮传动和交错轴螺旋齿轮传动等。

圆柱齿轮传动用于平行轴间的传动，一般传动比单级可达 8～20；直齿轮传动适用于中、低速传动；斜齿轮传动运转平稳，适用于中、高速传动；人字齿轮传动适用于传递大功率和大转矩的传动。

圆柱齿轮传动有 3 种啮合形式：外啮合齿轮传动由两个外齿轮相啮合，两轮的转向相反；内啮合齿轮传动由一个内齿轮和一个小的外齿轮相啮合，两轮的转向相同；齿轮齿条传动，可将齿轮的转动变为齿条的直线移动，或者相反。

锥齿轮传动用于相交轴间的传动，斜齿锥齿轮传动运转平稳，齿轮承载能力较高，但制造较难。蜗杆传动是交错轴传动的主要形式，轴线交错角一般为 90°。蜗杆传动可获得很大的传动比，通常可达 8～80。蜗杆传动工作平稳，传动比准确，但是其齿面间滑动较大，发热量较多，传动效率较低。

思考与练习

1. 齿轮传动的主要类型有哪些？
2. 什么是渐开线？它有哪些特性？
3. 什么是分度圆、齿距、模数和压力角？何谓“标准齿轮”？
4. 某标准直齿轮的齿数 $z=30$、模数 $m=3$，试求该齿轮的分度圆直径、基圆直径、齿顶圆直径、齿根圆直径、齿顶高、齿根高、齿高、齿距及齿厚。
5. 已知一对外啮合标准直齿圆柱齿轮的标准中心距 $a=250$mm、齿数 $z_1=20$、$z_2=80$，齿轮 1 为主动轮，试计算传动比 i_{12}，分别求出两齿轮的模数和分度圆直径。
6. 一对标准直齿圆柱齿轮，已知齿距 $p=9.42$mm、中心距 $a=75$mm、传动比 $i_{12}=1.5:1$，试计算两齿轮的模数及齿数。
7. 齿轮轮齿有哪几种主要失效形式？
8. 斜齿轮的螺旋角是指哪个圆柱面上的螺旋角？
9. 锥齿轮传动有哪些特点？它一般以齿轮大端或小端参数中的哪个作为标准？
10. 试说明蜗杆传动的特点（与齿轮传动比较）。

第6章　带传动和链传动

带传动与链传动都属于采用挠性件来传递运动和动力的机械传动方法：带传动通过传动带把主动轴的运动和动力传给从动轴，而链传动则通过链条与链轮轮齿的相互啮合来传递运动和动力。这两种传动形式适用于两轴中心距较大的场合。

【学习目标】

- 了解带传动的特点、类型及应用。
- 掌握带传动的工作原理。
- 掌握带传动的张紧装置及安装维护。
- 了解链传动与带传动的区别和联系。
- 熟悉链传动的种类及用途。
- 了解链传动的布置与张紧方法。

【观察与思考】

（1）图6-1所示为应用于工业机器人中的带传动。

① 观察图中的皮带，它有何特点？在生活中常被用于哪些场合？

② 机器人的工作对带传动有何要求？

（2）图6-2所示为应用于自行车的传动系统中的链传动。

① 链传动有何特点？与带传动有何区别？

② 在自行车行驶过程中链传动是否能精确地保证大小飞轮的传动比？

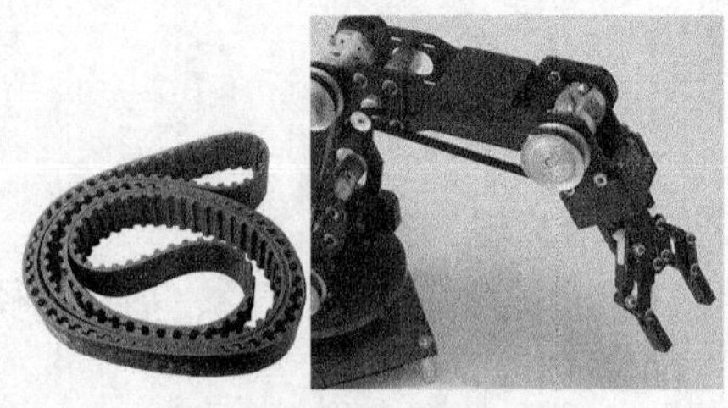

图6-1　带传动的应用

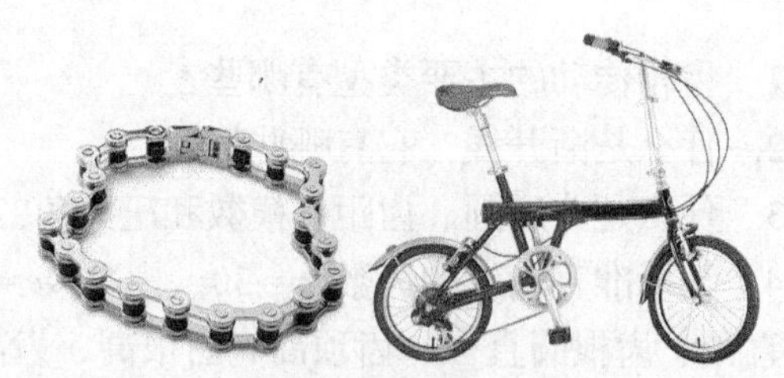

图6-2　链传动的应用

6.1 带　传　动

问题思考

观察图6-3所示的各种带，想想这些带在机构传动中各有什么特点和用途。

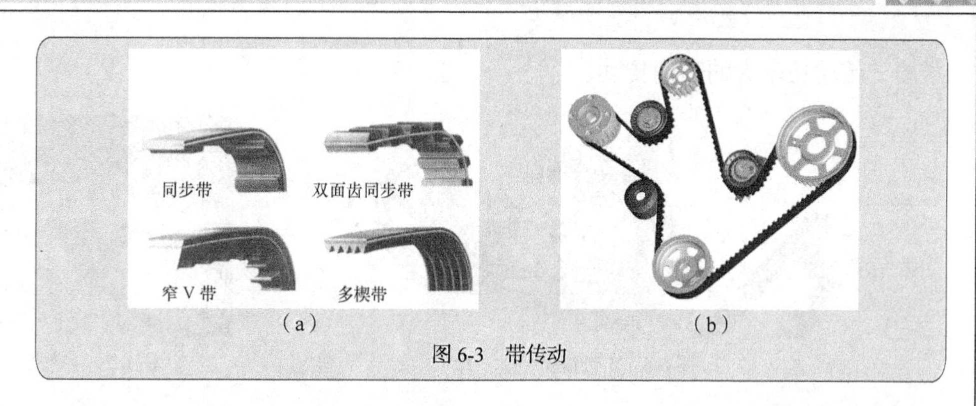

图 6-3　带传动

带传动是两个或多个带轮之间用带作为中间挠性零件的传动，工作时借助带与带轮之间的摩擦（或啮合）来传递运动和动力，它适用于带速较高和圆周力较小的场合。

认识带传动

6.1.1　带传动的分类和特点

带传动一般由主动带轮、从动带轮、传动带及机架组成。当主动轮转动时，通过带和带轮间的摩擦力，驱使从动轮转动并传递动力。

1. 带传动的类型

带传动按传动原理可分为摩擦型带传动和啮合型带传动。摩擦带传动靠传动带与带轮间的摩擦力实现传动，如 V 带传动、平带传动等；啮合带传动靠带内侧凸齿与带轮外缘上的齿槽相啮合实现传动，如同步带传动。

（1）摩擦型带传动。摩擦型带传动如图 6-4 所示，传动带紧套在两个带轮上，使带与带轮的接触面之间产生正压力，当主动轮旋转时，依靠摩擦力使传动带运动而驱动从动轮转动。

① 平带传动。平带是由多层胶帆布构成，其横截面形状为扁平矩形，工作面是与轮面相接触的内表面。平带传动结构简单，主要用于两轴平行、转向相同的较远距离的传动，如图 6-5 所示。

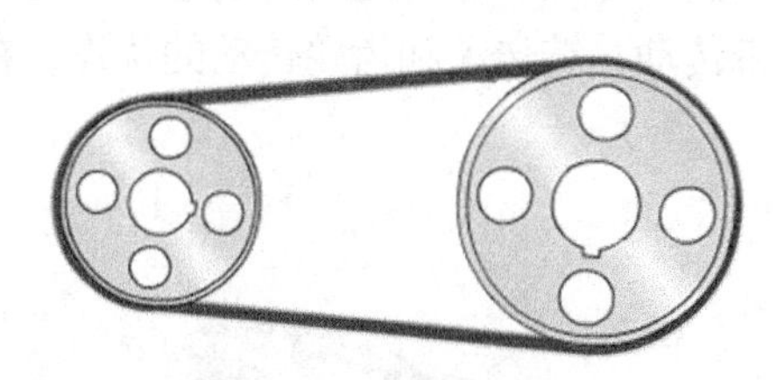

图 6-4　摩擦型带传动

图 6-5　平带传动

② V 带传动。V 带的横截面形状为等腰梯形，工作面是与轮槽相接触的两侧面，V 带与底槽不接触。由于轮槽的楔形效应，预拉力相同时，V 带传动较平带传动能产生更大的摩擦力，可传递较大的功率，结构更紧凑，所以 V 带传动在机械传动中得到更广泛的应用，如图 6-6 所示。

③ 多楔带传动。多楔带以平带为基体，梯形楔侧面为工作面，兼有平带和 V 带的优点，如图 6-7 所示。多楔带的摩擦力和横向刚度都比较大，所以多楔带传动特别适用于结构要求

紧凑、传动功率大的高速传动。

图6-6　V带传动

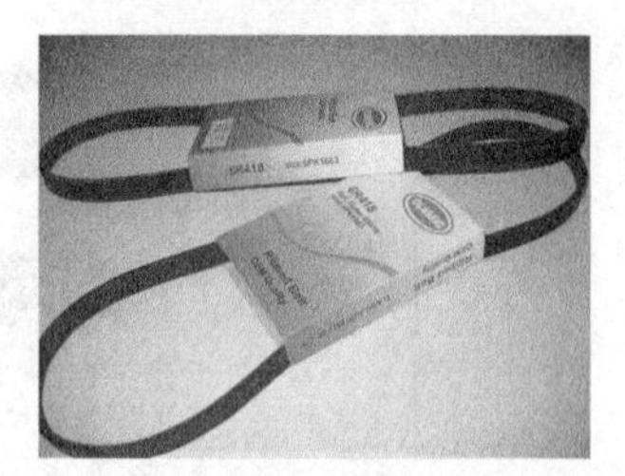

图6-7　多楔带

在实际生活中多楔带常用于电动机动力的传递，比如汽车、健身器材等，如图6-8所示。

④ 圆带传动。圆带的截面为圆形，一般用皮革或棉绳制成。圆带传动一般用于低速轻载的仪器或家用机械，如缝纫机等，如图6-9所示。

图6-8　多楔带的应用

图6-9　圆带传动

课堂练习

观察图6-10所示的颚式破碎机模型，结合动画思考下列问题。

（1）该机构中运用了何种类型带传动，其特点有哪些？

（2）若采用平带传动能否达到生产要求，为什么？

（2）啮合型带传动。同步带传动是最典型的啮合型带传动，带的内周制成齿状，使其与齿形带轮啮合，如图6-11所示。同步带传动综合了带传动、链传动和齿轮传动的优点，在生产中应用广泛。

图6-10　颚式破碎机

图6-11　同步带传动

① 同步带的类型。同步带中单面有齿的称为单面带，如图6-12所示，双面有齿的称为双面带。双面带又可以分为对称型和交错型，如图6-13和图6-14所示。

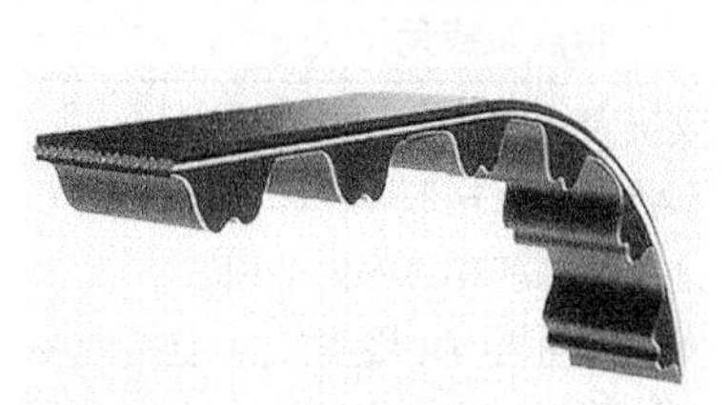
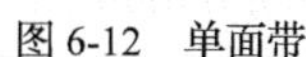
图 6-12　单面带

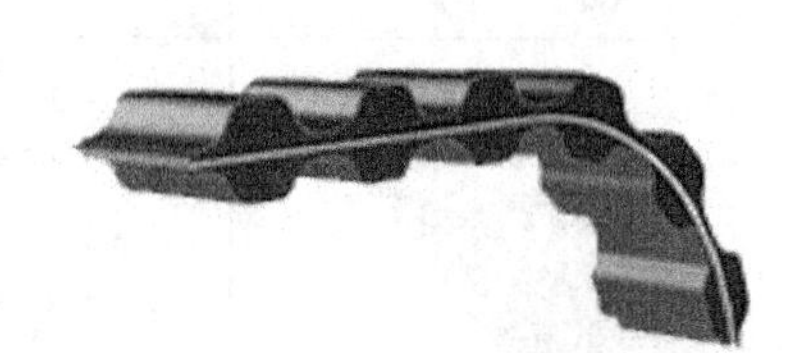
图 6-13　对称型双面带

图 6-14　交错型双面带

同步带按照型号还可以分为最轻型 MXL、超轻型 XXL、特轻型 XL、轻型 L、重型 H、特重型 XH、超重型 XXH 等，可用于不同的承载环境中。

② 同步带传动的优点。它具有以下几个优点。

- 传动准确，工作时无滑动，具有恒定的传动比。
- 传动平稳，具有缓冲、减振能力，噪声低。
- 传动效率高，可达 98%，节能效果明显。
- 维护保养方便，不需润滑，维护费用低。
- 速比范围大，一般可达 10，线速度可达 50m/s，具有较大的功率传递范围，可达几瓦到几百千瓦。
- 可用于长距离传动，中心距可达 10m 以上。

观察图 6-15 所示的发动机，结合动画思考下列问题。

（1）发动机中同步带是如何保证进气门和出气门严格按照一定的顺序和时间间隔来执行开闭的？

（2）若将发动机中的同步带换成 V 带是否会影响发动机的工作效率，为什么？

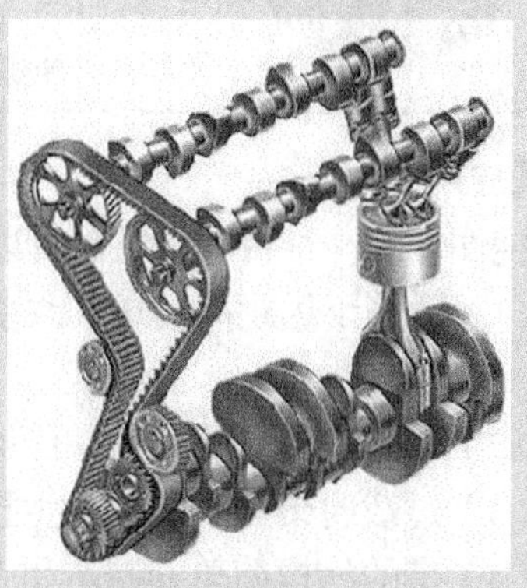
图 6-15　同步带传动的应用

【视野拓展】

带传动类型的划分依据主要是带的截面形状，各种常见传动带的对比如表 6-1 所示。

表 6-1 传动带的类型

分　类	名　称	图　例	特点及应用
摩擦型	平带		（1）由多层胶帆布构成 （2）横截面形状为扁平矩形 （3）工作面是与轮面相接触的内表面 （4）结构简单，主要用于相距较远，且转向相同的两平行轴之间的传动
	V 带		（1）横截面形状为等腰梯形 （2）工作面是与轮槽相接触的两侧面，V 带与底槽不接触 （3）V 带较平带能产生更大的摩擦力，可传递较大的功率且结构更紧凑
	多楔带		（1）以平带为基体，内表面排布等距纵向槽（梯形楔） （2）工作面为梯形楔的侧面 （3）兼有平带弯曲应力小和 V 带摩擦力大的优点，可取代若干根 V 带，用于传递动力大、结构紧凑的场合
	圆带		（1）截面为圆形 （2）一般用皮革或棉绳制成 （3）常用于低速轻载的仪器或家用机械，如缝纫机等
啮合型	同步带		（1）综合了带传动、链传动和齿轮传动的特点 （2）工作面呈齿形 （3）具有传递功率大、传动精准等特点。常用于录音机、数控机床等要求传动平稳、传动精度较高的场合

2. 带传动的特点及应用

带传动是具有中间挠性件的一种传动，它具有以下优点。

带传动的应用

（1）适用于远距离传送，改变带的长度可适应不同的中心距（最长可达 15m）。

（2）带具有良好的弹性，能够缓冲和吸振，因此传动平稳、噪声小。

（3）过载时带与带轮间产生打滑，可防止其他零件损坏。

（4）带的结构简单，制造和安装精度要求不高，不需要润滑，维护方便，成本低廉。

带传动和摩擦轮传动一样，也有缺点，主要体现在以下几方面。

（1）带在工作时会产生弹性滑动和打滑，不能保证精确的传动比。

（2）带传动的轮廓尺寸大，传动效率低，带传动的一般功率为 50～100kW，带速为 5～25m/s，传动比不超过 5，效率为 92%～97%。

（3）传递同样大的圆周力时，轮廓尺寸和轴上的压力都较大，带传动装置结构不够紧凑。

（4）带的使用寿命较短，不宜用于高温、易燃及有油、水和腐蚀介质的场合。

带传动多用于传递功率不大（小于等于 50kW）、速度适中（v=5~30m/s）、传动比要求不严格且中心距较大的场合，不宜用于高温、易燃等场合。在多级传动系统中，通常将它置于高速级（直接与原动机相连），这样可起过载保护作用，同时可减小其结构尺寸和重量。

6.1.2　带传动的工作原理

观察图 6-16 所示的平带传动和 V 带传动，思考它们是依靠什么来传递运动和动力的，其各自又有何特点？

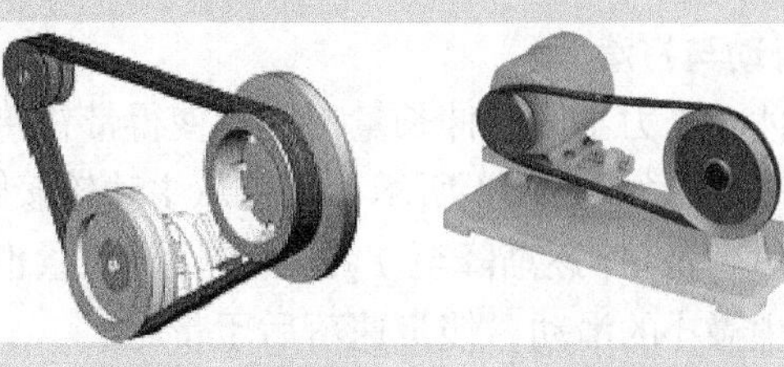

图 6-16　V 带与平带传动

带传动是利用传动带作为中间挠性件，依靠带与带轮间的摩擦力来工作的。

带传动的工作原理

1. 带传动的工作过程

如图 6-17 所示，把一根或几根闭合的环形传动带张紧在主动轮 1 和从动轮 2 上，张紧后，带在两轮的接触面就产生了正压力。

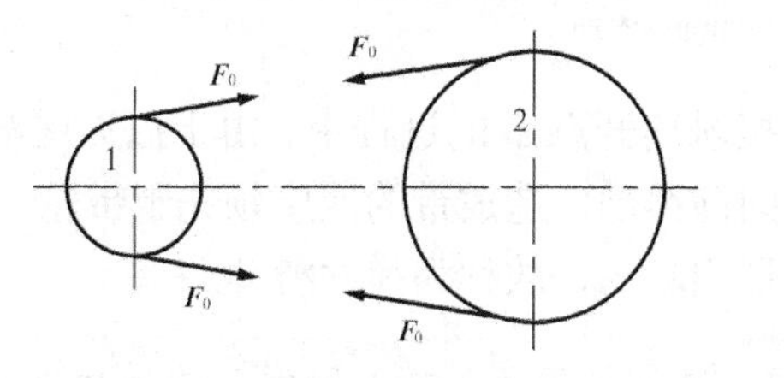

（a）不工作时受力

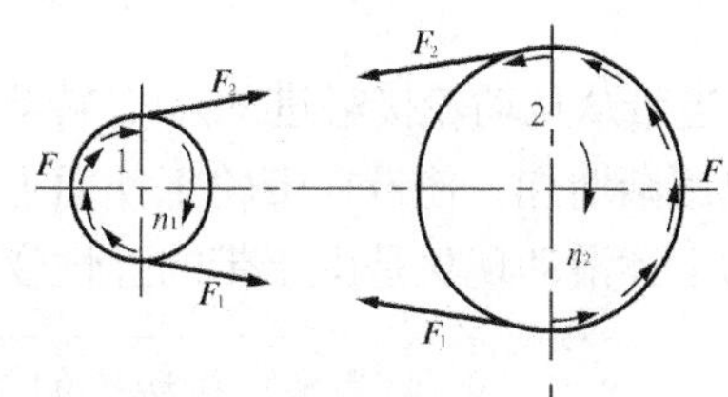

（b）工作时受力

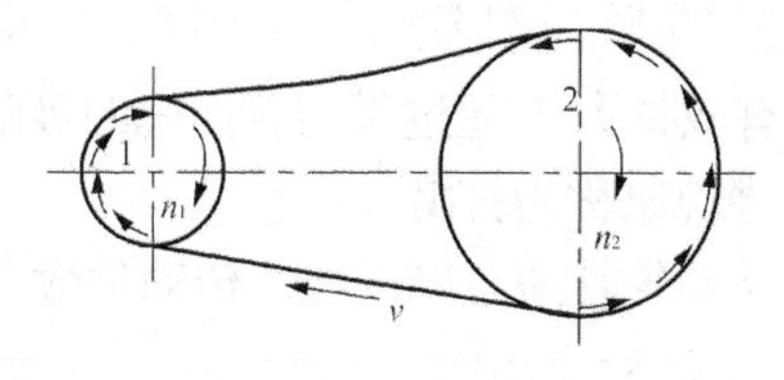

（c）工作图

图 6-17　带的工作过程

（1）当主动轮回转时，由于摩擦力的作用会带动传动带运动，之后传动带又依靠摩擦力带动从动轮回转，这样就把主动轴的运动和动力传给了从动轴，实现了两轴间运动和动力的传递。

（2）带传动在未工作时主动轮上的驱动转矩为零，带轮两边的带受到的拉力相等，该拉力称为初拉力 $\boldsymbol{F}_0$，如图6-17（a）所示。

（3）工作时，由于带与带轮接触面间的摩擦力作用，使绕入主动轮的一边被进一步拉紧，称为紧边，其所受到的拉力由 $\boldsymbol{F}_0$ 增大到 $\boldsymbol{F}_1$。而带的另一边则被放松，其所受到的拉力由 $\boldsymbol{F}_0$ 降到 $\boldsymbol{F}_2$，如图6-17（b）所示。$\boldsymbol{F}_1$、$\boldsymbol{F}_2$ 分别称为带的紧边拉力和松边拉力。

（4）紧边拉力大小与松边拉力大小的差值（F_1-F_2）为带传动中起传递转矩作用的拉力，称为有效拉力 $\boldsymbol{F}$。

（5）$F=F_1-F_2$，F 在数值上等于传动带与小带轮接触面上产生的摩擦力总和 F_f。如果传递的功率为 P（kW），带的速度为 v（m/s），则带传动所需要的有效拉力应为 $F=1\,000\dfrac{P}{v}$。

2. 带的弹性滑动与打滑

由于带是弹性体，受力不同时伸长量不等，使得带在传动过程中会沿着带轮产生滑移。

（1）带的弹性滑动。如图6-18所示，当带从主动轮接触进入点 A 转至接触离开点 B 的过程中，其受到的拉力由 F_1 逐渐降至 F_2，其弹性伸长量也逐渐减少，即逐渐收缩，此时带在带轮上要向后产生微小的滑动，使带速落后于带轮。

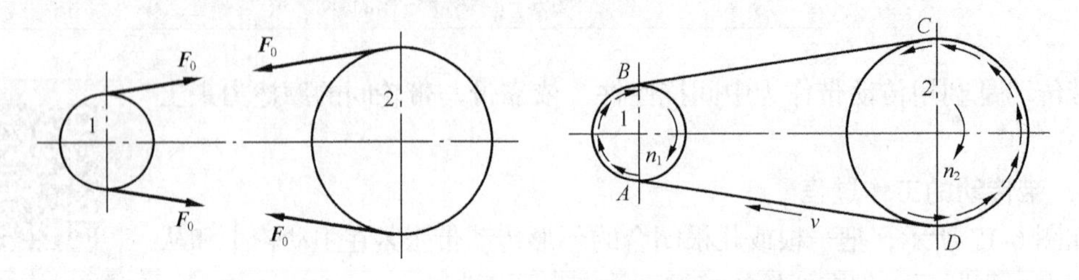

（a）未工作时　　（b）工作时的弹性滑动

图6-18　带的弹性滑动

同理，当带从从动轮接触进入点 C 转至接触离开点 D 的过程中，由于拉力逐渐增大，带的伸长量也逐渐增加，使带在带轮工作面上向前滑动，造成带的速度领先于带轮。带在带轮接触面上的上述滑动现象是由于带的弹性变形引起的，故称为弹性滑动。

要点提示

弹性滑动使从动轮的圆周速度低于主动轮，降低了传动的效率，同时使带的温度升高，加剧了带的磨损。

（2）带的打滑。当传递的有效拉力 $\boldsymbol{F}$ 超过带与轮面间的极限摩擦力时，带就会在带轮轮面上发生明显的全面滑动，这种现象称为打滑。

打滑将使带的磨损加剧，从动轮转速急剧降低，传动失效。

要点提示

在带传动中由于摩擦力使带的两边发生不同程度的拉伸变形，且摩擦力又是这类传动所必需的，所以弹性滑动是不可避免的。打滑是由于过载所引起的带在带轮上的全面滑动，是可以避免的。在学习中不能将弹性滑动与打滑混淆起来。

3. 带传动的传动比计算

在带传动中，主动轮转速 n_1 与从动轮转速 n_2 之比称为带传动的传动比。

若不考虑传动带在带轮上的滑动，则传动带的速度与两轮的圆周线速度相等。

设主动轮和从动轮的直径分别是 D_1 和 D_2（mm），转速分别是 n_1 和 n_2（r/min），则传动带的速度为

$$v = \frac{\pi D_1 n_1}{60 \times 1000} = \frac{\pi D_2 n_2}{60 \times 1000} \text{(m/s)}$$

则

$$\frac{n_1}{n_2} = \frac{D_2}{D_1}$$

因此，理想状态下摩擦带传动的传动比

$$i = \frac{n_1}{n_2} = \frac{D_2}{D_1}$$

实际上，由于弹性滑动的存在，使从动轮圆周运动速度 v_2 低于主动轮圆周运动速度 v_1。其降低率称为滑动率，用 ε 表示，一般情况下，滑动率 ε 为 1%～2%。

即

$$\varepsilon = \frac{v_1 - v_2}{v_1} = \frac{n_1 - in_2}{n_1}$$

故带传动实际的平均传动比

$$i = \frac{n_1}{n_2} = \frac{D_2}{D_1(1-\varepsilon)}$$

4. 带轮的包角

带轮的包角 α 是带与带轮接触面的弧长所对应的圆心角，如图 6-19 所示。带轮包角越大，接触的弧就越长，接触面间的摩擦力也就越大，传动能力越强。

要点提示

工程设计中，一般要求包角 $\alpha \geqslant 120°$，因大带轮包角比小带轮包角大，故仅计算小带轮的包角即可。

5. 带轮的中心距

带轮的中心距 a 为两带轮中心之间的距离，如图 6-20 所示。中心距是带传动重要的参数之一，中心距过大将导致带的载荷变化引起带的颤动，使传动不平稳。

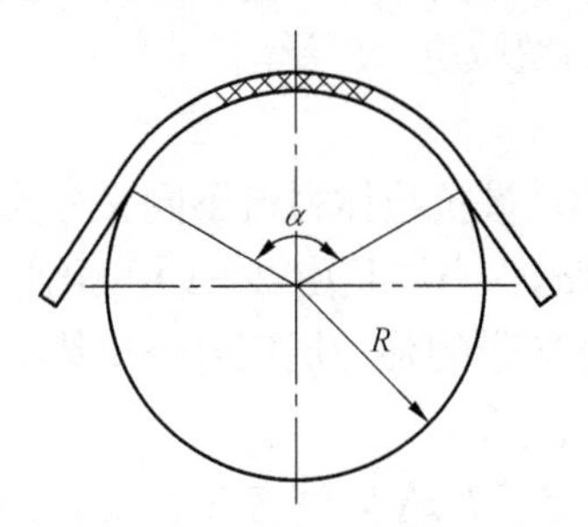

图 6-19　带轮的包角

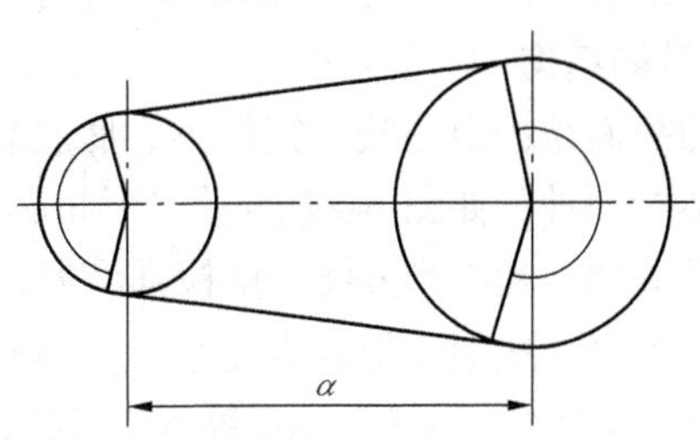

图 6-20　带轮的中心距

中心距也不宜过小，过小则带的长度越短，单位时间内带的应力次数变化越多，从而加速带的损坏。

6．带的应力分析

带传动工作时，带中的应力有以下几种。

（1）拉应力：由带的拉力所产生。

（2）弯曲应力：带绕过带轮时，因弯曲变形而产生弯曲应力。两个带轮直径不同时，带在小带轮上的弯曲应力比在大带轮上的大。

（3）离心应力：当带绕过带轮时，带随带轮轮缘做圆周运动，其本身的质量将引起离心力，由此引起离心应力存在于全部带长的各截面上。

如图 6-21 所示，传动带各截面上的应力随运动位置做周期性变化，各截面应力的大小用自该处引出的径向线（或垂直线）的长短来表示。

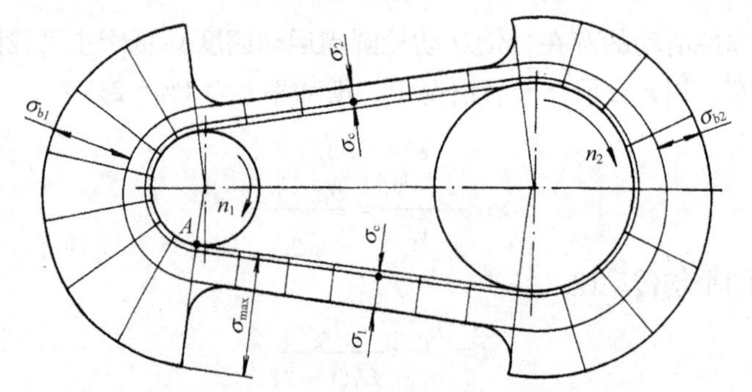

图 6-21　带工作时应力分析示意图

在运转过程中，带经受变化的应力。小带轮为主动轮，最大应力发生在紧边开始绕上小带轮处，当带的应力循环次数达到一定值时，带将发生疲劳破坏，如脱层、松散、撕裂或拉断。

6.1.3　V 带传动设计

V 带传动在一般机械传动中应用较为广泛，在同样张紧力下，V 带比平带传动能产生更大的摩擦力、更高的承载能力、更大的传动功率，同时 V 带传动还具有标准化程度高、传动比大、结构紧凑等优点，使 V 带传动比平带传动应用的领域更为广泛。

1．V 带的结构

V 带的截面结构由顶胶、抗拉体、底胶和包布组成。按抗拉体材料不同又分为帘布芯结构和绳芯结构两种，如图 6-22 所示。帘布芯结构 V 带的强力层是由 2～10 层化学纤维或棉织物贴合而成的，其制造方便、抗拉强度好；绳芯结构 V 带的强力层仅有一层线绳，柔韧性好、抗弯强度高，适用于带轮直径小、转速较高的场合。

国家标准 GB/T 11545—2008 按 V 带的截面尺寸规定了普通 V 带有 Y、Z、A、B、C、D、E 共 7 种型号。普通 V 带各型号的截面尺寸如表 6-2 所示。

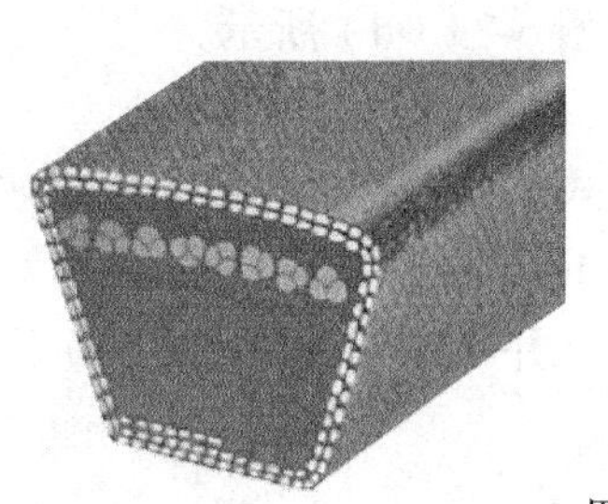

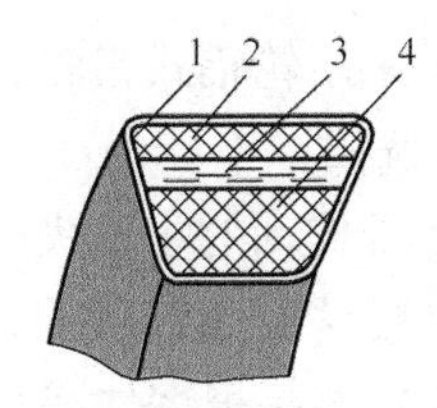

帘布芯结构

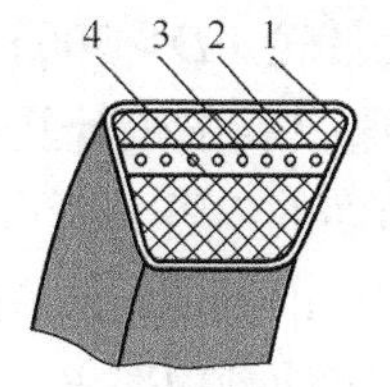

绳芯结构

图 6-22　V 带的结构

1—包布层；2—伸张层；3—强力层；4—压缩层

表 6-2　　**V 带各型号的截面尺寸**

结构图	型号	Y	Z	A	B	C	D	E
	节宽 b_p/mm	5.3	8.5	11.0	14.0	19.0	27.0	32.0
	顶宽 b/mm	6.0	10.0	13.0	17.0	22.0	32.0	38.0
	高度 h/mm	4.0	6.0	8.0	11.0	14.0	19.0	25.0
	楔角 α/°	40						
	单位长度质量 q/(kg · m^{-1})	0.02	0.06	0.10	0.17	0.30	0.62	0.90

2. 带轮的材料与结构

带轮常用的材料是铸铁，带速 $v < 25$m/s 时，用 HT150；$v = 25$～30m/s 时，用 HT200；速度更高的带轮多采用钢或铝合金。

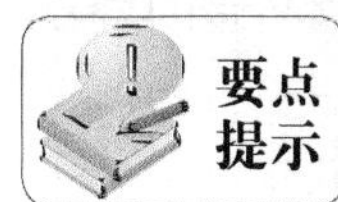

带轮直径 $D \geqslant 600$mm 时，带轮采用钢板焊接而成。小功率传动时，带轮可采用铝或塑料等制造。

常用带轮的结构如图 6-23 所示。带轮的结构特点如下。

（a）实心式

（b）腹板式

（c）孔板式

（d）轮辐式

图 6-23　普通 V 带带轮结构

（1）带轮通常由轮缘、轮辐和轮毂 3 个部分组成。

（2）根据轮辐的结构不同，可以分为实心式、腹板式、孔板式、轮辐式等类型。

（3）直径较小的带轮（$D \leqslant 2.5d$），其轮缘与轮毂直接相连，没有轮辐的部分，即采用实心式带轮，如图 6-23（a）所示。

（4）中等直径的带轮（$D \leqslant 300$ mm）采用腹板式或孔板式，如图 6-23（b）、（c）所示。

（5）大带轮（$D > 300$ mm）采用轮辐式带轮，如图 6-23（d）所示。

3. 普通V带的设计及参数选择

根据前面的内容分析可知，带传动的主要失效形式是传动打滑和带的疲劳破坏。因此，带传动的设计准则应为：在保证带传动不打滑的条件下，带应具有足够的疲劳寿命。

（1）确定计算功率 P_c。计算功率是根据传递功率 P 并考虑到载荷性质和每天运转时间长短等因素的影响而确定的，即

$$P_c = K_A P \tag{6.1}$$

式中：P_c——计算功率，kW；

K_A——工作情况系数（见表 6-3）；

P——传递的功率，kW。

表 6-3　工作情况系数 K_A

工作机载荷性质	原动机（一天工作时数 h）					
	Ⅰ类			Ⅱ类		
	<10	10～16	>16	<10	10～16	>16
工作平稳	1	1.1	1.2	1.1	1.2	1.3
载荷变动小	1.1	1.2	1.3	1.2	1.3	1.4
载荷变动较大	1.2	1.3	1.4	1.4	1.5	1.6
冲击载荷	1.3	1.4	1.5	1.5	1.6	1.8

注：Ⅰ类——直流电动机，Y系列三相异步电动机、汽轮机、水轮机；

Ⅱ类——交流同步电动机、交流异步滑环电动机、内燃机、蒸汽机。

（2）初选带的型号。根据计算功率 P_c 和小带轮的转速 n_1，由图 6-24 所示选择V带的型号。

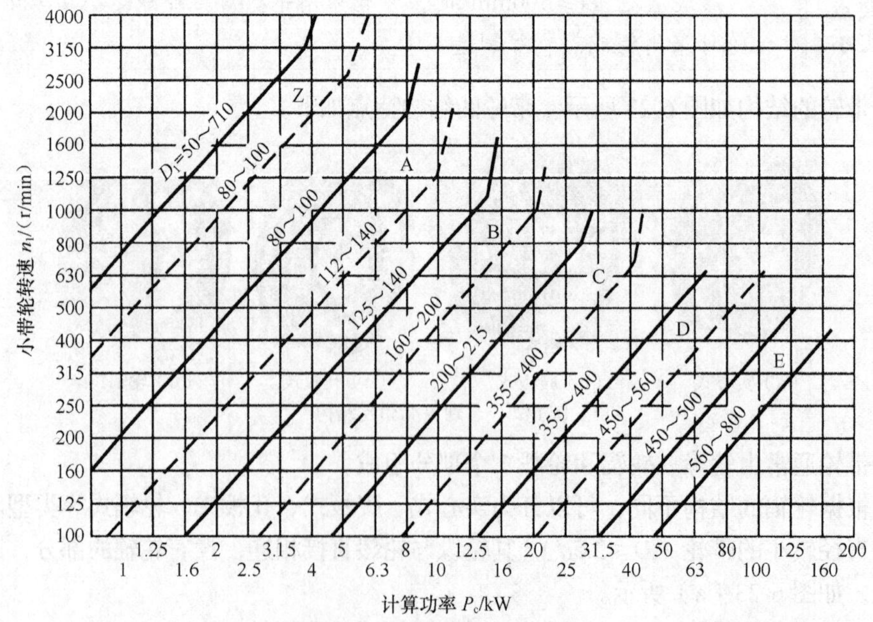

图 6-24　普通V带型号的选择

（3）确定带轮基准直径 D_1、D_2。带轮越小，传动结构越紧凑，但弯曲应力越大，带的寿命会降低。设计时应取小带轮的基准直径 $D_1 \geqslant D_{\min}$，$D_{\min}$ 的取值如表 6-4 所示。大带轮基准直径 D_2 由下式确定。

$$D_2 = iD_1 = \frac{n_1}{n_2} D_1 \tag{6.2}$$

D_1、D_2 应尽量按表 6-4 所示带轮的基准直径系列调整。

表 6-4　　普通 V 带带轮最小基准直径及带轮基准直径系列　　（mm）

V 带型号		Y	Z	A	B	C	D	E
$D_{\min}$		20	50	75	125	200	355	500
推荐直径		≥28	≥71	≥100	≥140	≥200	≥355	≥500
常用 V 带轮基准直径系列	Z	50，56，63，71，80，90，100，112，125，140，150，160，180，200，224，250，280，315，355，400，500						
	A	75，80，90，100，112，125，140，150，160，180，200，224，250，280，315，355，400，450，500，560						
	B	125，140，150，160，180，200，224，250，280，315，355，400，450，500，560，630，710，800						
	C	200，210，224，236，250，280，300，355，400，450，500，560，600，630，710，750，800，900，1 000						

（4）验算带速 v。带速计算公式为

$$v = \frac{\pi D_1 n_1}{60 \times 1\,000} \tag{6.3}$$

一般应选择 $v = 5 \sim 25\text{m/s}$ 为宜，当 $v = 10 \sim 20\text{m/s}$ 时为最佳。

要点提示

带速太高，离心力越大，带与带轮间的正压力减小，传动能力下降；带速太低，会使传递的圆周力增大，带的根数增多。

（5）确定中心距 a 和基准带长 L_d。带传动的中心距不宜过大，否则将由于载荷变化引起带的颤动。中心距也不宜过小，过小时虽然结构紧凑，但带的传动能力将过小，疲劳寿命大大缩短。设计时可以按下式初定中心距 a_0

$$0.7(D_1 + D_2) \leqslant a_0 \leqslant 2(D_1 + D_2) \tag{6.4}$$

由带传动的几何关系可得到带的基准长度计算公式

$$L_{d_0} = 2a_0 + \frac{\pi}{2}(D_1 + D_2) + \frac{(D_1 + D_2)^2}{4a_0} \tag{6.5}$$

L_d 为带的基准计算值，从图 6-25 所示可选定带的基准长度。实际中心距可由下式近似确定

$$a \approx a_0 + \frac{L_d - L_{d_0}}{2} \tag{6.6}$$

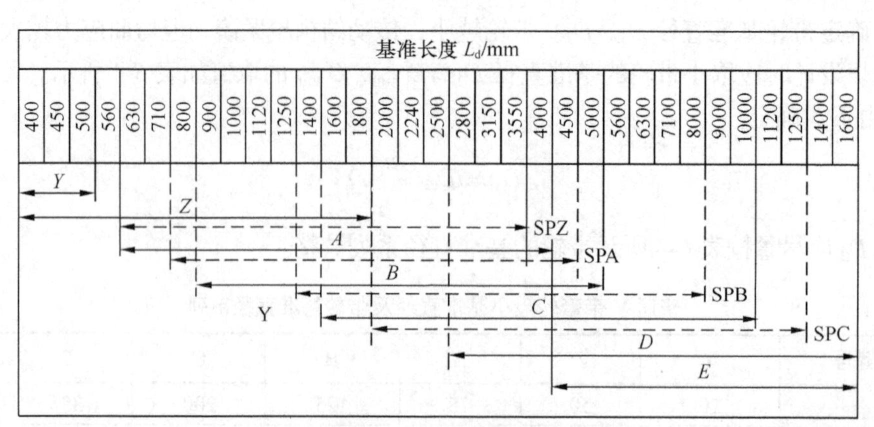

图 6-25　V 带的基准长度

考虑安装调整和补偿张紧力（如胶带伸长而松弛后的张紧）的需要，中心距的调整范围为

$$(a-0.015\,L_d)\sim(a+0.03\,L_d)$$

（6）检验小带轮包角 α_1 和传动比 i 。

$$\alpha_1=180°-\frac{D_2-D_1}{a}\times57.3° \tag{6.7}$$

一般要求 α_1 不小于120°，个别情况下可小到70°。传动比 i 通常不大于 7，个别情况下可以到 10。

课堂练习

计算一鼓风机用普通 V 带传动。动力机为 Y 系列三相异步电动机，功率 $P=7.5$kW，转速 $n_1=1\,440$r/min。鼓风机转速 $n_2=630$r/min，每天工作 16h。希望中心距不超过 700mm。

解：（1）计算功率 P_c。由表 6-3 所示查得，$K_A=1.2$，故

$$P_c=K_AP=1.2\times7.5=9\ (\text{kW})$$

（2）选择带型。根据 $P_c=9$kW 和 $n_1=1\,440$r/min，由图 6-24 所示初步选用 A 型 V 带。

（3）选取带轮基准直径 D_1 和 D_2。由表 6-4 所示取 $D_1=125$mm，由公式（6.2）得

$$D_2=iD_1=\frac{n_1}{n_2}D_1=\frac{1440}{630}\times125=286\ (\text{mm})$$

由表 6-4 所示取直径系列值，$D_2=280$mm。

（4）验算带速 v。

$$v=\frac{\pi D_1n_1}{60\times1000}=\frac{\pi\times125\times1440}{60\times1000}=9.4(\text{m/s})$$

带速在 5～25m/s 范围内，带速合适。

（5）确定中心距 a 和带的基准长度 L_d。由式（6.4）初定中心距 $a_0=650$mm。由式（6.5）得带长

$$L_{d_0}=2a_0+\frac{\pi}{2}(D_1+D_2)+\frac{(D_1+D_2)^2}{4a_0}=2\times650+\frac{\pi}{2}(125+280)+$$

$$\frac{(125+280)^2}{4\times650}=1\,999(\text{mm})$$

由图 6-25 所示查得 A 型带基准长度 $L_d=2\,000\text{mm}$，计算实际中心距

$$a\approx a_0+\frac{L_d-L_{d_0}}{2}=650+\frac{2\,000-1\,999}{2}=650.5(\text{mm})<700(\text{mm})$$

（6）验算小带轮包角。

$$\alpha_1=180^\circ-\frac{D_2-D_1}{a}\times57.3^\circ=180^\circ-\frac{280-125}{650.5}\times57.3^\circ=166.4^\circ>120^\circ$$

包角合适。

6.1.4　带传动的安装、维护及张紧

1. 带的安装

（1）安装时，两带轮轴线应平行，轮槽应对齐，其误差不得超过 20′。

（2）安装带时首先将中心距缩小，将带套在带轮上后慢慢地增大中心距，满足规定的初拉力要求。严禁用其他工具强行撬入和撬出，以免对带造成不必要的损坏。

（3）安装时，应保证适当的初拉力，一般可凭经验来控制，即在带与两带轮切点的跨度中点，以大拇指能按下 15mm 为宜，如图 6-26 所示。

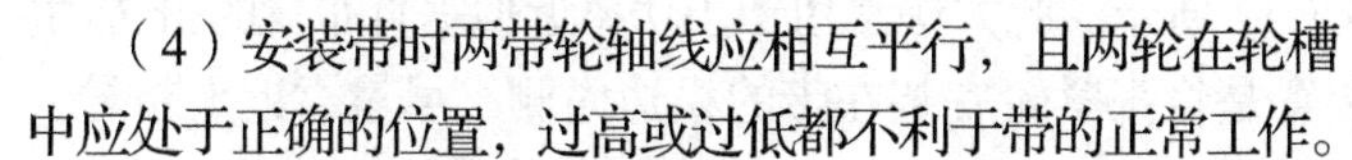

（4）安装带时两带轮轴线应相互平行，且两轮在轮槽中应处于正确的位置，过高或过低都不利于带的正常工作。

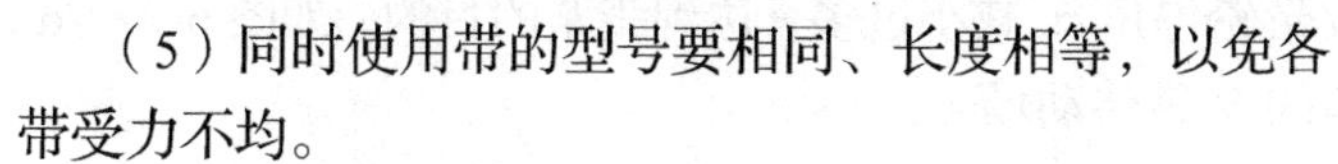

（5）同时使用带的型号要相同、长度相等，以免各带受力不均。

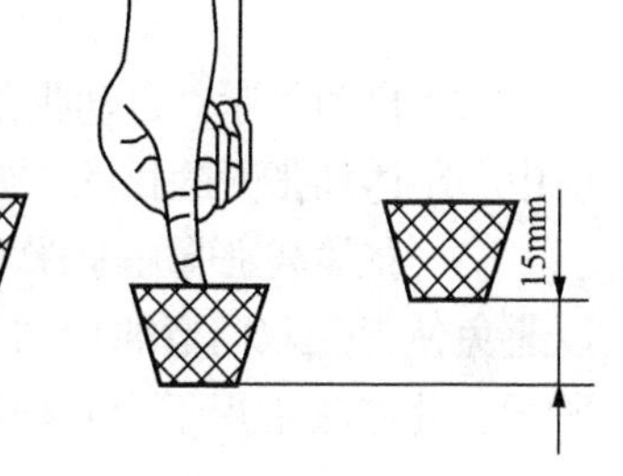

图 6-26　实验初拉力

2. 带传动的维护

（1）要采用安全防护罩，以保证操作人的安全；同时防止油、酸、碱对带的腐蚀。

（2）定期对带进行检查有无松弛和断裂现象，如有一根松弛和断裂则应全部更换新带。

（3）带轮定期添加润滑剂，应及时清洗带轮槽及带上的油污。

（4）带传动的温度不宜过高。

3. 带的张紧

为了获得和控制带的初拉力，保证带传动能正常工作，带传动工作一定的时间后，必须对其重新张紧。张紧方式有定期张紧、自动张紧以及张紧轮张紧等。

（1）定期张紧。定期张紧装置是通过定期改变中心距的方法来调节预紧力，从而使带重新得以张紧，定期张紧装置又分为滑道式和摆架式两种。

① 滑道式定期张紧装置。滑道式定期张紧装置通过调整螺栓来改变电动机在滑道上的位置，以增大中心距，从而达到张紧的目的，如图 6-27（a）所示。此方法常用于水平布置的带传动。

② 摆架式定期张紧装置。摆架式定期张紧装置通过调整螺栓来改变摆架的位置，以

增大中心距，从而达到张紧的目的，如图 6-27（b）所示。此方法常用于近似垂直布置的带传动。

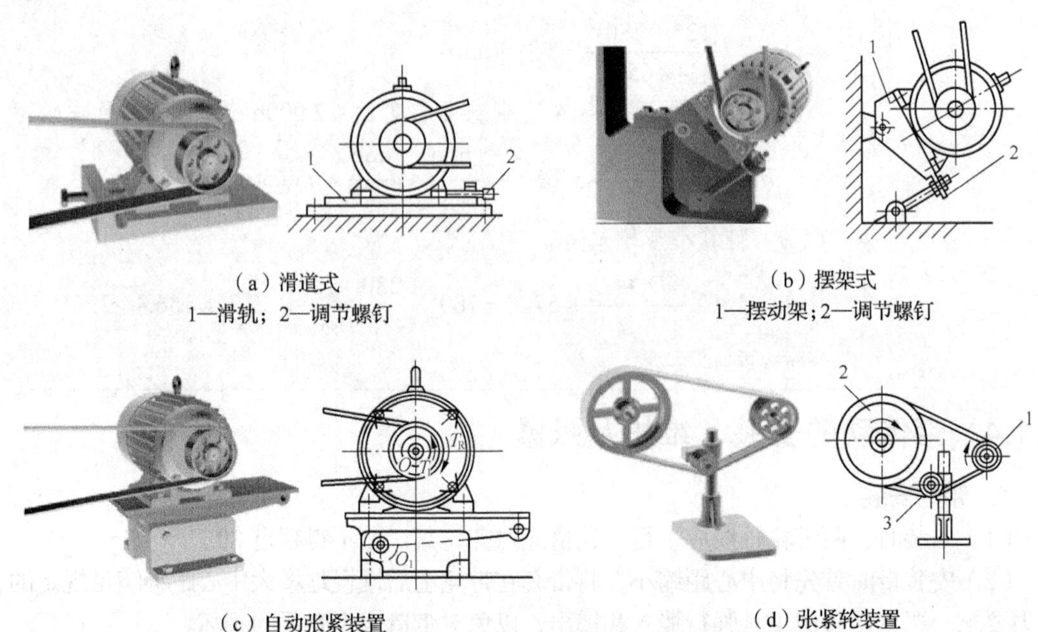

（a）滑道式
1—滑轨；2—调节螺钉

（b）摆架式
1—摆动架；2—调节螺钉

（c）自动张紧装置

（d）张紧轮装置
1—主动轮；2—从动轮；3—张紧轮

图 6-27　带传动的张紧

（2）自动张紧。自动张紧装置是靠电动机和机座的自重，使带轮绕固定轴摆动，以自动调整中心距达到张紧的目的，如图 6-27（c）所示。此方法常用于小功率近似垂直布置的带传动。

（3）张紧轮张紧。张紧轮张紧装置是将张紧轮安装在带的松边内侧，尽量靠近大带轮，以避免使带受双向弯曲应力作用以及带轮包角 α_1 减小过多，达到张紧的目的，如图 6-27（d）所示。此方法常用于中心距不可调节的 V 带传动场合。

6.2 链 传 动

观察图 6-28 所示的链传动装置，说明链传动的组成及与带传动的不同之处，并了解链传动的特点及应用场合。

图 6-28　链传动

6.2.1　链传动的分类和特点

链传动由主动链轮、从动链轮和绕在链轮上的链条所组成。工作时通过链条与链轮轮齿的啮合来传递运动和动力。

1．传动链的分类

传动链从结构形式上划分为短节距精密滚子链（简称滚子链）、短节距精密套筒链（简称套筒链）、齿形链和成形链，下面介绍生产中常用的两种类型。

（1）滚子链。滚子链又称套筒滚子链，由内链板、外链板、销轴、套筒和滚子组成，如图 6-29 所示。

滚子链的结构

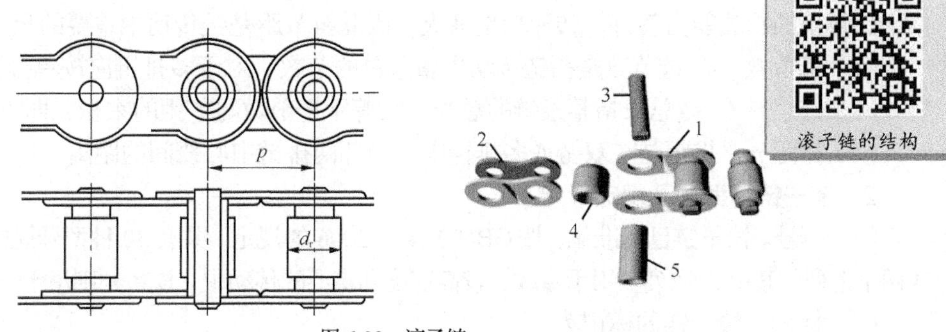

图 6-29　滚子链

1—外链板；2—内链板；3—销轴；4—滚子；5—套筒

内链板与套筒、外链板与轴为过盈配合，套筒与销轴、滚子与套筒则为间隙配合，以使内、外链板构成可相对转动的活动环节，并减少链条与链轮间的摩擦与磨损。

（2）齿形链。齿形链是由彼此用铰链连接起来的齿形链板组成的，链板两工作侧面的夹角为 60°，齿形的铰链形式主要有圆销铰链式、轴瓦式和滚柱铰链式。

轴瓦式齿形链由齿形板和轴瓦组成，如图 6-30 所示。这种铰链承压面窄，比压大，易磨损，成本较高。但它比套筒滚子链传动平稳，噪声小，多用于转速较高的场合。

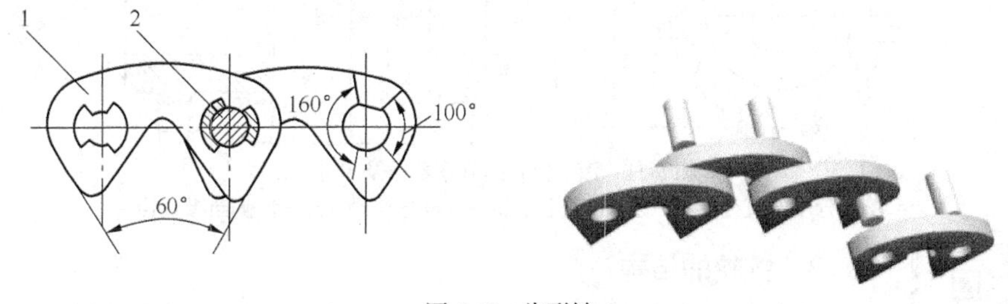

图 6-30　齿形链

1—链板；2—轴瓦

2．链传动的特点

（1）链传动的主要优点。

- 由于链传动是啮合传动，无弹性滑动和打滑现象，因此传动比精确。
- 在实际生产中可根据需要选取链条长度（链节数），因而中心距适用范围大。
- 能在高温、多尘、多油、湿度大等恶劣环境下工作。
- 与带传动相比，链传动传动效率高、承载能力高、结构紧凑、工作可靠、使用寿命长。

（2）链传动的主要缺点。

- 传动不平稳，传动中有周期性的动载荷和啮合冲击，噪声较大。
- 链传动只能用于两平行轴之间的传动。
- 与带传动相比，链传动制造、安装较困难，成本也较高。

6.2.2 滚子链及链轮的结构和材料

滚子链及链轮是链传动的主要零件，且两者都已经标准化，因此在设计时应按标准值选取。

1．滚子链的基本参数

（1）节距 p。链节距是两相邻铰链副的中心距离，如图 6-29 所示。链节距大，链的尺寸就大，链条的承载能力就好，传递功率就大，因此链节距是链传动中重要的尺寸之一。

（2）链节数 L_P。链节数是指链传动中整条链的节数，对于多排链应按单排链计算。

（3）链总长 l。链总长指整条链的总长，它等于链节数与节距的乘积，即 $l = L_p p$。

（4）排距 p_t。排距是在双链或多排链中，相邻两排链中心线间的距离。

2．滚子链的型号及规定标记

（1）型号。滚子链已标准化，按 GB/T 1243—2006 的规定，共有 30 种型号规格，并分为 A、B 两个系列。其中 A 系列多用于重载、较高速度和重要的传动中，B 系列则用于一般传动中。

（2）标记。滚子链的标记为

链号—排数—整链链节数—标准编号

例如，08A-2-72　GB/T 1243—2006 表示：A 系列、双排、72 节的滚子链。

（3）滚子链链轮的基本参数及尺寸。链轮的节距 p、滚子外径 d_r、排距 p_t 以及齿数需与配用的链条相配。链轮的公称尺寸如图 6-31 所示。

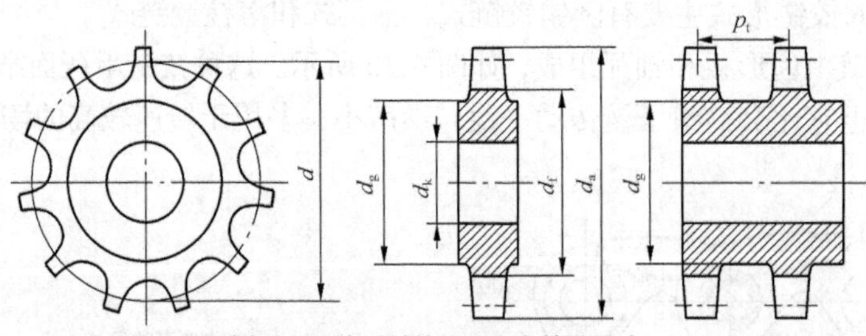

图 6-31　滚子链轮的基本参数及尺寸

d—分度圆直径；d_a—齿顶圆直径；d_f—齿根圆直径；d_g—齿侧凸缘直径

3．链轮的结构

链轮的主要结构形式有实心式、孔板式、焊接式及装配式，如图 6-32 所示。

小直径链轮可制成实心式；中等直径链轮采用孔板式；大直径链轮为了提高轮齿的耐磨性，常将齿圈和齿心用不同材料制造，然后用焊接或螺栓连接使其装配在一起。

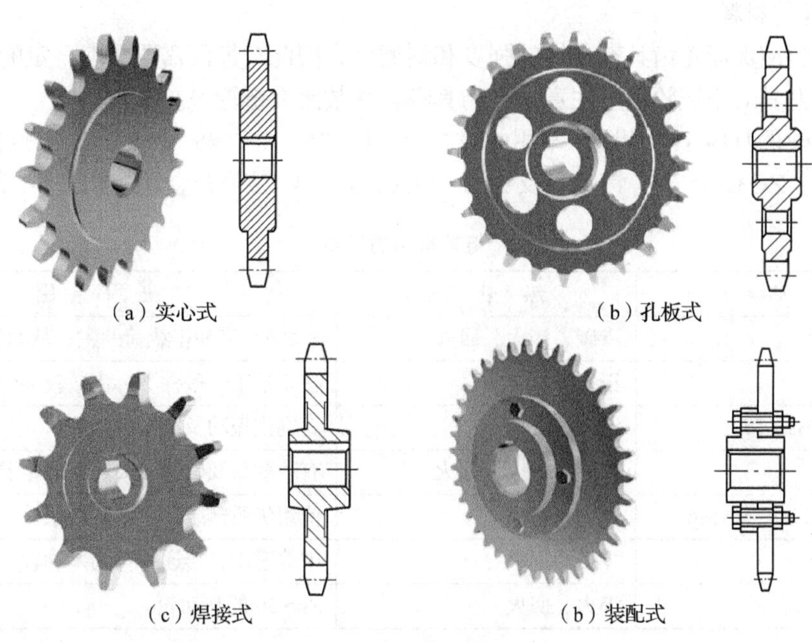

（a）实心式　（b）孔板式

（c）焊接式　（b）装配式

图 6-32　链轮的主要结构形式

链轮的主要结构特点如下。

（1）链轮的齿形应便于加工，不易脱链，能保证链条平稳、顺利地进入和退出啮合，并使链条受力均匀。

（2）链轮齿形如图 6-33 所示，按国家标准规定，用标准刀具加工的链轮，只需给出链轮的节距 p、齿数 z 和链轮的分度圆直径 d。端面齿形由 aa、ab 和 cd 三段圆弧和一条直线 bc 构成，简称“三圆弧一直线”齿形。

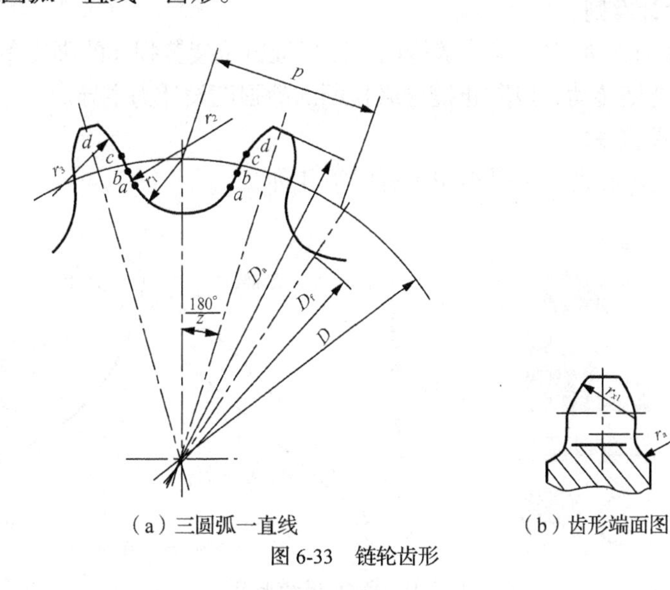

（a）三圆弧一直线　（b）齿形端面图

图 6-33　链轮齿形

（3）链轮的轴向齿形呈圆弧状，便于链节的进入和退出。

4. 链轮的材料

链轮材料应保证轮齿具有足够的强度和耐磨性，因此对齿面需要采取一定的热处理工艺进行强化。尤其对小链轮更应注意，因为其啮合次数比大链轮多。

根据链轮的具体工作情况，常用的材料有 20、35、40、45 等碳素钢，HT150、HT200 等灰口铸铁，ZG310-570 等铸钢以及 20Cr、35CrMo、40Cr 等合金钢，如表 6-5 所示。

表 6-5　　链轮常用的材料

材　料	热 处 理	应 用 范 围
15、20	渗碳、淬火、回火	$Z \leqslant 25$，有冲击载荷的主、从动轮
35	正火	在正常工作条件下，齿数较多的链轮
40、50、ZG310-570	淬火、回火	无剧烈振动及冲击的链轮
15Cr、20Cr	渗碳、淬火、回火	有动载荷及传递较大功率的重要链轮
35SiMn、40Cr、35CrMo	淬火、回火	使用优质链条，重要的链条
Q235、Q275	焊接后退火	中等速度、传递中等功率的较大链轮
普通灰铸铁	淬火、回火	$Z_2 > 50$ 的从动轮

含碳量低的钢适宜用作承受冲击载荷的链轮，铸钢等适宜于易磨损但无剧烈冲击振动的链轮，要求强度高且耐磨的链轮须由合金钢制作。

6.2.3 滚子链传动设计

在实际生产中，滚子链传动应用得较为广泛，本小节将以中高速的单排滚子链传动为对象来讲解链传动的设计。

1. 链传动的设计准则

对于链速 $v \geqslant 0.6$m/s 的中、高速链传动，以保证链抗疲劳损坏的强度条件为依据；对于链速 $v<0.6$m/s 的低速链传动，以防止链过载拉断的静强度设计为主导。

2. 链传动的失效形式

链传动的常见失效形式（见图 6-34）有以下几种。

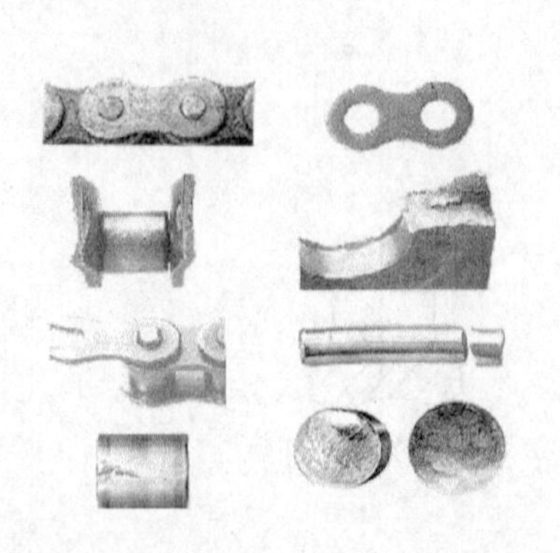

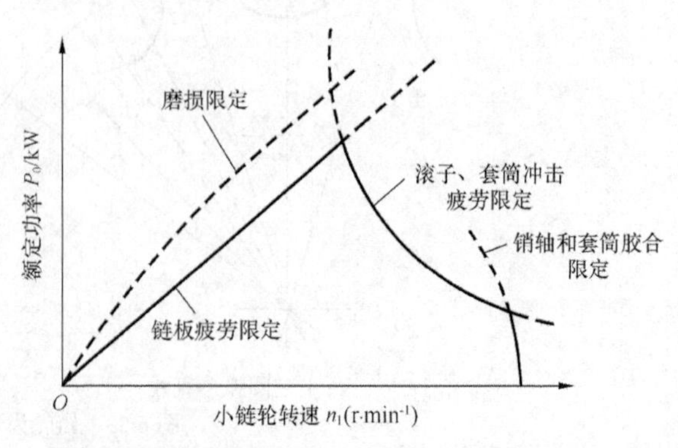

图 6-34　链条的失效形式

（1）链板的疲劳破坏。链在运动过程中将周而复始地由松边到紧边运动，这样链板就极

容易出现疲劳断裂，造成疲劳破坏。

（2）链条铰链的磨损。链条在工作过程中，铰链的销轴和套筒间承受较大的压力，彼此又产生相对转动，使得铰链被磨损。

（3）链条铰链的胶合。当链条在高速运作时，销轴和套筒间油膜被破坏，两者的工作表面在很高的温度和压力下直接接触，导致胶合。

要点提示

所谓胶合就是一种比较严重的粘着磨损，在高速重载传动时，因滑动速度高而产生瞬时高温，使两构件接触表面间的油膜破裂，出现粘焊的现象，粘焊处被撕脱后将形成沟痕。

（4）链条的静力破坏。链条在低速（$v < 0.6$m/s）工作中，载荷超过了链条的静力强度，导致链条被拉断。

3. 设计方法及参数选择

（1）链轮齿数 z。链轮齿数对传动平稳性和工作寿命影响很大，因此，链轮齿数要适当，不宜过多或过少。链轮的齿数太多时，链的使用寿命将缩短；链轮齿数过少，链轮的不均匀性和动载荷都会增加，同时当链轮齿数过少时，链轮直径过小，会增加链节的负荷和工作频率，加速链条磨损。

为此，要限制小链轮的最少齿数，通常可取最少齿数 $z_{min} \geqslant 9$。一般小链轮齿数 z_1 可根据链速从表 6-6 所示选取，然后再按传动比确定大链轮齿数 z_2（$z_2 = iz_1$）。

表 6-6　　链轮齿数的确定

链速 $v/(\mathrm{m \cdot s^{-1}})$	0.6～3	>3～8	>8
z_1	≥17	≥21	≥25

要点提示

因链节常为偶数，为磨损均匀，链轮齿数一般应取奇数。

（2）平均传动比。链节与链轮齿啮合时形成折线，相当于将链绕在正多边形的轮上，该正多边形的边长等于链的节距 p，边数等于链轮齿数。链轮每转一周，随之绕过的链长为 zp。因此，当两链轮的转速分别为 n_1、n_2 时，链的平均速度为

$$v = \frac{z_1 p n_1}{60 \times 1\,000} = \frac{z_2 p n_2}{60 \times 1\,000} (\mathrm{m/s}) \tag{6.8}$$

故链传动的平均传动比为

$$i = \frac{n_1}{n_2} = \frac{z_2}{z_1} \tag{6.9}$$

式中：　p——链节距，mm；

n_1、n_2——主、从动轮转速，r/min；

z_1、z_2——主、从动轮齿数。

一般传动比 $i \leqslant 7$，当 $v \leqslant 2$ m/s 且载荷平稳时可达 10，推荐 $i = 2 \sim 3.5$。传动比过大，链在小链轮上包角过小，将加速轮齿的磨损，通常包角应不小于 120°。

（3）链节距 p。链节距 p 是链传动中最主要的参数。链节距越大，其承载能力越高，但传动中的附加动载荷、冲击和噪声也都会越大，运动的平稳性就越差。

在满足传递功率的前提下，应尽量选取小节距的单排链；若传动速度高、功率大，则可选用小节距多排链，但为确保承载均匀，一般不超过4排。这样可在不加大节距 p 的条件下，增加链传动所能传递的功率。

（4）中心距 a 和链节数 L_p。中心距 a 是主、从两链轮中心线之间的距离。

在链速不变的情况下，若链传动中心距过小，链节在单位时间内承受变应力的次数增多，会加速疲劳和磨损；另外，小链轮的包角也会减小，同时参与啮合的齿数也就减少，传动能力就会下降。

反之，若中心距过大，易使链传动时链条发生过大的抖动现象，增加了传动的不平稳性。一般可取中心距 $a=（30\sim50）p$，最大中心距 $a_{max}\leqslant 80\,p$。

链条的长度以链节数 L_p 表示

$$L_p=\frac{2a}{p}+\frac{z_1+z_2}{2}+\frac{p}{a}\left(\frac{z_2-z_1}{2\pi}\right)^2 \tag{6.10}$$

按上式计算得到的 L_p 应圆整为相近的整数，且最好为偶数，然后根据圆整后的链节数 L_p，计算实际的中心距 a

$$a=\frac{p}{4}\left[\left(L_p-\frac{z_1+z_2}{2}\right)+\sqrt{\left(L_p-\frac{z_1+z_2}{2}\right)^2-8\left(\frac{z_2-z_1}{2\pi}\right)^2}\right] \tag{6.11}$$

另外，为了便于安装链条和调节链的张紧程度，中心距一般都做成可调的。一般取中心距调节量 $a\geqslant 2p$。若中心距不可调，则为使链的松边有一定的初垂度，安装中心距应比计算出的实际中心 a 小2～5 mm。

设计一压气机用链传动，电动机转速 $n_1=970$r/min，压气机转速 $n_2=330$r/min，传动功率 $P=10$kW，链节距 $p=15.875$mm，中心距可以调。

解：（1）选择链轮齿数。链传动传动比

$$i=\frac{n_1}{n_2}=\frac{970}{330}=2.94$$

设链速 $v=3\sim8$ m/s，由表6-6所示选小链轮齿数 $z_1=23$。

大链轮齿数 $z_2=iz_1=2.94\times23\approx67$。

（2）初定中心距 a，取定链节数 L_p。初定中心距 $a=（30\sim50）p$，取 $a=40p$。

链节数

$$L_p=\frac{2a}{p}+\frac{z_1+z_2}{2}+\frac{p}{a}\left(\frac{z_2-z_1}{2\pi}\right)^2$$

$$=\frac{2\times40p}{p}+\frac{23+67}{2}+\frac{p}{40p}\left(\frac{67-23}{2\pi}\right)^2$$

$$=126.23（节）$$

取 $L_p = 126$ 节（取偶数）。

确定中心距

$$a = \frac{p}{4}\left[\left(L_p - \frac{z_1 + z_2}{2}\right) + \sqrt{\left(L_p - \frac{z_1 + z_2}{2}\right)^2 - 8\left(\frac{z_2 - z_1}{2\pi}\right)^2}\right]$$

$$= \frac{15.875}{4}\left[\left(126 - \frac{23+67}{2}\right) + \sqrt{\left(126 - \frac{23+67}{2}\right)^2 - 8\left(\frac{67-23}{2\pi}\right)^2}\right]$$

$$= 633(\text{mm})$$

中心距的调整量

$$a \geqslant 2p = 2 \times 15.875 = 31.75(\text{mm})$$

实际安装中心距

$$a' = 633 - 31.75 = 601.25(\text{mm})$$

取 $a' = 600\text{mm}$。

设计结果：链轮齿数 $z_1 = 23$，$z_2 = 67$，传动中心距 $a = 633(\text{mm})$。

6.2.4 链传动的布置、张紧与润滑

链在使用时需要考虑布置、张紧与润滑这 3 个基本问题，以确保链传动能够正常工作。

1. 链传动的布置

链传动的常见布置形式如图 6-35 所示。

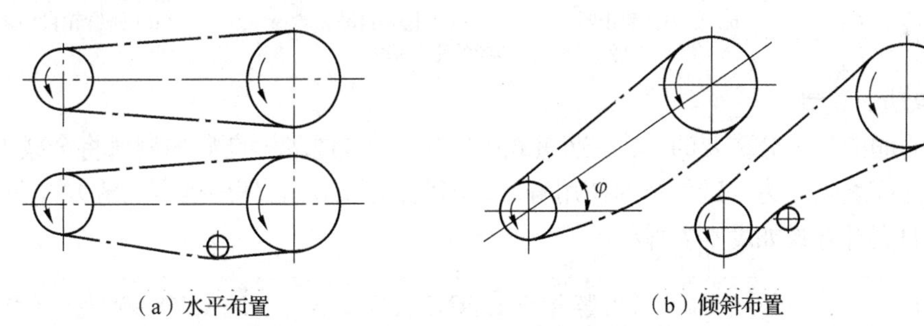

（a）水平布置　　（b）倾斜布置

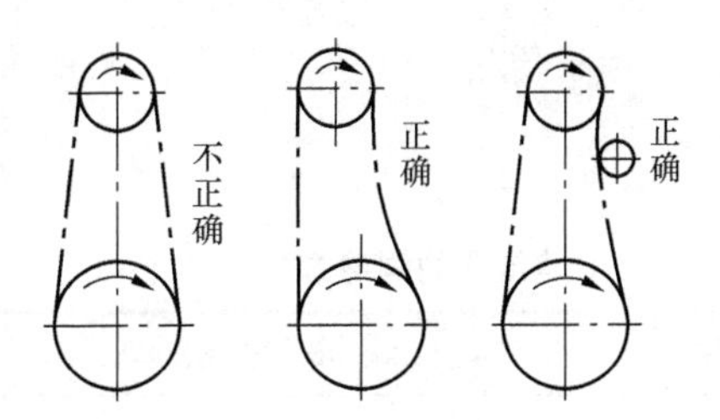

（c）垂直布置

图 6-35 链传动的布置

这些布置方式的特点如下。

（1）水平布置时应保持两链轮的回转平面在同一铅垂平面内，并保持两轮轴线相互平行，

否则易引起脱链和产生不正常磨损。

（2）倾斜布置时两链轮中心线与水平线夹角 φ 尽量小于 45°，以免下方的链轮啮合不良或脱离啮合。

（3）垂直布置时要避免两链轮的中心线成 90°，可使上下链轮左右偏移一段距离。

（4）链传动最好使链条的紧边在上、松边在下，如图 6-35（a）所示。以防松边下垂量过大，会使链条与链轮轮齿发生干涉或松边与紧边相碰。

2. 链传动的张紧

链条在使用过程中会因磨损而逐渐伸长，为防止松边垂度过大而引起啮合不良、松边抖动和跳齿等现象，应使链条张紧。常用的张紧方法有调整中心距和采用张紧轮装置张紧。

要点提示

采用张紧轮张紧时，张紧轮的直径应稍小于小链轮直径，并置于松边外侧靠近小链轮附近，这样保证小链轮的包角不被减小。

常用的链条张紧形式如图 6-36 所示。

（a）弹簧自动张紧

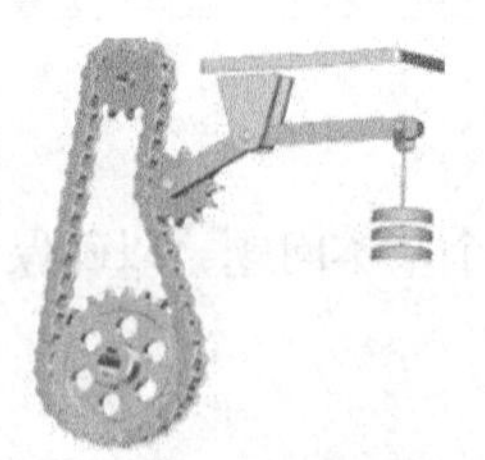

（b）重力自动张紧

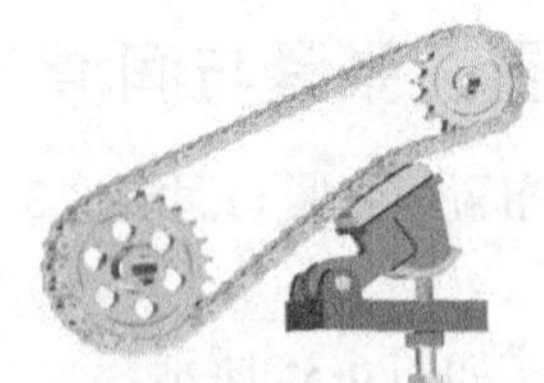

（c）托架自动张紧

（d）张紧轮自动张紧

图 6-36　链传动的张紧形式

3. 链传动的润滑

链传动的润滑是十分重要的，对高速重载的链传动尤为重要。良好的润滑将会减少磨损、缓和冲击，提高承载能力，延长链的使用寿命，因此链传动应合理地确定润滑方式和润滑剂种类。常用的润滑方式如表 6-7 所示。

要点提示

润滑油推荐采用牌号为 L-AN32、L-AN46、L-AN68 等全损耗系统用油。温度低时取前者。对于开式及重载低速传动，可以润滑油中加入 MoS2、WS2 等添加剂。对不使用润滑油的场合，允许涂抹润滑脂，但应定期清洗与涂抹。

表 6-7　链传动的润滑方式

润滑方式	示 意 图	润 滑 方 法	供 油 量	适 用 范 围
人工定期润滑		用油壶或油刷定期在链条松边内、外链板间隙注油	每班注油一次	适用于链速 $v \leq 4\text{m/s}$ 的不重要传动

续表

润滑方式	示　意　图	润　滑　方　法	供　油　量	适　用　范　围
滴油润滑		装有简单外壳，用油杯通过油管向松边的内、外链板间隙处滴油	单排链，每分钟供油 5～20 滴，速度高时取大值	适用于链速 $v \leqslant 10\text{m/s}$ 的传动
油浴润滑		采用不漏油的外壳，使链从密封的油池中通过	链条浸入油面过深，搅油损失大，油易发热变质。一般浸油深度为 6～12mm 为宜	适用于链速 $v = 6 \sim 12\text{m/s}$ 的传动
飞溅润滑		在密封容器中，用甩油盘将油甩起，经由壳体上的集油装置将油导流到链上	甩油盘浸油深度为 12～15mm	甩油盘速度应大于 3m/s
压力油循环润滑		用油泵将油喷到链上，喷口应设在链条进入啮合之处，循环油可起冷却作用	每个喷油口供油量可根据链节距及链速大小查阅有关手册	适用于链速 $v \geqslant 8\text{m/s}$ 的大功率传动

小　结

带传动一般由主动带轮、从动带轮、传动带及机架组成。当原动机驱动主动带轮转动时，由于带与带轮之间摩擦力的作用，使从动带轮一起转动，从而实现运动和动力的传递。

摩擦带传动主要靠传动带与带轮间的摩擦力实现传动，如 V 带传动、平带传动等。而啮合带传动则靠带内侧凸齿与带轮外缘上的齿槽相啮合实现传动，如同步带传动。

链传动由主动链轮、从动链轮和绕在链轮上的链条所组成。工作时通过链条与链轮轮齿的啮合来传递运动和动力。

传动链从结构形式上划分为滚子链、套筒链、齿形链和成形链，在实际生产中滚子链应用得较为广泛。

思考与练习

1. 何谓带传动的弹性滑动和打滑？能否避免？

2. 在设计带传动时为什么要限制带速 v、小带轮直径 d_{d1} 和带轮包角 α_1？

3. 为何 V 带传动的中心距一般设计成可调节的？在什么情况下需采用张紧轮？张紧轮布置在什么位置较为合理？

4. 一般带轮采用什么材料？带轮的结构形式有哪些？根据什么来选定带轮的结构形式？

5. 相比于带传动，链传动有哪些特点？

6. 链传动的主要失效形式有哪些？

第7章 轮　系

在实际生产中，为了获得大的传动比或者实现变速变向，一对齿轮传动往往不能满足工作要求，例如，机械式手表需要一套齿轮系统来保持时针、分针和秒针之间确定的运动关系。为了满足机器的功能要求和实际工作需要，常采用多对相互啮合的齿轮组成传动系统，这就是轮系。本章将主要介绍轮系的分类、传动比的计算、功用及其设计。

【学习目标】

- 了解齿轮系的特点及分类。
- 了解轮系的主要用途。
- 掌握定轴轮系的特点及其传动比的计算。
- 掌握周转轮系的特点及其传动比的计算。
- 掌握复合轮系的特点及其传动比的计算。

【观察与思考】

（1）观察图7-1所示一对齿轮的啮合过程，结合前面学过的知识思考该齿轮副的传动比由什么决定？哪个齿轮转速较高？

（2）观察图7-2所示一对传动比较大的齿轮副，思考在传动时有什么不方便之处？想一想有没有一种方法可以使用一些尺寸差异不大的齿轮来实现较大传动比的传动？

（3）观察图7-3所示汽车后桥中的差速器机构，想一想它是怎样帮助汽车实现转弯功能的，转弯时汽车的左右轮转速是否一样，为什么？

图7-1　齿轮传动（1）

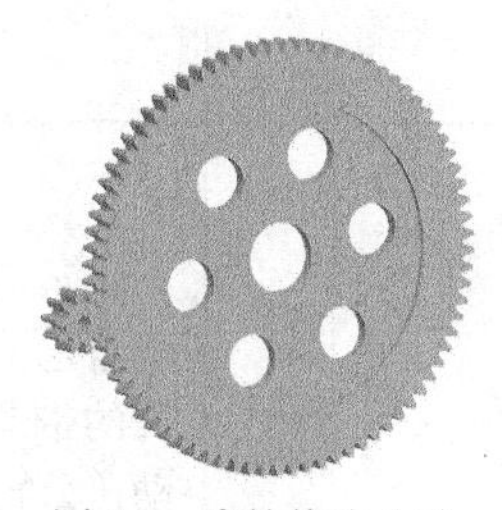

图7-2　齿轮传动（2）

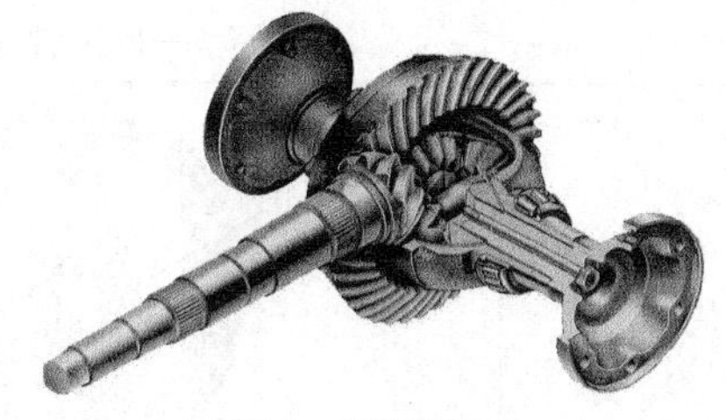

图7-3　差速器机构

7.1 认识轮系

在现代机械中，仅仅使用一对齿轮副组成传动系统还不能最大限度地发挥齿轮机构的优势，通常还需要由多对齿轮组成轮系，以满足更多的设计用途。

轮系能够实现距离较远的两个轴之间的传动，获得较大的传动比，实现运动的变速与变向，实现运动的合成与分解等。因此，轮系在工程上的应用非常广泛，如汽车变速器、金属切削机床等中都有轮系的应用。

【课前思考】

观察图 7-4 所示的钟表，想一想它是如何通过轮系工作的，并由哪些轮系组成？

图 7-4 钟表中的轮系

轮系的分类及应用

7.1.1 轮系的分类

轮系由各种类型的齿轮或蜗轮组成，根据轮系传动时各齿轮的轴线在空间的相对位置是否固定，轮系可分为定轴轮系、周转轮系和复合轮系 3 种，如表 7-1 所示。

表 7-1 轮系的分类

分　类	图　片	特　点
定轴轮系	1—固定轴线	运转时，轮系中所有齿轮的几何轴线相对于机架都是固定的，各齿轮绕自身的轴线旋转，轴线不做任何运动，这是一类相对简单的轮系
周转轮系	1—太阳轮；2—行星轮；3—系杆	轮系运行时，太阳轮转动，带动行星轮绕自己的轴线转动（自转），同时还在系杆的带动下随同其轴线绕太阳轮的轴线转动（公转）
复合轮系	1—定轴轮系；2—周转轮系	由定轴轮系和周转轮系组成

在轮系中有以下几种结构要素。

- 太阳轮：在周转轮系中，轴线固定的齿轮叫太阳轮，它只绕自身的轴线转动。
- 行星轮：在周转轮系中，有的轴线不固定，而是绕其他齿轮的固定轴线回转，这些齿轮称为行星轮，它像太阳系的行星一样，在自转的同时还绕太阳轮公转。
- 系杆：支撑行星轮的构件叫系杆。

7.1.2 轮系的应用

在各种机械中，轮系的应用十分广泛，其功用大致可以归纳为以下几个方面。

1. 实现分路传动

利用轮系可以使一个主动轴带动若干个从动轴同时旋转，以带动各个部件或附件同时工作。

图7-5所示为某航空发动机附件传动系统，它可把发动机主轴的运动分解传出，带动各附件同时工作。

图7-5 航空发动机附件传动系统

结合图7-5，思考下列问题。

（1）从主动轴输入动力后，可以有几个输出？

（2）每个输出轴的转动方向如何？

（3）每个输出轴的转动速度是否相等？

2. 实现变速传动

在主动轴转速不变的条件下，利用轮系可使从动轴得到若干种速度，这种传动称为变速传动。变速传动既可以用于定轴轮系，也可以用于周转轮系。

图7-6所示为汽车变速箱，在输入轴Ⅰ转速不变的情况下，利用轮系可使输出轴Ⅱ获得多种工作转速。这种变速变向传动在车辆、车床等机械设备中被广泛采用。

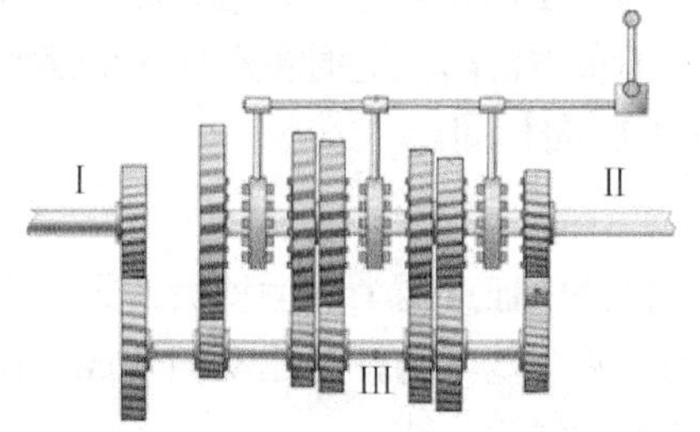

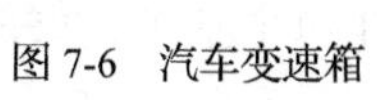

图7-6 汽车变速箱

图 7-7 所示为一个二级行星轮变速器，分别固定太阳轮 3 或 6 可得到两种传动比。这种变速器虽较复杂，但可在运动中自动变速，并且有过载保护作用，在小轿车、工程机械中应用较为广泛。

图 7-7　二级行星轮变速器

3. 实现换向传动

在主动轴转向不变的条件下，利用轮系可改变从动轴的转向，实现换向传动。

图 7-8 所示为车床走刀丝杆的三星轮换向机构。在主动轴转向不变的条件下，可改变从动轴的转向，三星轮换向机构工作过程中的 3 个特殊位置如下。

图 7-8　车床走刀丝杆的三星轮换向机构

（1）在图 7-8（a）所示的位置时，主动轮 1 的运动经中间轮 2 和 3 传给从动轮 4，故从动轮 4 与主动轮 1 的转向相反。

（2）在图 7-8（b）所示的位置时，转动手柄，使轮 3 与轮 1 接触，轮 2 不参与运动。

（3）在图 7-8（c）所示的位置时，齿轮 2 不参与传动，这时主动轮 1 的运动就只经过中间轮 3 到从动轮 4，所以从动轮 4 与主动轮 1 的转向相同。

4. 实现运动的合成与分解

差动轮系有两个自由度，当给定 3 个基本构件中任意两个的运动后，第 3 个基本构件的运动才能确定，即第 3 个基本构件的运动为另外两个基本构件的运动的合成，或者将一个基本构件的运动按可变的比例分解为另外两个基本构件的运动。

（1）运动的合成。在图 7-9 所示的差动轮系中，齿轮 2 的转速是齿轮 1 与齿轮 3 转速的合成，故此种轮系可用作速度合成运算。差动轮系运动合成的这种性能，在机床、模拟计算机、补偿调节装置中得到广泛应用。

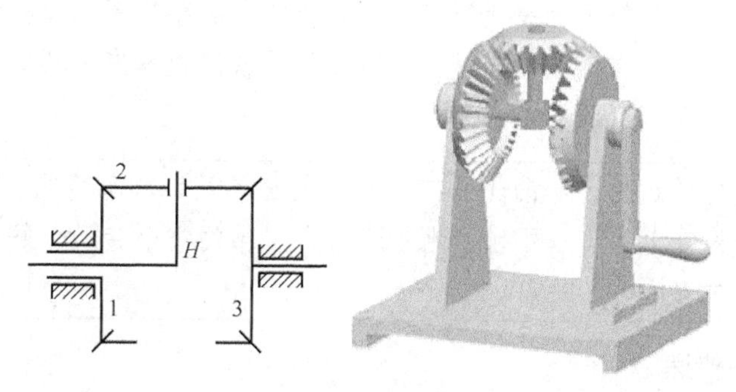

图 7-9　差动轮系

图 7-10 所示为船用航向指示器，试分析其工作原理。

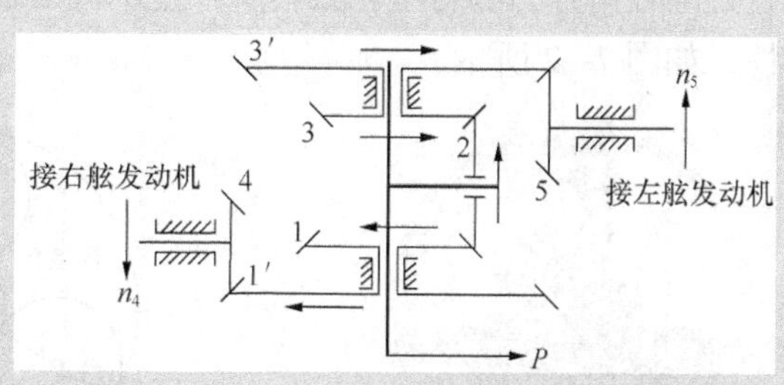

图 7-10　船用航向指示器

右舷发动机通过定轴轮系 4-1 带动中心轮 1 转动，左舷发动机通过定轴轮系 5-3 带动中心轮 3 转动。当两个发动机的转速发生变化时，中心轮 1 和 3 的转速也随之相应变化，带动与转臂相固连的航向指针 P，实现运动的合成，以指示船舶的航向方向。

（2）运动的分解。差动轮系也可做运动的分解，即将一个主动运动按可变的比例分解为两个从动运动。图 7-11 所示为差动轮系在汽车后轮差速器的应用实例，其工作原理如下。

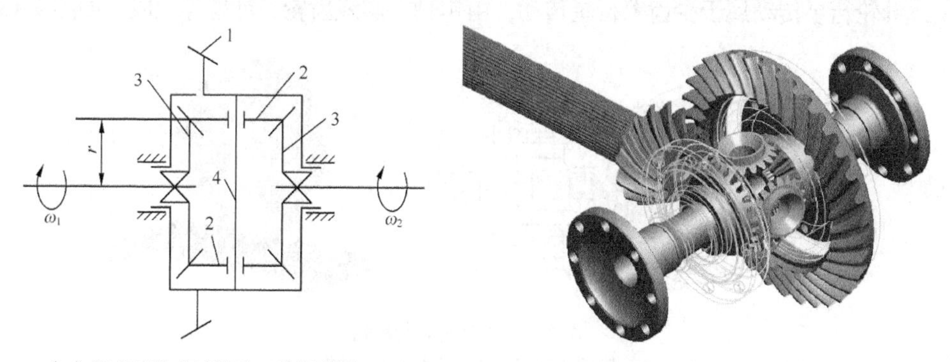

（a）汽车后轮差速器的工作原理图　　（b）汽车后轮差速器

图 7-11　汽车后轮的差动机构

1—从动锥齿轮；2—行星齿轮；3—半轴齿轮；4—行星齿轮轴

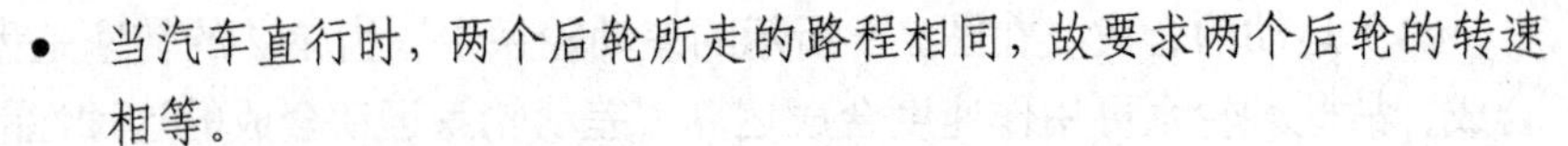

- 当汽车直行时，两个后轮所走的路程相同，故要求两个后轮的转速相等。
- 当汽车转弯时，处于弯道内侧的后轮走的是小圆弧，处于外侧的后轮走的是大圆弧，两后轮所走的路程不相等，故要求左轮和右轮具有不同的转速。利用该轮系就能根据汽车不同的行驶状态，自动改变两轮的转速。

通过差速器的轮系使两轴的转速不同，从而实现了汽车的转向，同时当汽车转弯时，可利用此差速器将主轴的一个转动分解为两后轮的两个不同的转动。

5. 实现大功率传递

采用周转轮系可在尺寸小、重量轻的条件下较好地实现大功率传动。

实现大功率传动的周转轮系大多具有多个行星轮，可共同分担载荷，以减小齿轮尺寸，同时可平衡各啮合处的径向分力和行星轮公转所产生的离心惯性力，以减小轴承内的作用力，增加运动的平衡性，如图 7-12 所示。

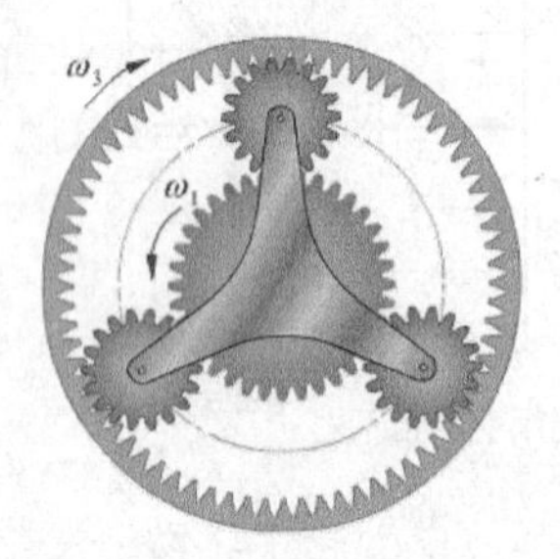

（a）周转轮系

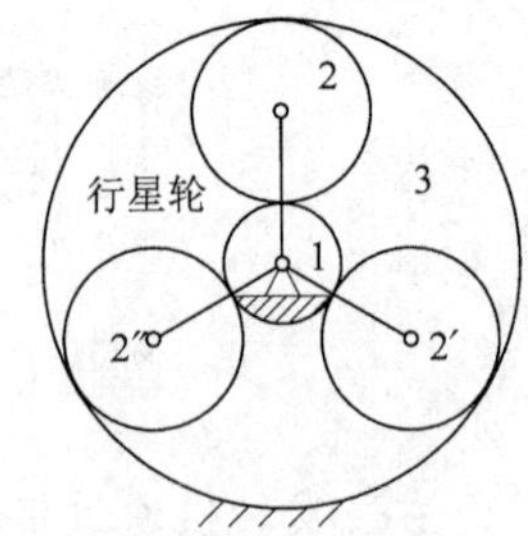

（b）周转轮系的机构图

图 7-12 实现大功率传递的轮系

7.1.3 特殊轮系简介

下面介绍两类在生产中应用广泛的特殊轮系。

1. 摆线针轮行星轮系

摆线针轮行星传动属于少齿差行星传动，由销轴、摆线齿轮、针齿等组成，如图 7-13 所示。

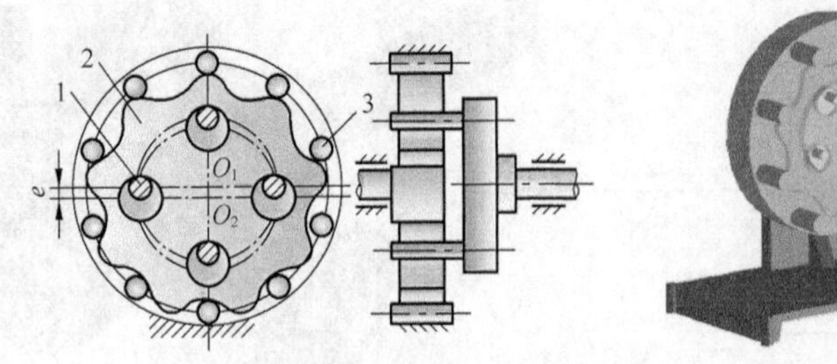

图 7-13 摆线针轮行星轮

1—销轴；2—摆线齿轮；3—针齿

摆线针轮行星传动具有以下特点。

（1）传动比范围大，体积小，重量轻，效率高，但加工工艺较复杂，精度要求高，必须用专用机床和刀具来加工摆线齿轮。

（2）摆线轮和针轮之间可以加套筒，使针轮和摆线轮之间成为滚动摩擦，轮齿磨损小，使用寿命长。

摆线针轮传动已有系列商品规格生产，广泛应用于纺织印染、轻工食品、冶金矿山、石油化工、起重运输及工程机械领域中的驱动和减速装置。

2. 谐波齿轮系

谐波齿轮传动是一种依靠弹性变形来实现传动的新型传动，突破了机械传动采用刚性构件机构的模式。

谐波齿轮传动由钢轮、谐波发生器以及柔轮组成，如图 7-14 所示。

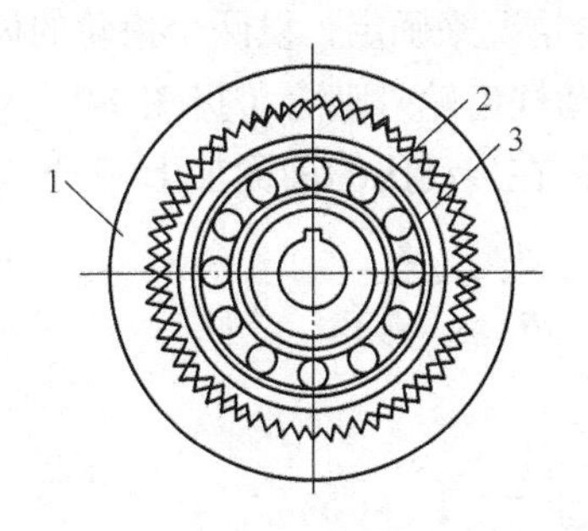

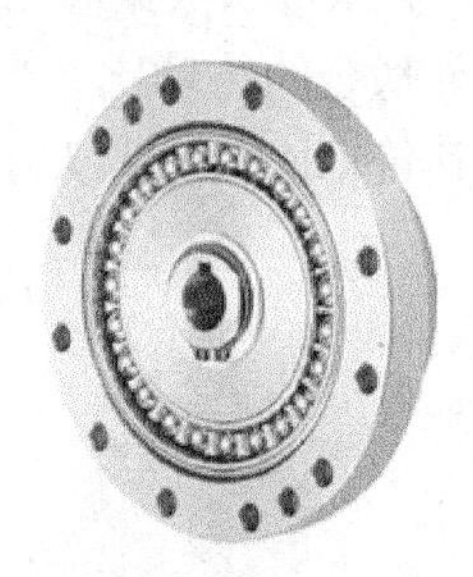

图 7-14　谐波齿轮传动

1—钢轮；2—谐波发生器；3—柔轮

谐波齿轮传动具有以下特点。

（1）谐波发生器由凸轮及薄壁轴承组成，随着凸轮转动，刚轮是刚性的内齿轮，柔轮是具有弹性的外齿轮。

（2）传动比大，体积小，重量轻。

（3）啮合的齿数多，传动平稳，承载能力大。

（4）在齿的啮合部分滑移量极小，摩擦时损失小，故传动效率高。

（5）不需要等角速比输出机构，结构简单，安装方便。

谐波齿轮传动发展迅速，被广泛应用于机床、仪器仪表、机器人、汽车、纺织、冶金以及印刷包装机械等领域。

7.2　轮系的计算

一对齿轮的传动比是指两齿轮的角速度之比，而轮系的传动比则是指轮系中首、末两构件的角速度之比，故轮系的传动比包括传动比的大小和首、末端构件的转向关系两方面内容。

定轴轮系的计算案例

7.2.1　定轴轮系

定轴轮系是指传动中所有齿轮的回转轴线都有固定的位置，可做较远距离的传动，获得较大的传动比，改变从动轴的转向，可获得多种传动比。

1．一对齿轮传动的传动比

由一对齿轮组成的传动是齿轮传动的最简单形式。一对齿轮啮合传动时，其传动比指的是两个齿轮的角速度或转速之比，且传动比的大小与两个齿轮的齿数成反比。

传动比不仅要反映出数值的大小，还要反映出两个齿轮之间的转向关系。两个齿轮的转向关系通常是在传动比数值的大小前面人为地加上符号“+”（转向相同）或“–”（转向相反）来表示。两个齿轮的转向关系还可以用画箭头的方法来确定：首先要在机构的运动简图上画出箭头，以表示轮系中两个齿轮的转动方向；然后根据箭头的方向来确定齿轮的转向关系。

两个齿轮的转向关系可以根据齿轮的啮合情况来确定，设两个齿轮的齿数分别为 z_1 和 z_2。

（1）圆柱齿轮外啮合的传动比。当两个圆柱齿轮外啮合（见图7-15）时，两个齿轮的转动方向相反，规定其传动比数值的大小为负，在传动比的前面加上符号“–”，即

$$i_{12}=\frac{\omega_1}{\omega_2}=\frac{n_1}{n_2}=-\frac{z_2}{z_1}$$

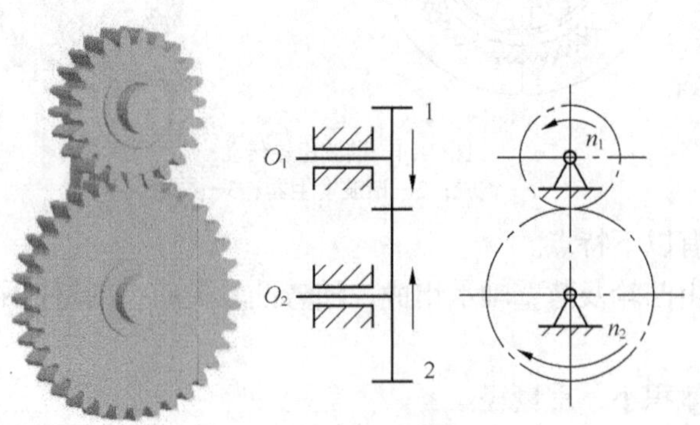

图7-15 圆柱齿轮的外啮合

（2）圆柱齿轮内啮合的传动比。当两个齿轮内啮合（见图7-16）时，两个齿轮的转动方向相同，规定其传动比数值的大小为正，在传动比的前面加上符号“+”。传动比可表示为

$$i_{12}=\frac{\omega_1}{\omega_2}=\frac{n_1}{n_2}=+\frac{z_2}{z_1}$$

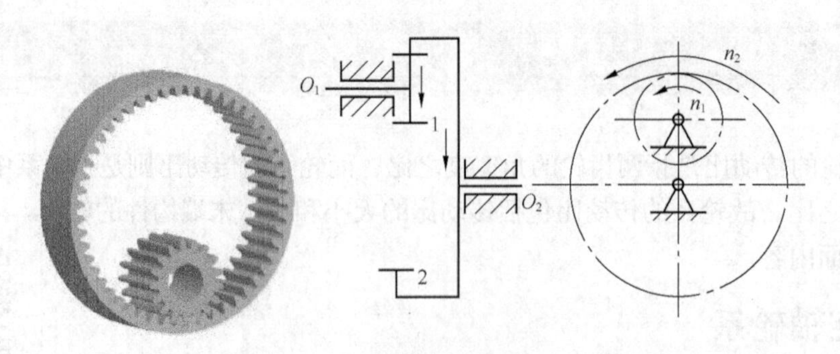

图7-16 圆柱齿轮的内啮合

（3）小结。

① 一对齿轮副传动时，其传动比由两齿轮的齿数决定。齿数越多的齿轮，尺寸相应也就越大，在传动过程中转速较低。

② 若仅用一对齿轮传动实现较大的传动比，必将使两齿轮的尺寸相差悬殊，外轮廓尺寸庞大，同时增加了小齿轮的制造难度，因而一对齿轮的传动比一般不大于 8。

③ 大齿轮转过一周，小齿轮转过数周，磨损量更大，因此，相对而言小齿轮寿命较低。为了达到等寿命要求，必须使用更好的材料制作。

2. 定轴轮系的传动比

轮系的传动比是指轮系中的输入轴与输出轴的角速度或转速之比，轮系的传动比也包括传动比数值的大小和转向关系两个方面的内容，用 i_{AB} 表示，该符号右下方的角标 A、B，分别为输入轴与输出轴的代号，即

$$i_{\text{AB}}=\frac{\omega_{\text{A}}}{\omega_{\text{B}}}=\frac{n_{\text{A}}}{n_{\text{B}}}$$

式中：ω_{A}、n_{A}——输入轴的角速度和转速；

ω_{B}、n_{B}——输出轴的角速度和转速。

定轴轮系的传动比等于组成轮系的各对齿轮啮合的传动比的连乘积，其值也等于各对啮合齿轮中所有从动轮齿数的连乘积与所有主动轮齿数的连乘积之比。转向相同还是相反，取决于轮系中外啮合齿轮的对数，即

$$i_{\text{AB}}=\frac{\omega_{\text{A}}}{\omega_{\text{B}}}=\frac{n_{\text{A}}}{n_{\text{B}}}=(-1)^m\frac{\text{所有从动轮齿数的连乘积}}{\text{所有主动轮齿数的连乘积}}$$

式中：m——轮系中外啮合齿轮的对数。

3. 传动比的转向关系

定轴轮系传动比的转向关系可以根据外啮合齿轮的对数 m，用（-1）^{m} 来确定。m 为偶数时，传动比的大小为正，即 $i_{\text{AB}}>0$；m 为奇数时，传动比的大小为负，即 $i_{\text{AB}}<0$。

要点提示

与一对齿轮的传动比相同，定轴轮系传动比的转向关系也可以用画箭头的方法来确定。在轮系中，从输入轴开始，根据外啮合时两个齿轮的转向相反、内啮合时两个齿轮的转向相同的关系，沿着运动传递的顺序，在运动简图中的各个齿轮上依次画出表示其转动方向的箭头。

最后，根据输入轴和输出轴上两个齿轮的转向，确定出轮系传动比的符号。如果输入轴与输出轴上的两个箭头方向相同，则其传动比的大小为正；如果两个箭头方向相反，则其传动比的大小为负。

要点提示

两轴或齿轮的转向相同与否，由它们的外啮合次数而定。外啮合为奇数时，主、从动轮转向相反；外啮合为偶数时，主、从动轮转向相同。

【例 7-1】 锥齿轮传动如图 7-17 所示，其中齿轮 1 为主动齿轮，试判别锥齿轮的转向，并分析齿轮 5 的转向与主动轮 1 的转向是否一致。

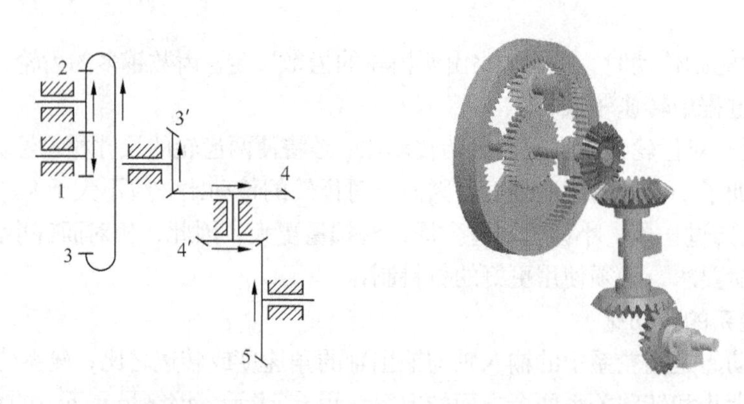

（a）结构简图　　（b）锥齿轮传动

图7-17　锥齿轮传动方向确定

分析：

（1）齿轮1和齿轮2为一对外啮合齿轮传动；齿轮2和齿轮3为一对内啮合齿轮传动；齿轮3和齿轮3′同轴，转速相同，转向相同；齿轮3′和齿轮4、齿轮4′和齿轮5为锥齿轮传动，其中齿轮4和齿轮4′同轴，转速相同，转向相同。

（2）两对锥齿轮的轴线不是相互平行的，不能用正负号表示。但对锥齿轮传动，可用两箭头同时指向或背离啮合处来表示两轮的实际转向，齿轮3′和齿轮4、齿轮4′和齿轮5的实际转向就由这种方法确定。

（3）最后可以判断齿轮5的转速方向与主动轮1的转速方向相反。

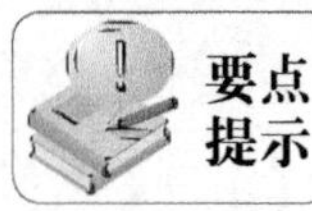

要点提示　符号表示法的应用具有局限性，不能用于判断轴线不平行的从动轮的转向传动比的计算中。

【例7-2】 图7-18所示为各轴线平行的平面定轴轮系，已知各齿轮齿数，求该轮系的传动比。

解：（1）首先计算每对齿轮的啮合传动比

$$i_{12}=\frac{n_1}{n_2}=-\frac{z_2}{z_1}\text{，}\quad i_{2'3}=\frac{n_2'}{n_3}=\frac{z_3}{z_2'}\text{，}\quad i_{3'4}=\frac{n_3'}{n_4}=-\frac{z_4}{z_3'}\text{，}\quad i_{45}=\frac{n_4}{n_5}=-\frac{z_5}{z_4}$$

（2）由于齿轮2和齿轮2′同轴，齿轮3和齿轮3′同轴，所以

$$n_2'=n_2,\ n_3'=n_3$$

最后得到

$$i_{15}=\frac{n_1}{n_5}=i_{12}i_{2'3}i_{3'4}i_{45}=\frac{n_1}{n_2}\times\frac{n_2'}{n_3}\times\frac{n_3'}{n_4}\times\frac{n_4}{n_5}=(-1)^3\frac{z_2z_3z_4z_5}{z_1z_2'z_3'z_4}$$

分析：（1）该轮系运行时，各个齿轮的轴线相对于机架的位置都是固定的，各齿轮绕自身的轴线旋转，轴线不做任何运动，所以是定轴轮系；

（2）该轮系中各轴线相互平行，为平面定轴轮系；

（3）首末轮转向的判定如下。

轮系中首末两轮的转向可在图上根据“内啮合转向相同，外啮合转向相反”的原则依次

画箭头确定，如图 7-19 所示。

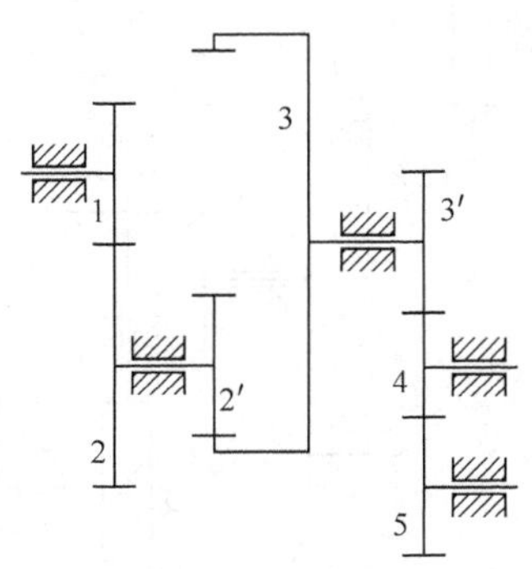

图 7-18　定轴轮系

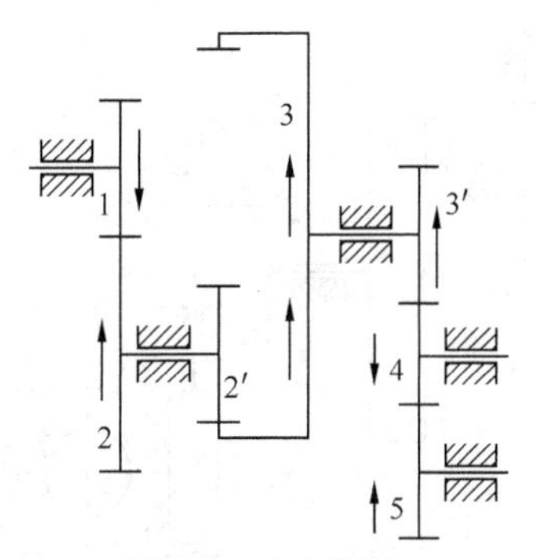

图 7-19　方向判断

定轴轮系的传动比等于组成轮系的各对齿轮传动比的连乘积，也等于从动轮齿数的连乘积与主动轮齿数的连乘积之比。由于传动比为负，所以说明齿轮 5 与齿轮 1 的转向相反。

若轮系中包含蜗杆、蜗轮、锥齿轮等，此时各轮轴线在空间不再相互平行，属于非平行轴齿轮定轴轮系，则其转向关系就不能用 $(-1)^m$ 来确定，而只能采用标注箭头的办法来表示。

【例 7-3】 在图 7-20 所示的轮系中，已知各齿轮的齿数 $z_1=20$、$z_2=40$、$z'_2=15$、$z_3=60$、$z'_3=18$、$z_4=18$、$z_7=20$（模数 $m=3$）、$z_6=40$、$z_5=1$（左旋），齿轮 1 为主动轮，转向如图所示，转速 $n_1=100$r/min，试求齿条 8 的速度和移动方向。

解：（1）传动比计算。齿轮 1、2、2′、3、3′、4 和蜗杆、蜗轮 6 构成定轴轮系，蜗轮 6 的转速和方向与齿轮 7 相同。

则

$$i_{16}=\frac{n_1}{n_6}=\frac{z_2z_3z_4z_6}{z_1z'_2z'_3z_5}$$

即

$$n_6=\frac{n_1}{i_{16}}=n_1\times\frac{z_1z'_2z'_3z_5}{z_2z_3z_4z_6}=100\times\frac{20\times15\times18\times1}{40\times60\times18\times40}=0.312\,5(\text{r/min})$$

又因为

$$v_8=v_7=2\pi r_7\frac{n_7}{60}\qquad r_7=\frac{1}{2}mz_7$$

故

$$v_8=3.14\times3\times20\times0.312\,5/60=0.98(\text{mm/s})$$

（2）转向判断。各轮转向如图 7-21 所示。

分析：（1）该轮系运行时，各个齿轮的轴线相对于机架的位置都是固定的，各齿轮绕自身的轴线旋转，轴线不做任何运动，所以是定轴轮系；

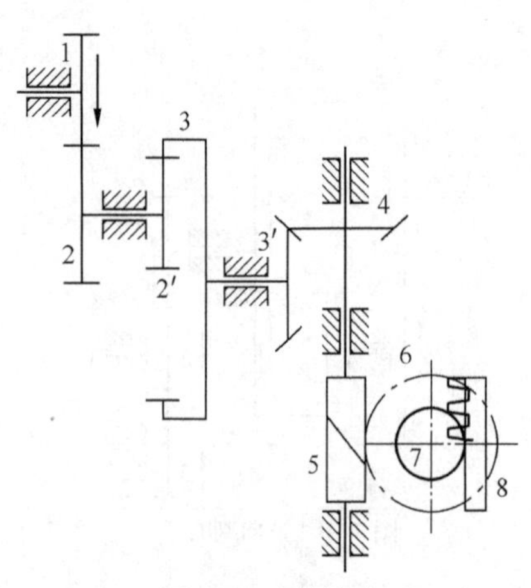

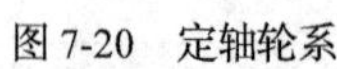

图 7-20　定轴轮系

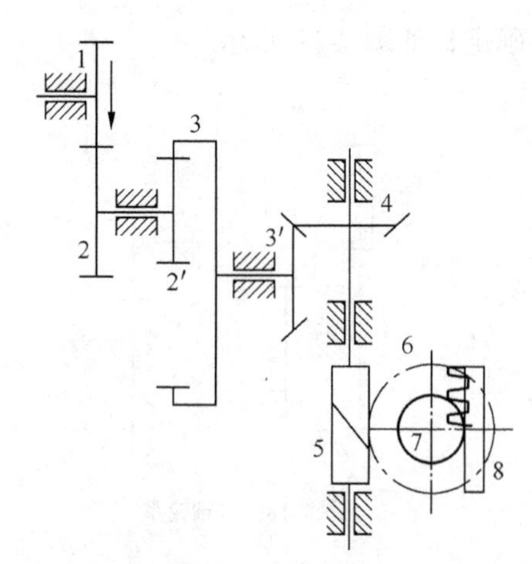

图 7-21　方向判断

（2）该轮系中有锥齿轮传动、蜗杆传动，各轴线不是相互平行的，为空间定轴轮系。

请思考以下问题。

（1）此题能否用正负号来表示方向？

（2）试判断此题中蜗杆和蜗轮的旋向？

（3）齿条 8 的运动方向如何判断？

7.2.2　周转轮系

传动时，轮系中至少有一个齿轮的几何轴线位置不固定，而是绕另一个齿轮的固定轴线回转，这种轮系被称为周转轮系。

周转轮系的计算案例

1. 周转轮系的结构

周转轮系一般由中心轮、行星轮和行星架组成，如图 7-22 所示。

齿圈位于中心位置，绕着轴线回转的称为中心轮；齿轮同时与中心轮和齿圈相啮合，既做自转又做公转的称为行星轮，而支持行星轮的构件称为行星架。

（1）如果两个中心轮都能转动，中心轮的转速都不为零，则称为差动轮系，如图 7-23（a）所示，这种周转轮系具有两个自由度。

图 7-22　周转轮系

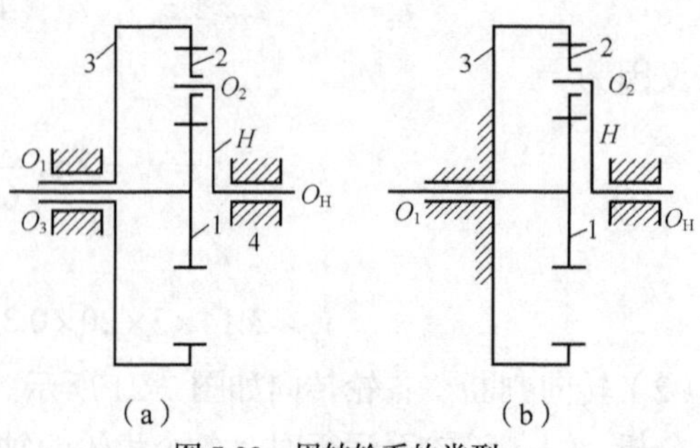

图 7-23　周转轮系的类型

（2）如果只有一个中心轮能够转动，另一个中心轮的转速为零，则称为行星轮系，如图 7-23（b）所示，这种周转轮系具有一个自由度。

（3）在图 7-23 所示的周转轮系中，中心轮 1、3 与系杆 H 称为周转轮系的基本构件。

2. 周转轮系传动比计算

周转轮系与定轴轮系的本质区别在于周转轮系中有行星轮存在，或者说有一个系杆存在，所以，周转轮系的传动比就不能直接使用求定轴轮系传动比的计算公式来进行计算。因此，在分析周转轮系的传动比时采用的方法是反转法。

反转法就是在系杆以角速度 ω_H 转动的周转轮系中，假想给整个定轴轮系加上一个绕系杆转动的公共角速度 $-\omega_H$，这并不影响构件之间的相对运动，但是却可以让系杆的角速度变为 $\omega_H+(-\omega_H)=0$，从而将周转轮系变成假想的定轴轮系，利用定轴轮系传动比的公式，求出周转轮系中任意两个齿轮的传动比。

转化前后各构件的角速度如表 7-2 所示。

表 7-2　轮系转化前后构件的角速度

构　　件	原 角 速 度	转化后角速度
齿轮 1	ω_1	$\omega_1^H=\omega_1-\omega_H$
齿轮 2	ω_2	$\omega_2^H=\omega_2-\omega_H$
齿轮 3	ω_3	$\omega_3^H=\omega_3-\omega_H$
系杆 H	ω_H	$\omega_H^H=\omega_H-\omega_H=0$

注：转化后构件的角速度都在其右上角加注 H 表示，例如 ω_1^H、ω_2^H 和 ω_3^H。

【例 7-4】 在图 7-24 所示的周转轮系中，已知各个齿轮的齿数分别为 $z_1=15$、$z_2=25$、$z_2'=20$、$z_3=60$，$n_1=200$r/min、$n_3=50$r/min，求系杆 H 的转速 n_H 的大小和方向。

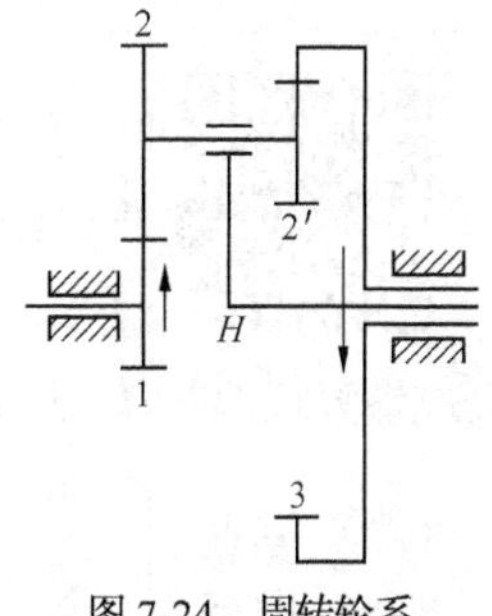

图 7-24　周转轮系

解：（1）判断基本轮系

由于双联齿轮 22′ 的几何轴线的位置是变化的，因此，双联齿轮 22′ 是行星轮。齿轮 1 和齿轮 3 是中心轮，所以此周转轮系为差动轮系。

（2）反转法求解

利用定轴轮系计算公式，有

$$i_{13}^H=\frac{n_1^H}{n_3^H}=\frac{n_1-n_H}{n_3-n_H}=-\frac{z_2z_3}{z_1z_2'}=-\frac{25\times60}{15\times20}=-5$$

由图可知，齿轮 1 和齿轮 3 的转动方向相反。

故设齿轮 1 的转动方向为正方向，在代入公式时取 $n_1=200$ r/min；而齿轮 3 的转动方向与之相反，所以将 $n_3=-50$ r/min 代入公式

$$\frac{200-n_{\mathrm{H}}}{-50-n_{\mathrm{H}}}=-5$$

由此解得

$$n_{\mathrm{H}}=-8.3(\mathrm{r/min})$$

故系杆 H 转速 n_{H} 的方向与齿轮 1 的转动方向相反。

请思考以下问题。

（1）系杆与齿轮 1 的转动方向是相同还是相反？

（2）$i_{13}^{\mathrm{H}}=\frac{\omega_1^{\mathrm{H}}}{\omega_3^{\mathrm{H}}}=\frac{n_1-n_{\mathrm{H}}}{n_3-n_{\mathrm{H}}}=-\frac{z_3 z_2}{z_2 z_1}=-\frac{80}{20}=-4$，是否可以说明齿轮 1 和齿轮 3 的转向相反？

图 7-25 所示的行星轮系采用较少齿数的变化齿轮，$z_1+z_2\neq z_2'+z_3$，当 $z_1=100$、$z_2=101$、$z_2'=100$、$z_3=99$ 时，其传动比为多少？根据此计算可以得出 $i_{1\mathrm{H}}=\frac{1}{10\,000}$，说明这种轮系可以获得很大的传动比。

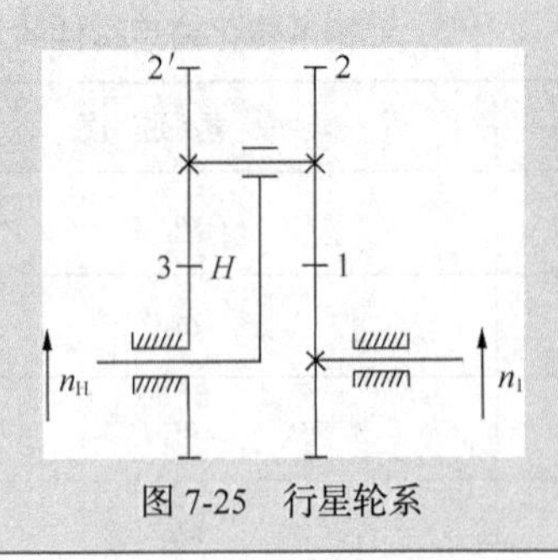

图 7-25 行星轮系

7.2.3 复合轮系

在计算复合轮系的传动比时，首要的问题是正确地将轮系中的各组成部分加以划分，将其划为定轴轮系和周转轮系，然后分别写出它们的传动比计算公式，再联立求解，具体方法如下。

（1）区分基本轮系。将复合轮系中所包含的定轴轮系和各个单一的周转轮系加以正确的区分。首先要找出各个单一的周转轮系。

周转轮系的特点就是具有行星轮，找出单一的周转轮系的关键是要找到行星轮。

① 在轮系的转动过程中，某个齿轮的几何轴线的位置不固定，则这个齿轮就是行星轮。

② 支持行星轮运动的构件就是系杆，系杆的形状不一定是简单的杆状，它可以是齿轮或滚筒。

③ 与行星轮相啮合且其转动轴线与系杆的转动轴线重合的定轴齿轮就是中心轮。

④ 每一个系杆、行星轮、中心轮以及机架就组成一个单一的周转轮系。

⑤ 以此类推，按照同样的方法可以逐个找出混合轮系中其他单一的周转轮系。

（2）找出定轴轮系。在找出所有单一的周转轮系之后，剩下的一系列相互啮合且轴线位置固定不变的齿轮，便是定轴轮系。

（3）分别计算各个基本轮系的传动比。针对定轴轮系和每一个单一的周转轮系，分别列出其传动比的计算公式。

（4）联立求解。将传动比的计算公式联立求解，找出各个基本轮系之间的内在相互关系，即可得到所需要的传动比或某一个构件的转速。

【例 7-5】 在图 7-26 所示的轮系中，已知各个齿轮的齿数分别为 $z_1=48$、$z_2=27$、$z_2'=45$、$z_3=102$、$z_4=120$，设输入转速 $n_1=3\,750$r/min。求齿轮 4 的转速 z_4 和传动比 i_{14}。

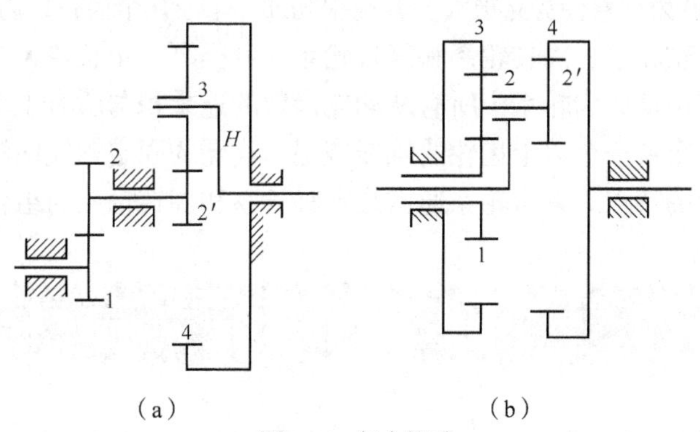

图 7-26　复合轮系

解：在图 7-26 所示的轮系中，双联齿轮 22′ 是行星轮，齿轮 1、齿轮 3 和齿轮 4 是中心轮。对于每一个单一的周转轮系，机构中只有一个转动的系杆，而中心轮的数目不能超过两个，所以，该图示的轮系为两个单一的周转轮系组成的混合轮系。

（1）区分基本轮系。在混合轮系中，齿轮 1、齿轮 3 和双联齿轮 22′ 组成行星轮系，齿轮 1、齿轮 4 和双联齿轮 2′ 组成差动轮系。

（2）分别计算两个基本轮系的传动比。在行星轮系中

$$i_{13}^{\mathrm{H}}=\frac{n_1^{\mathrm{H}}}{n_3^{\mathrm{H}}}=\frac{n_1-n_{\mathrm{H}}}{n_3-n_{\mathrm{H}}}=-\frac{z_2z_3}{z_1z_2}=-\frac{z_3}{z_1}=-\frac{102}{48}=-2.125$$

将数值代入，并进行计算，可求出系杆 H 的转速 $n_{\mathrm{H}}=1\,200$r/min。

在差动轮系中

$$i_{14}^{\mathrm{H}}=\frac{n_1^{\mathrm{H}}}{n_4^{\mathrm{H}}}=\frac{n_1-n_{\mathrm{H}}}{n_4-\omega_{\mathrm{H}}}=-\frac{z_2z_4}{z_1z_2'}=-\frac{27\times120}{48\times45}=-1.5$$

（3）求齿轮 4 的转速。将系杆 H 的转速 $n_{\mathrm{H}}=1\,200$r/min 代入差动轮系的计算公式中，可求得齿轮 4 的转速 $n_4=-500\mathrm{r/min}$。

将以上两个传动比的计算公式联立求解，即可得到所需要的传动比或某一个构件的转速。

（4）求传动比 i_{14}。

$$i_{14}=\frac{n_1}{n_4}=\frac{3\,750}{-500}=-7.5$$

小　结

轮系是由一系列齿轮所组成的传动装置，通常介于原动机和执行机构之间，把原动机的运动和动力传给执行机构。在实际工程机械中，常用其实现变速、换向、运动的合成与分解以及大功率传动等，应用非常广泛。

一般一对齿轮的传动比不宜过大，例如要求实现传动比为100，若仅用一对齿轮，则大轮直径将为小轮直径的100倍，若采用三级的轮系，则大轮直径可大为减小。如果两轴距离较大，采用一对齿轮传动，则两齿轮直径势必很大。若在中间加一个或几个齿轮，齿轮尺寸即可缩小。

轮系通常分为定轴轮系、周转轮系和复合轮系3种类型。定轴轮系中，各轮的几何轴线位置都固定不动，其传动比为轮系中所有从动轮齿数的连乘积与所有主动轮齿数的连乘积之比。周转轮系中有一个或一个以上齿轮的轴线绕另一齿轮的固定轴线回转，具有体积小，承载能力大，工作平稳的特点。复合轮系通常是定轴轮系和周转轮系的组合形式。

思考与练习

1. 轮系的分类依据是什么？
2. 怎样计算定轴轮系的传动比？如何确定从动轮的转向？
3. 定轴轮系和周转轮系的区别有哪些？
4. 怎样求混合轮系的传动比？分解混合轮系的关键是什么？如何划分？
5. 轮系的设计应从哪些方面考虑？
6. 图7-27所示为一蜗杆传动的定轴轮系，已知蜗杆转速 $n_1=750\text{r/min}$、$z_1=3$、$z_2=60$、$z_3=18$、$z_4=27$、$z_5=20$、$z_6=50$，试用画箭头的方法确定 z_6 的转向，并计算其转速。
7. 图7-28所示为一大传动比的减速器，已知 $z_1=100$，$z_2=101$，$z'_2=100$，$z_3=99$，求输入件 H 对输出件1的传动比 i_{H1}。

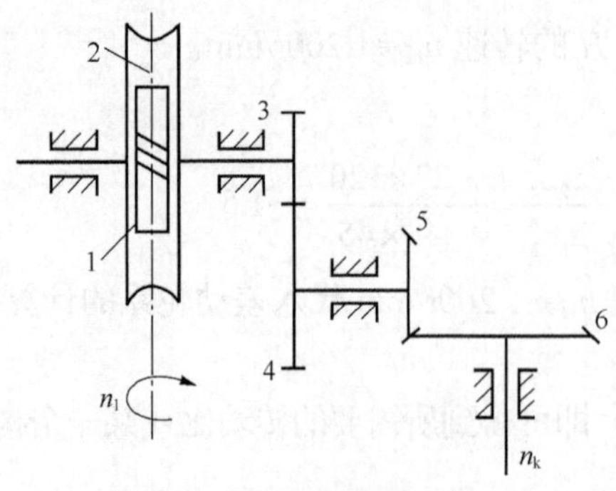

图7-27　蜗杆传动的定轴轮系

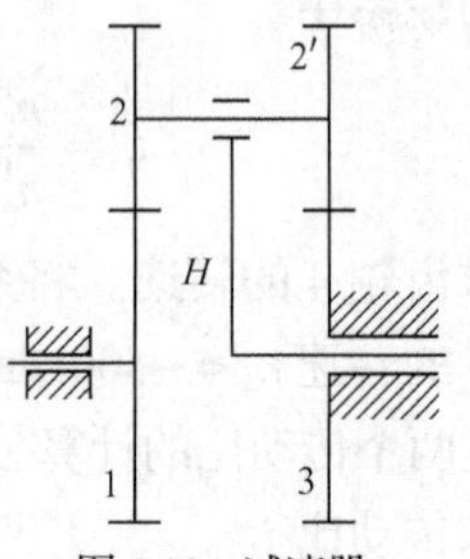

图7-28　减速器

第8章 机械连接

工程实践中，常常需要采用机械连接将两个或两个以上的零件连成一个整体。被连接的零（部）件间可以有相对运动的连接称为机械动连接，如各种运动副；被连接的零（部）件间不允许有相对运动的连接称为机械静连接。机械静连接又可分为可拆连接和不可拆连接。允许多次装拆而无损其使用性能的连接称为可拆连接，如键连接、销连接及螺纹连接等。必须破坏或损伤连接中的某一部分才能拆开的连接称为不可拆连接，如焊接、铆接及粘接等。

【学习目标】

- 掌握螺纹连接的种类及应用。
- 熟悉螺纹连接的预紧和防松方法。
- 掌握键连接的特点及应用。
- 掌握销连接的特点及应用
- 了解其他连接方法的种类和用途。

【观察与思考】

（1）观察图8-1，思考以下问题。

① 铁轨是怎样固定在路基上的？

② 使用螺栓连接有什么优越性？

（2）观察图8-2，思考以下问题。

图8-1　火车铁轨

图8-2　机床变速机构

① 机构中各个齿轮是怎样安装在传动轴上的？这些齿轮的安装方法都相同吗？

② 一个轴转动时，如何带动其上的齿轮一起转动？有哪几种连接方法？

③ 如果将齿轮紧套在轴上，这样的传动是否可靠？有什么潜在的隐患？

（3）为了在机械设计和制造中满足互换性的要求，很多机械零件都已经标准化。标准化的机械零件结构相似，大小依次递增，排成规整的系列，以满足不同的使用场合。

① 图8-3所示为标准化的圆柱销，通过这些实例理解标准化的含义。

② 图8-4所示为标准化的螺纹连接产品，通过这些实例理解标准件的多样性。

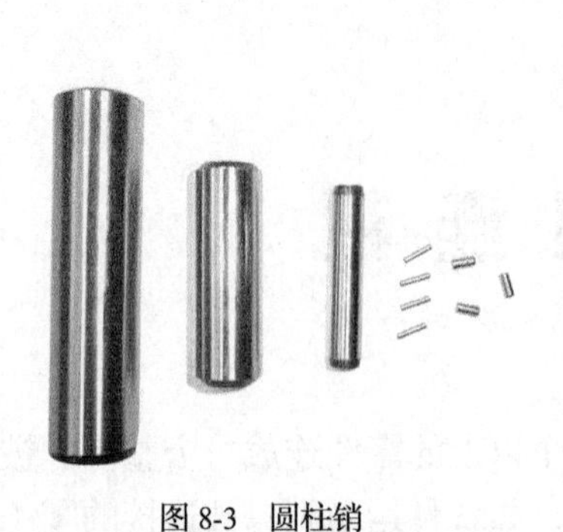
图 8-3 圆柱销

图 8-4 螺纹连接产品

8.1 螺纹连接

螺纹连接结构简单、装拆方便、类型多样，是机械结构中应用最广泛的连接方式。观察图 8-5，认识常用螺纹连接零件，想想它们都有什么特点和用途。

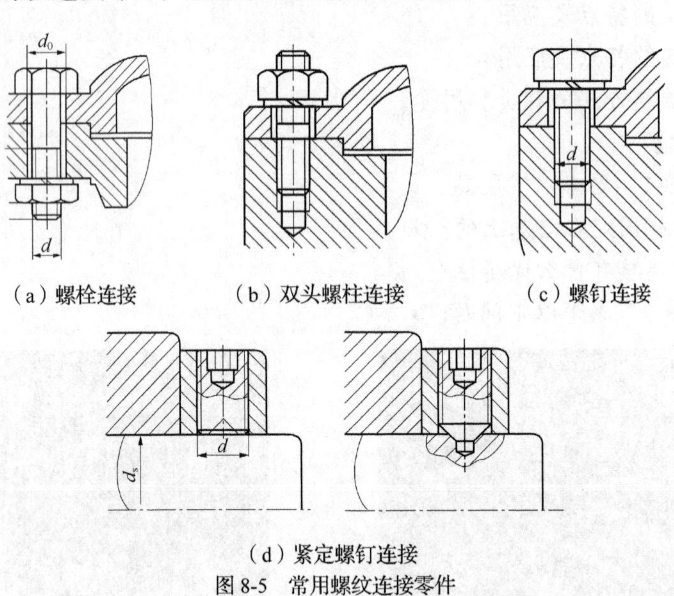

（a）螺栓连接　（b）双头螺柱连接　（c）螺钉连接

（d）紧定螺钉连接

图 8-5 常用螺纹连接零件

8.1.1 螺纹概述

螺纹是指在圆柱或圆锥面上沿着螺旋线所形成的具有相同剖面的连续凸起和沟槽。各种螺纹都是根据螺旋线原理加工而成的，螺纹加工大部分采用机械化批量生产。

1. 螺纹的形成

如图 8-6（a）所示，动点 A 沿圆柱的母线做等速直线运动，同时母线又绕圆柱轴线做等速旋转运动，动点 A 在圆柱面上的运动轨迹称为圆柱螺旋线。

母线旋转一周时，动点 A 沿轴线方向移动的距离称为导程。

当取三角形、矩形或锯齿形等平面图形，使其保持与圆柱体轴线呈共面状态，并沿螺旋线运动时，该平面图形的轮廓线在空间的轨迹便形成螺纹，如图 8-6（b）所示。

将螺纹的一个导程展开后，螺旋线变为一条直线，如图 8-7 所示，底边 AB 与斜边 AC 的夹角 ψ 为螺旋线的升角。

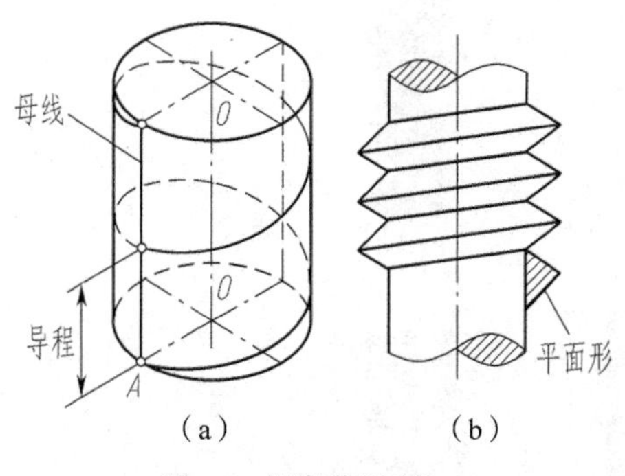

图 8-6　螺纹形成原理

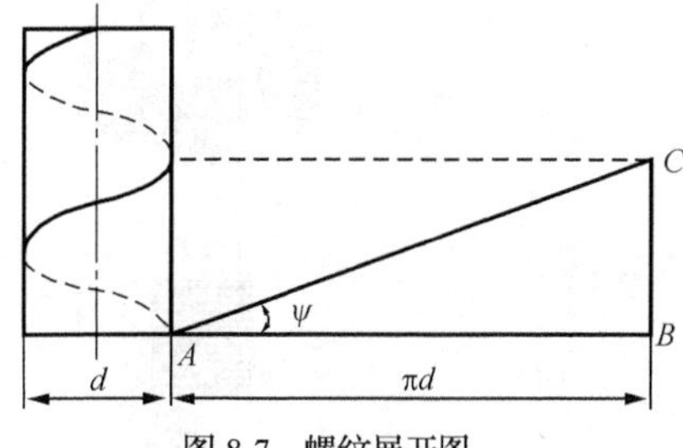

图 8-7　螺纹展开图

2. 螺纹的类型

根据螺纹所在零件表面的位置可将螺纹分为外螺纹和内螺纹两种类型，如图 8-8 所示；根据螺纹的形状可将螺纹分为圆柱螺纹和圆锥螺纹。

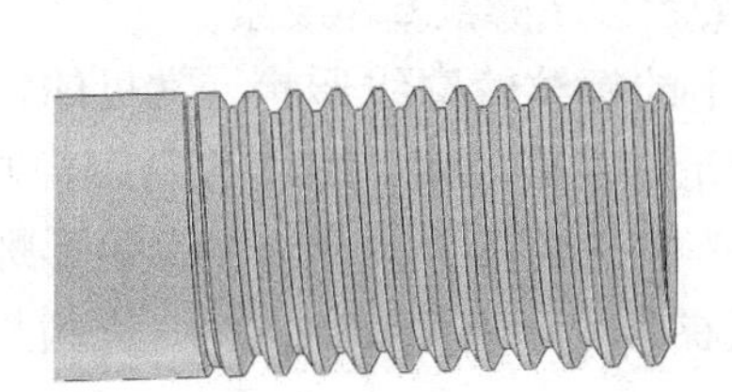
（a）外螺纹

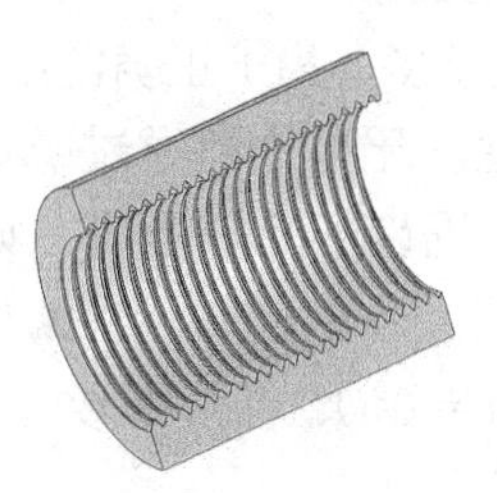
（b）内螺纹

图 8-8　外螺纹和内螺纹

3. 螺纹的加工

加工螺纹通常在车床上进行，加工时工件做等速旋转运动，刀具沿轴向做等速移动，即可在工件上加工出螺纹，如图 8-9 所示。对于直径较小的螺纹，可用板牙或丝锥加工，如图 8-10 所示。

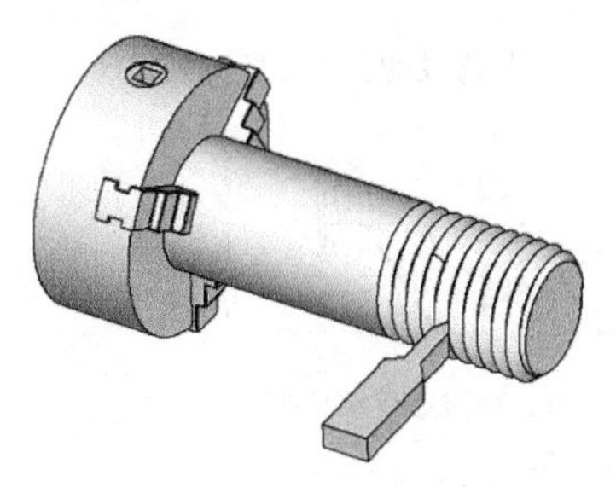
（a）加工外螺纹

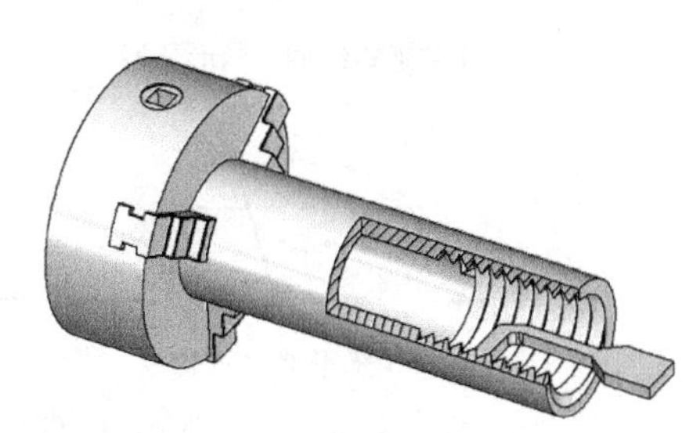
（b）加工内螺纹

图 8-9　在车床上加工螺纹

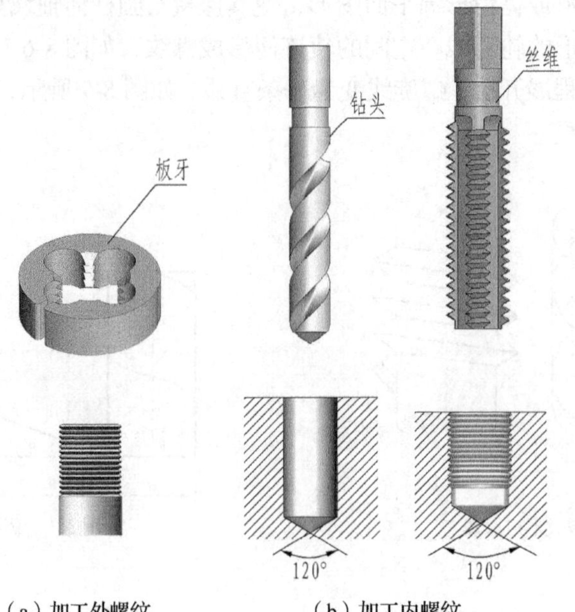

（a）加工外螺纹　（b）加工内螺纹

图 8-10　用板牙、丝锥加工螺纹

4. 螺纹的要素

螺纹种类繁多，为了正确使用螺纹，必须熟悉以下螺纹基本要素。

（1）牙型。牙型是指通过螺纹轴线剖面上的螺纹轮廓线形状。常见的螺纹牙型有三角形、梯形、锯齿形及矩形等，如图 8-11 所示。根据牙型，螺纹常分为普通螺纹（牙型为等边三角形，α = 60°）、管螺纹（牙型为等腰三角形，α = 55°）、矩形螺纹（牙型多为正方形，α = 0°）、梯形螺纹（牙型为等腰梯形，牙型角 α = 30°）、锯齿齿形螺纹（牙型为不等腰梯形）。

（2）螺纹直径。螺纹直径包括大径、小径和中径 3 个类型，如图 8-12 所示。大径也称公称直径，螺纹的标注通常只标注大径。外螺纹的大径、小径和中径分别用符号 d、d_1 和 d_2 表示，内螺纹的大径、小径和中径分别用符号 D、D_1 和 D_2 表示。

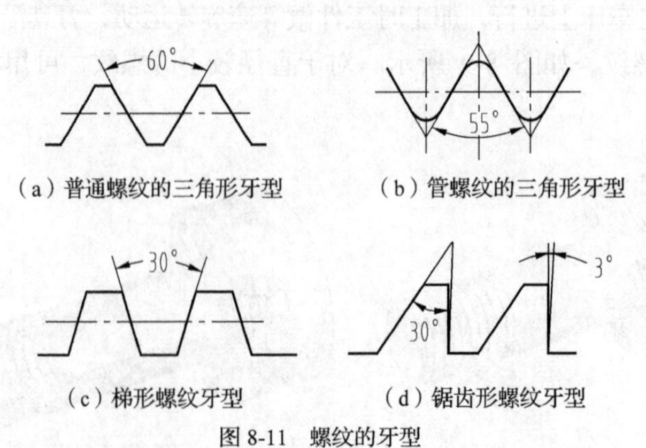

（a）普通螺纹的三角形牙型　（b）管螺纹的三角形牙型

（c）梯形螺纹牙型　（d）锯齿形螺纹牙型

图 8-11　螺纹的牙型

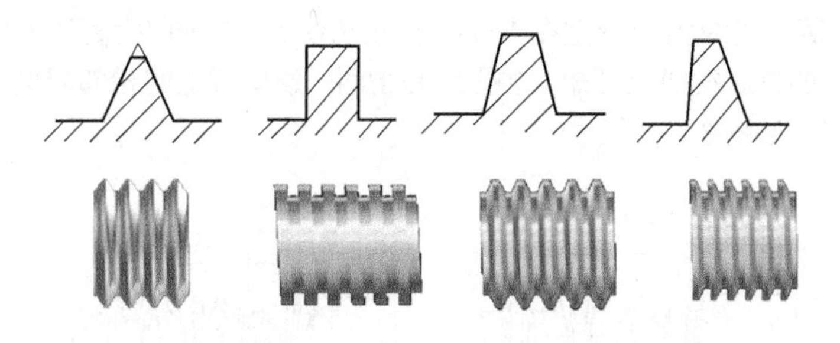

图 8-11　螺纹的牙型（续）

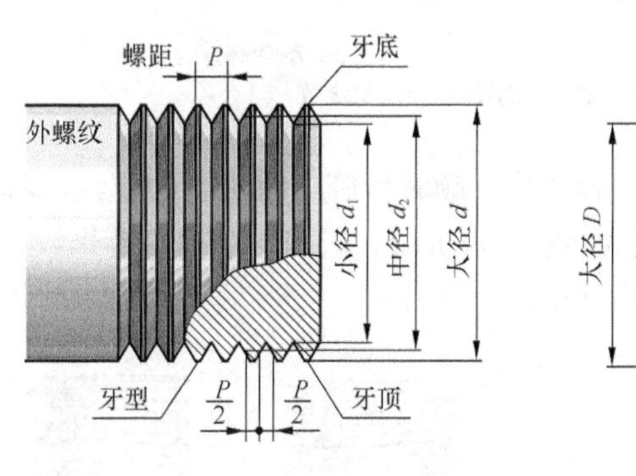

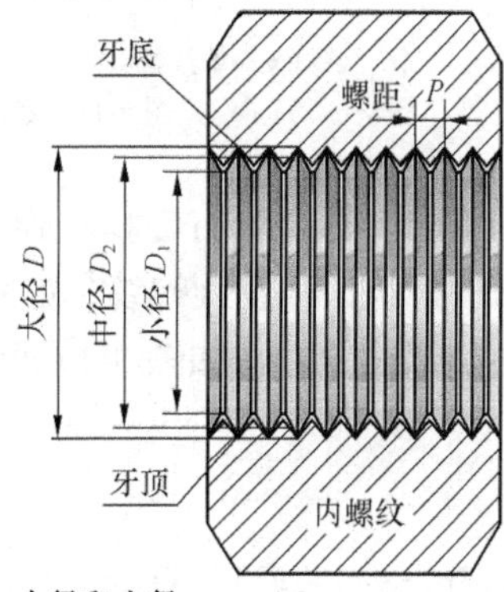

图 8-12　螺纹的大径、小径和中径

- 大径：与外螺纹牙顶或内螺纹牙底相切的假想圆柱的直径。
- 小径：与外螺纹牙底或内螺纹牙顶相切的假想圆柱的直径。
- 中径：母线通过牙型上沟槽和凸起宽度相等位置的假想圆柱直径，它是控制螺纹精度的主要参数之一。

（3）螺纹的线数。螺纹有单线和多线之分。沿圆柱面上一条螺旋线所形成的螺纹称为单线螺纹，如图 8-13 所示。两条或两条以上在轴向等距分布的螺旋线所形成的螺纹称为双线或多线螺纹，如图 8-14 所示。

要点提示

单线螺纹主要用于连接，也可用于传动；而多线螺纹主要用于传动。单线螺纹沿同一条螺纹线转一周所移动的轴向距离为一个螺矩（$S=P$）；而多线螺纹沿同一条螺纹线转一周所移动的轴向距离为线数乘以螺距（$S=nP$）。

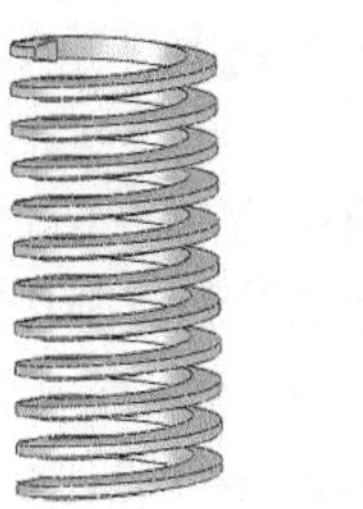

图 8-13　单线螺纹

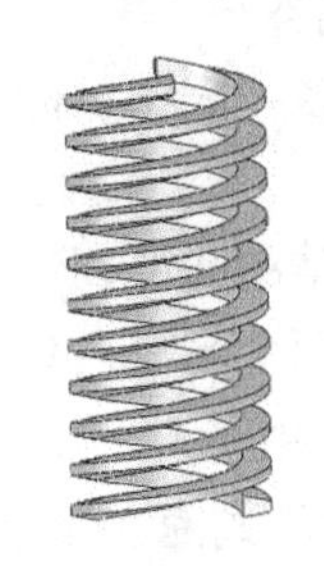

图 8-14　双线螺纹

（4）螺纹的螺距。相邻两个牙型在中径线上对应两点间的轴向距离称为螺距 P。

通过前面学习的螺旋线知识可知，导程 P_h 是指同一螺旋线上的相邻牙型在中径线上两对应点间的轴向距离，如图 8-15 所示。

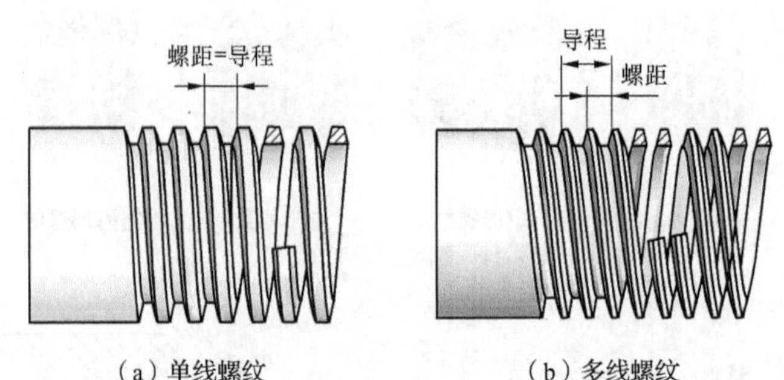

（a）单线螺纹　　（b）多线螺纹

图 8-15　螺纹的螺距、导程及线数

（5）螺纹的旋向。螺纹有右旋和左旋之分，顺时针旋转时旋入的螺纹，称右旋螺纹；逆时针旋转时旋入的螺纹，称左旋螺纹，如图 8-16 所示。工程上常用右旋螺纹。以左、右手判断左旋螺纹和右旋螺纹的方法如图 8-17 所示。

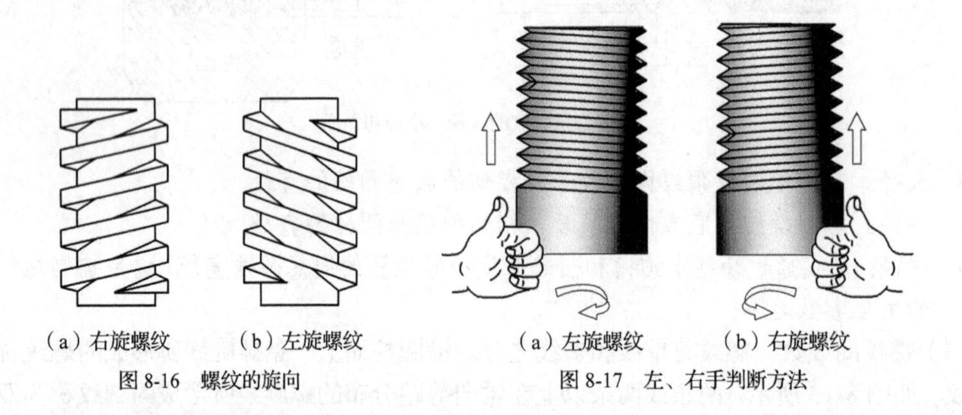

（a）右旋螺纹　　（b）左旋螺纹

图 8-16　螺纹的旋向

（a）左旋螺纹　　（b）右旋螺纹

图 8-17　左、右手判断方法

8.1.2　标准螺纹连接

螺纹连接就是用螺纹件（或被连接件的螺纹部分）将被连接件连成一体的可拆连接。螺纹连接应用广泛，但在不同的场合，所使用螺纹连接的类型也不同。

1. 常用标准螺纹紧固件

螺纹紧固件的品种很多，大都已标准化，其规格、型号均已系列化，可直接到五金商店购买。

（1）普通螺栓。螺栓是由头部和带有外螺纹的螺杆两部分组成的一类紧固件，需与螺母配合使用，用于紧固连接两个带有通孔的零件，常用类型有普通螺栓和铰制孔螺栓等。

- 普通螺栓头部有多种形式，其中最常用的是六角头螺栓，如图 8-18 所示。
- 铰制孔螺栓头部的形式为六角形，其中部的圆柱部分与被连接件的孔配合，以承受垂直螺栓轴线方向的载荷，如图 8-19 所示。

（2）双头螺柱。双头螺柱没有头部，两端均外带螺纹，如图 8-20 所示，其中旋入被连接件螺纹孔的一端称为座端，另一端为螺母端。

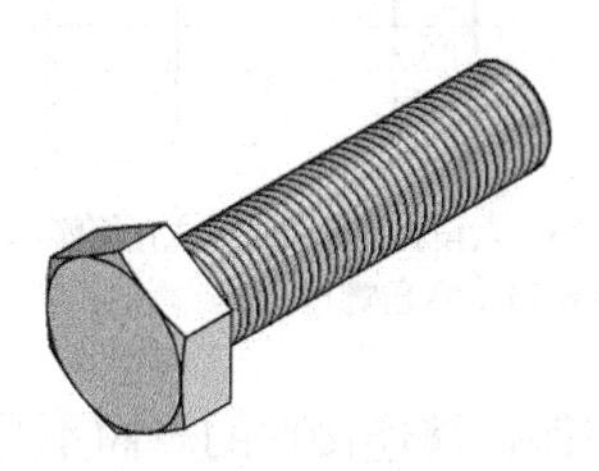

图 8-18 六角头螺栓

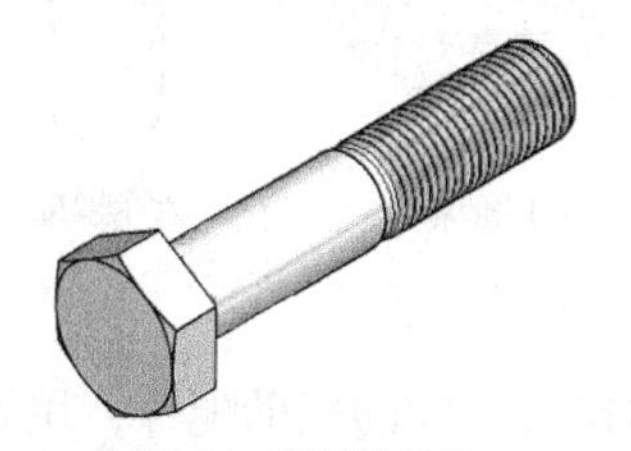

图 8-19 铰制孔螺栓

图 8-20 双头螺柱

连接时，一端必须旋入带有内螺纹孔的零件中，另一端穿过带有通孔的零件，然后旋上螺母。双头螺柱主要用于被连接零件厚度较大、要求结构紧凑，或因拆卸频繁，不宜采用螺栓连接的场合。

（3）螺钉。螺钉是具有各种结构形状头部的螺纹紧固件，其结构形状与螺栓类似，但螺钉头部的形式较多，有内六角圆柱头螺钉、开槽圆柱头螺钉、半圆头螺钉、开槽沉头螺钉、紧定螺钉等，如图 8-21 所示。

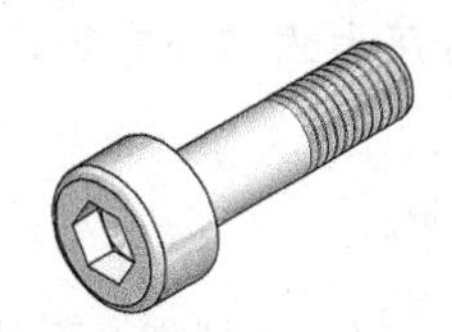

（a）内六角圆柱头螺钉

（b）开槽圆柱头螺钉

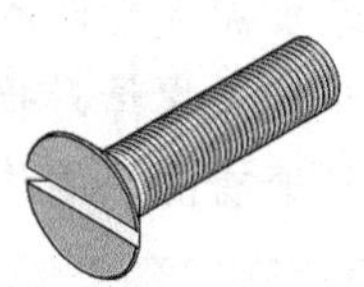

（c）半圆头螺钉

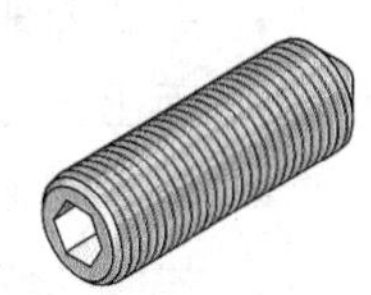

（d）开槽沉头螺钉

（e）紧定螺钉

图 8-21 螺钉

可根据拧紧力矩大小来选用螺钉类型。拧紧力矩较大时，可选内、外六角头螺钉，拧紧力矩不大时，可选半圆头或沉头螺钉。

紧定螺钉末端要顶住被连接件之一的表面或相应的凹坑，其末端具有平端、锥端、圆尖端等各种形状，如图 8-22 所示。

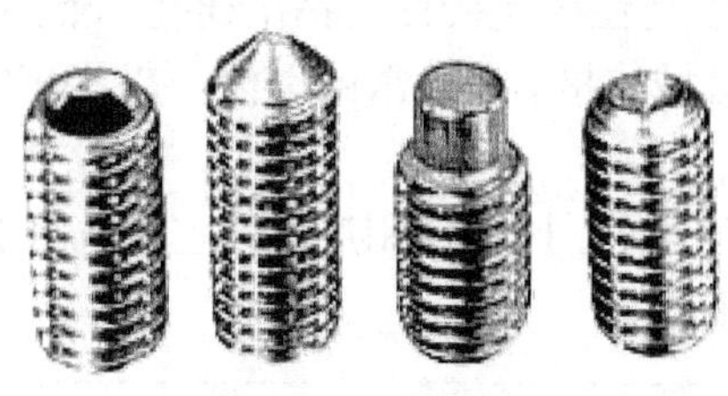

图 8-22 紧定螺钉

（4）螺母。螺母是具有内螺纹并与螺栓配合使用，用以传递运动或动力的紧固件。根据形状不同，螺母可分为六角螺母、六角开槽螺母、圆螺母等，如图 8-23 所示。

六角螺母应用最普遍，根据六角螺母的厚度可分为普通螺母、扁螺母和厚螺母，如图 8-24 所示。扁螺母用于尺寸受限制的地方，厚螺母用于经常装拆、易于磨损的场合。

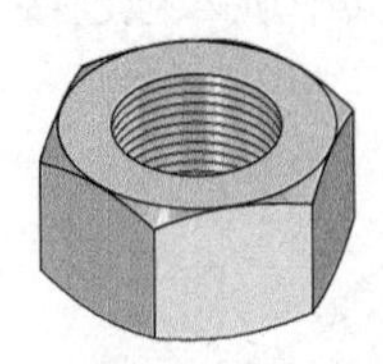

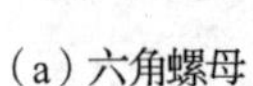

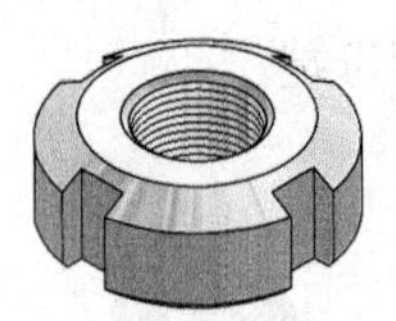

（a）六角螺母　（b）六角开槽螺母　（c）圆螺母

图 8-23　螺母类型

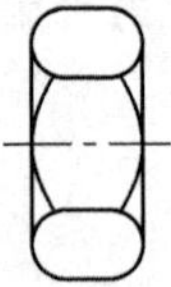

（a）六角螺母　（b）六角扁螺母　（c）六角厚螺母

图 8-24　六角螺母

（5）垫圈。垫圈是垫在被连接件与螺母之间的辅助配件，用来保护被连接件的表面不受螺母擦伤以及分散螺母对被连接件的压力。常用的有平垫圈、弹簧垫圈以及止动垫圈等类型，如图 8-25 所示。

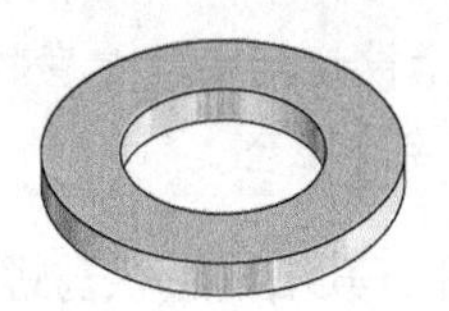

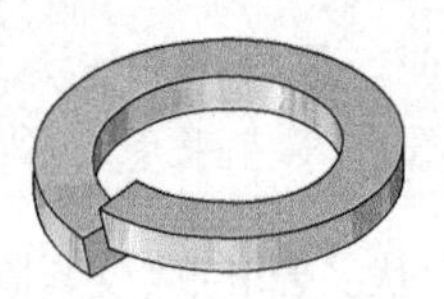

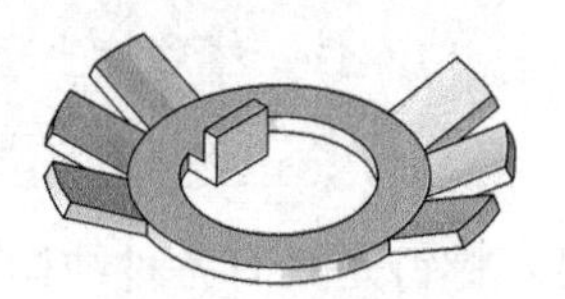

（a）平垫圈　（b）弹簧垫圈　（c）圆螺母用止动垫圈

图 8-25　垫圈

- 平垫圈能增加被连接件的支撑面积，减小接触处压强，使螺母压力均匀分布到零件表面上，防止旋紧螺母时损伤被连接件表面。
- 弹簧垫圈还兼有防松的作用，其公称尺寸可查《机械设计手册》。

要点提示　普通螺纹紧固件按制造精度分为粗制和精制两类。粗制的螺纹紧固件多用于建筑，精制的螺纹紧固件则多用于机械连接。

2. 螺纹连接的类型及其应用

螺纹连接主要有螺栓连接、双头螺柱连接、螺钉连接以及紧定螺钉连接等几种主要类型，设计时可根据被连接件的强度、装拆次数及被连接件的厚度、结构尺寸等具体条件选用。

（1）螺栓连接。螺栓连接是在被连接件上钻出通孔，然后从孔中穿入螺栓，之后再套上垫圈，拧紧螺母而形成的机械连接。它通常由螺栓、垫圈和螺母 3 种零件组成，如图 8-26 所示。

螺栓连接加工简单，装卸方便，因而应用广泛，主要适用于两零件被连接处厚度不大而受力较大、需要经常装卸的场合。

要点提示　铰制孔用螺栓连接中，螺栓穿过被连接件的铰制孔，与螺母组合使用，如图 8-27 所示。它用于传递横向载荷或需要精确固定被连接件相互位置的场合。

（2）双头螺柱连接。双头螺柱连接的一端旋入较厚的被连接件的螺纹孔中并固定，另一端穿过较薄的被连接件的通孔，然后放上垫圈，拧紧螺母，实现连接，如图 8-28 所示。

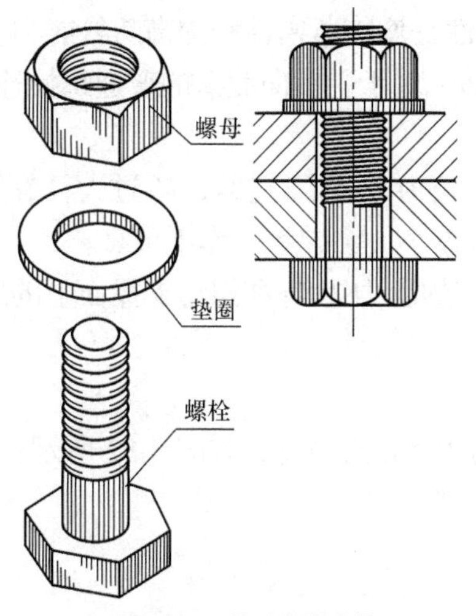

图 8-26　普通螺栓连接

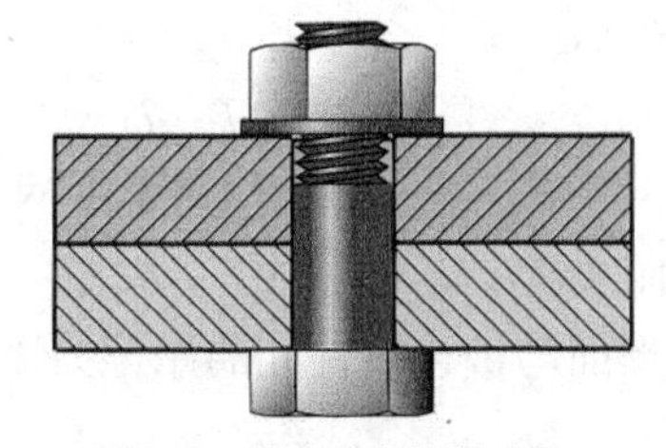

图 8-27　铰制孔用螺栓连接

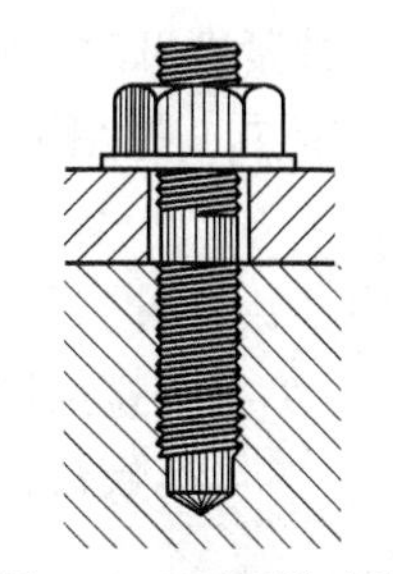

图 8-28　双头螺柱连接

双头螺柱连接常用于被连接件的机座零件厚度太大，无法加工出通孔，或受被连接零件的结构限制而无法安装螺栓的场合。

（3）螺钉连接。螺钉连接中的螺钉穿过较薄连接件上的通孔，直接旋入较厚被连接件的螺孔中，如图 8-29 所示。螺钉连接的另一连接件通常较厚，由于不使用螺母，因此结构更加紧凑。

螺钉连接主要用于不经常拆卸并且受力不大的场合。螺钉由头部和杆身两部分组成，其中头部有多种不同的结构形式，杆身上刻有部分螺纹或全部螺纹。将杆身上的螺纹旋入螺孔后依靠其头部压紧被连接件即可实现两者的连接。

（4）紧定螺钉连接。紧定螺钉连接中的螺钉旋入一个被连接件的螺纹孔中，并用尾部顶住另一个被连接件的表面或相应的凹坑。它用于固定两个零件的相对位置，可传递不大的力和转矩，如图 8-30 所示。

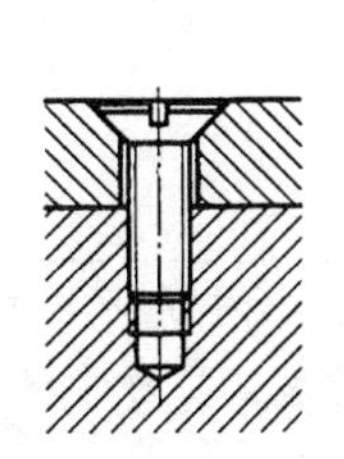
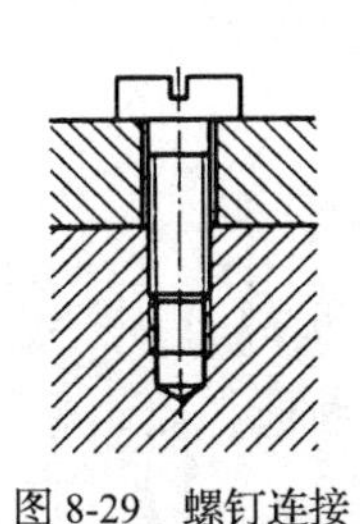
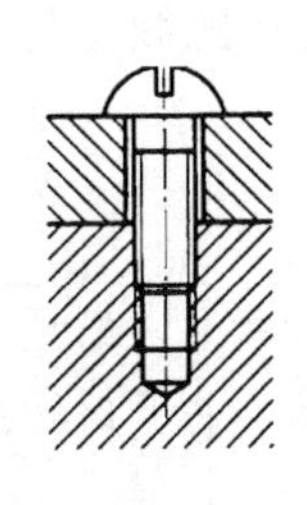

图 8-29　螺钉连接

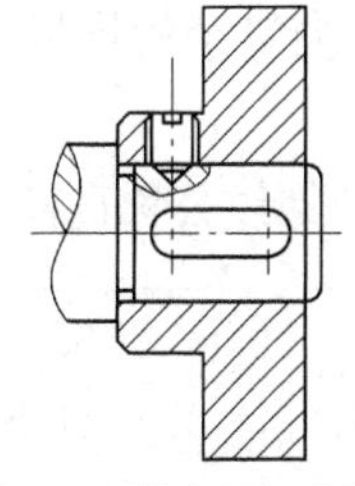

图 8-30　紧定螺钉连接

8.1.3　螺纹连接的预紧和防松

除个别情况外，螺纹连接在装配时都必须拧紧，这时螺纹连接受到预紧力的作用。对于重要的螺纹连接，应控制其预紧力，因为预紧力的大小对螺纹的可靠性、强度和密封性均有很大的影响。

1. 螺纹连接的预紧

绝大多数螺纹连接在安装时需要拧紧螺母，从而使螺栓和被连接件在承受工作载荷前就受到预紧力 F' 的作用。预紧的目的是增加连接的可靠性、紧密性和防松能力。

认识螺纹连接的预紧

（1）预紧的目的。预紧的目的是为了增强连接的刚性，增加紧密性和提高防松能力。对于受轴向拉力的螺栓连接，预紧可以提高螺栓的疲劳强度；对于受横向载荷的普通螺栓连接，预紧有利于增大连接中接合面间的摩擦。

（2）确定预紧力。预紧力 $\boldsymbol{F}_0$ 用来预加轴向作用力（拉力）。预紧过紧，F_0 过大，螺杆静载荷增大，会降低螺杆本身强度；预紧过松，预紧力 F_0 过小，会导致工作不可靠。

拧紧螺母时，加在扳手上的力矩 T 用来克服螺纹牙间的阻力矩 T_1 和螺母支撑面上的摩擦阻力矩 T_2，如图 8-31 所示。

$$T = T_1 + T_2$$

式中：T——拧紧力矩，$T=F_n \cdot L$，F_n 为作用于手柄上的力，L 为力臂，如图 8-32 所示；

T_1——螺纹摩擦阻力矩；

T_2——螺母端环形面与被连接件间的摩擦力矩。

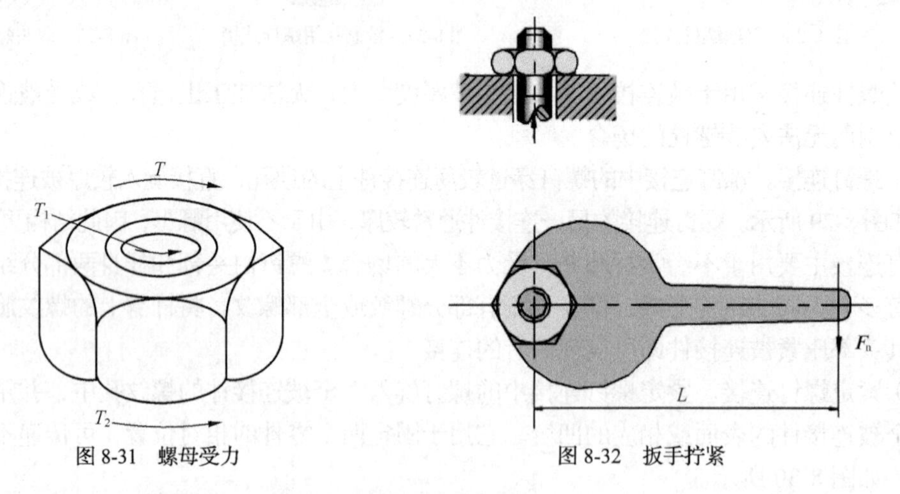

图 8-31　螺母受力　　图 8-32　扳手拧紧

这里省去复杂的推导，而采用下面的简化公式：

$$T \approx 0.2F_0 d$$

式中：d——螺纹公称直径。

由公称直径 d 和所要求的预紧力 $\boldsymbol{F}_0$ 可按上式确定扳手的拧紧力矩。由于直径过小的螺栓容易在拧紧时过载拉断，因此对于重要的连接，螺栓直径不宜小于 M10。

（3）预紧力 $\boldsymbol{F}_0$ 的控制。预紧力 $\boldsymbol{F}_0$ 可以用力矩扳手进行控制。测力矩扳手可以测出预紧力矩，如图 8-33（a）所示；定力矩扳手能在达到固定的拧紧力矩 T 时自动打滑，如图 8-33（b）所示。

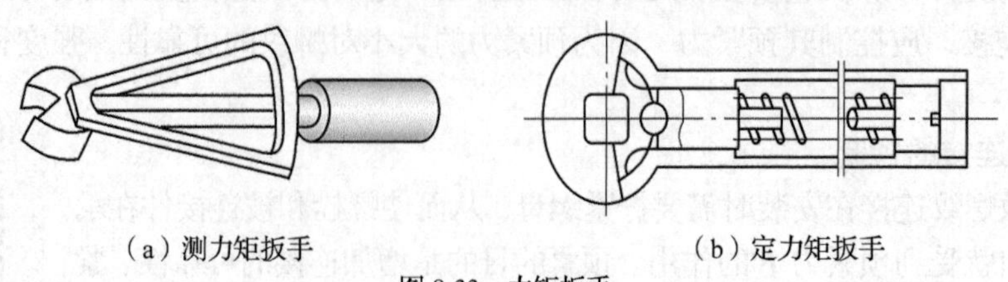

（a）测力矩扳手　　（b）定力矩扳手

图 8-33　力矩扳手

2. 螺纹连接的防松

螺纹连接件拧紧后，一般在静载荷和温度不变的情况下，不会自动松动，但在冲击、振动、变载或变温下，螺纹连接会产生松动。为了增强连接的可靠性、紧密性和坚固性，必须采取防松措施。

认识螺纹连接的防松（上）

认识螺纹连接的防松（下）

防松的关键在于防止螺旋副的相对转动，常见的防松方法有摩擦防松、机械防松以及永久性防松等，具体如表 8-1 所示。

表 8-1　　螺纹连接的防松方式

防松方式		结构形式	特点和应用
摩擦防松	双螺母防松	（a）双螺母　（b）双螺母防松	利用两螺母的对顶作用，使螺栓始终受到附加拉力，而使螺纹间产生一定的附加摩擦力，防止螺母松动。 其结构简单，一般适用于平稳、低速和重载的固定装置上的连接
	弹簧垫圈	（a）弹簧垫圈　（b）弹簧垫圈防松	具有斜切口而两端错开的环形垫圈，通常用 65Mn 钢制成，经热处理后富有弹性。螺母拧紧后，因垫圈的弹性反力使螺纹间保持一定的摩擦阻力，从而防止螺母松脱 其结构简单，使用方便，但受冲击、振动时，防松不可靠，多用于不太重要的连接
	自锁螺母		螺母一端制成非圆形收口或开缝后径向收口。当螺母拧紧后，收口胀开，利用收口的弹力使旋合螺纹间压紧 其结构简单，防松可靠，可用于多次装拆的连接
机械防松	开口销与槽形螺母		开口销穿过螺母上的槽和螺栓末端上的孔后，尾端掰开，使螺母与螺栓不能相对转动，从而达到防松的目的。这种防松装置常用于有振动的高速机械

续表

防松方式		结构形式	特点和应用
机械防松	止动垫圈		螺母拧紧后，将单耳或双耳止动垫圈分别向螺母和被连接件的侧面折弯贴紧，即可将螺母锁住。若两个螺栓需要双联锁紧时，可采用双联止动垫圈，使两个螺母相互制动 其广泛用于电器、电梯、机械配套方面
	串联钢丝		用低碳钢丝穿入各螺钉头部的孔内，将各螺钉串联起来，使其相互制动。使用时必须注意钢丝的串联方向。其一般适用于螺钉组连接
永久性防松	焊接或冲点法防松	（a）焊接防松　（b）冲点防松	螺母拧紧后，利用冲头在螺栓末端与螺母的旋合缝处冲出冲点或将螺栓末端与螺母的旋合缝处焊接。这种防松方法可靠，但拆卸后连接件不能重复使用
	黏合防松	（1~1.5）P	用黏结剂涂于螺纹旋合表面，拧紧螺母后黏结剂能自行固化。其防松效果良好，但不可拆

*8.1.4 螺栓连接的设计

在设计螺栓连接时，首先应由强度计算来确定螺栓的公称直径，然后按标准选用螺栓及其对应的螺母、垫圈等连接件。

1. 受拉螺栓连接

螺栓连接承受静载荷时，其失效形式主要为螺纹部分的塑性变形和断裂。变载荷的损坏多为螺栓杆部的疲劳断裂，且主要集中在从传力算起第一圈旋合螺纹处。如果螺纹精度低或连接时常拆装，便很可能发生滑扣现象。

受拉螺栓的强度计算主要是确定或验算螺纹危险剖面的尺寸，以保证螺栓杆不破坏（即不失效）。至于螺栓的其他部分（如螺纹牙、螺栓头等）以及螺母、垫圈的结构尺寸，是根据等强度条件以及适用经验来设计的。

等强度含义：在一个螺栓连接中，如果具有螺纹的螺杆处不被破坏，那其他部分也不会破坏。所以，螺杆以外的部分一般无需进行强度计算，可根据螺栓的公称直径从有关标准中查取。

（1）受拉松螺栓连接。受拉松螺栓连接只能承受静载荷，在未承受载荷以前由于没拧紧便不受力，只有工作时才受拉力 **F** 作用，如图 8-34 所示。

受拉松螺栓连接螺纹部分的强度条件为

$$\frac{4F}{\pi d_c^2} \leqslant [\sigma]$$

则其设计公式为

$$d_c \geqslant \sqrt{\frac{4F}{\pi[\sigma]}}$$

式中：$[\sigma]$——松连接螺栓需要的拉应力；

d_c——螺栓螺纹部分危险截面的面积要用的计算直径，由经验确定，一般 $d_c = d_1 - \frac{H}{6}$（$H \approx 0.866p$）。

计算出 d_c 后再由标准确定螺纹的公称直径，即大径，从而选出螺栓。

（2）受拉紧螺栓连接。受拉紧螺栓连接能承受变载荷（ρ_v 为摩擦角，ψ 为螺纹升角），当它只受预紧力 **F′** 时，如图 8-35 所示，其所受的螺纹力矩为

$$T_1 = F' \tan(\psi + \rho_v) \frac{d_2}{2}$$

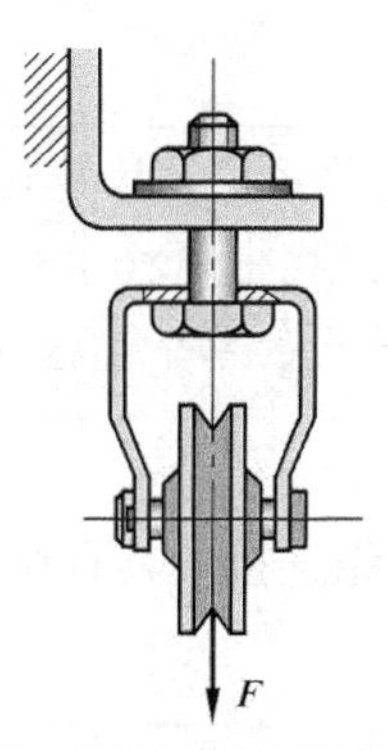

图 8-34　起重吊钩的松螺栓连接

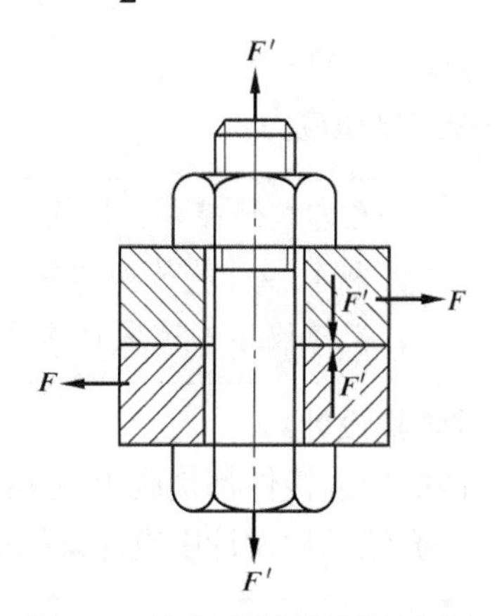

图 8-35　只受预紧力的紧螺栓连接

相应的拉应力为

$$\sigma = \frac{4F'}{\pi d_c^2}$$

切应力为

$$\tau_T = 2\sigma \tan(\psi + \rho_v) d_2 / d_1$$

因螺栓材料是塑性的，可根据第四强度理论计算螺纹部分强度，得螺栓螺纹部分的强度条件为

$$\frac{4 \times 1.3F'}{\pi d_c^2} \leqslant [\sigma]$$

式中：$[\sigma]$——紧连接螺栓的许用拉应力。

2. 受剪螺栓连接

图 8-36 所示铰制孔螺栓连接是靠栓杆受剪切和挤压来承受横向载荷的。工作时，螺栓在连接结合面处受剪，并与被连接件孔壁互相挤压。其常见的失效形式有螺栓被剪断、栓杆或孔壁被压溃等，因此分别按剪切和挤压强度计算。

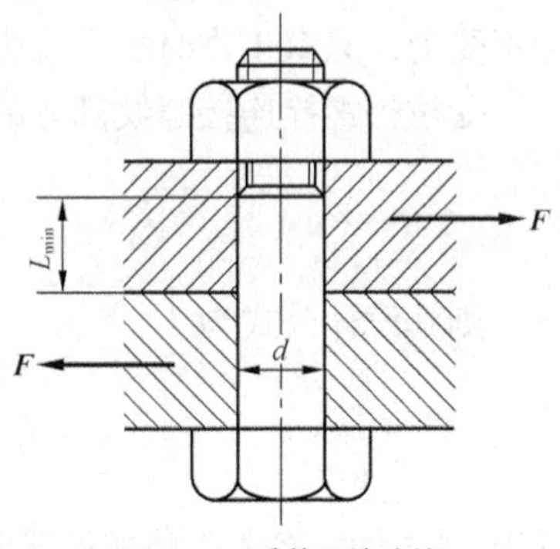

图 8-36 受剪螺栓连接

设螺栓所受的剪力为 $\boldsymbol{F}_s$，则其强度条件为

$$\frac{4F_s}{\pi d^2 m} \leqslant [\tau]$$

式中：d——螺栓抗剪面直径；

m——螺栓抗剪面数目；

$[\tau]$——螺栓的许用切应力。

杆孔表面所受的挤压应力与表面加工、杆孔配合、零件变形等有关，计算时，常假设挤压应力 $\boldsymbol{F}_R$ 均匀规律分布，因此连接的强度计算条件为

$$F_R \leqslant dh[\sigma_p]$$

式中：h——对象受压高度；

$[\sigma_p]$——许用挤压应力。

要点提示

在螺纹连接中，螺栓或螺钉多数是成组使用的，计算时应根据连接所受的载荷和结构的布置情况进行受力分析，找出螺栓组中受力最大的螺栓，把螺栓组的强度计算问题简化为受力最大的单个螺栓的强度计算。

3. 螺栓组的结构设计

大多数机器的螺纹连接件都是成组使用的，其中以螺栓组连接最具有典型性，因此下面以螺栓连接为例，介绍结构设计中应注意的问题。

要点提示

螺栓组连接结构设计的主要目的在于合理地确定连接接合面的几何形状和螺栓的布置形式，力求各螺栓和连接接合面受力均匀，以便于加工和装配。

（1）为了便于加工制造和对称布置螺栓，保证连接结合面受力均匀，通常连接结合面的几何形状都设计成轴对称的简单几何形状。

（2）为了便于在圆周上钻孔时的分度和画线，通常分布在同一圆周上的螺栓数目取成 4、6、8 等偶数。

（3）螺栓布置应使各螺栓的受力合理。

（4）螺栓的排列应有合理的间距、边距，并考虑扳手空间。

（5）避免螺栓承受附加的弯曲载荷。

4. 提高螺栓连接强度的措施

影响螺栓强度的因素很多，有材料、结构、尺寸参数、制造和装配工艺等，就其影响而言，涉及螺纹牙受力分配、附加应力、应力集中、应力幅、材料、机械性能、制造工艺等方面。

（1）均匀分配螺纹牙受力。图 8-37 所示为受拉螺栓与受压螺母组合，螺栓杆所受拉力 ***F*** 特点如下。

- 实际中螺栓杆各圈螺纹的受力是不均的，对受拉螺杆与受压螺母：下面第一圈受力最大，上面最后一圈受力最小。
- 从传力算起，第一圈变形最大，受力也最大，以后各圈递减。
- 旋合圈数越多，受力越不均匀，到 8～10 圈后，螺纹牙几乎不受力。
- 加高螺母对提高螺栓强度作用不大。

为了使螺纹牙受力比较均匀，可用下述方法来提高螺母强度。

- 改进螺母结构，采用均载螺母。
- 选较软的螺母材料。
- 采用钢丝螺套。

（2）减小附加应力。附加应力主要指弯曲应力。螺纹牙根对弯曲很敏感，在相当大的拉应力下，弯曲应力对螺栓断裂起关键作用。几种产生弯曲应力的原因如图 8-38 所示。

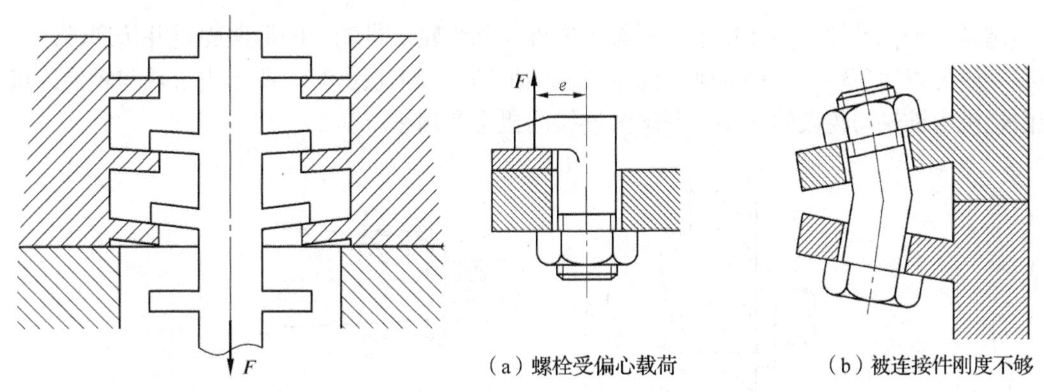

图 8-37　螺纹牙受力

图 8-38　螺栓弯曲的原因

减少或避免弯曲应力的几种措施如图 8-39 所示，在工艺上要求螺孔轴线与连接中各承压面垂直。

（3）减轻应力集中。螺纹的牙根和收尾、螺栓头部与螺杆交接处都有应力集中，特别是在旋合螺纹的牙根处，由于栓杆拉伸，牙受弯剪，而且受力不均情况更为严重。综合这些因素，可采取下列措施来减少应力集中，如图 8-40 所示。

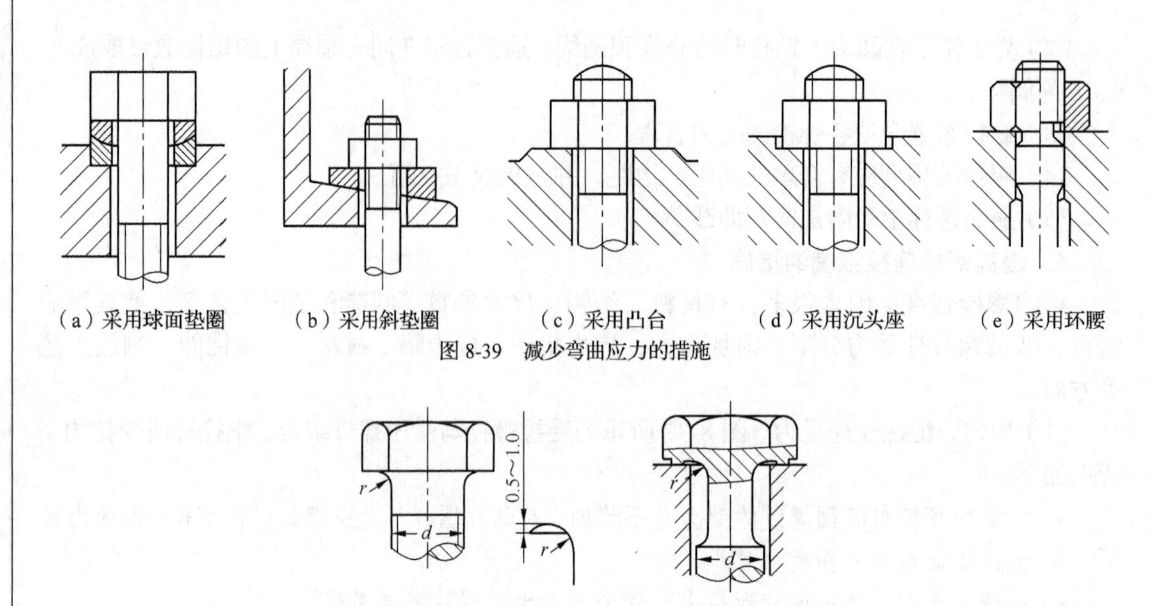

（a）采用球面垫圈　（b）采用斜垫圈　（c）采用凸台　（d）采用沉头座　（e）采用环腰

图 8-39　减少弯曲应力的措施

（a）加大圆角　（b）增加卸荷槽

图 8-40　减少应力集中的措施

- 适当加大牙根圆角半径以减少应力集中，可提高螺栓疲劳强度达 20%～40%。
- 在螺纹收尾处用退刀槽，在螺母承压面以内的螺杆有余留螺纹等。
- 高强度螺栓对应力集中敏感，可用更大预紧力和更高极限强度。

8.2 键　连　接

键是一种标准件，主要用于轴与轴上零件（如齿轮、带轮）的周向固定并传递转矩，其中有些还可以实现轴上零件的轴向固定或轴向滑动。试对比图 8-41 所示皮带轮与轴的连接以及内燃机中锥轴与轮毂的连接，理解键连接的概念和用途。

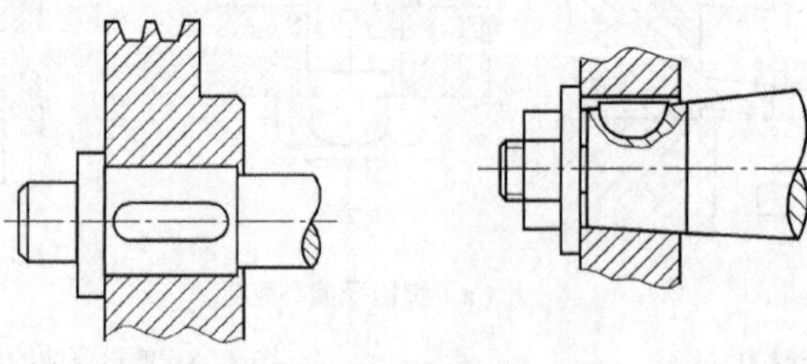

（a）皮带轮与轴的平键连接　（b）内燃机中锥轴与轮毂的半圆键连接

图 8-41　键连接的应用

8.2.1　平键连接

平键连接以两个侧面为工作面，主要用来实现轴与轮毂之间的周向固定以及实现轴上零件的轴向固定或轴向滑动，是在生产中应用得最广泛的一种连接形式。

1. 平键连接的类型

平键连接按用途分为普通平键、导向平键和滑键 3 种类型。普通平键是矩形剖面的连接件，主要用于静连接，即轴与轮毂之间无轴向相对移动，导向平键连接和滑键连接属于动连接，导向平键固定在轴上而毂可以沿着轴滑动，滑键固定在毂上一同沿着轴上的键槽移动。

（1）普通平键。普通平键用于静连接，轴与轮毂之间无轴向相对移动。根据键的端部形状不同，平键分为 A、B、C 3 种类型，如图 8-42 所示。普通平键连接的主要形式如图 8-43 所示。

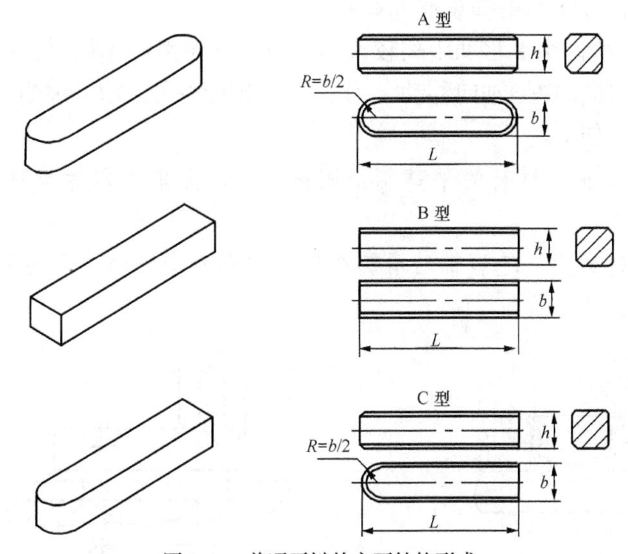

图 8-42　普通平键的主要结构形式

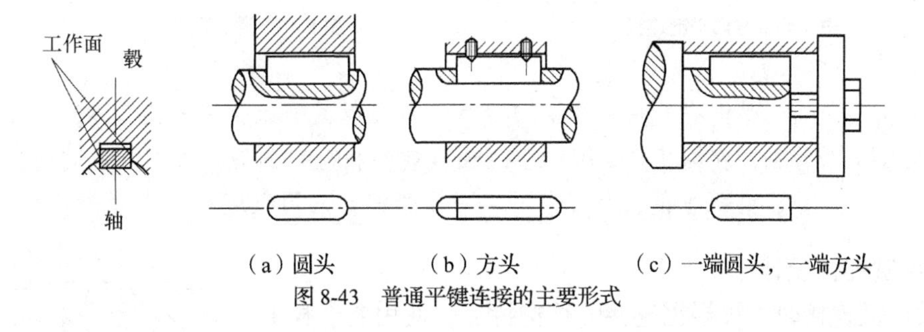

（a）圆头　（b）方头　（c）一端圆头，一端方头

图 8-43　普通平键连接的主要形式

A 型键两端均为圆头，常用于端铣刀加工的键槽；B 型键两端均为方头，一般用于盘铣刀加工的键槽；C 型键为一端圆头一端方头，常用于轴端处。

在设计普通平键连接时，应注意以下事项。

- 在使用 A 型平键时，键放置于与之形状相同的键槽中，因此键的轴向定位好，应用最广泛，但键槽对轴会引起较大的应力集中。
- 在使用 B 型平键时，由于轴上的键槽是用盘形铣刀来加工的，避免了圆头平键的缺点，但键在键槽中固定不良，常用螺钉将其紧定在轴上的键槽中，以防松动。

- C型平键常用于轴端与毂类零件的连接。

（2）导向平键连接。导向平键用于移动距离较小的地方，键长应大于轮毂长度与移动距离之和。在使用过程中，导向平键用螺钉固定在轴的键槽中，轴上零件沿键做轴向移动，如图8-44所示，其特点如下。

- 导向平键是一种较长的平键，用螺钉将其固定在轴的键槽中。
- 导向平键除实现周向固定外，由于轮毂与轴之间均为间隙配合，允许零件沿键槽做轴向移动，构成动连接。
- 为装拆方便，在键的中部设有起键螺孔。

（3）滑键连接。滑键用于移动距离较大的地方，使用滑键连接时，通常固定在轮毂上，轴上零件和键一起在键槽中做轴向移动。为了便于键的装配，轴上键槽至少有一端开通，如图8-45所示，其特点如下。

- 滑移距离较大时，过长的平键制造困难，因此当轴上零件滑移距离较大时宜采用滑键。
- 滑键固定在轮毂上，轮毂带动滑键在轴槽中做轴向移动，因而需要在轴上加工长的键槽。

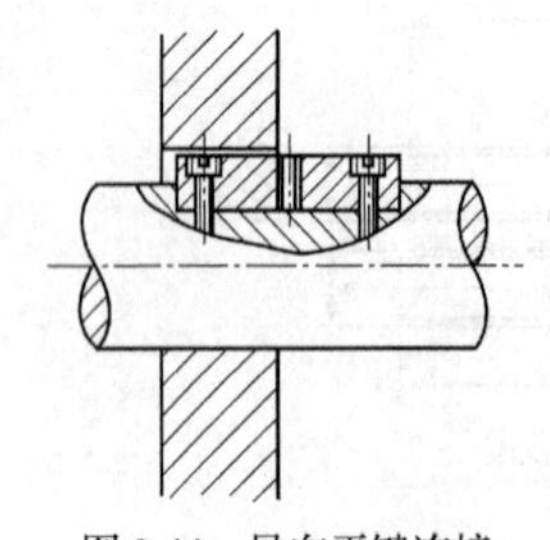

图8-44　导向平键连接

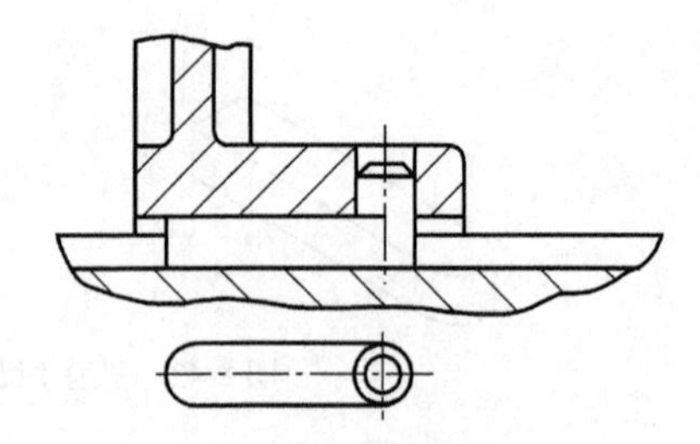

图8-45　滑键连接

平键安装后依靠键与键槽侧面相互配合来传递转矩，键的两侧面是工作面。在键槽内，键的上表面和轮毂槽底之间留有间隙。平键连接结构简单，装拆方便，加工容易，对中性好，应用很广泛。

2. 平键连接设计

在设计键连接时，可根据连接的结构特点、使用要求和工作条件来选择键的类型，再根据轴径从标准中选出键的截面尺寸，并参考毂长选出键的长度。

（1）失效形式。在忽略摩擦的情况下，当连接传递转矩时，键轴一体的受力如图8-46所示。

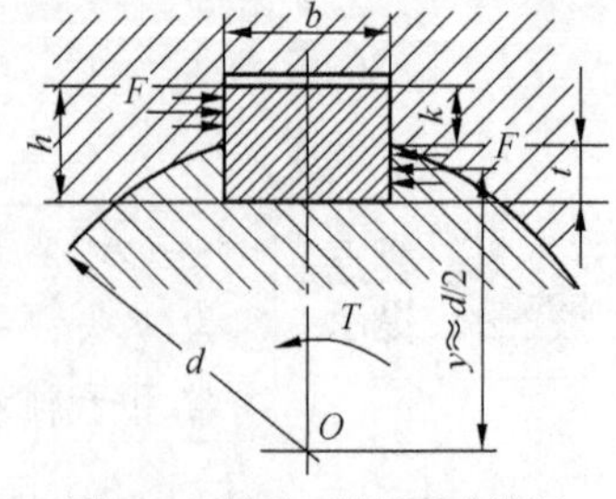

图8-46　键轴一体的受力情况

其主要的失效形式如下。

- 压溃：在静连接中，主要发生在键、轴、毂中较弱者的工作表面上。
- 磨损：发生在动连接中，特别是在载荷作用下移动时。
- 剪断：此种失效形式在工作中发生较少。

（2）平键的选择。在选择平键时首先要选取键的类型，可根据键连接的结构、使用特性及工作条件来确定，选择时需考虑以下因素。

- 需要传递转矩的大小。
- 考虑连接于轴上的零件是否需要沿轴滑动及滑动距离的长短。
- 连接的对中性要求。
- 键是否需要具有轴向固定的作用。
- 键在轴上的位置（在轴的中部还是端部）。

（3）确定尺寸。键的剖面尺寸 $b \times h$ 按轴的直径 d 由标准中选定。键的长度 L 一般按轮毂宽度定，要求键长比轮毂略短 5～10 mm，且符合长度系列值。

普通平键的主要尺寸如表 8-2 所示。

表 8-2　　普通平键的主要尺寸　　（mm）

轴的直径 d	6～8	>8～10	>10～12	>12～17	>17～22
键宽 b×键高 h	2×2	3×3	4×4	5×5	6×6
轴的直径 d	>44～50	>50～58	>58～65	>65～75	>75～85
键宽 b×键高 h	14×9	16×10	18×11	20×12	22×14
键的长度系列 L	6、8、10、12、14、16、18、20、22、25、28、32、36、40、45、50、56、63、70、80、90、100、110、125、140、180、…				

8.2.2　半圆键连接

半圆键连接以两侧面为工作面，键可在槽中绕键的几何中心摆动，以适应轮毂键槽底面的斜度，安装极为方便，如图 8-47 所示。

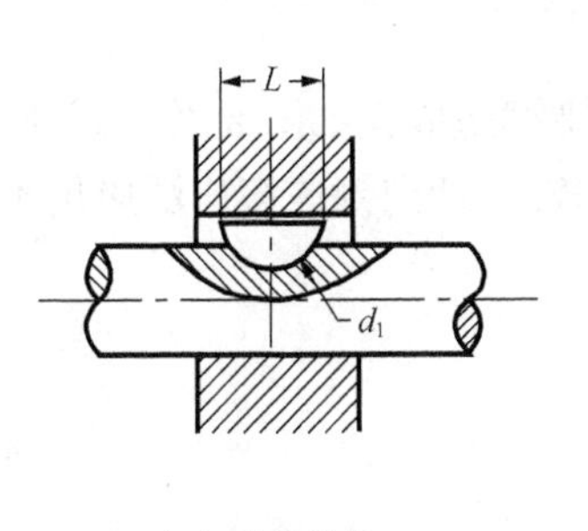

（a）连接结构一

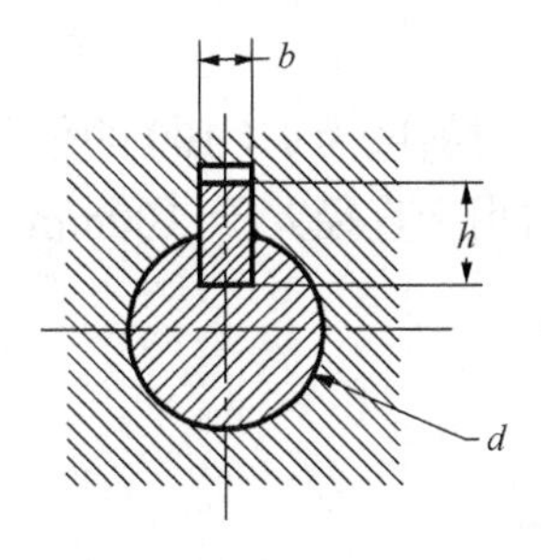

（b）连接结构二

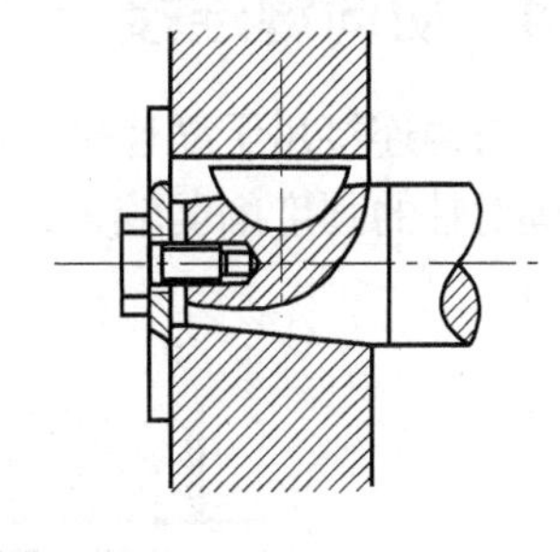
（c）锥形轴端

图 8-47　半圆键连接

半圆键连接的定心性好于普通平键，常用于静连接。由于半圆键连接的轴上键槽较深，对轴的强度削弱较大，因此其主要用于轻载或锥形轴端与轮毂的辅助连接。

半圆键连接主要是靠侧面传递转矩，其主要特点如下。

- 半圆键连接的键呈半圆形，用于静连接。
- 与平键一样，键的两侧面为工作面。这种键连接工艺性好，但轴上键槽较深，对轴的强度削弱较大，故其主要用于轻载和锥形轴端的连接。

- 半圆键连接具有良好的调心性能，装配方便，尤其适合于锥形轴与轮毂的连接。

8.2.3 楔键连接

楔键包括普通楔键和钩头楔键两种类型，如图 8-48 所示。楔键的上、下表面是工作面，其上表面和轮毂槽底均具有 1∶100 斜度，装配时需打入。

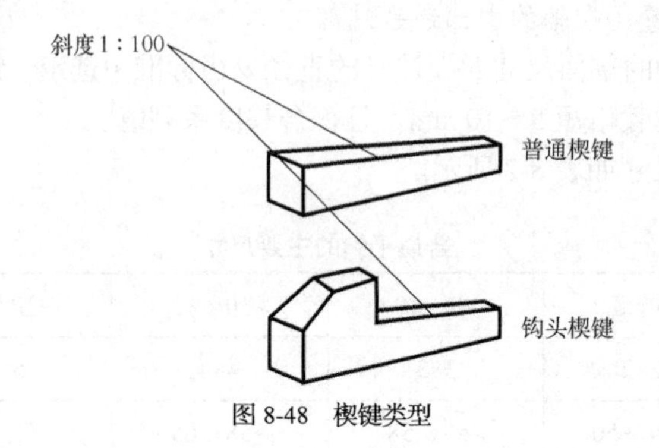

图 8-48 楔键类型

楔键连接属于静连接，其主要特点如下。

- 装配后，键的上、下表面与毂和轴上的键槽的底面压紧，工作时，靠键、轮毂、轴之间的摩擦力来传递转矩。
- 楔键连接易松动，主要用于定心精度不高、载荷平稳和低速的场合。
- 钩头楔键的钩头是为了便于拆卸，用于轴端时，应加防护罩。
- 由于楔键打入时，迫使轴和轮毂产生偏心，因此楔键仅适用于定心精度要求不高、载荷平稳和低速的连接。

8.2.4 切向键连接

切向键连接用于静连接，由一对斜度为 1∶100 的普通楔键组成，如图 8-49（a）所示。切向键对轴的强度削弱较大，故常用于直径大于 100mm 的轴。切向键连接广泛应用于重型机械中。

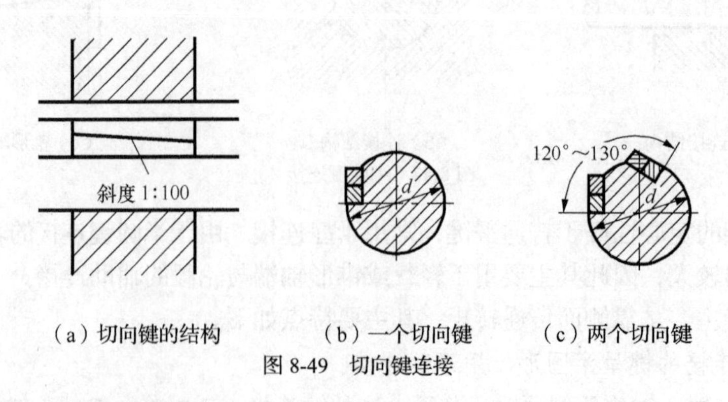

（a）切向键的结构　（b）一个切向键　（c）两个切向键

图 8-49 切向键连接

切向键连接的主要特点如下。

- 两个楔键沿斜面拼合后，相互平行的上下两面是工作面。

- 装配时，把一对楔键分别从轮毂两端打入并楔紧，其中之一的工作面通过轴心线的平面，使工作面上的压力沿轴的切线方向作用，因此切向键连接能传递很大的转矩。
- 切向键工作时靠工作面间的相互挤压和轴与轮毂的摩擦力传递转矩。
- 采用一个切向键连接，只能传递单向的转矩，如图 8-49（b）所示。
- 有反转要求时，必须采用两个切向键，此时为了不至于削弱轴的强度，两个切向键相隔 120°～130°布置，如图 8-49（c）所示。

8.2.5　花键连接

花键连接如图 8-50 所示，由均布多个键齿的花键轴与带有相应键齿槽的轮毂相配合而组成可拆连接，适用于动、静连接。

图 8-50　花键连接

1. 花键连接的类型

根据齿形不同，花键连接分为矩形花键连接和渐开线花键连接两种。

（1）矩形花键连接。矩形花键可分为轻、中两个系列。轻系列常用于静连接或轻载连接，中系列常用于中等载荷的连接。矩形花键的定心方式是以小径定心，外花键和内花键的小径为配合面，大径处有间隙，定心精度高，稳定性好，如图 8-51 所示。

制造时，轴和毂上的结合面都要经过磨削，故键热处理后的表面硬度应高于 40HRC。矩形花键具有承载能力大、应力集中较小、齿形定心好等优点，故应用较为广泛。

（2）渐开线花键连接。渐开线花键按分度圆压力角分为 30°和 45°两种类型，其中分度圆压力角为 30°的渐开线花键应用较为广泛，而 45°的渐开线花键常用于载荷较小和直径较小的静连接。

渐开线花键的定心方式是以齿形定心，内外花键的齿顶和齿根处有间隙，如图 8-52 所示。

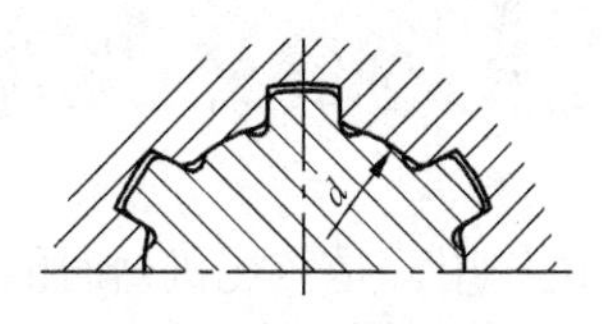

图 8-51　矩形花键连接

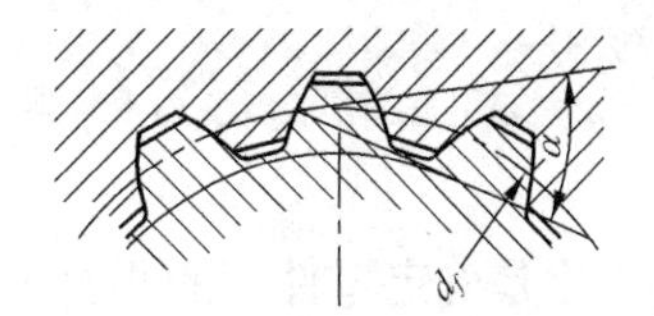

图 8-52　渐开线花键连接

渐开线花键连接具有制造工艺好、齿根强度高、承载能力大、使用寿命长、定心精度高等特点，宜用于载荷较大、尺寸较大的连接，在生产中常用于薄壁零件。

2. 花键连接的特点

花键连接的主要特点如下。

- 由于其工作面为均布多齿的齿侧面，故承载能力高。

- 轴上零件和轴的对中性好；导向性好；键槽浅，齿根应力集中小，对轴和轮毂的强度影响小。
- 加工时需要专用的设备、量刀和刃具，制造成本高。
- 适用于载荷较大、定心要求较高的静连接和动连接，在汽车、拖拉机、机床制造和农业机械中有较广泛的应用，特别是作为轴毂的动连接更具有其独特的优越性。
- 花键齿的制造需用专门的设备和工具，制造费用较高，这使得花键连接的应用受到一定的限制。

3. 花键连接设计

设计花键连接与设计键连接类似，通常先选取连接类型和方式，查出标准尺寸。

（1）失效形式。花键连接的常见失效形式如下。

- 键齿的压溃，常发生在静连接。
- 齿面的磨损，常发生在动连接。
- 齿根剪断和弯断等。

在生产中，花键齿面的压溃和磨损是主要的失效形式。

（2）花键的选择。在选择花键的类型和尺寸时，可根据轴径按标准来确定，同时确定定心方式。

8.2.6 键连接装配注意事项

平键连接中，键的工作面是两个侧面。一般机械中要求键在轴槽中固定，在轮毂槽中滑动。在传递重载、冲击载荷及双向转矩的机械传动中，应使键在毂槽中都固定。对于轮毂及键沿轴槽导向的机械，必须使键在轮毂中固定。

楔键连接一般都应用于同轴度要求不高的连接件。其工作面是上下表面，有 1∶100 的斜度，键打入时造成轴与轮毂间的压力而产生摩擦以传递转矩。因此，它的上、下两面与槽的上、下两面贴合要好，一般要进行研磨。侧面与键槽间应有一定的间隙。

花键连接时，花键轴、孔间的配合要求比较准确。装配时，必须首先清理凸起处的毛刺和锐边，以确保装配可靠。

8.3 销 连 接

销的主要用途是确定零件间的相互位置，即起定位作用，是装配机器时的重要辅件，同时也可用于轴与轮毂的连接并传递不大的载荷。

8.3.1 销的形状和结构

销的不同形状满足不同的连接需求，常用结构形状有圆柱销、圆锥销以及开口销等。

1. 圆柱销

圆柱销一般不承受载荷或只承受很小的载荷，用于固定两个零件之间的相对位置，经常成对使用，并安装在两个零件结合面的对角处，以加大两销之间的距离，提高定位精度，如图 8-53 所示。

要点提示　圆柱销利用微量过盈固定在销孔中，经过多次装拆后，连接的紧固性及精度降低，故只宜用于不常拆卸处。

2. 圆锥销

圆锥销只承受不大的载荷，用于轴与轮毂的连接或其他零件的连接，适用于轻载和不重要的场合，如图 8-54 所示。圆锥销有 1∶50 的锥度，可自锁，定位精度较高，允许多次装拆，且便于拆卸。

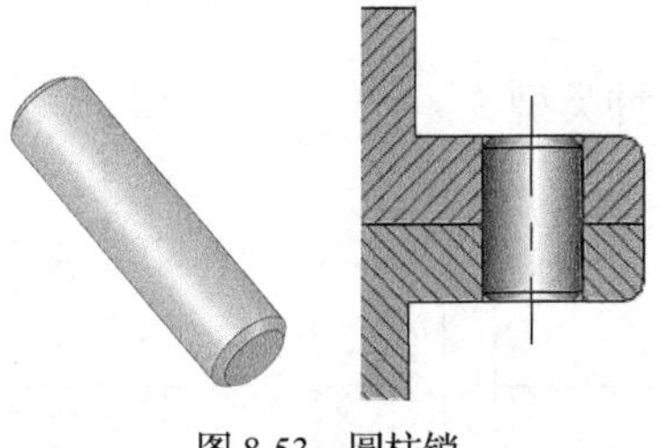

图 8-53　圆柱销

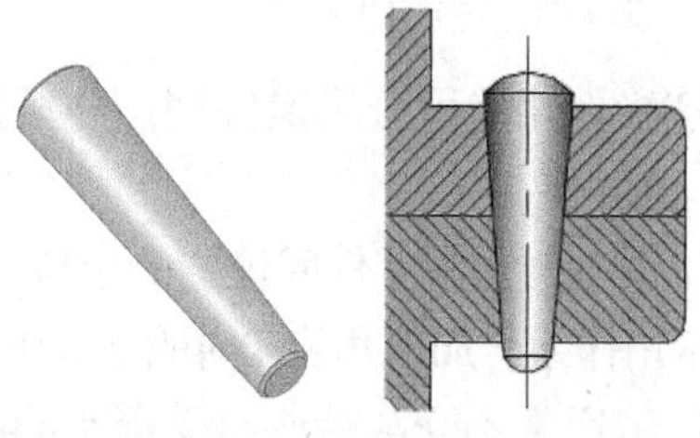

图 8-54　圆锥销

3. 开口销

开口销主要用于连接的防松，不能用于定位，常与槽形螺母合用，而且开口销结构简单，工作可靠，装拆方便，如图 8-55 所示。

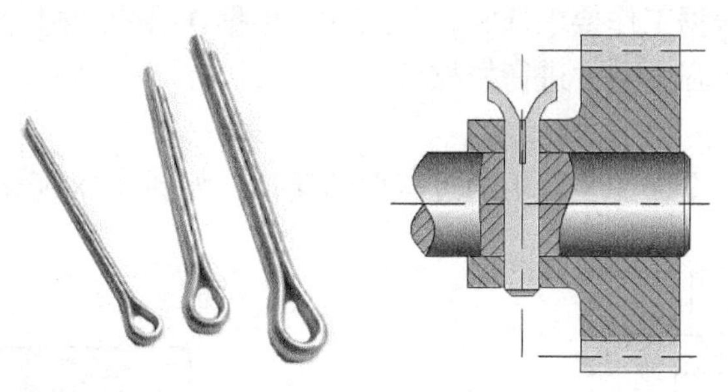

图 8-55　开口销

8.3.2　常用销的标记

常用销的标记如表 8-3 所示。

表 8-3　　常用销的标记

名　称	标　准　号	图　例	标 记 示 例
圆锥销	GB/T 117—2000	Ra 0.8　1:50　R_1　R_2　d　a　l $R_1 \approx d$　$R_2 \approx d+(l-2a)/50$	直径 d = 10 mm，长度 l = 100 mm，材料 35 钢，热处理硬度 28～38HRC，表面氧化处理的圆锥销 销　GB/T 117—2000　A10×100 （圆锥销的公称尺寸是指小端直径）

续表

名 称	标 准 号	图 例	标 记 示 例
圆柱销	GB/T 119.1—2000		直径 d = 10 mm，公差为 m6，长度 l = 80mm，材料为钢，不经表面处理的 销 GB/T 119.1—2000 10m6×80
开口销	GB/T 91—2000		公称直径 d = 4 mm（指销孔直径），l = 20 mm，材料为低碳钢不经表面处理的 销 GB/T 91—2000 4×20

8.3.3 销连接的种类

销连接按用途可分为定位销、连接销和安全销 3 种类型。

1. 定位销

定位销主要用于零件间位置的定位，如图 8-56 所示，常用作组合加工和装配时的主要辅助零件。

定位销通常不受载荷或只受很小的载荷，故不做强度校核计算，其直径按结构确定，数目一般不少于两个。

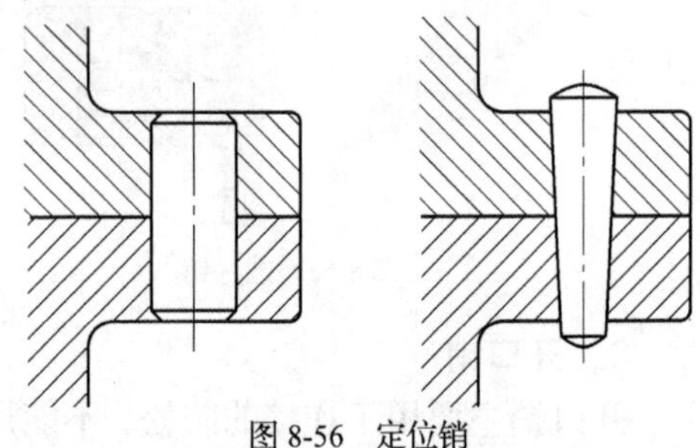

图 8-56 定位销

2. 连接销

连接销主要用于零件间的连接或锁定，如图 8-57 所示，可传递不大的载荷。

连接销的类型可根据工作要求选定，其尺寸可根据连接的结构特点按经验或规范确定，必要时再按剪切和挤压强度条件进行校核计算。

3. 安全销

安全销主要用于安全保护装置中的过载剪断元件，如图 8-58 所示。

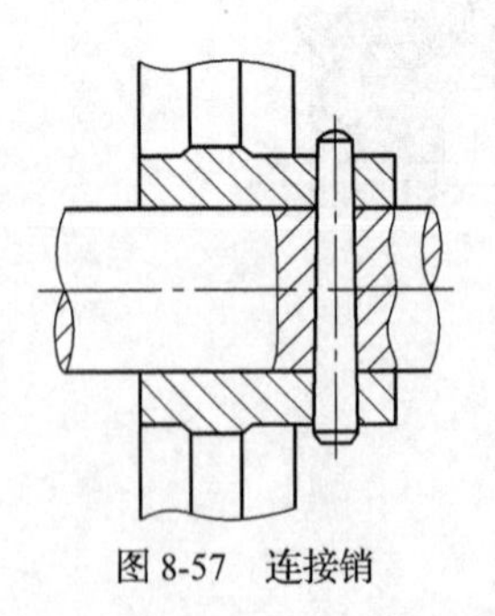

图 8-57 连接销

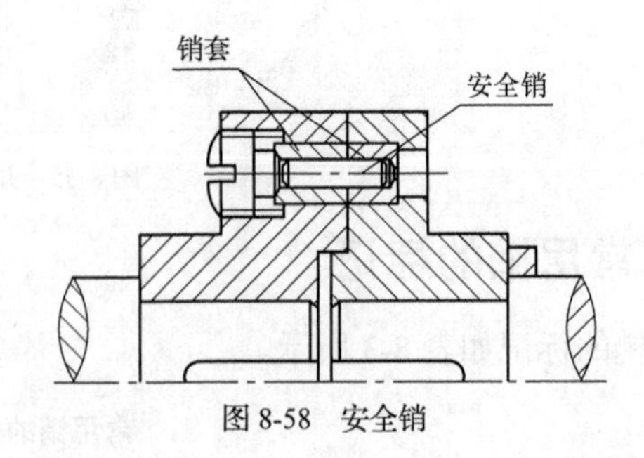

图 8-58 安全销

要点提示

安全销在过载时被剪断，因此，销的直径应按剪切条件确定。为了确保安全销被剪断而不提前发生挤压破坏，通常可在安全销上加一个销套。

8.4 其他连接

在生产实际中，过盈连接、焊接和胶接也是常用的连接手段。

8.4.1 过盈连接

过盈连接是利用零件间的过盈配合形成的连接，其配合面间产生一定的压力，工作时靠此压力产生的摩擦力传递转矩或轴向力。

1. 连接原理

蜗轮齿圈与轮心装配形成过盈配合，其配合面间产生一定的压力，保持一定的连接性，从而形成过盈连接，如图 8-59 所示。而图 8-60 所示的过盈连接则是螺母使结合的圆锥面产生相对轴向位移和压紧而形成的。

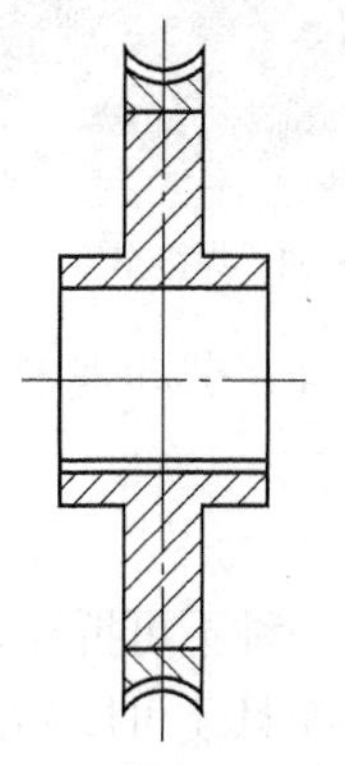

图 8-59　圆柱面过盈连接

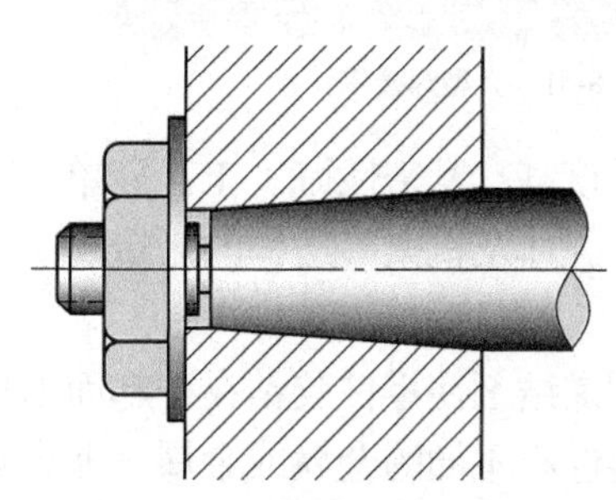

图 8-60　圆锥面过盈连接

2. 特点

过盈连接具有结构简单，同轴性好，轴上不开孔或槽，对轴削弱小，承载能力高，耐冲击性能好等特点。但配合表面的加工精度要求高，且装拆不方便。

3. 装配方法

过盈连接装配时可采用压入法和温差法两种装配方法。

压入法将较大的轴强制压入较小的毂孔中，压入过程中不可避免地会损伤配合表面，故降低了连接的紧固性。

温差法是将毂孔加热使其膨胀，或者将轴冷却使其收缩，也可以同时加热毂孔及冷却轴，以形成装配间隙顺利实现装配，从而达到连接的目的。温差法配合表面损伤较小，紧固性高，承载能力强。

要点提示

设计过盈配合时应注意按载荷选择适用的配合并校核其最小过盈能传递所承受的载荷，最大过盈不会引起轴或轮毂失效，同时还可以计算压入力、压出力和加热温度。

8.4.2 焊接和胶接

焊接和胶接常用于永久性连接，属于不可拆连接。

1. 焊接

焊接是利用局部加热、加压使两个以上的金属件在连接处形成原子或分子间的结合而构成的不可拆连接，如图 8-61 和图 8-62 所示。

图 8-61 大型焊接零件

图 8-62 焊接车刀

焊接具有强度高、紧密性好、工艺简单、操作方便、重量轻、劳动强度低等优点，广泛用于金属构架、壳体及机架等结构的制造。

2. 胶接

胶接是利用黏结剂使零件胶粘在一起而形成的连接，也是一种不可拆连接。

胶接不仅能够将不同的金属或金属与非金属粘接在一起，而且还可以粘接一些不易焊接的异形、复杂、微小和极薄零件，粘接接头处应力分布比较均匀，粘接胶层密封性能好，具有缓和冲击、消减振动的作用，使接头处的疲劳强度得以提高。

要点提示

实践表明，接头粘缝处的抗剪切和抗拉伸的能力强，而抗剥离与抗扯离的能力弱。因此，在设计粘接接头时，应尽可能使粘缝承受剪切或拉伸载荷，避免使其承受扯离或剥离的载荷，同时还应避免使接头承受弯曲载荷，如图 8-63 所示。

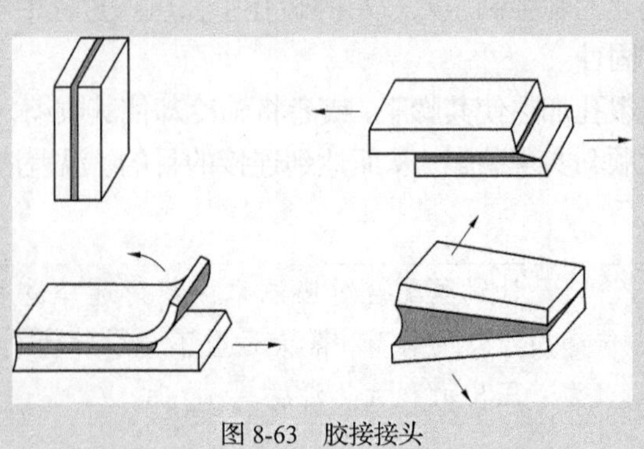

图 8-63 胶接接头

小　结

螺纹连接拆装方便，应用广泛。常用螺纹种类有三角螺纹、矩形螺纹、梯形螺纹和锯齿形螺纹。三角螺纹主要用于连接，梯形螺纹是最常用的传动螺纹，锯齿形螺纹只用于单向传动。除矩形螺纹外，这 3 种螺纹都已经标准化。

螺纹连接的基本类型有螺栓连接、双头螺柱连接、螺钉连接和紧定螺钉连接。它们所用的连接件大都已经标准化，设计时应尽量按标准选用。

螺纹连接在装配时都必须考虑预紧与防松的问题。通常用来控制预紧力大小的工具有测力矩扳手和定力矩扳手。防松按工作原理不同可分为机械防松、摩擦防松和永久性防松等。

大多数机器的螺纹连接件都是成组使用，故在设计时应合理确定连接接合面的几何形状和螺纹连接件的布置形式，从而使螺纹连接受力合理。

键连接主要用于轴和轴上零件的周向固定并传递转矩。松键连接安装时不用力打入，依靠键与键槽的两侧面传递转矩，所以两侧面为工作面，制造容易、装拆方便、定心良好，用于传递精度要求较高的场合。

销连接主要用于固定零件之间的相互位置，并可传递不大的载荷。

过盈连接、焊接和胶接属于不可拆连接，连接强度高，常用于永久连接两个构件。

思考与练习

1. 螺纹有哪些主要参数？
2. 螺纹连接有哪几种类型，各有何用途？
3. 将螺纹连接件标准化有何优越性。
4. 螺栓连接为什么要防松？常用的防松方法有哪些？
5. 简要说明键连接的常用类型和工作特点。
6. 平键连接的主要形式有哪些，各有何特点？
7. 销有哪些种类？各有何应用特点？
8. 简要说明常用永久性连接的种类和用法。

第9章　轴系零部件

在生产中，做回转运动的零件都要装在轴上来实现其回转运动，大多数轴还起着传递转矩的作用。轴系是轴、轴承、轴上零件等组成的工作部件的总称，是机器中的重要组成部分，其零部件包括轴、支撑轴的轴承、连接轴的联轴器和离合器、使轴的运转减速或停止的制动器、轮毂连接所用的键等。

【学习目标】

- 了解轴的类型和用途。
- 掌握轴的结构设计的基本要点。
- 熟悉滑动轴承与滚动轴承的种类和用途。
- 熟悉联轴器与离合器的种类和用途。

【观察与思考】

（1）观察图 9-1，找出自行车上的传动轴，思考该传动轴的主要用途是什么？在自行车行进时，该轴主要承受哪种载荷？

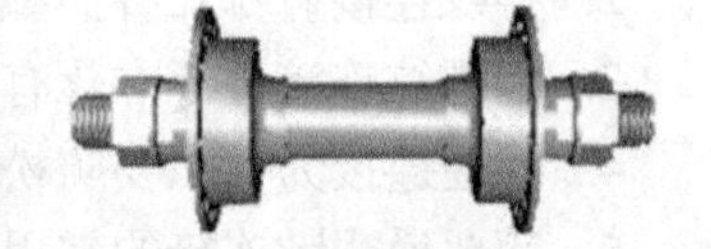

图 9-1　自行车上的传动轴

（2）观察图 9-2，想一想汽车传动轴和自行车传动轴在结构和用途上主要有何区别？

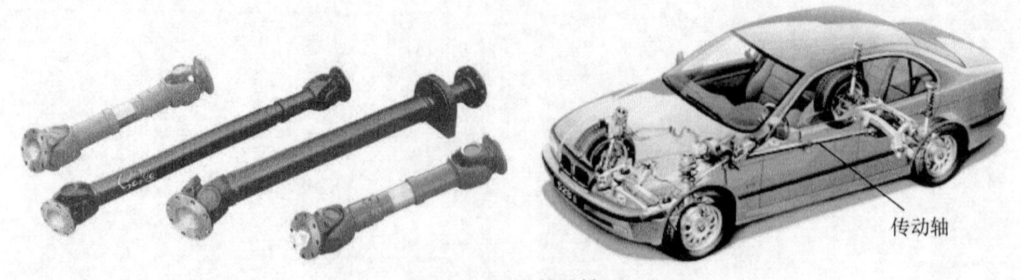

图 9-2　汽车传动轴

（3）观察图 9-3 所示的汽车发动机曲轴，想一想这类曲轴有何特点，是怎样将活塞的运动和动力传递出去的？

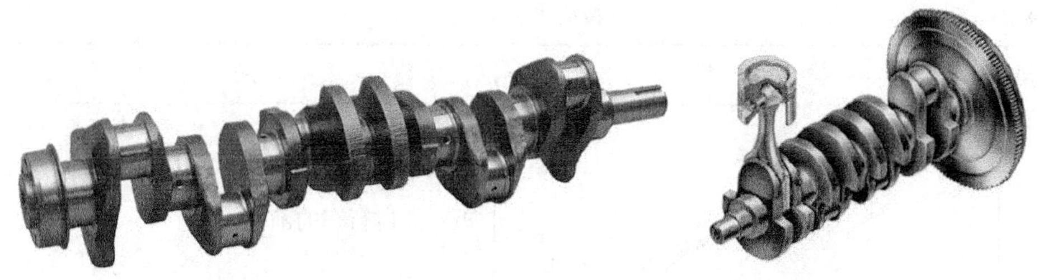

图 9-3　发动机曲轴

（4）图 9-4 所示为齿轮减速器，其传动轴是核心部件，这种机械对传动轴有何特殊要求？观察轴上布置的各个零部件，思考其用途是什么，为什么要这样布置？

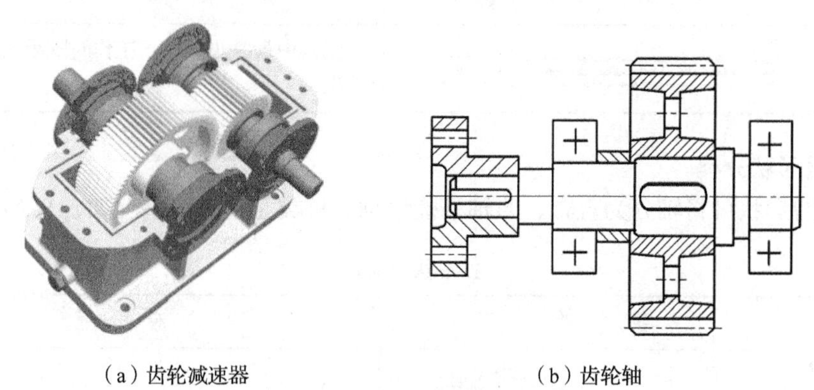

（a）齿轮减速器　　（b）齿轮轴

图 9-4　齿轮减速器

9.1　轴

轴是机器中最重要的机械零件之一，如机床主轴、自行车轮轴、录音机磁带轴、计算机磁盘中心轴等，都是非常关键的零件。轴一般是横截面为圆形的回转体，其主要作用是支撑机器的其他回转零件，如齿轮、飞轮等，使其具有确定的工作位置，并传递动力和运动。

问题思考

轴在日常生活中被广泛应用，思考并总结各种轴的异同点，然后举例说明轴的作用。

9.1.1　轴的分类和用途

轴是组成机器的重要零件，其主要功用是支撑旋转零件，使其具有确定的工作位置，并传递动力和运动。轴的分类方式如下。

1. 按照受力分类

按照轴的受力可将轴分为心轴、传动轴和转轴 3 种类型，具体情况如表 9-1 所示。

表 9-1 按受力分类轴

类　型	图　例	应　用
心轴		用来支撑转动零件，只承受弯矩而不传递转矩，如自行车的前轮轴
传动轴		主要用于传递转矩，不承受弯矩，或所承受的弯矩很小，如汽车中连接变速箱与后桥之间的轴
转轴		机器中最常见的轴，工作时既承受弯矩又承受转矩

2. 按照形状分类

按照轴的形状可将轴分为直轴、曲轴和挠性轴 3 种类型，具体情况如表 9-2 所示。

表 9-2 按形状分类轴

类　型	图　例	应　用
直轴		各旋转面具有同一旋转中心，在各种机械上广泛使用
曲轴		有几根不重合的轴线，多用于往复式机械中，如各种机械的曲柄连杆机构等
挠性轴		由几层紧贴在一起的钢丝层构成，它能把旋转运动和扭矩灵活地传递到空间的任何位置

9.1.2 轴的材料及热处理

轴在工作时一般要承受弯曲应力和扭转应力等作用，其主要失效形式为疲劳破坏。因此，轴的材料应具有足够的强度和韧性、高的硬度和耐磨性，同时要有较好的工艺性和经济性。轴的材料主要为碳钢、合金钢，钢轴的毛坯形式为轧制圆钢和锻钢。

轴的常用材料及其热处理后的主要机械性能如表 9-3 所示。

表 9-3 轴的常用材料及其性能

材料	牌号	热处理	毛坯直径/mm	硬度/HBS	力学性能/MPa			应用
					抗拉强度	屈服强度	许用弯曲极限	
碳素结构钢	Q235				440	240	43	不重要或载荷不大的轴
	Q275				580	280	53	
优质碳素结构钢	45	正火	25	≤240	600	360	55	强度和韧性较好，应用最广泛
		正火、回火	≤100	170～217	600	300	55	
		正火、回火	≤100～300	162～217	580	290	53	
		调质	≤200	271～255	650	360	61	
合金钢	40Cr	调质	25		1 000	800	90	用于载荷较大而冲击不大的重要轴
			≤100	241～266	750	550	72	
			≤100～300	241～266	700	550	70	
	20Cr	渗碳淬火、回火	15	表面50～60HRC	850	550	76	用于强度、韧性和耐磨性均较高的轴
			30		650	400	—	
			≤60		650	400	—	
	20CrMnTi	渗碳淬火、回火	15	表面56～60HRC	1 100	850	100	性能略优于20Cr，其常用于强度和韧性均较高的轴
球墨铸铁	QT400—15			156～197	400	300	30	应用于曲轴、凸轮轴、水泵轴等
	QT400—3			197～269	600	420	42	

要点提示

合金钢具有较高的力学性能和较好的热处理性能，但对应力集中较敏感，常用于载荷大、结构要求紧凑、耐磨或工作条件较为恶劣的场合。

问题思考

使用合金钢制作传动轴有何意义？

对轴进行热处理和表面处理有何用途？

9.1.3 轴的加工工艺性要求

轴的设计要便于加工和利于轴上零件的装拆，因此在进行轴的设计时一般要考虑以下基本因素。

1. 螺纹退刀槽和砂轮越程槽

螺纹轴段要有退刀槽，如图 9-5 所示。

磨削段要有砂轮越程槽，退刀槽和越程槽尽可能采用同一尺寸，以便于加工和检验，如图 9-6 所示。

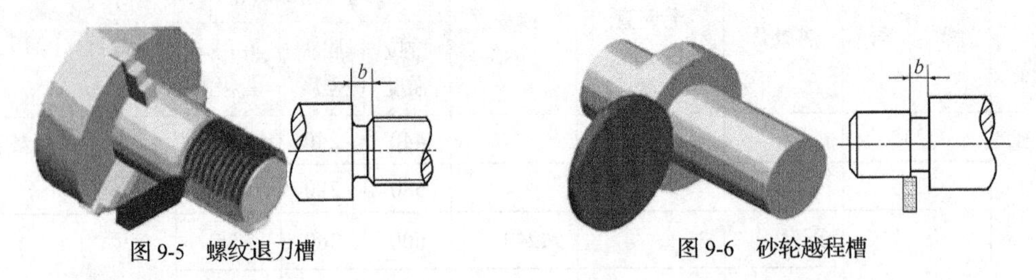

图 9-5　螺纹退刀槽　　　图 9-6　砂轮越程槽

2. 键槽

若不同轴段均有键槽时，应布置在同一母线上，以便于装夹和铣削，如图 9-7 所示。

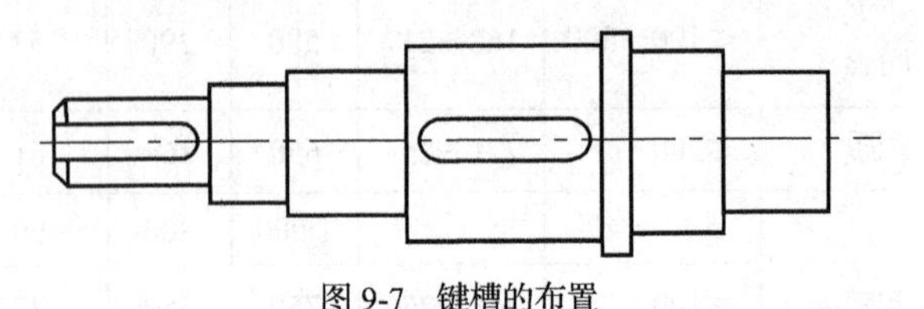

图 9-7　键槽的布置

3. 圆角和倒角

轴端应有倒角，轴上的圆角半径应小于零件孔的倒角，如图 9-8 所示；同时圆角和倒角也尽可能采用同一尺寸，如图 9-9 所示。

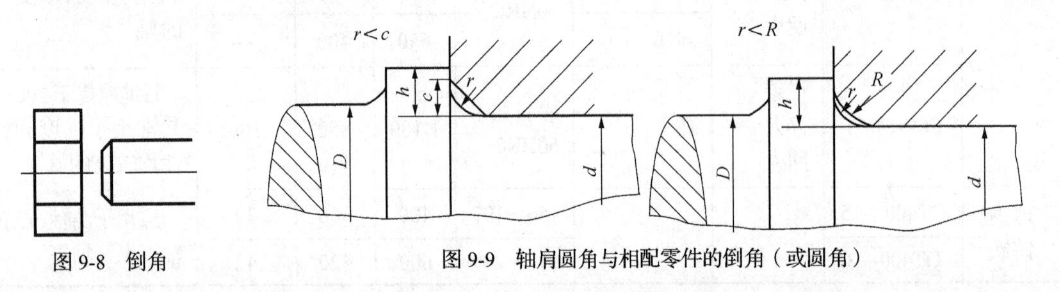

图 9-8　倒角　　　图 9-9　轴肩圆角与相配零件的倒角（或圆角）

要点提示　为了便于加工和检验，轴的直径应取圆整值，与滚动轴承相配合的轴颈直径应符合滚动轴承的内径标准，有螺纹的轴段直径应符合螺纹标准直径。

9.1.4　轴的结构设计

在图 9-10 所示的齿轮减速器中包含了两个轴系部件。由轴和轴上零件组成的一个完整传动系统如图 9-11 所示，其中包括轴、齿轮、轴承、键等主要零件。

1. 轴的结构

为了在轴上准确安装和定位这些零件，必须对轴的形状和结构进行合理设计。轴的典型结构如图 9-12 所示，轴一般由轴头、轴身、轴颈 3 部分组成。

（1）轴上与传动零件或联轴器、离合器相配合的部分称为轴头。

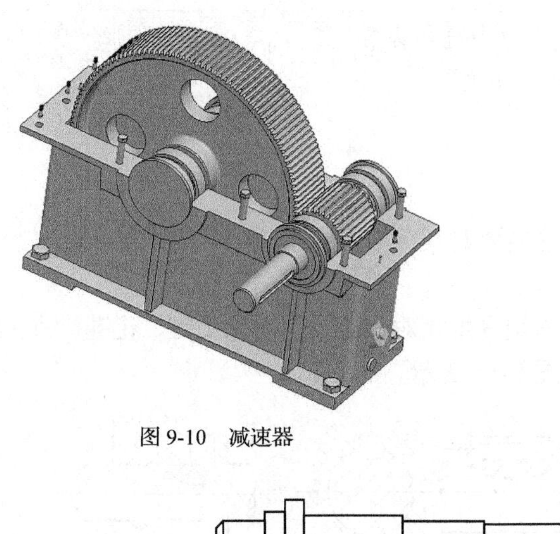

图 9-10　减速器

图 9-11　轴系部件

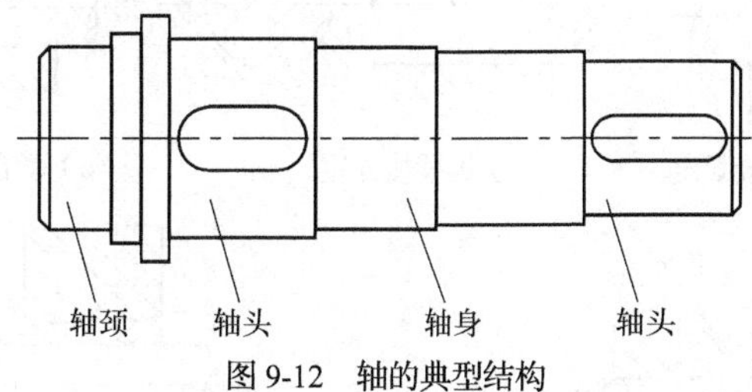

图 9-12　轴的典型结构

（2）与轴承相配合的部分称为轴颈。

（3）连接轴头和轴颈的其余部分称为轴身。

轴颈的结构随轴承的类型及其安装位置的不同而不同。轴颈、轴头和与其相连接零件的配合要根据工作条件合理提出，同时还要规定这些部分的表面粗糙度，这些技术条件对轴的运转性能关系很大。

2. 轴的结构要求设计

轴的结构设计包括制定出轴的合理外形和全部的结构尺寸，需满足以下要求。

（1）满足制造安装要求，轴应便于加工，轴上零件要便于装卸和调整。

（2）满足零件的定位要求，轴和轴上零件要有准确的工作位置，各零件要相对固定。

（3）满足结构工艺要求，保证加工方便和节省材料。

（4）满足强度要求，尽量减少应力集中。

（5）为使运转平稳，必要时还应对轴颈和轴头提出平行度和同轴度等要求。

（6）对于滑动轴承的轴颈，有时还须提出表面热处理的条件等。

3. 轴的毛坯选择

尺寸较小的轴可以用圆钢车制，尺寸较大的轴则需用锻造毛坯。

为了减小质量或结构需要，有一些机器的轴（如水轮机轴和航空发动机主轴等）常采用空心的截面。因为传递转矩主要靠轴的近外表面材料，所以空心轴比实心轴在材料的利用上较经济。但空心轴的制造比较费力，所以必须从经济和技术指标进行全面分析才能决定是否有利。

要点提示 外直径 d 相同时，空心轴的内直径取 $d_0 = 0.625\,d$，强度比实心轴削弱约18%，质量却可减少39%。

9.1.5 轴上零件定位

为了确保轴上零件正常工作，往往需要对其在轴上进行周向定位和轴向定位。

1. 轴上零件的周向定位

周向定位的目的是限制轴上零件与轴发生相对转动，通常采用键、花键、销、紧定螺钉、过盈配合、紧定套固定等来实现，如图9-13所示。

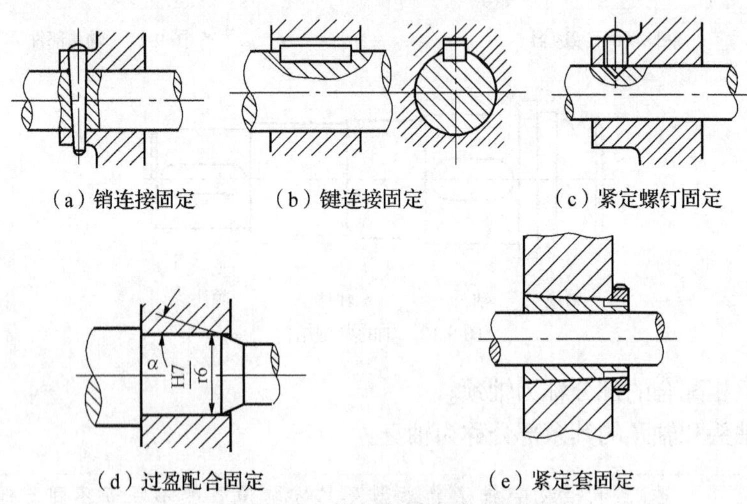

（a）销连接固定　（b）键连接固定　（c）紧定螺钉固定

（d）过盈配合固定　（e）紧定套固定

图9-13　轴上零件的周向定位

- 销连接固定：在轴向、周向均可定位；过载时，销被剪断以保护其他零件；不能承受较大载荷。
- 键连接固定：以平键应用最广泛，平键对中性好，可用于较高精度、高转速及交变载荷作用的场合。
- 紧定螺钉固定：只能承受较小的周向力，结构简单，可兼做轴向固定，在有冲击和振动的场合应有防松装置。
- 过盈配合固定：结构简单，对中性好，承载能力高，还能同时起到轴向固定作用，但不宜用于经常拆卸的场合。
- 紧定套固定：能轴向调整位置，不削弱轴，多用于光轴上，可同时做轴向和周向固定。

2. 轴上零件的轴向定位

轴向定位主要是限制轴上零件沿轴向窜动，常用的定位方式有轴肩定位、圆螺母定位、弹性挡圈定位、止动垫圈定位、紧定螺钉定位等，如图9-14所示。

- 轴肩定位：结构简单、可靠，并能够承受较大的轴向力。
- 圆螺母定位：定位可靠并能够承受较大的轴向力。
- 弹性挡圈定位：结构简单、紧凑，能够承受较小的轴向力，但可靠性差，不能应用在重要场合。

- 止动垫圈定位：和圆螺母配合使用实现轴上零件的定位。
- 紧定螺钉定位：只能承受较小的轴向力，结构简单，可兼做周向固定。
- 轴端压板定位：使用压板通过螺钉将零件固定在轴端。

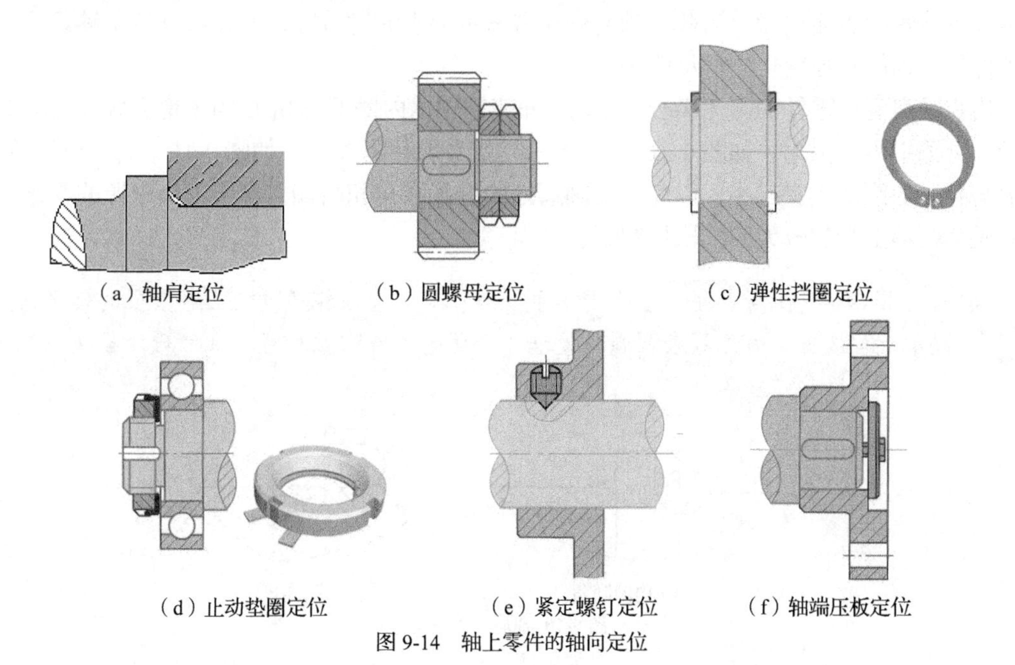

图 9-14　轴上零件的轴向定位

观察图 9-15，说明轴的结构及定位方式。

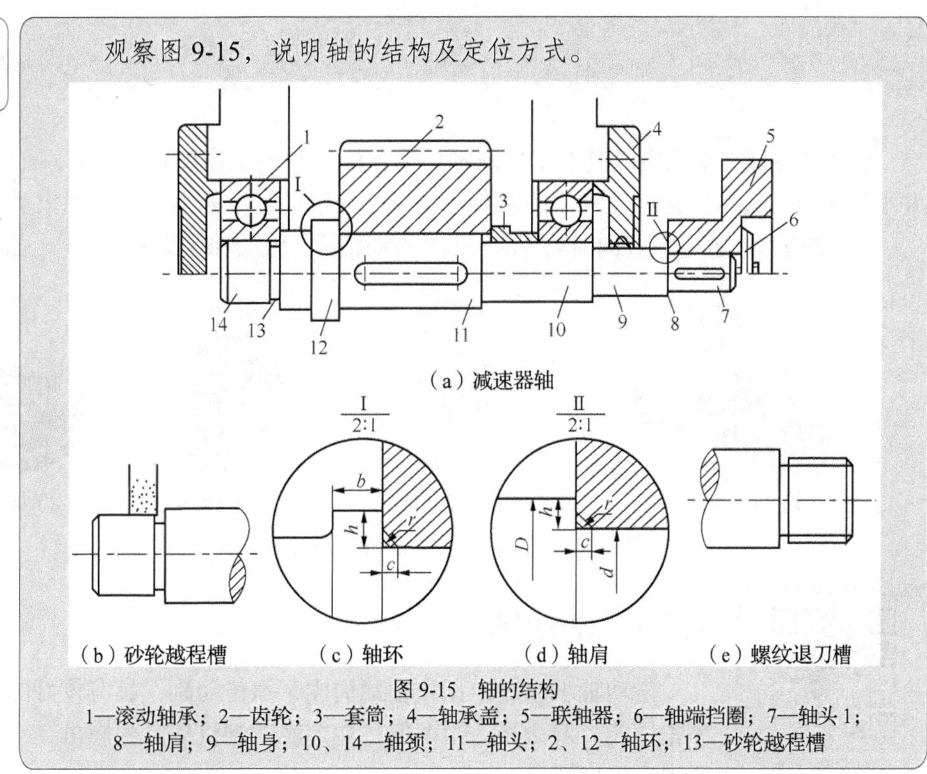

图 9-15　轴的结构

1—滚动轴承；2—齿轮；3—套筒；4—轴承盖；5—联轴器；6—轴端挡圈；7—轴头 1；8—轴肩；9—轴身；10、14—轴颈；11—轴头；2、12—轴环；13—砂轮越程槽

9.1.6 提高轴强度的措施

多数转轴在变应力作用下，易发生疲劳破坏，所以应设法改进轴的结构，降低轴的应力集中和提高轴的表面质量。为此，轴肩处应有一定大小的过渡圆角，在保证有足够定位高度的条件下，轴的直径变化应尽可能小。

当靠轴肩定位零件的圆角半径较小时（如滚动轴承内圈的圆角），为了增大轴肩处的圆角半径，可采用内凹圆角，如图 9-16（a）所示，或者加装隔离环，如图 9-16（b）所示。键槽端部与轴肩的距离不宜过小，以免损伤轴肩处的过渡圆角和增加重叠应力集中源的数量。尽可能避免在轴上受载较大的轴段切制螺纹。

要点提示

提高表面质量的措施主要有：降低表面粗糙度值，对重要的轴可采用液压、喷丸等表面强化处理，表面高频淬火热处理，或渗碳、氰化、氮化等化学处理。

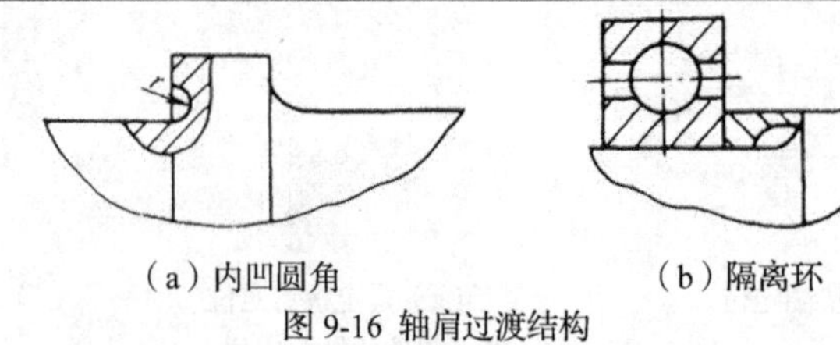

（a）内凹圆角　　（b）隔离环

图 9-16 轴肩过渡结构

9.2 轴　　承

轴承用来支撑轴和轴上零件，保证轴和轴上传动件的工作位置和精度，减少摩擦和磨损，并承受载荷。轴承按运动元件间的摩擦性质可分为滚动轴承和滑动轴承两大类。

轴承的基本类型包括径向滑动轴承、推力滑动轴承、滚动轴承及推力轴承，如图 9-17 所示。

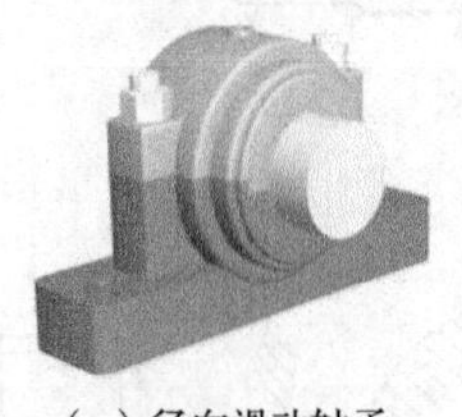

（a）径向滑动轴承

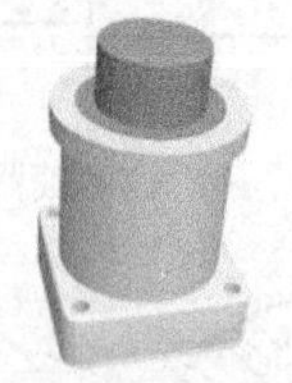

（b）推力滑动轴承

（c）滚动轴承

（d）推力轴承

图 9-17　轴承的基本类型

认识滑动轴承

9.2.1 滑动轴承

滑动轴承通过轴瓦和轴颈构成摩擦传动副，具有较好的高速性能和抗冲击性能，寿命长、噪声低，在金属切削机床、内燃机、水轮机及家用电器中应用广泛。

1. 滑动轴承的类型

滑动轴承按所承受的载荷不同，分为受径向载荷的向心轴承、受轴向载荷的推力轴承和同时承受径向、轴向载荷的向心推力轴承。滑动轴承按是否可以剖开可分为整体式和剖分式，如图 9-18 所示。

（a）整体式向心滑动轴承

（b）剖分式向心滑动轴承

（c）推力滑动轴承

图 9-18 滑动轴承的种类

（1）整体式向心滑动轴承。它由轴承座、轴套、润滑装置等组成，如图 9-19 所示。

轴承座用地脚螺栓固定在机座上，顶部设有装油杯的螺纹孔，轴承座的材料一般为铸铁；压入轴承孔内的轴瓦用减摩材料制成，轴套上开有油孔，并在内表面上开油沟以输送润滑油。

整体式向心滑动轴承结构简单、制作容易，常用于低速轻载、间歇性工作、不需要经常拆装的场合。整体式向心滑动轴承装拆时只能沿轴向移动，故装拆不方便，轴瓦与轴颈磨损后无法调整间隙。

（2）剖分式向心滑动轴承。剖分式向心滑动轴承由轴承座、轴承盖、剖分轴瓦及双头螺柱等组成，如图 9-20 所示。

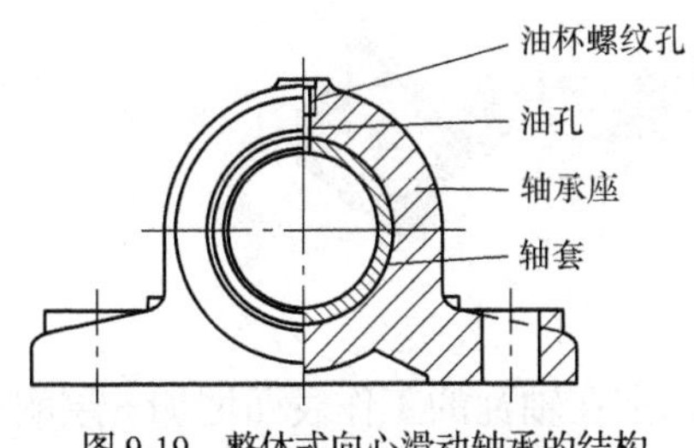

图 9-19 整体式向心滑动轴承的结构

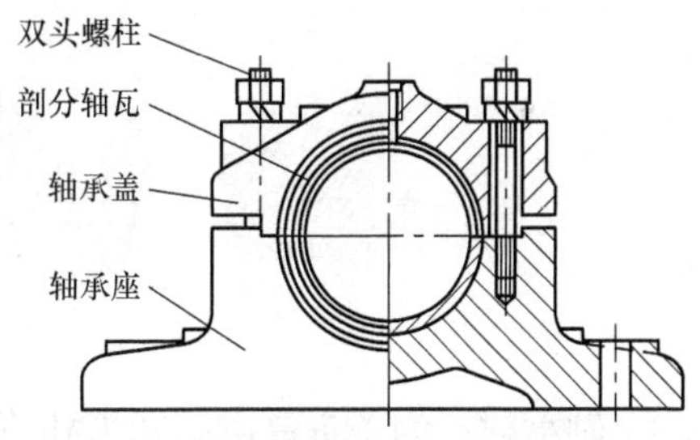

图 9-20 剖分式向心滑动轴承的结构

轴承盖上有注油孔，可保证轴承的润滑。轴承盖和轴承座的结合面做成阶梯形定位止口，便于装配时对中和防止其横向移动。

剖分式轴承装拆方便，当轴瓦磨损后可通过减少剖分面处的垫片厚度来调节径向间隙，但调节后应刮修轴承内孔。剖分式轴承克服了整体式轴承的缺点，故应用广泛。

（3）推力滑动轴承。推力滑动轴承用来承受轴向载荷，一般仅能承受单向轴向载荷。由于摩擦端面上各点的线速度与半径成正比，故离中心越远处磨损越严重，这样使摩擦端面上压力分布不匀，靠近中心处压力较大。

要点提示

为了改善因结构带来的缺陷，推力滑动轴承常采用中空或环形端面，轴向载荷过大时可采用多环轴颈。推力滑动轴承的轴颈与轴瓦端面为平行平面，相对滑动，难以形成完全流体润滑状态，只能在不完全流体润滑状态下工作，因此主要用于低速、轻载的场合。

2. 轴瓦的结构

轴瓦（轴套）是滑动轴承中最重要的零件，与轴颈构成相对运动的滑动副，其结构的合理性对轴承性能有直接的影响。

（1）轴瓦。对应于轴承，轴瓦的形式也有整体式和剖分式两种结构，如图9-21所示。

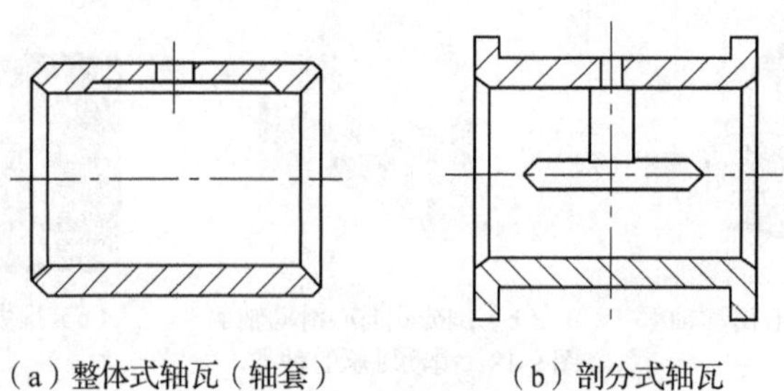

（a）整体式轴瓦（轴套）　（b）剖分式轴瓦

图9-21　轴瓦的结构

剖分式轴瓦有承载区和非承载区，一般载荷向下，故上瓦为非承载区，下瓦为承载区。

（2）油槽。为了将润滑油引入轴承，还需在轴瓦上开油沟和油孔，以便在轴颈和轴瓦表面之间导油。在剖分式轴承中，润滑油应由非承载区进入，以免破坏承载区润滑油膜的连续性，降低轴承的承载能力，故进油口开在上瓦顶部。

滑动轴承油沟的形状如图9-22所示，在轴瓦内表面，以进油口为对称位置，沿轴向、径向或斜向开有油沟，油经油沟分布到各个轴颈。油沟离轴瓦两端应有段距离，不能开通，以减少端部泄油。

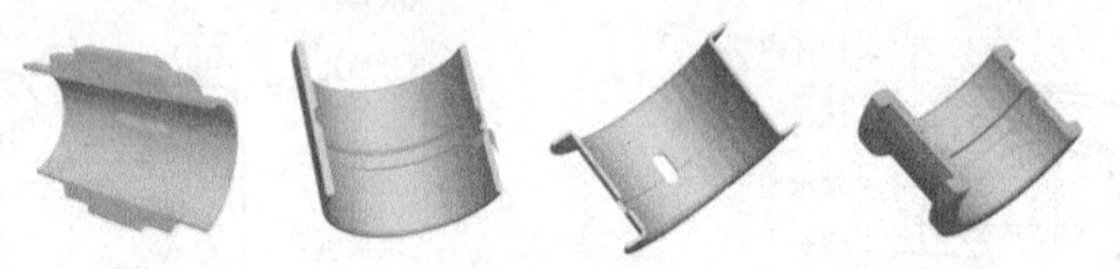

图9-22　滑动轴承油沟的形状

（3）轴承衬。为了提高承载能力和节省贵重材料，常在轴瓦的工作表面增加一层耐磨性好的材料，称为轴承衬，形成双材料轴瓦。为了使轴承衬与轴瓦结合牢固，可在轴瓦内表面开设一些沟槽。

3. 轴承的材料

滑动轴承的失效形式主要是轴瓦表面的磨粒磨损、刮伤、胶合、疲劳脱落和腐蚀。因轴瓦直接参与摩擦，故其材料应具有良好的减摩性和耐磨性，良好的承载性和抗疲劳性能，良好的加工工艺性与经济性。常用的轴瓦和轴承材料如下。

（1）轴承合金（巴氏合金）。轴承合金的摩擦系数小，抗胶合性能好，对油的吸附性强，而且耐腐蚀性好，但是价格高且机械性能差，一般作为轴承衬材料，应用在中速、中载的轴承上。

（2）青铜。青铜的强度高，承载能力大，耐磨性、导热性均优于轴承合金，但可塑性差，一般与其他金属元素融合而形成青铜合金，应用在中速重载的场合。

（3）具有特殊性能的轴承材料。用粉末冶金法制成的轴承，具有多孔性的组织，可以储存润滑油，而且膨胀系数小，在不便于加油的场合应用广泛。

（4）橡胶轴承具有较大的弹性，能减轻振动，保证运转平稳，常用于潜水泵、钻机等场合。

4. 滑动轴承的润滑

滑动轴承在工作过程中必须润滑良好才能确保稳定的工作状态。

（1）润滑脂及其选择。润滑脂由矿物油与各种稠化剂（钙、钠、铝等金属）混合制成，其稠度大，不易流失，承载力也比较大，但物理和化学性质不如润滑油稳定，摩擦功耗大，不宜在温度变化大或高速下使用。

（2）润滑油及其选择。选择润滑油时主要考虑轴承工作载荷、相对滑动速度、工作温度、特殊工作环境等条件。压力大、温度高、载荷冲击变动大时选择黏度大的润滑油，滑动速度大时选择黏度较低的润滑油。

要点提示　轴颈速度小于 2m/s 的滑动轴承可以采用润滑脂，粗糙或未经跑合的表面应选择黏度较高的润滑油。

（3）润滑方式和润滑装置。生产实践中，常用的滑动轴承润滑方法主要有以下几种。

① 手工加油润滑。这是最简单的间断供油方法，用于低速、轻载和不重要的场合。手工加润滑油是用油壶向油孔注油。为防止污物进入油孔，可在油孔中安装压配式注油油杯，如图 9-23 所示，或者安装旋套式注油杯，如图 9-24 所示。

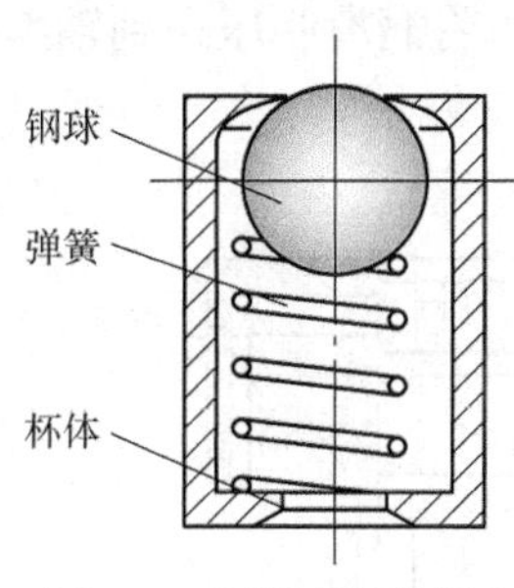

图 9-23　压配式注油油杯

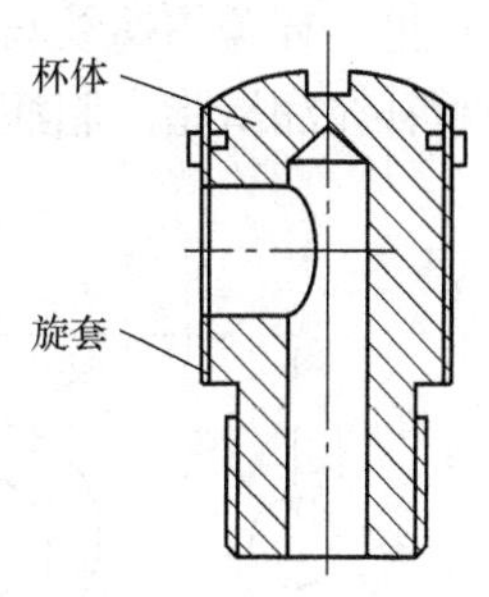

图 9-24　旋套式注油杯

② 滴油润滑。滴油润滑是润滑油通过润滑装置连续滴入轴承间隙中进行的润滑。常用的润滑装置有针阀式油杯（见图 9-25）和油绳式油杯（见图 9-26）。

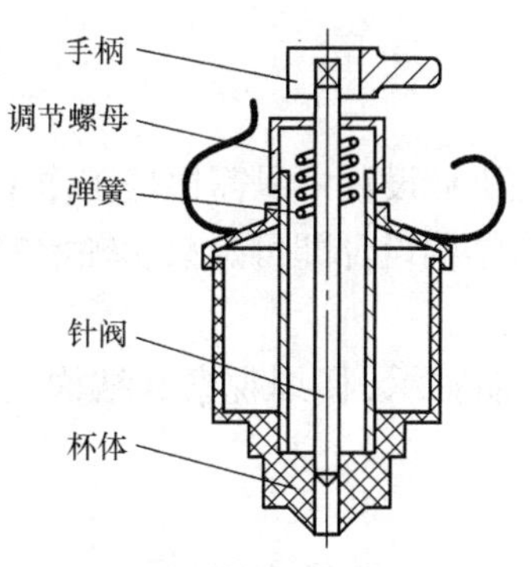

图 9-25　针阀式油杯

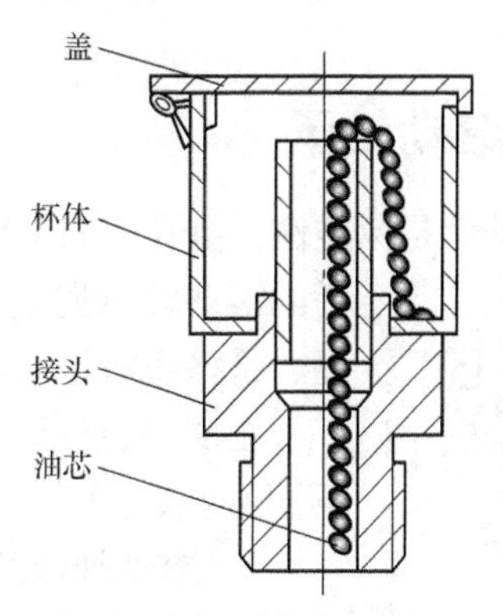

图 9-26　油绳式油杯

③ 油环润滑。如图 9-27 所示，轴颈上套有一油环，油环下部浸入油池中，当轴颈旋转时，靠摩擦力带动油环旋转，把油引入轴承。油环润滑适用的转速范围为 100～2 000r/min。

④ 飞溅润滑。飞溅润滑是利用浸入油中的齿轮转动时润滑油飞溅成的油沫沿箱壁和油沟流入轴承进行润滑，如图 9-28 所示。

⑤ 浸油润滑。部分轴承直接浸在油中以润滑轴承。

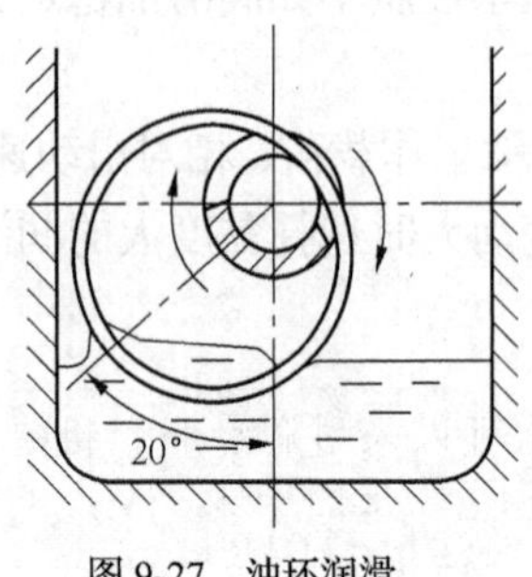

图 9-27 油环润滑

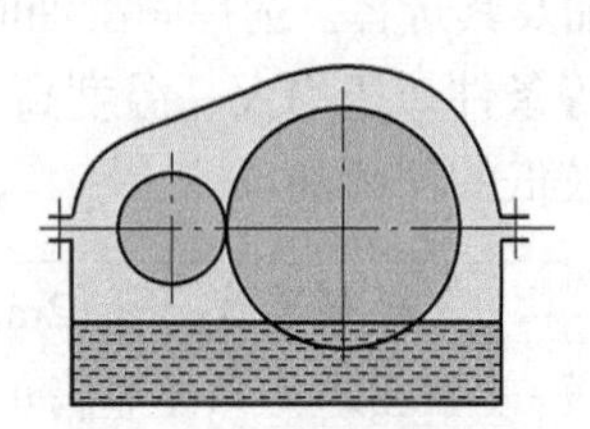

图 9-28 飞溅润滑

⑥ 压力循环润滑。压力循环润滑可以供应充足的油量来润滑和冷却轴承。在重载、振动或交变载荷的工作条件下，能取得良好的润滑效果，结构如图 9-29 所示。

⑦ 脂润滑。润滑脂只能间歇供应，润滑油杯（见图 9-30）是应用最广的脂润滑装置，润滑脂储存在杯里，杯盖用螺纹与杯体连接，旋拧杯盖可将润滑脂压送到轴承孔内。也常见用黄油枪向轴承补充润滑脂。脂润滑也可以集中供应。

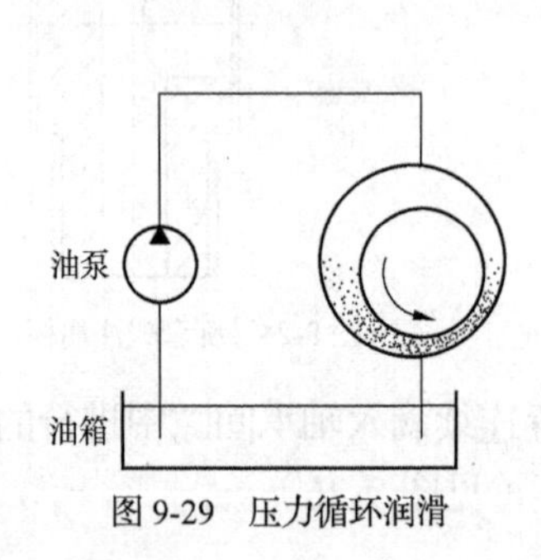

图 9-29 压力循环润滑

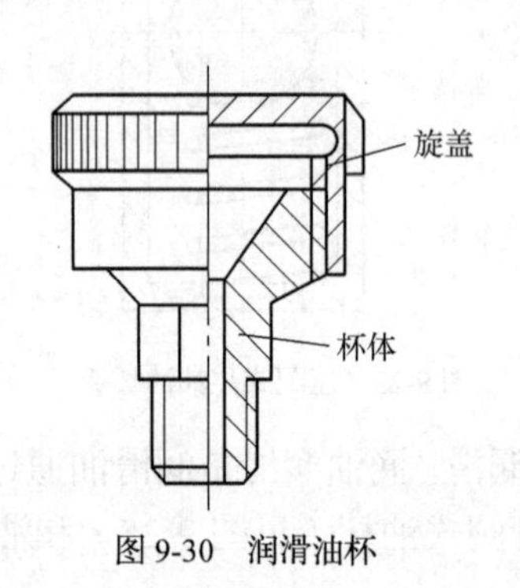

图 9-30 润滑油杯

9.2.2 滚动轴承

滚动轴承是标准件，由专门的工厂批量生产。在机械设计中只需根据工作条件，选用合适的滚动轴承类型和型号进行组合结构设计即可。滚动轴承安装、维修方便，价格也较低，故应用十分广泛。

图 9-31 所示为各种不同的滚动轴承，仔细观察其结构上的特点以及不同种类之间的差异。

1. 滚动轴承的结构

滚动轴承一般由内圈、外圈、滚动体和隔离圈组成。

（1）滚动轴承各组成部分的特点和用途。滚动轴承的内外圈均可转动，滚动体可在滚道内滚动，而隔离圈的作用是使滚动体均匀分开，减少滚动体间的摩擦和磨损，如图 9-32 所示。

图 9-31 滚动轴承

图 9-32 滚动轴承的结构

（2）滚动体的形状。滚动体的形状有球形、圆柱形、圆锥形、鼓形、滚针形等，如图 9-33 所示。

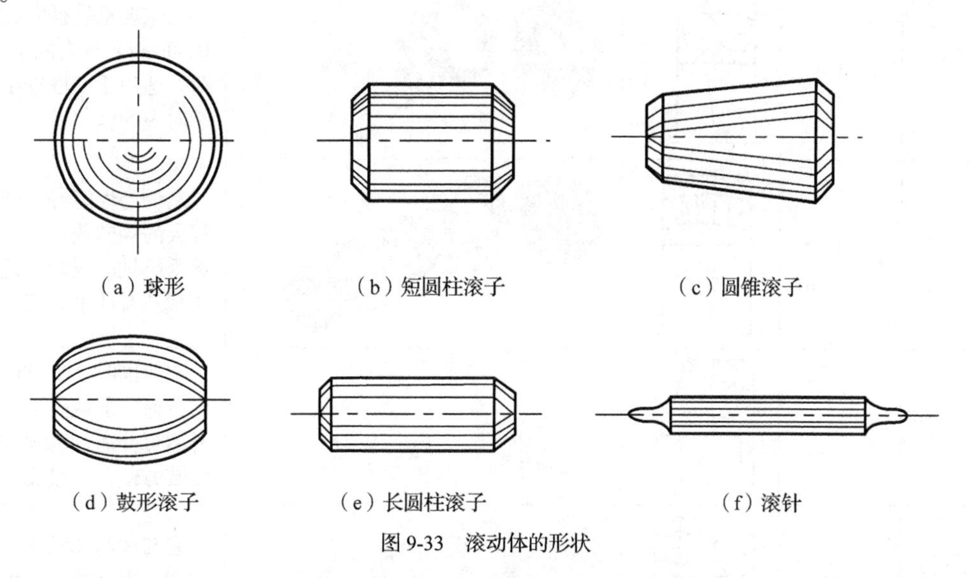

（a）球形 （b）短圆柱滚子 （c）圆锥滚子

（d）鼓形滚子 （e）长圆柱滚子 （f）滚针

图 9-33 滚动体的形状

（3）滚动轴承的材料。滚动轴承的内、外圈和滚动体均要求有良好的耐磨性和较高的接触疲劳强度，一般用 GCr_9、GCr_{15}、$GC_{15}SiMn$ 等滚动轴承钢制造。隔离圈可以选用较软的材料制成，常用低碳钢板冲压后铆接或焊接，也可以选用铜合金、铝合金或工程塑料等材料。

2. 滚动轴承的特点

与滑动轴承相比，滚动轴承的主要特点如下。

（1）滚动轴承的优点。

- 摩擦阻力小，因而灵敏、效率高、发热量小，并且润滑简单，耗油量少，维护保养方便。
- 轴承径向间隙小，并且可用预紧的方法调整间隙，以提高旋转精度。

- 轴向尺寸小，某些滚动轴承可同时承受径向载荷与轴向载荷，故可使机器结构简化、紧凑。
- 滚动轴承是标准件，可由专门工厂大批量生产供应，使用、更换方便。

（2）滚动轴承的缺点。

- 抗冲击性能差。
- 高速时噪声大。
- 工作寿命较低。

3. 滚动轴承的分类

滚动轴承按其所能承受的载荷方向，可分为以承受径向载荷为主的向心轴承和以承受轴向载荷为主的推力轴承两类。滚动轴承按滚动体形状的不同可分为球轴承和滚子轴承等类型。常用滚动轴承的分类如表9-4所示。

表9-4　　滚动轴承的分类

类　型	类型代号	结构简图	实　物　图	结构性能特点
调心球轴承	1			它主要承受径向载荷，也可承受不大的轴向载荷，适用于刚性较小及难于对中的轴
调心滚子轴承	2			它调心性能好，能承受很大的径向载荷，但不宜承受纯轴向载荷。适用于重载及有冲击载荷的场合
圆锥滚子轴承	3			它能同时承受轴向和径向载荷，承载能力大，内外圈可分离，间隙易调整，安装方便，一般成对使用
双列深沟球轴承	4			它与深沟球轴承的特性类似，但能承受更大的双向载荷且刚性更好
推力球轴承	5			它只能承受轴向载荷，不宜在高速下工作
深沟球轴承	6			它主要承受径向载荷，也可承受一定的轴向载荷，应用广泛

续表

类　　型	类型代号	结构简图	实　物　图	结构性能特点
角接触球轴承	7			它同时承受径向和单向轴向载荷，接触角越大，轴向承载能力也越大，一般成对使用
推力圆柱滚子轴承	8			它只能承受单向轴向载荷，承载能力比推力球轴承大得多，不允许有角偏差
圆柱滚子轴承	N			它能承受较大的径向载荷，不能承受轴向载荷，内外圈可分离，允许少量轴向位移和角偏差，适用于重载和冲击载荷

【视野拓展】

滚动轴承中套圈与滚动体接触处的法线和垂直于轴承轴心线的平面间的夹角α称为公称接触角。滚动轴承按其所能承受的载荷方向与公称接触角的不同分为两大类。向心轴承主要承受径向载荷，其公称接触角从 0° ~ 45°，如图 9-34（a）、（b）所示。推力轴承主要承受轴向载荷，其公称接触角从 45° ~ 90°，如图 9-34（c）、（d）所示。

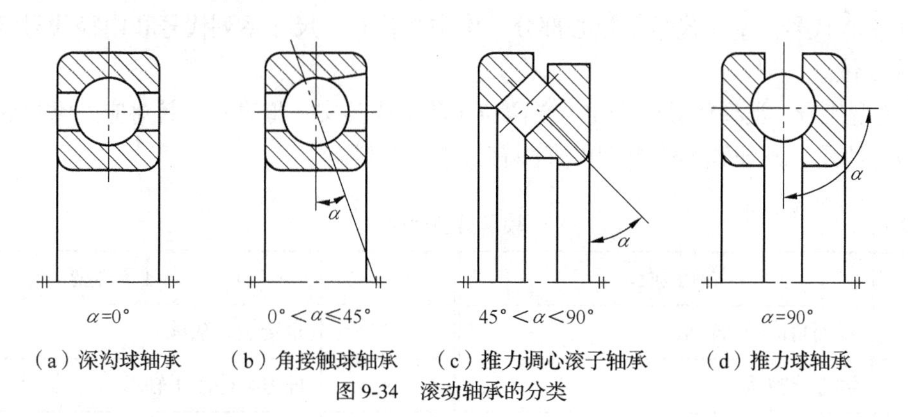

（a）深沟球轴承　（b）角接触球轴承　（c）推力调心滚子轴承　（d）推力球轴承

图 9-34　滚动轴承的分类

4. 滚动轴承的代号

滚动轴承的类型繁多，加上同一系列中有不同的结构、尺寸精度及技术要求，为了便于组织生产和选用，国家标准中规定使用字母加数字来表示滚动轴承的类型、尺寸、公差等级和结构特点。

国家标准《滚动轴承　代号方法》（GB/T 272—1993）规定了滚动轴承代号的表示方法，并将轴承的代号打印在轴承的端面上。

滚动轴承代号由前置代号、基本代号和后置代号组成，具体如表 9-5 所示。

表 9-5　　滚动轴承代号的组成

<table>
<tr><td rowspan="2">前置代号</td><td colspan="5">基 本 代 号</td><td rowspan="2" colspan="7">后 置 代 号</td></tr>
<tr><td>第5位</td><td>第4位</td><td>第3位</td><td>第2位</td><td>第1位</td></tr>
<tr><td rowspan="2">成套轴承的部件代号</td><td rowspan="2">类型代号</td><td colspan="2">尺寸系列代号</td><td rowspan="2" colspan="2">内径代号</td><td rowspan="2">内部结构代号</td><td rowspan="2">密封防尘结构代号</td><td rowspan="2">隔离圈及材料代号</td><td rowspan="2">公差等级代号</td><td rowspan="2">滚隙代号</td><td rowspan="2">多轴承配置代号</td><td rowspan="2">其他代号</td></tr>
<tr><td>宽度系列代号</td><td>直径系列代号</td></tr>
</table>

（1）前置代号。前置代号用字母表示，代号及含义如表 9-6 所示。

表 9-6　　前置代号含义

代　　号	含　　义	示　　例
L	可分离轴承的可分离内圈或外圈	LNU297
R	不带可分离内圈或外圈的轴承	RNU207
K	滚子和隔离圈组件	K81107
WS	推力圆柱滚子轴承轴圈	WS81107
GS	推力圆柱滚子轴承座圈	GS81107

（2）基本代号。基本代号是核心部分，由类型代号、尺寸系列代号和内径代号组成，一般最多为 5 位。

① 类型代号。类型代号由一位（或两位）数字或英文字母表示，其对应的常见轴承的类型如表 9-7 所示，其他轴承的类型可查阅有关手册资料。

表 9-7　　轴承类型代号

代号	轴承类型	代号	轴承类型
0	双列角接触球轴承	7	角接触球轴承
1	调心球轴承	8	推力圆柱滚子轴承
2	调心滚子轴承和推力调心滚子轴承	N	圆柱滚子轴承
3	圆锥滚子轴承	NN	双列或多列圆柱滚子轴承
4	双列深沟球轴承	U	外球面球轴承
5	推力球轴承	QJ	四点接触球轴承
6	深沟球轴承		

② 内径代号。内径代号由两位数字表示。常见的内径代号如表 9-8 所示。

表 9-8 常见内径代号

内径代号	00	01	02	03	04～96
轴承内径 *d*/mm	10	12	15	17	代号数×5

③ 尺寸代号。尺寸系列代号由直径代号和宽（高）度系列代号组成。右起第 3 位数字表示直径系列代号，为满足不同的使用条件，同一内径的轴承其滚动体尺寸不同，轴承的外径和宽度有所不同。

右起第 4 位数字表示宽度系列代号，它表示同一内径和外径的轴承，其宽度不相同。宽度系列代号为 0 时，表示正常宽度系列，圆锥滚子轴承除外，一般常可略去不写。宽度系列与直径有一定的对应关系，具体如表 9-9 和表 9-10 所示。

表 9-9 滚动轴承的直径系列代号

基本代号中第 3 位数字	0	1	2	3	4	5	6	7	8	9
直径系列	特轻	特轻	轻	中	重	特重		超特轻	超轻	超轻

表 9-10 宽（高）度系列代号

基本代号中第 4 位数字	0	1	2	3	4	5	6	7	8	9
宽度系列	窄型	正常	宽	特宽	特宽	特宽		特低		低

（3）后置代号。后置代号共分 8 组，是轴承在结构、形状、尺寸、公差、技术要求等方面有改变时的补充代号，用字母（或加数字）表示，与基本代号相距半个汉字字距。

【视野拓展】

内部结构代号：角接触轴承分别用 C、AC、B 代表 3 种不同的公称接触角α，即$\alpha=15°$、$\alpha=25°$、$\alpha=40°$。公差等级代号的含义如表 9-11 所示。

表 9-11 公差等级代号含义

公差等级	2 级	4 级	5 级	6X 级	6 级	0 级
代号	/P2	/P4	/P5	/P6X	/P6	/P0

其中，0 级为最低级，在轴承代号中省略不标；2 级为最高级；6X 仅用于圆锥滚子轴承。

【例 9-1】 说明轴承代号 6206、31415E、N308/P5 的含义。

解：

6206 表示深沟球轴承，正常宽度，轻系列，内径为 30mm，公差等级代号为 P0 级，游隙代号为 0 组。

31415E 表示圆锥滚子轴承，正常宽度，重系列，内径为 75mm，加强型，公差等级为 P0 级，游隙代号为 0 组。

N308/P5 表示圆柱滚子轴承，正常宽度，中系列，内径为 40mm，公差等级为 P5 级，游隙代号为 0 组

5. 滚动轴承的定位

为使轴承的内圈与轴颈、外圈与轴承孔之间保持正确的位置关系，需对滚动轴承的内、外圈加以固定。滚动轴承的定位分为周向定位和轴向定位，周向定位一般采用过盈配合或过渡配合的方式。为防止轴承在承受轴向载荷时相对于轴或座孔产生轴向移动，轴承在使用时采用了多种轴向定位方式。

（1）轴承内圈的定位。轴承内圈的定位包括轴肩定位、弹性垫圈定位、轴端挡圈定位、锁紧螺母定位以及开口圆锥紧定套定位，具体情况如表 9-12 所示。

表 9-12 轴承内圈定位类型

类 型	结 构 简 图	结构性能特点
轴肩定位	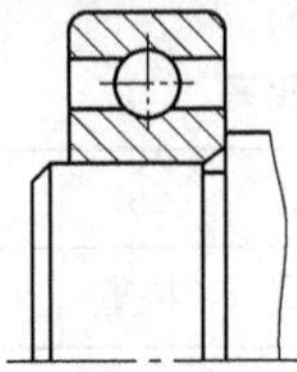	它采用轴肩定位，主要用于承受单向载荷的场合或全固定式支撑结构
弹性挡圈和轴肩定位	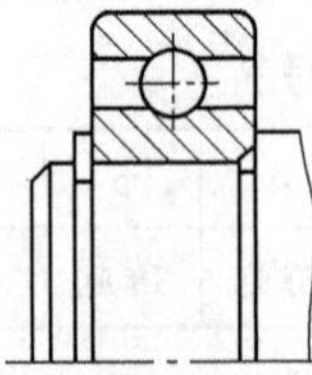	它采用弹性挡圈和轴肩定位，可实现轴承内圈的双向轴向定位。其结构简单，装拆方便，可承受不大的双向轴向载荷，多用于向心轴承结构
轴端挡圈和轴肩定位	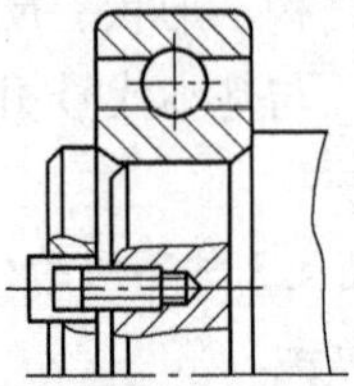	它采用轴端挡圈和轴肩定位，可实现内圈的双向定位，不宜调整轴承轴向间隙，适用于轴端不宜切制螺纹的场合，允许转速较高
锁紧螺母与轴肩定位	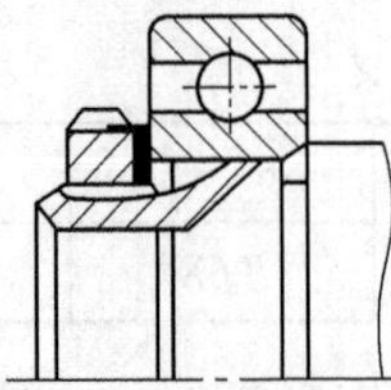	它采用锁紧螺母与轴肩定位，实现轴承内圈的定位，结构简单，装拆方便，止动垫圈防松，安全可靠，适用于高速、重载的场合
开口圆锥紧定套和锁紧螺母定位	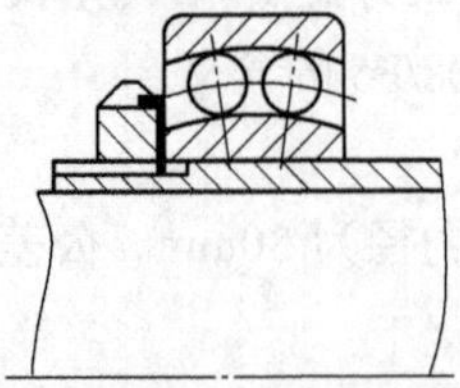	它采用开口圆锥紧定套和锁紧螺母在光轴上固定锥孔轴承内圈。此结构装拆方便，适用于轴向载荷不大、转速不高的场合

（2）轴承外圈的定位。轴承外圈的定位包括轴承盖定位、弹性挡圈与机台凸台定位、止动环嵌入轴承外圈的止动槽内定位、轴承端盖和机座凸台定位，具体情况如表 9-13 所示。

表 9-13　　轴承外圈定位类型

类　型	结构简图	结构性能特点
轴承盖定位		它采用轴承盖定位，用于两端固定式支撑结构或承受单向轴向载荷的场合
弹性挡圈与机台凸台定位		它采用弹性挡圈与机台凸台定位，轴向尺寸小，用于轴向载荷不大的场合
止动环嵌入轴承外圈的止动槽内定位		它采用止动环嵌入轴承外圈的止动槽内定位，用于机座不便制作凸台且外圈带有止动槽的深沟球轴承
轴承端盖和机座凸台定位		它采用轴承端盖和机座凸台定位，适用于高速旋转并承受很大的轴向载荷的场合

6. 滚动轴承轴向间隙的调整

为了补偿受热后的伸长，保证轴承不致卡死，轴承端面与轴承盖之间应留有一定的间隙。间隙的大小影响轴承的旋转精度、使用寿命和转动零件工作的平稳性。

生产上常用的调整滚动轴承轴向间隙的方法如图 9-35 所示。

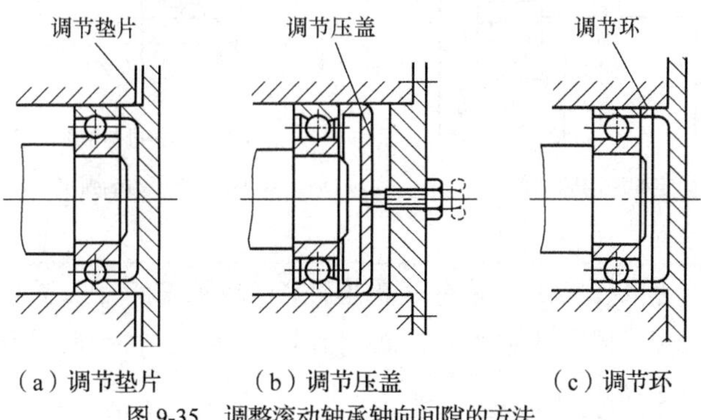

（a）调节垫片　（b）调节压盖　（c）调节环

图 9-35　调整滚动轴承轴向间隙的方法

- 调节垫片：通过增加或减少轴承盖与机座结合面之间的垫片厚度进行调整。
- 调节压盖：用压盖中间的螺钉调节可调压盖的轴向位置进行调整。
- 调节环：通过改变轴承端面和压盖间的调整环厚度进行调整。

7. 滚动轴承类型的选择

实践中主要根据轴承的工作载荷（大小、性质、方向）、转速及其他使用要求来选择滚动轴承。

（1）转速较高、载荷较小、要求旋转精度高时宜选用球轴承；转速较低、载荷较大或有冲击载荷时选用滚子轴承。

（2）轴承上同时受径向和轴向联合载荷，一般选用角接触球轴承或圆锥滚子轴承；若径向载荷较大、轴向载荷小，可选用深沟球轴承；而当轴向载荷较大、径向载荷小时，可采用推力角接触球轴承。

（3）轴的中心线与轴承座孔中心线有角度误差、同轴度误差（制造与安装造成误差）或轴的变形大以及多支点轴，均要求轴承调心性能好，应选用调心球轴承或调心滚子轴承。

（4）当轴承座没有剖分面而必须沿轴向安装和拆卸轴承部件时，应优先选用内、外圈可分离的轴承（如圆柱滚子轴承、滚针轴承、圆锥滚子轴承等）。当轴承在长轴上安装时，为了便于装拆，可选用其内圈孔为 1∶12 的圆锥孔轴承。

（5）选轴承时要注意经济性，一般球轴承比滚子轴承便宜。

8. 滚动轴承的组合结构设计

实际设计中，滚动轴承都是成对或成组使用，组合方式不同，工作性能也不同。

（1）两端单向固定。普通工作温度下的短轴，支点常采用两端单向固定的方式，每个轴承分别承受一个方向的轴向力。当轴向力不大时，可采用一对深沟球轴承，如图 9-36 所示；当轴向力较大时，选用一对角接触球轴承或一对圆锥滚子轴承，如图 9-37 所示。

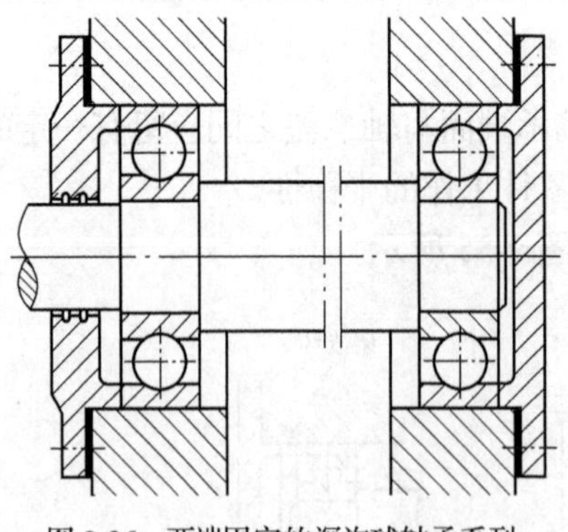

图 9-36 两端固定的深沟球轴承系列

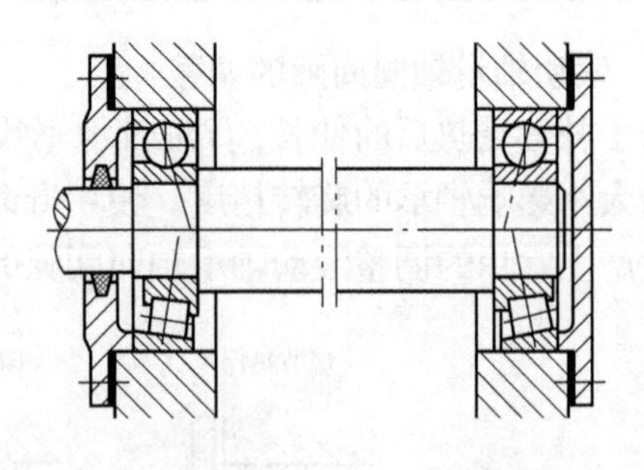

（上半为角接触球轴承，下半为圆锥滚子轴承）

图 9-37 两端固定的角接触轴承轴系

为允许轴工作时有少量热膨胀，轴承安装时应留有 0.25～0.4mm 的轴向间隙，间隙量常用垫片或调整螺钉调节。由于间隙量很小，一般在结构图中不必画出。

（2）一端双向固定、一端游动。当轴较长或工作温度较高时，轴的热膨胀伸缩量大，宜采用这种方式，如图 9-38～图 9-40 所示。固定端由单个轴承或轴承组承受双向轴向力，而游动端则保证轴伸缩时能自由游动。

为避免松脱，游动轴承内圈应与轴做轴向固定，用圆柱滚子轴承做游动支点时，轴承外圈要与机座轴向固定，靠滚子与套圈间的游动来保证轴的自由伸缩。

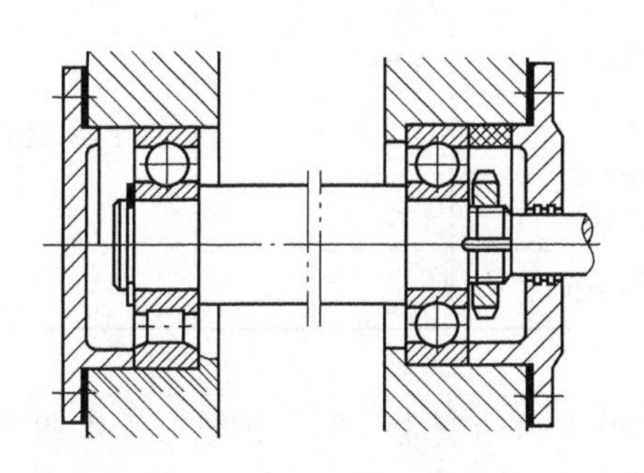

（游动端上半为深沟球轴承，下半为圆柱滚子轴承）
图 9-38 一端固定、一端游动轴系（1）

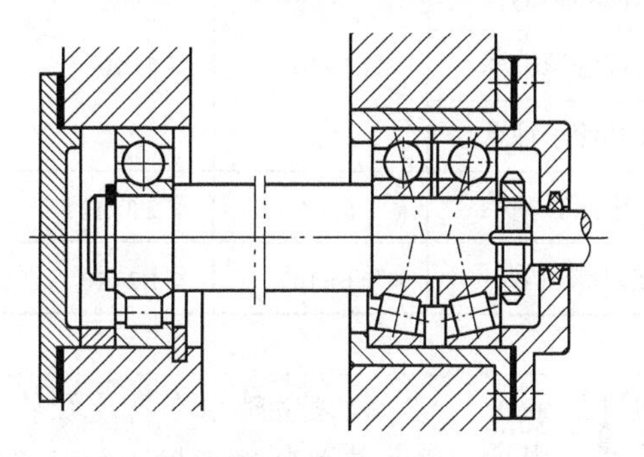

（游动端上半为球轴承，下半为滚子轴承）
图 9-39 一端固定、一端游动轴系（2）

（3）两端游动。要求能左右双向游动的轴可采用两端游动的轴系结构，如图 9-41 所示的人字齿轮传动的高速主动轴，为了自动补充轮齿两侧螺旋角的制造误差，使轮齿受力均匀，采用允许轴系左右少量轴向游动的结构，故两端都选用圆柱滚子轴承。

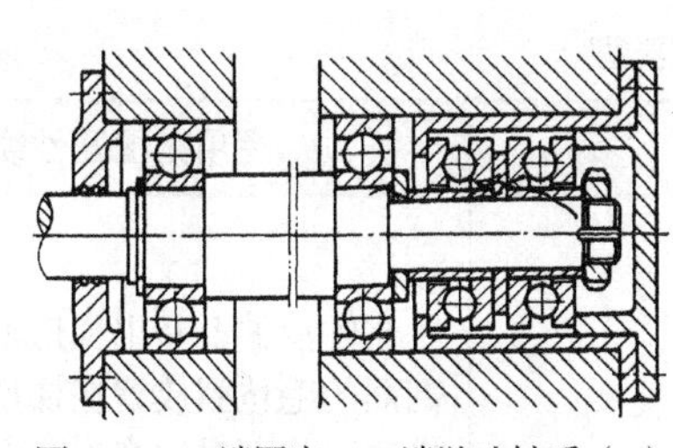

图 9-40 一端固定、一端游动轴系（3）

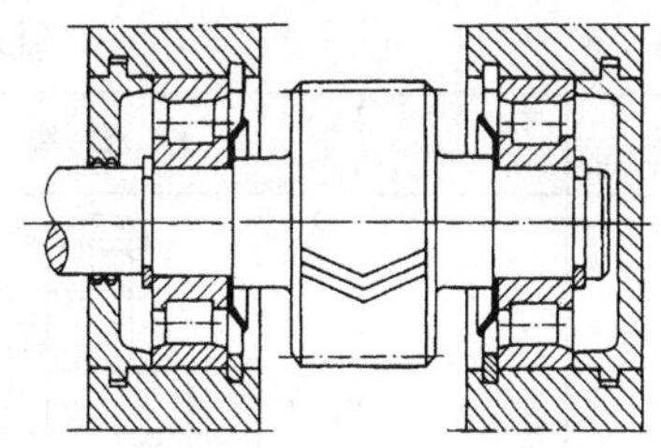

图 9-41 两端游动轴系

9. 滚动轴承的润滑

滚动轴承的润滑主要是为了减少摩擦与磨损。根据工作条件的不同，常用的润滑剂有润滑油、润滑脂和固体润滑剂 3 种类型。其中固体润滑剂多在高温、高速及要求防止污染的场合使用，在一般情况下多采用润滑油和润滑脂。

（1）润滑脂润滑。由于润滑脂不易流失，便于密封和维护，故润滑脂润滑主要用于低速、重载且不须经常加油、使用要求不高的场合。

（2）润滑油润滑。润滑油根据黏度选择，取决于速度、载荷、温度等因素。载荷大、温度高的轴承选用黏度大的润滑油，易形成油膜；载荷小、速度高的轴承选用黏度较小的润滑油，搅油损失小、冷却好。

滚动轴承的润滑方式可根据速度因数 dn 值，参考表 9-14 所示选择，其中 d 为轴颈直径，n 为工作转速。

表 9-14　　滚动轴承润滑方式的选择

轴承类型	dn/ (mm · r/min)				
	浸油飞溅润滑	滴油润滑	喷油润滑	油雾润滑	脂润滑
深沟球轴承					
角接触球轴承	$\leqslant 2.5\times10^5$	$\leqslant 4\times10^5$	$\leqslant 6\times10^5$	$>6\times10^5$	
圆柱滚子轴承					$\leqslant(2\sim3)\times10^5$
圆锥滚子轴承	$\leqslant 1.6\times10^5$	$\leqslant 2.3\times10^5$	$\leqslant 3\times10^5$	—	
推力球轴承	$\leqslant 0.6\times10^5$	$\leqslant 1.2\times10^5$	$\leqslant 1.5\times10^5$	—	

要点提示

滚动轴承在高速运转时，一般采用油润滑，低速运转时采用脂润滑，在某些特殊环境（如高温和真空条件）下则采用固体润滑。

10. 滚动轴承的密封

滚动轴承的密封是为了防止灰尘、水分等进入轴承，并阻止润滑剂的流失。常用的轴承密封方法可分为接触式密封和非接触式密封，而密封方法的选择与润滑的种类、工作环境以及温度有关。密封形式、适用范围以及性能如表 9-15 所示。

表 9-15　　轴承外圈定位类型

类　　型	结 构 简 图	适用范围及性能
	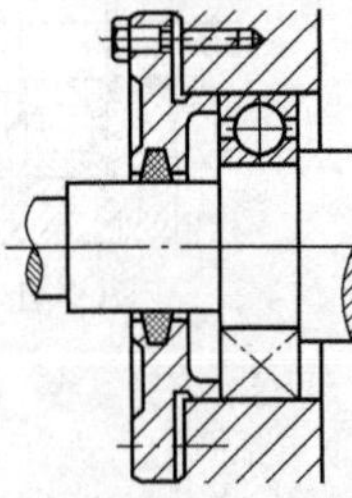 毛毡圈密封	在轴承盖上开出梯形槽，将矩形剖面的毛毡圈放置在梯形槽中与轴接触，从而对轴产生一定的压力进行密封。它结构简单，主要应用于低速脂润滑的场合
接触式密封	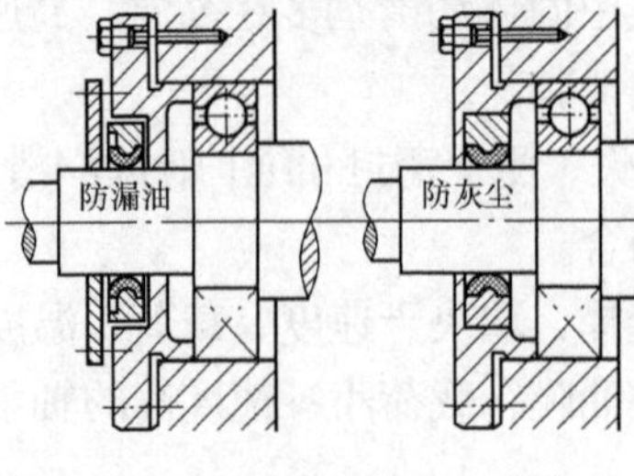 防漏油　防灰尘 （a）　（b） 密封圈密封	在轴承盖中放置密封圈，密封圈用皮革、耐油橡胶等材料制成，密封圈与轴紧密接触而起到密封的作用。它主要应用于中速重载的场合

续表

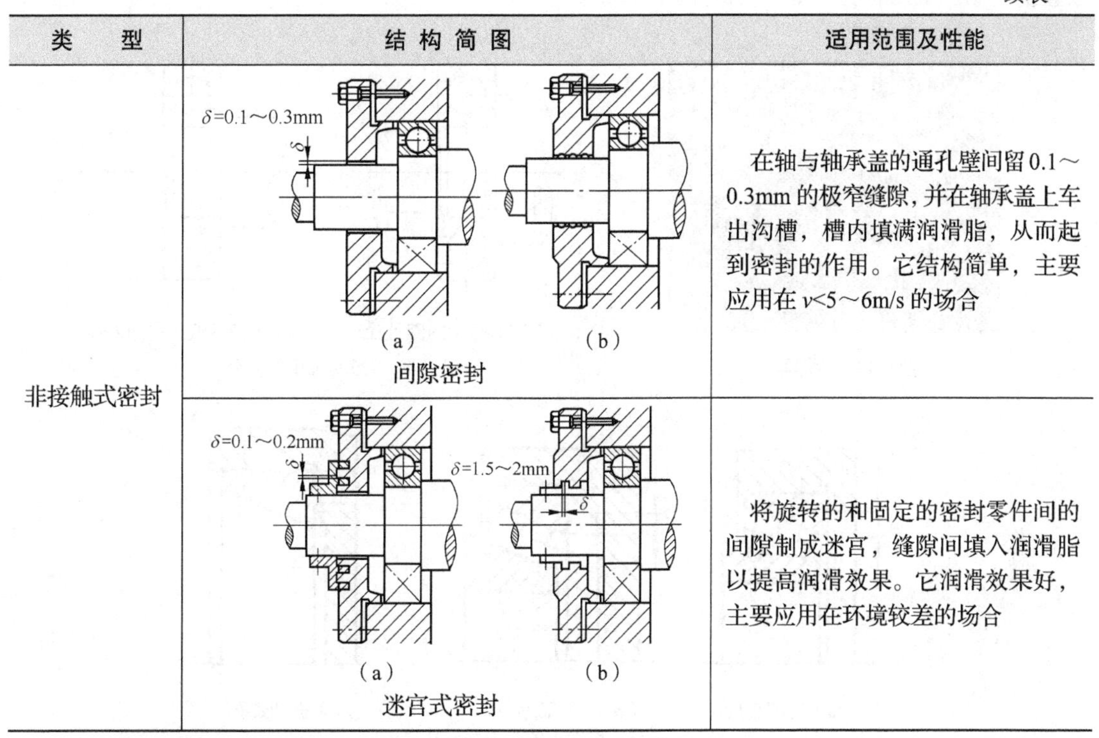

类　　型	结 构 简 图	适用范围及性能
非接触式密封	（a）　（b） 间隙密封	在轴与轴承盖的通孔壁间留 0.1～0.3mm 的极窄缝隙，并在轴承盖上车出沟槽，槽内填满润滑脂，从而起到密封的作用。它结构简单，主要应用在 v<5～6m/s 的场合
	（a）　（b） 迷宫式密封	将旋转的和固定的密封零件间的间隙制成迷宫，缝隙间填入润滑脂以提高润滑效果。它润滑效果好，主要应用在环境较差的场合

11．滚动轴承的配合

滚动轴承的套圈与轴和座孔之间应选择适当的配合，以保证轴的旋转精度和轴承的周向固定。因此，轴承内圈与轴颈的配合采用基孔制，轴承外圈与座孔的配合采用基轴制。

配合的选择取决于载荷的大小、方向和性质，轴承类型、尺寸和精度，轴承游隙及其他因素。具体选用可参考《机械设计手册》。

要点提示

为了防止轴颈与内圈在旋转时有相对运动，轴承内圈与轴颈一般选用 m5、m6、n6、p6、r6、js5 等较紧的配合。轴承外圈与座孔一般选用 J7、K7、M7、H7 等较松的配合。

12．滚动轴承的拆装

设计轴承组合时，应考虑有利于轴承装拆，以便在装拆过程中不至损坏轴承和其他零件。

对于配合较松的小型轴承，可以用手锤和铜棒从背面沿轴承内圈的四周将轴承轻轻敲出。用拆卸器拆卸轴承时，拆卸器钩头应钩住轴承端面，故轴肩高度不应过大，否则难以放置拆卸器钩头，如图 9-42 所示。

图 9-43 所示为滚动轴承安装在轴上的两种情况。如图 9-43（a）所示，轴肩高度大于轴承内圈外径，难以放置拆卸工具的钩头；如图 9-43（b）所示，轴肩高度小于轴承内圈外径，容易拆卸。

对轴承外圈拆卸时，应留出拆卸高度 h_1，如图 9-44（a）、（b）所示；或在壳体上做出能放置拆卸螺钉的螺孔，如图 9-44（c）所示。

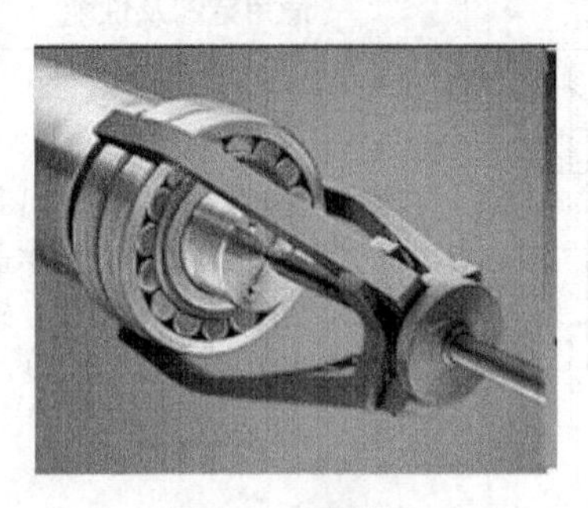

图 9-42　拆卸器

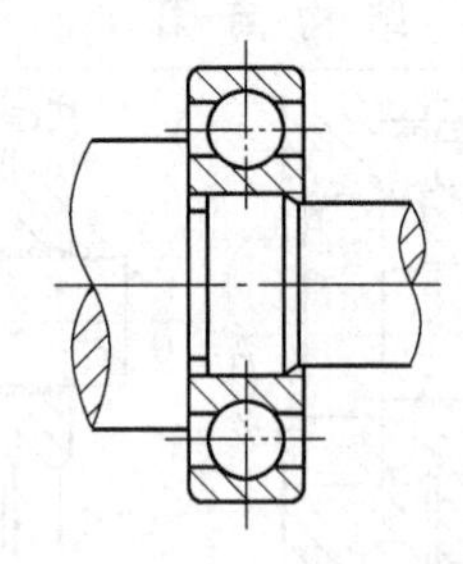

（a）轴肩高于内圈外径

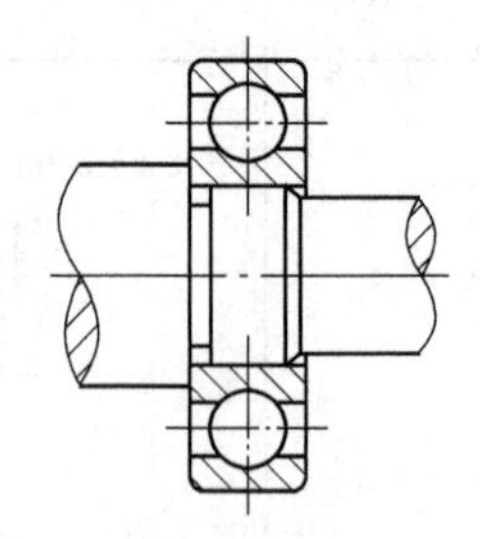

（b）轴肩低于内圈外径

图 9-43　滚动轴承的安装

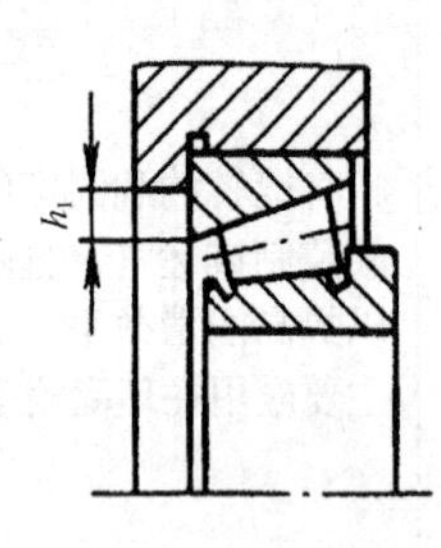

（a）拆卸高度 1

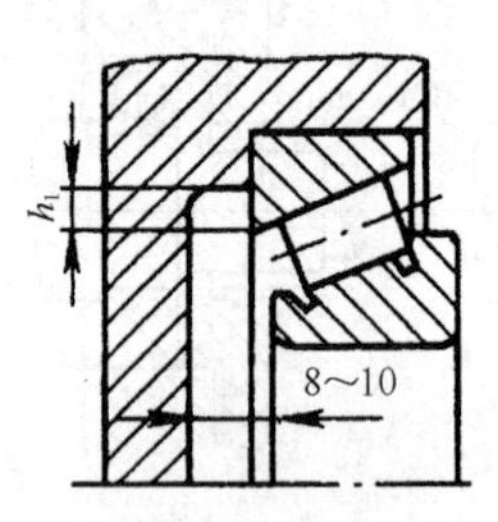

（b）拆卸高度 2

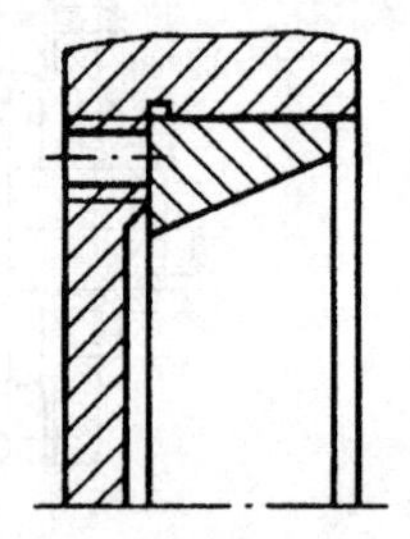

（c）拆卸螺孔

图 9-44　拆卸高度和拆卸螺孔

要点提示

轴承安装后应进行旋转实验。首先用手旋转轴，若无异常，便以动力进行无负荷、低速运转，然后以运转情况逐步提高旋转速度及负荷，并检测噪声、振动及温升；若发现异常，应停止运转并检查。

9.3 轴系部件

联轴器和离合器是连接两轴使之一同回转并传递转矩的一种部件。其主要功用是实现轴与轴之间的连接及分离，并传递转矩，有时也可做安全装置，以防止机械过载。

制动器是用来迫使机器迅速停止运转或减低机器运动速度的机械装置，经常作为调节或限制机器速度的手段。

9.3.1 联轴器

联轴器主要用在轴与轴之间的连接，使两轴可以同时转动，以传递运动和转矩。用联轴器连接的轴，只有在机器停止后，才能将其拆卸分离。

认识联轴器

联轴器按有无弹性元件可分为刚性联轴器和弹性联轴器两类。

1. 刚性联轴器

刚性联轴器无弹性元件，不能缓冲吸振。

（1）套筒联轴器。如图 9-45 所示，套筒联轴器由一公用套筒及键或销等将两轴连接。其结构简单、径向尺寸小、制作方便，但装配拆卸时需做轴向移动，仅适用于两轴直径较小、同轴度较高、轻载荷、低转速、无振动、无冲击、工作平稳的场合。

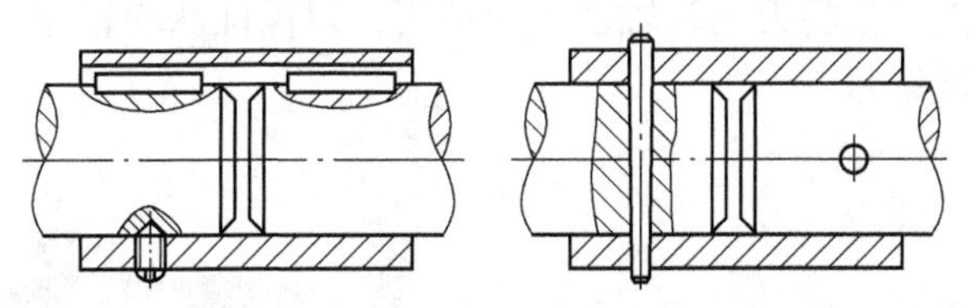

图 9-45　套筒联轴器

（2）凸缘联轴器。如图 9-46 所示，凸缘联轴器是刚性联轴器中应用最广泛的一种，它由两个带凸缘的半联轴器组成，两个半联轴器通过键与轴连接，用螺栓将两半联轴器连成一体进行动力传递。

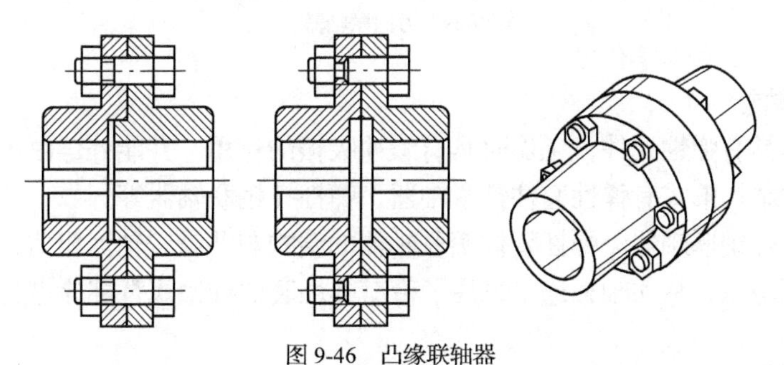

图 9-46　凸缘联轴器

（3）十字滑块联轴器。十字滑块联轴器如图 9-47 所示，由两个端面上开有凹槽的半联轴器和一个两面上都有凸榫的十字滑块组成，两凸榫的中线互相垂直并通过滑块的轴线。

要点提示

工作时若两轴不同心，则中间的十字滑块在半联轴器的凹槽内滑动，从而补偿两轴的径向位移。它适用于轴线间相对位移较大、无剧烈冲击且转速较低的场合。

（4）齿式联轴器。齿式联轴器如图 9-48 所示，由两个具有外齿和凸缘的内套筒和两个带内齿及凸缘的外套筒组成。两个套筒用螺栓相连，外套筒内储有润滑油。联轴器工作时通过旋转将润滑油向四周喷洒以润滑啮合齿轮，从而减小啮合齿轮间的摩擦阻力，达到减小作用在轴和轴承上附加载荷的效果。

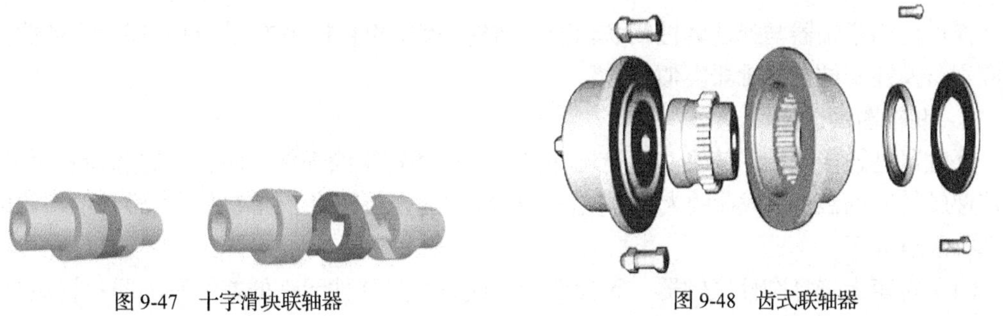

图 9-47　十字滑块联轴器　　　　图 9-48　齿式联轴器

（5）万向联轴器。万向联轴器如图 9-49 所示，由两个轴叉分别与中间的十字轴以铰链相连而成，万向联轴器两端间的夹角可达 45°。单个万向联轴器工作时，即使主动轴以等角速度转动，从动轴也可做变角速度转动，从而会引起动载荷。

为了消除上述缺点，常将万向联轴器成对使用，以保证从动轴与主动轴均以同一角速度旋转，这就是双万向联轴器。

（a）单万向联轴器

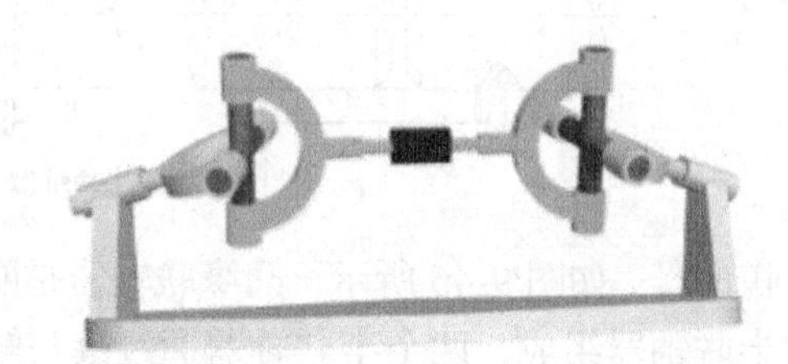

（b）双万向联轴器

图 9-49　万向联轴器

2. 弹性联轴器

弹性联轴器具有弹性元件，工作时具有缓冲吸振的作用，并能补偿由于振动等原因引起的偏移。常见的结构形式有弹性套柱销联轴器、弹性柱销联轴器等。

（1）弹性套柱销联轴器。弹性套柱销联轴器的结构与凸缘联轴器相似，也有两个带凸缘的半联轴器分别与主、从动轴相连，采用了带有弹性套的柱销代替螺栓进行连接，如图 9-50 所示。

弹性套柱销联轴器制造简单、拆装方便、成本较低，但弹性套易磨损，寿命较短，适用于载荷平稳，需正、反转或启动频繁，传递中小转矩的轴。

（2）弹性柱销联轴器。弹性柱销联轴器采用尼龙柱销将两个半连轴器连接起来，为防止柱销滑出，在两侧装有挡圈，如图 9-51 所示。

图 9-50　弹性套柱销联轴器

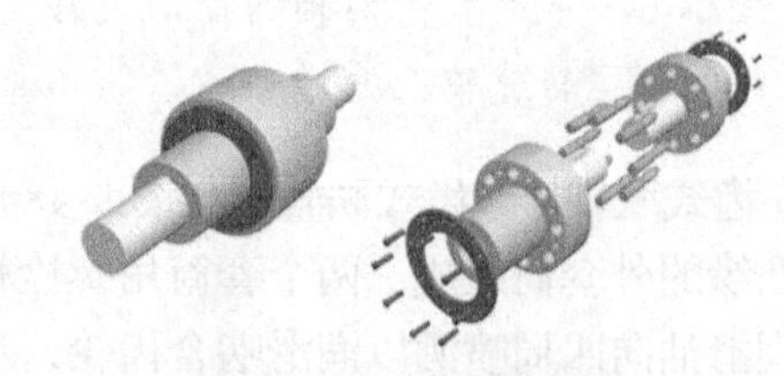

图 9-51　弹性柱销联轴器

弹性柱销联轴器与弹性套柱销联轴器的结构类似，更换柱销方便，对偏移量的补偿不大，其应用与弹性套柱销联轴器类似。

3. 联轴器的选择

联轴器是连接两轴，使之共同旋转并传递运动和转矩的部件。联轴器的选择主要考虑所需传递轴转速的高低、载荷的大小、被连接两部件的安装精度、回转的平稳性、价格等因素。其选择要点如下。

（1）转矩大选择刚性联轴器、无弹性元件或有金属弹性元件的挠性联轴器；转矩有冲击

振动时选择有弹性元件的挠性联轴器。

（2）转速高时选择非金属弹性元件的挠性联轴器。

（3）对中性好选择刚性联轴器，需补偿时选挠性联轴器。

（4）考虑装拆方便，选可直接径向移动的联轴器。

（5）若在高温下工作，不可选有非金属元件的联轴器。

（6）同等条件下，尽量选择价格低、维护简单的联轴器。

联轴器已标准化，其选择步骤如下。

（1）根据机器工作条件与使用要求选择合适的类型。主要考虑的因素有被连两轴的对中性、载荷大小及特性、工作转速、工作环境及温度等。此外，还应考虑安装尺寸的限制及安装、维护方便等。

（2）按轴直径计算转矩、轴的转速和轴端直径，从标准中选定型号和结构尺寸。

（3）必要时要对易损件进行强度校核计算。

9.3.2　离合器

离合器在工作时需要随时分离或接合被连接的两根轴，不可避免地要受到摩擦、发热、冲击、磨损等作用，因而要求离合器接合平稳，分离迅速，操纵省力方便，同时结构简单，散热好，耐磨损，寿命长。

认识离合器

离合器按其接合元件传动的工作原理，可分为嵌合式离合器和摩擦式离合器两大类。

1. 嵌合式离合器

嵌合式离合器利用接合元件的啮合来传递转矩，结构简单，外廓尺寸小，传递的转矩大，但接合只能在停车或低速下进行。牙嵌式离合器是嵌合式离合器的典型代表。

牙嵌式离合器主要由两个半离合器组成，半离合器的端面加工有若干个嵌牙，其中一个半离合器固定在主动轴上，另一个半离合器用导键与从动轴相连，如图 9-52 所示。

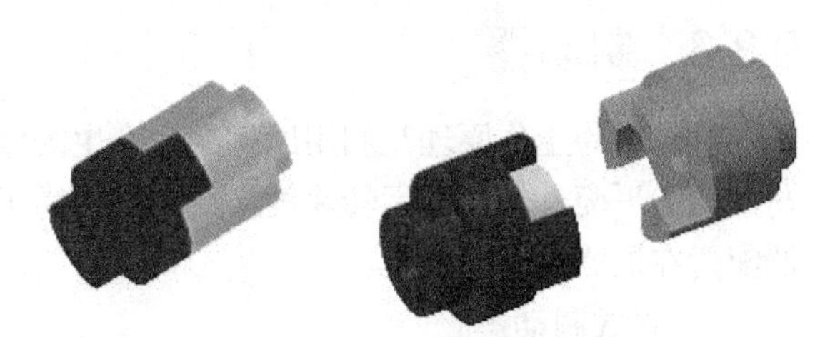
图 9-52　牙嵌式离合器

牙嵌式离合器结构简单、外廓尺寸小，两轴向无相对滑动，转速准确，转速差大时不易接合。

2. 摩擦式离合器

摩擦式离合器依靠接合面间的摩擦力来传递转矩，接合平稳，可在较高的转速差下接合，但接合中摩擦面间必将发生相对滑动，这种滑动要消耗一部分能量，并引起摩擦面间的发热和磨损。

摩擦式离合器主要有单片式摩擦离合器和多片式摩擦离合器两种类型。

（1）单片式摩擦离合器。单片式摩擦离合器是利用两摩擦圆盘的压紧或松开，使两接合面的摩擦力产生或消失，以实现两轴的接合或分离，如图 9-53 所示。

图 9-53　单片式摩擦离合器

单片式摩擦离合器结构简单，分离彻底，但径向尺寸较大，常应用于轻型机械中。

（2）多片式摩擦离合器。多片式摩擦离合器有外摩擦片和内摩擦片两组。外摩擦片与外套筒、内摩擦片与内套筒分别用花键相连。外套筒、内套筒分别用平键与主动轴和从动轴相固定，如图 9-54 所示。

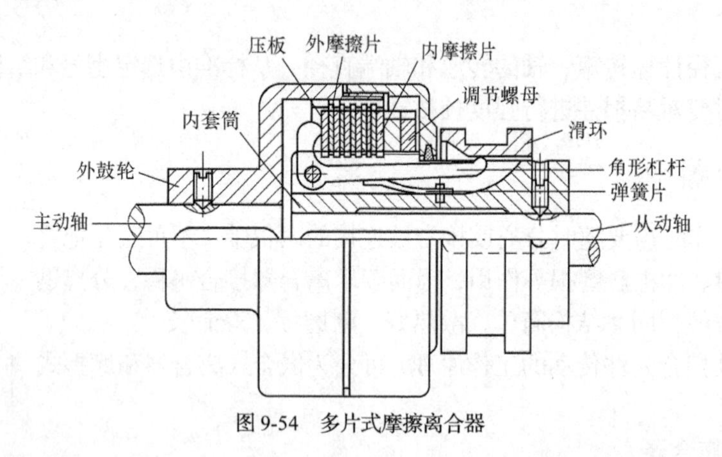

图 9-54　多片式摩擦离合器

在传动转矩较大时，往往采用多片式摩擦离合器，但摩擦片片数过多会影响分离动作的灵活性，所以摩擦片的数量一般在 10～15 对。

9.3.3　制动器

制动器的工作原理是利用摩擦副中产生的摩擦力矩来实现制动作用的，或者利用制动力与重力的平衡，使机器运转速度保持恒定。为了减小制动力矩和制动器的尺寸，通常将制动器配置在机器的高速轴上。

1. 块式制动器

如图 9-55 所示，块式制动器靠瓦块 5 与制动轮 6 间的摩擦力来制动。通电时，由电磁线圈 1 的吸力吸住衔铁 2，再通过一套杠杆使瓦块 5 松开，机器便能自由运转。当需要制动时，则切断电流，电磁线圈释放衔铁 2，依靠弹簧 4 并通过杠杆 3 使瓦块抱紧制动轮。

该制动器也可设计为在通电时起制动作用，但为安全起见，通常设计为在断电时起制动作用。

2. 带式制动器

带式制动器是由包在制动轮上的制动带与制动轮之间产生的摩擦力矩来制动的。如图 9-56 所示，当杠杆 3 上作用外力 Q 后，收紧闸带 2 抱住制动轮 1，靠带与轮间的摩擦力达到制动目的。

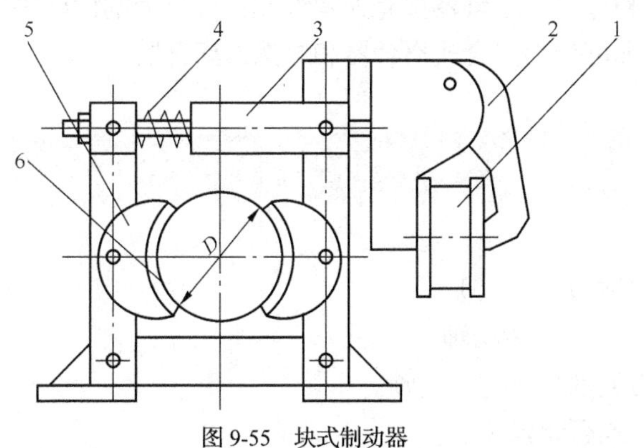

图 9-55　块式制动器

1—电磁线圈；2—衔铁；3—杠杆；4—弹簧；5—瓦块；6—制动轮

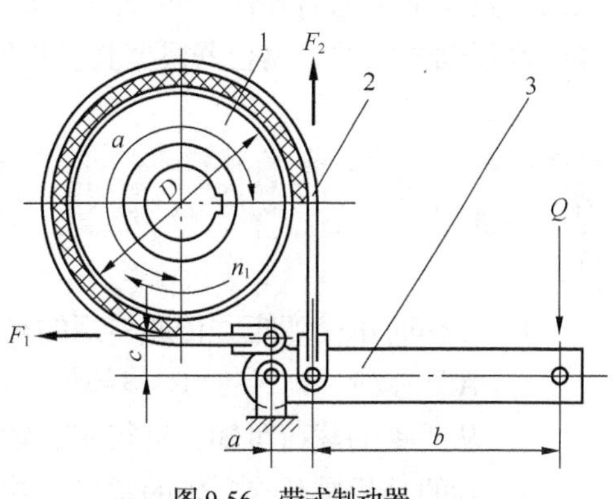

图 9-56　带式制动器

1—制动轮；2—闸带；3—杠杆

为了增加摩擦作用，耐磨并易于散热，闸带材料一般为钢带上覆以夹铁纱帆布或金属纤维增强的聚合物材料。带式制动器结构简单，径向尺寸紧凑。

3. 制动器的选择

一般情况下，选择制动器的类型和尺寸，主要考虑这几点：制动器与工作机的工作性质和条件相配、制动器的工作环境、制动器的转速、惯性矩等。

一些应用广泛的制动器已标准化，并有系列产品可供选择。额定制动力矩是表征制动器工作能力的主要参数，制动力矩是选择制动器型号的主要依据，所需制动力矩根据不同机械设备的具体情况确定。

小　结

根据受力的不同，轴可分为转轴、心轴和传动轴。轴的主要失效形式为疲劳破坏，因此，轴的材料应具有足够的强度和韧性、高的硬度和耐磨性。设计轴时，要考虑其加工工艺性，即便于加工和利于轴上零件的装拆。零件在轴上的固定有周向固定和轴向固定两种类型。通过学习，应该知道怎样进行轴的强度计算和设计计算。

轴承按摩擦性质可分为滚动轴承和滑动轴承两大类。滚动轴承由内圈、外圈、滚动体和隔离圈组成，滚动体的形状有球形、圆柱形、圆锥形、鼓形、滚针形等。滚动轴承可分为以承受径向载荷为主的向心轴承和以承受轴向载荷为主的推力轴承两类，按滚动体形状的不同可分为球轴承和滚子轴承。滚动轴承的固定分为周向固定和轴向固定。通过学习，掌握滚动轴承的相关参数计算、滚动轴承轴系支点固定的结构形式，了解了滚动轴承的密封、润滑和装拆方法。

滑动轴承分为受径向载荷的向心轴承、受轴向载荷的推力轴承以及同时承受径向和轴向载荷的向心推力轴承，按其是否可以剖开又分为整体式和剖分式。

联轴器和离合器的主要功用是实现轴与轴之间的连接及分离，并传递转矩。联轴器与离合器的区别在于：联轴器只有在机械停止后才能将连接的两根轴分离，离合器则可以在机械的运转过程中根据需要使两根轴随时接合和分离。联轴器按有无弹性元件可分为刚性联轴器和弹性联轴器两类。离合器根据其工作原理可分为嵌合式离合器和摩擦式离合器。

思考与练习

1. 工作时承受弯矩并传递转矩的轴，称为（　　）。

   A. 心轴　　B. 转轴　　C. 传动轴

2. 从所受的载荷可知，自行车后轴的类型是________轴。
3. 轴的功用是什么？轴的常见失效形式有哪些？
4. 齿轮减速器中，为什么低速轴的直径要比高速轴的直径大得多？
5. 轴的结构设计应考虑哪些主要问题？采用哪些方法实现？
6. 滚动轴承由哪些元件组成？它们的作用是什么？
7. 滑动轴承的主要特点是什么？什么场合应采用滑动轴承？
8. 与滑动轴承相比，滚动轴承的特点是什么？
9. 滚动轴承的类型选择应考虑哪些因素？高速轻载的工作条件应选择哪一类轴承？高速重载又宜选择哪类轴承？
10. 试说明轴承代号7204AC/P4的含义。
11. 常见双支点轴上滚动轴承的支撑结构有哪3种基本形式？
12. 滚动轴承密封的目的是什么？常用的密封方式有哪些？
13. 联轴器和离合器的功用有何相同点和不同点？
14. 常用的联轴器有哪些类型？选用联轴器时应考虑哪些因素？
15. 常用的离合器有哪些类型？

第 10 章　液压和气压传动

前面已经学习了各种机械传动机构，使用这些机构可以实现准确的传动关系，其传动原理清晰，应用广泛。在现代生产中，还经常使用以压力油为代表的液体以及以压缩空气为代表的气体作为传动介质，借助其压力来传递运动和动力，这就是液压传动和气压传动。本章将介绍有关液压传动和气压传动的基本知识。

【学习目标】

- 掌握液压传动系统的组成和基本原理。
- 掌握常用液压元件的种类和用途。
- 掌握气压传动的基本元件种类和用途。
- 学习如何设计液压系统。

【观察与思考】

（1）图 10-1（a）所示为车用千斤顶，虽然身躯小，却能顶起上千斤的重物，想一想，千斤顶的能量来源于哪里？

（2）观察图 10-1（b），想一想，是什么力量撑起装载机强壮的手臂？

（3）在装修新居时，铆钉枪可以用来快速将铆钉射入木材，如图 10-1（c）所示，想一想，它是依靠什么力量来完成射钉动作的？

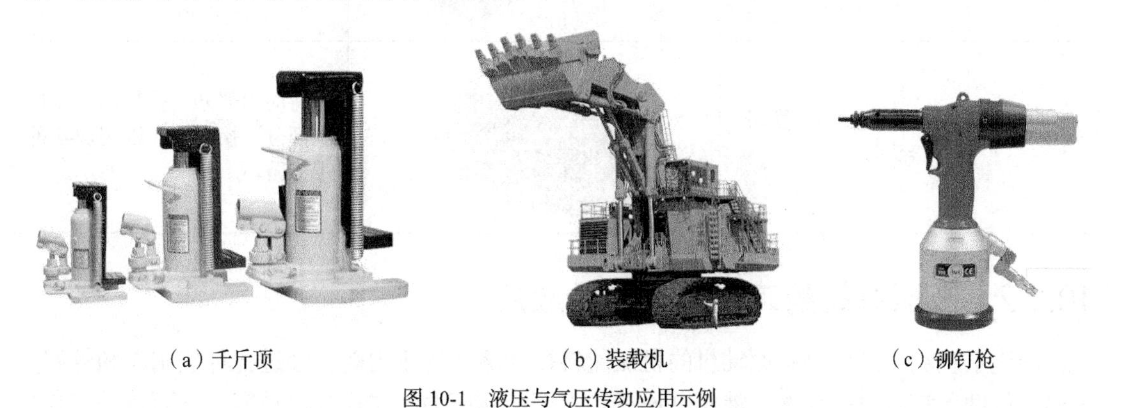

（a）千斤顶　　（b）装载机　　（c）铆钉枪

图 10-1　液压与气压传动应用示例

10.1　液压传动概述

【课前思考】

通过对前面问题的思考可知，液压传动是以压力油为能源介质来实现各种机械传动和控制功能的。想一想液压传动装置是通过哪些元件以及如何通过液压油来传动的呢？

10.1.1 液压系统的组成

液压系统通常由动力部分、执行部分、控制部分以及辅助部分 4 个部分组成，详细情况如表 10-1 所示。

表 10-1 液压系统的组成

组　成	元　件	图　片	功　用
动力部分	液压泵		将电动机的机械能转换为油液的液压能，给系统提供压力油液
执行部分	液压缸、液压马达		将液压泵输入的液压能转换为推动工作台运动的机械能
控制部分	单向阀、节流阀、溢流阀等		用以控制和调节油液的流向、流量和压力，以满足液压系统的工作需要
辅助部分	油箱、过滤器、管路、管接头等		将动力部分、执行部分和控制部分连接起来，以实现各种工作循环

10.1.2 液压系统的工作原理以及应用

液压系统利用液压泵将原动机的机械能转换为液体的压力能，经过各种控制阀和管路的传递，借助于液压执行元件（液压缸或马达）把液体压力能转换为机械能，从而驱动工作机构，实现直线往复运动或回转运动。

液压千斤顶的工作原理

1. 液压系统的工作原理

各种液压系统的工作原理大致相同，下面以液压千斤顶为例来说明液压传动的工作原理。图 10-2 所示为液压千斤顶工作原理图，其工作过程如下。

（1）当向上提手柄 1 使小缸活塞 3 上移时，小液压缸 2 因容积增大而

产生真空，油液从油箱通过单向阀 4 被吸入至小液压缸中。

（2）当按压手柄使小缸活塞下移时，则油液通过单向阀 7 输入到大液压缸 9 的下油腔。

（3）当油液压力升高到能够克服重物重力时，即可举起重物。

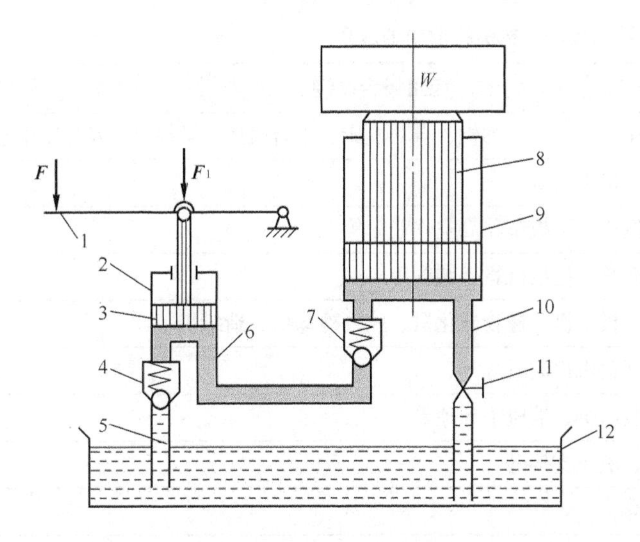

（a）液压千斤顶工作原理图

（b）液压千斤顶实物图

图 10-2　液压千斤顶工作原理图

1—手柄；2—小液压缸；3—小缸活塞；4、7—单向阀；5、6、10—管道；8—大缸活塞；9—大液压缸；11—溢流阀；12—油箱

2. 液压系统在工程中的应用

在工业生产的各个领域都应用液压传动技术，如在工程机械（挖掘机）、矿山机械、压力机械（压力机）和航空机械中多采用液压传动。

液压传动技术在机械工业中的应用广泛，典型实例如下。

（1）机床行业。液压技术在现代数控机床中应用广泛，刀具和工件由液压设备夹紧，工作进给和主轴转动也可以由液压驱动，如图 10-3 所示。

（2）工程机械。液压技术在工程机械中的应用非常广泛，图 10-4 所示为挖掘机，其挖掘作业（直线驱动）和挖掘机本身运动（旋转驱动）都采用液压驱动。

图 10-3　数控机床液压系统

图 10-4　挖掘机

（3）汽车行业。汽车行业液压技术典型的应用实例为用于橡胶轮胎钢丝分离的轮胎拉线机，其主要部件均采用液压传动装置。

液压传动在机械行业中的详细应用如表10-2所示。

表10-2　液压传动在机械行业中的应用

行业名称	应用场合举例
机床行业	磨床、铣床、刨床、拉床、压力机、自动机床、组合机床、数控机床及加工中心等
工程机械	挖掘机、装载机、推土机等
汽车工业	环卫车、自卸式汽车、平板车、高空作业车等
农业机械	联合收割机控制系统、拖拉机悬架装置等
轻工、化工机械	打包机、注塑机、校直机、橡胶硫化机、胶片冷却机、造纸机等
冶金机械	电炉控制系统、轧钢机控制系统等
起重运输机械	起重机、叉车、装卸机、液压千斤顶等
矿山机械	开采机、提升机、液压支架等
建筑机械	打桩机、平地机等
船舶港口机械	起货机、锚机、舵机等
铸造机械	砂型压实机、加料机、压铸机等

10.2 液压元件

常用的液压元件有液压泵、液压马达、液压阀以及辅助元件，其中液压泵为动力元件，液压马达为执行元件，液压阀为控制元件。

【课前思考】

生活中是依靠什么来实现自来水开关的打开与关闭的，怎样调节自来水流量的大小？

10.2.1 液压泵

液压泵是将原动机的机械能转换成油液的压力能的能量转换元件，为液压系统提供具有一定压力和流量的液体，是液压系统的动力元件。

1. 液压泵的工作原理

液压泵依靠密封容积变化的原理来进行工作，故一般称为容积式液压泵。

单柱塞液压泵的工作原理

下面以图10-5所示的柱塞泵原理图为例说明液压泵的工作原理。

（1）原动机驱动偏心轮1旋转，柱塞2在偏心轮和弹簧4的作用下在泵体中做往复运动。

（2）当柱塞伸出时，密封工作腔的容积由小变大，形成局部真空，油箱中的油液在大气压作用下，经过吸油管顶开吸油单向阀6进入工作腔而完成吸油过程。

（3）当柱塞缩进时，密封工作腔的容积由大变小，工作腔的油液受到挤压，压力升高，在油压的作用下将关闭吸油单向阀 6，顶开排油单向阀 7，使油进入系统完成排油过程。

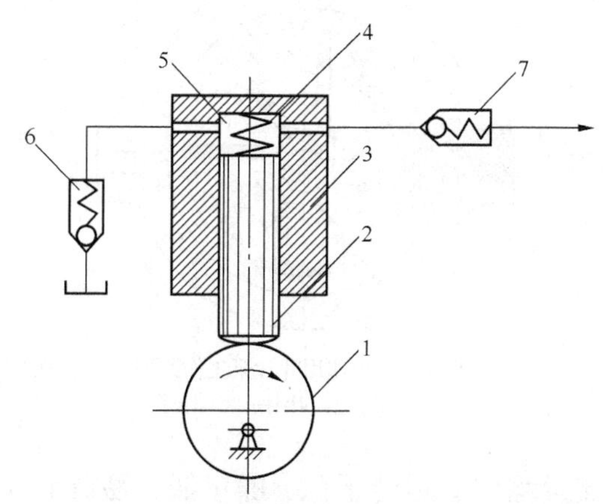

图 10-5　液压泵工作原理

1—偏心轮；2—柱塞；3—泵体；4—弹簧；5—工作阀；6、7—单向阀

（4）原动机带动偏心轮不断旋转，液压泵便不断吸油和排油。

液压泵要实现吸油、压油的工作过程，必须具备以下 3 个条件。

① 有密封的工作容积，且密封容积能交替变化。

② 应有吸油和压油的转换装置，即在任何时候吸油腔与压油腔都不能互相连通，如图 10-5 所示的单向阀 6、7。

③ 在吸油过程中必须使油箱与大气相通，否则液压泵无法实现吸油。

2. 常用液压泵

按照结构类型来分，液压泵可分为叶片泵、齿轮泵、柱塞泵和螺杆泵 4 种类型，具体分类如图 10-6 所示。

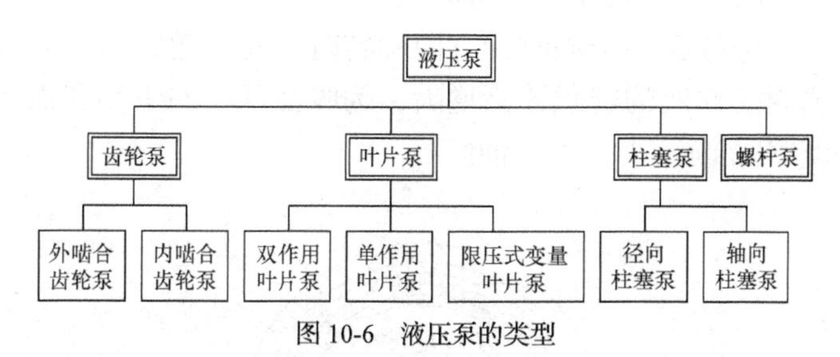

图 10-6　液压泵的类型

（1）叶片泵。叶片泵的工作压力较高，流量脉动小，工作平稳，噪声较小，寿命较长，广泛应用于专业机床、自动线等中低压液压系统中。

① 单作用叶片泵。这类叶片泵的转子每转一周，完成吸、排油动作各一次，称为单作用叶片泵。

单作用叶片泵由转子、定子、叶片等元件组成，泵体内压装定子，定子中偏心安装转子，当转子旋转时，由于离心力的作用，叶片逐渐伸出，密封工作腔的容积逐渐增大，产生真空度而吸入油液，如图 10-7 所示。

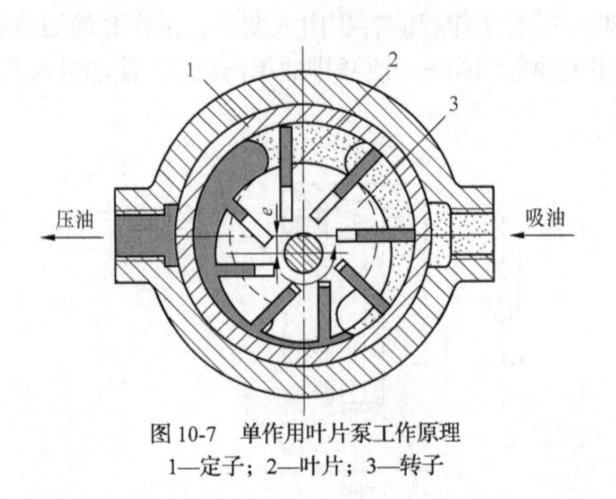

图 10-7 单作用叶片泵工作原理
1—定子；2—叶片；3—转子

单作用叶片泵具有流量均匀、运转平稳、噪声低、易调节等特点，但其结构复杂、轮廓尺寸大，转子上受不平衡径向液压力，压力增大时，不平衡力将增大，所以不宜用于高压。

单作用叶片泵叶片数越多，流量脉动率越小；奇数叶片泵的脉动率比偶数叶片泵的脉动率小，所以单作用叶片泵的叶片数均为奇数，一般为13片或15片。

② 双作用叶片泵。这类叶片泵的转子每转一周，完成吸、排油动作各两次，因此称为双作用叶片泵。

双作用叶片泵由定子、转子、叶片等组成，其定子与转子的中心重合，定子内表面是由两段长半径圆弧、两段短半径圆弧和4段过渡圆弧组成的近似椭圆面，如图10-8所示。

圆柱面转子顺时针方向旋转时，左上角和右下角与过渡曲线对应处密封工作腔的容积逐渐增大，为吸油区；左下角和右上角与过渡曲线对应处密封工作腔的容积逐渐缩小，为压油区。

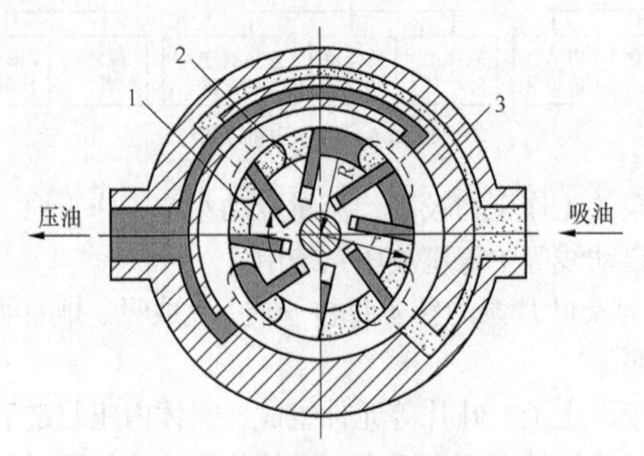

图 10-8 双作用叶片泵工作原理
1—转子；2—叶片；3—定子

双作用叶片泵中作用在转子上的油液压力相互平衡，轴和轴承的寿命较长，但它对油污很敏感，吸入特性较差且不能改变排量，只做定量泵用。

为了使径向力完全平衡，双作用叶片泵的密封空间数（或叶片数）应当保持双数，一般取叶片数为 12 片或 16 片。

（2）齿轮泵。齿轮泵是液压系统中广泛采用的一种液压泵，一般用作定量泵。

齿轮泵由壳体和两个相互啮合转动的齿轮组成，如图 10-9 所示。电动机带动齿轮转动时，右侧的轮齿逐渐脱离啮合，在轮齿脱离啮合处形成了部分真空，油箱中的油液便在大气压力作用下被吸入油腔。而左侧油腔的轮齿逐渐进入啮合，其密闭容积不断减小，从而将腔内油液不断压入液压系统之中。

齿轮泵

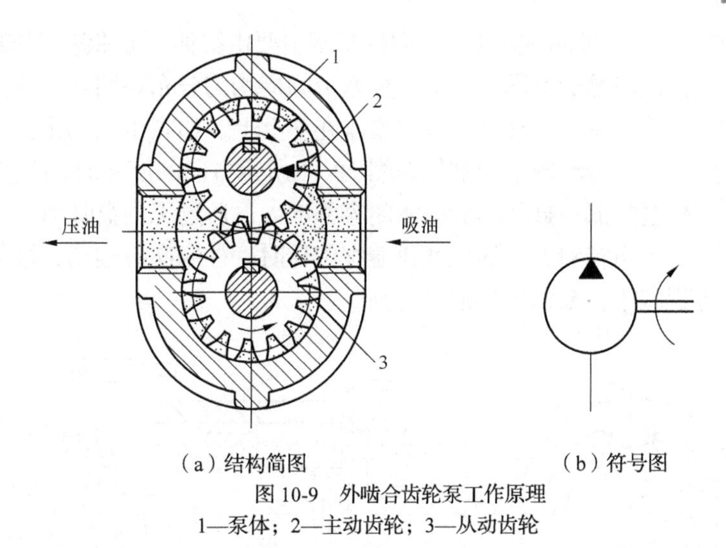

（a）结构简图　（b）符号图

图 10-9　外啮合齿轮泵工作原理

1—泵体；2—主动齿轮；3—从动齿轮

齿轮泵结构简单、制造方便、自吸性能好、工作可靠，常用于转速较高的场合。

齿轮泵齿轮啮合线自动分隔吸、压油腔，起到配流作用，因此不需要设置专门的配流机构。

（3）柱塞泵。柱塞泵又可分为径向柱塞泵和轴向柱塞泵两类。

① 径向柱塞泵。径向柱塞泵的转子上径向排列着柱塞孔，柱塞可在其中滑动，衬套和转子紧密配合，并套在固定不动的配油轴上，转子连同柱塞由电动机带动一起回转，在离心力的作用下紧压在定子的内表面上，转子和定子有偏心距 e，如图 10-10 所示。

径向柱塞泵

当转子顺时针方向旋转时，柱塞在上半周内逐渐向外伸出，柱塞底部与柱塞孔间的密封容积逐渐增大，形成局部真空，通过配油轴上面的两个轴向吸油口从油箱吸油。

柱塞在下半周内逐渐向柱塞孔内缩进，各柱塞底部的密封容积逐渐减小，压力升高，通过配油轴下面的两个轴向压油口将油液压入液压系统。

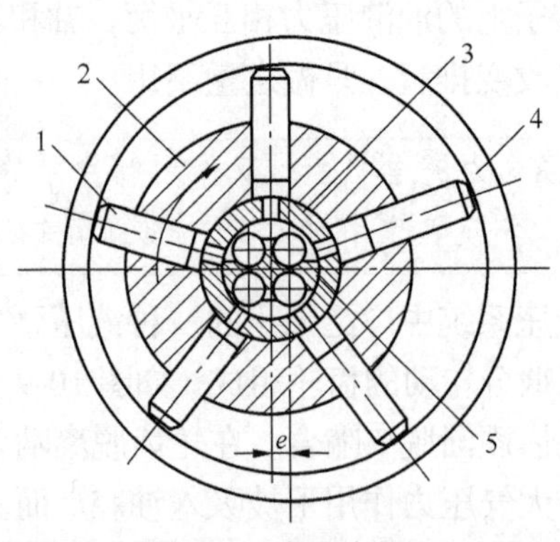

图 10-10 径向柱塞泵

1—柱塞；2—缸体；3—衬套；4—定子；5—配流轴

② 轴向柱塞泵。轴向柱塞泵主要由缸体、配油盘、柱塞、斜盘等组成，斜盘与配油盘固定不动，柱塞沿圆周均匀分布在回转缸体内，在根部弹簧力的作用下，柱塞的头部紧压在斜盘上，如图 10-11 所示。

当传动轴带动缸体做图 10-11 所示方向的旋转时，柱塞逐渐向左运动，柱塞端部和缸体形成的密闭容积增大，通过配油盘吸油。

当转到上部的柱塞再继续旋转时，柱塞向右运动，被斜盘逐渐压入缸体，柱塞端部的容积减小，泵通过排油口排油。

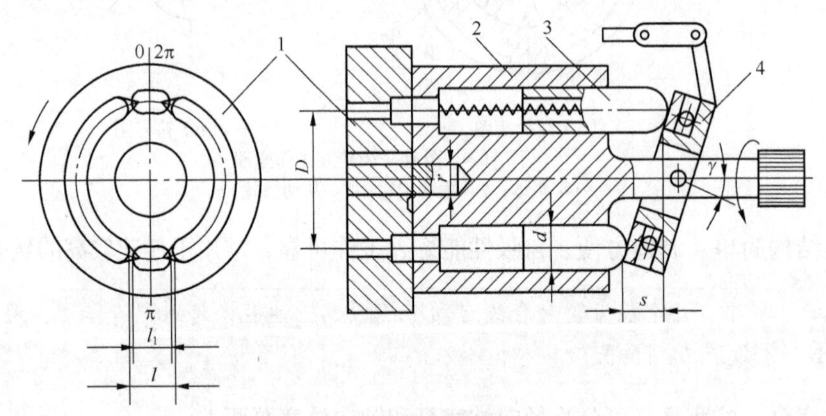

图 10-11 轴向柱塞泵

1—配油盘；2—缸体；3—柱塞；4—斜盘

10.2.2 液压马达

液压马达是液压系统的执行元件，是将液体压力转换为机械能的能量转换装置，可以实现旋转运动。

1. 叶片式液压马达

叶片式液压马达的结构如图 10-12 所示，其工作原理与液压泵相反。

（1）当压力油进入压油腔后，作用在叶片 1、3、5、7 上，一面为高压油，另一面为低压油。由于叶片 1、5 伸出的面积小于叶片 3、7 伸出的面积，所以作用在叶片 1、5 上的液压力小于作用在叶片 3、7 上的液压力。

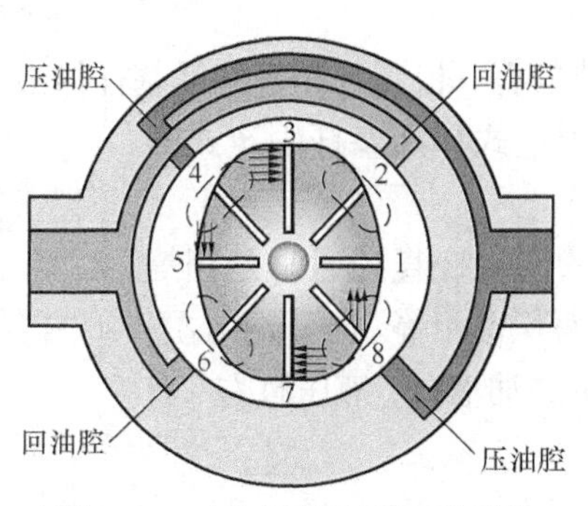

图 10-12　叶片式液压马达工作原理

（2）由于叶片受力差产生转矩差，从而推动转子和叶片做逆时针方向旋转。若改变输油方向，则马达反转。

（3）叶片式液压马达体积小，转动惯量小，动作灵敏，适用于换向频率较高的场合，但其泄漏量较大，低速工作时不稳定。因此，叶片式液压马达一般用于转速高、转矩小和动作要求灵敏的场合。

2. 柱塞式液压马达

柱塞式液压马达的结构如图 10-13 所示，其工作原理如下。

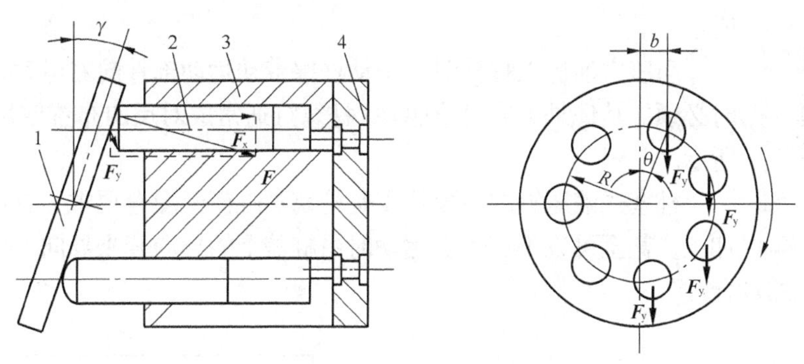

图 10-13　柱塞式液压马达
1—斜盘；2—柱塞；3—回转缸体；4—配油盘

（1）当压力油经配油盘窗口进入回转缸体的柱塞孔时，液压力将处在进油位置的柱塞顶出压在斜盘上。

（2）斜盘对柱塞产生一个法向的反作用力 $\boldsymbol{F}$，$\boldsymbol{F}$ 可分解为与柱塞上液压力平衡的轴向分力 $\boldsymbol{F}_x$ 和作用在柱塞上的径向分力 $\boldsymbol{F}_y$。

（3）径向分力 $\boldsymbol{F}_y$ 和柱塞轴线垂直，使回转缸体产生转矩，带动马达轴转动。

10.2.3　液压缸

液压缸是将液压泵输出的压力能转换为机械能的执行元件，主要用来输出直线运动。

液压缸按其结构形式可以分为活塞缸、柱塞缸和摆动缸 3 类。活塞缸和柱塞缸实现往复运动，输出推力和速度；摆动缸则能实现小于 360° 的往复摆动，输出转矩和角速度。

1. 双杆式活塞缸

双杆式活塞缸的活塞两端各有一根直径相等的活塞杆伸出，如图 10-14 所示。根据安装方式的不同又可以分为缸筒固定式和活塞杆固定式两种，如图 10-15 所示。

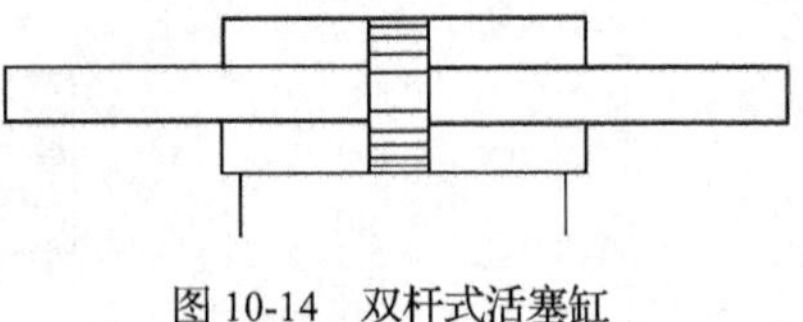
图 10-14　双杆式活塞缸

由于双杆式活塞缸两端的活塞杆直径通常是相等的，因此它左、右两腔的有效面积也相等。当分别向左、右腔输入相同压力和相同流量的油液时，液压缸左、右两个方向的推力和速度相等。

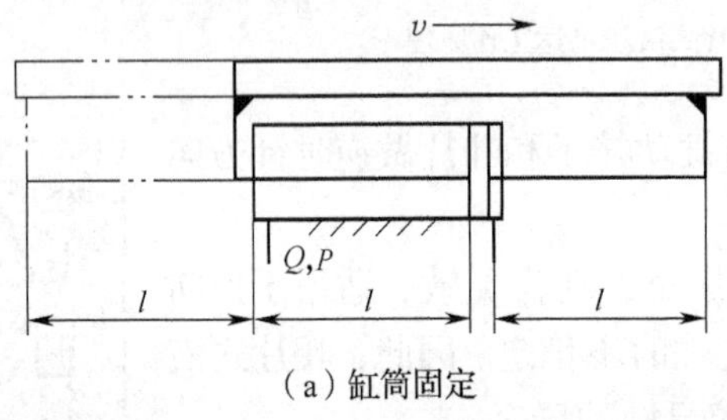

（a）缸筒固定

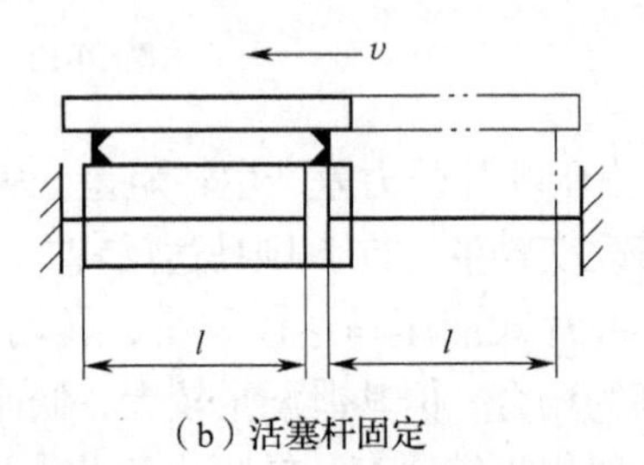

（b）活塞杆固定

图 10-15　双杆式活塞缸的安装方式

2. 柱塞式液压缸

柱塞式液压缸是一种单作用液压缸，柱塞与工作部件连接，缸筒固定在机体上，如图 10-16 所示。

柱塞式液压缸的工作原理

当压力油进入缸筒时，推动柱塞带动运动部件向右运动，但反向退回时必须靠其他外力或自重驱动。柱塞缸通常成对反向布置使用，如图 10-17 所示。

柱塞式液压缸的主要特点是柱塞与缸筒无配合要求，缸筒内孔不需精加工，甚至可以不加工。运动时由缸盖上的导向套来导向，所以它特别适用于行程较长的场合。

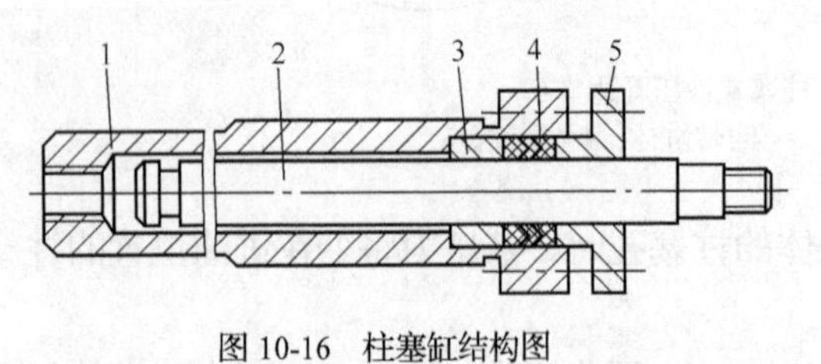

图 10-16　柱塞缸结构图

1—缸筒；2—柱塞；3—导向套；4—密封圈；5—压盖

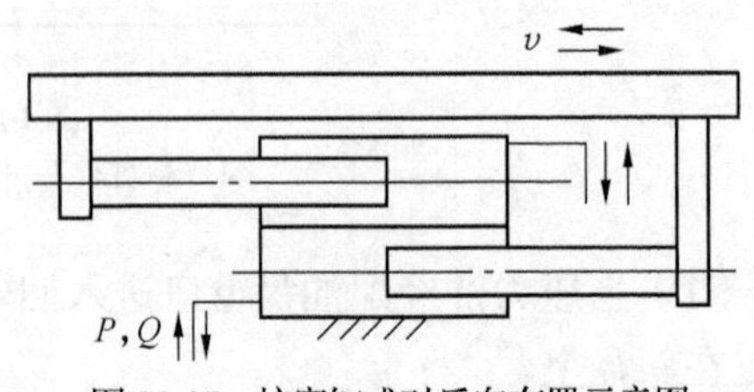

图 10-17　柱塞缸成对反向布置示意图

要点提示

从能量转换的观点来看，液压泵与液压马达是可逆工作的液压元件，向任何一种液压泵输入工作液体，都可使其变成液压马达工况；反之，当液压马达的主轴由外力矩驱动旋转时，也可变为液压泵工况。

10.2.4　液压阀

在液压系统中，用来控制系统液流的压力、流量和流动方向的元件称为液压控制阀，根据液压控制阀在系统中的不同用途、控制方式以及操作方式可分为表 10-3 所示的类型。

表 10-3　　液压阀的类型

分类方法	类　型	详细分类
按用途分	压力控制阀	溢流阀、顺序阀、减压阀、压力继电器
	流量控制阀	节流阀、调速阀、分流阀、集流阀
	方向控制阀	单向阀、液控单向阀、换向阀
按操作方式分	人力操纵阀	手把及手轮、踏板、杠杆操纵阀
	机械操纵阀	挡块、弹簧操纵阀
	液压（或气动）操纵阀	液压、气动操纵阀
	电动操纵阀	电磁铁、电液操纵阀
按控制方式分类	比例阀	比例压力阀、比例流量阀、比例换向阀、比例复合阀
	伺服阀	单、两级电液流量伺服阀、三级电液流量伺服阀
	数字控制阀	数字控制压力控制流量阀与方向阀

1. 方向控制阀

方向控制阀用于控制液流的方向，常用的方向控制阀有单向阀和换向阀两个类型。

（1）单向阀。单向阀用于控制油液只能按一个方向流动不能反向流动，故又称作止回阀。单向阀主要由阀体、阀芯、弹簧等组成，如图 10-18 所示。

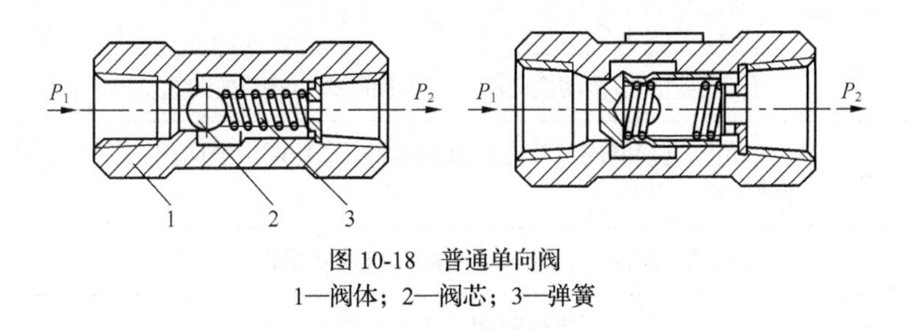

图 10-18　普通单向阀

1—阀体；2—阀芯；3—弹簧

普通单向阀的工作原理

单向阀常安装在泵的出口，一方面防止系统的压力冲击影响泵的正常工作；另一方面在泵不工作时防止系统的油液倒流经泵回油箱。

要点提示

单向阀还被用来分隔油路以防止干扰，并与其他阀并联组成复合阀，如单向顺序阀、单向节流阀等。

（2）液控单向阀。在液压系统中，普通单向阀只能正向流动而不能反向流动，为实现液流反向流动，可把单向阀做成闭锁方向能够控制的结构，即液控单向阀。

液控单向阀主要由活塞、推杆、阀芯和阀体组成，其工作原理如图 10-19 所示。

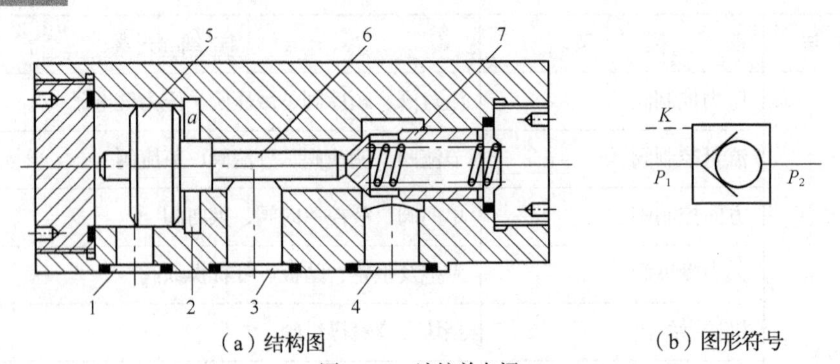

（a）结构图　　（b）图形符号

图 10-19　液控单向阀

1—控制油口；2—泄油口；3—进油口；4—出油口；5—活塞；6—推杆；7—阀芯

控制油口不通压力油时，液控单向阀与普通单向阀的功能相同。控制油口通往控制压力油时，活塞受压力作用推动阀芯右移，使进油口与出油口接通，油液可以反向通过单向阀。

（3）换向阀。换向阀的作用是利用阀芯和阀体间的相对运动来改变油路的连通或断开状态，从而控制油液的流动方向，使系统的执行元件启动、停止或改变运动方向。

根据阀芯的运动形式、结构特点和控制方式的不同，换向阀的主要类型如表 10-4 所示。

表 10-4　　换向阀的类型

分类方法	类　　型
按操纵阀芯运动的方式	手动换向阀、机动换向阀、电磁换向阀、液动换向阀及电液换向阀
按阀的工作位置数和控制的通路数	二位二通换向阀、二位三通换向阀、二位四通换向阀、三位四通换向阀等
按阀的结构形式	滑阀式换向阀、转阀式换向阀、锥阀式换向阀
按阀的安装方式	管式换向阀、板式换向阀、法兰式换向阀

换向阀的换向功能主要取决于阀的工作位置数和由其所控制的通路数，用符号可清晰地表示出换向阀的结构原理，换向阀的“位”和“通”的符号如图 10-20 所示，其控制方式如图 10-21 所示。

几种不同“位”和“通”的滑阀式换向阀主体部分的结构形式和图形符号如表 10-5 所示。

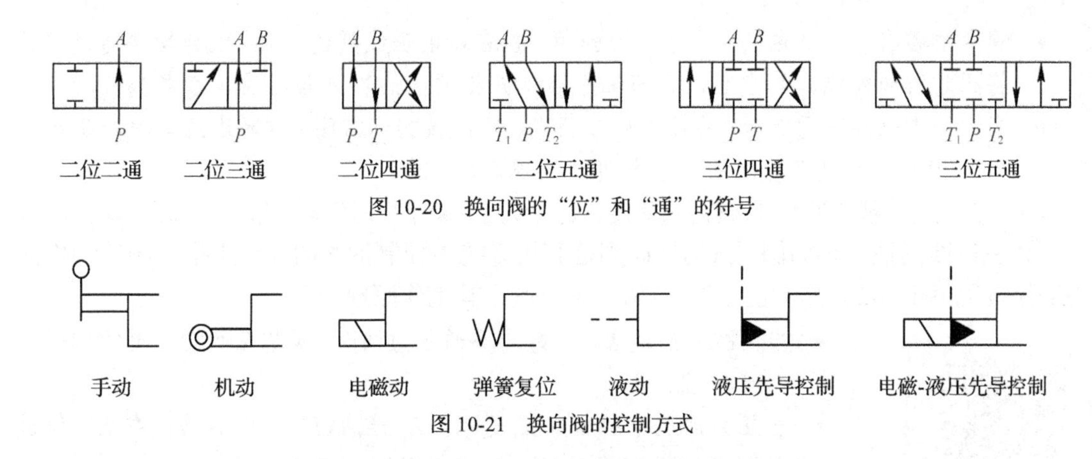

图 10-20　换向阀的“位”和“通”的符号

图 10-21　换向阀的控制方式

表 10-5　换向阀主体部分的结构形式和图形符号

名　称	结构原理图	图形符号	使用场合	
二位二通		A P	控制油路的接通与切断	
二位三通	A　P　B	A B P	控制油液流动方向	
二位四通	B　P　A　T	A B P T	控制执行元件换向，且执行元件正反向运动时回油方式相同	不能使执行元件在任意位置处于停止运动
三位四通	A　P　B　T	A B P T		能使执行元件在任意位置处于停止运动

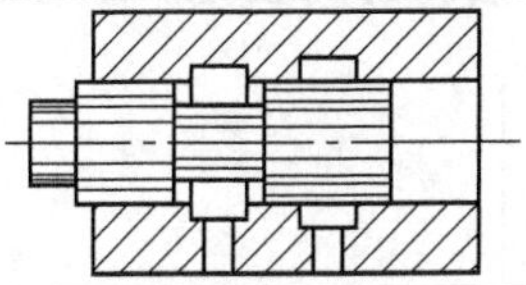

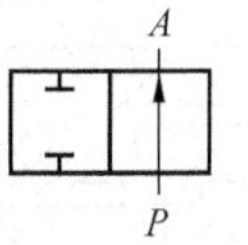

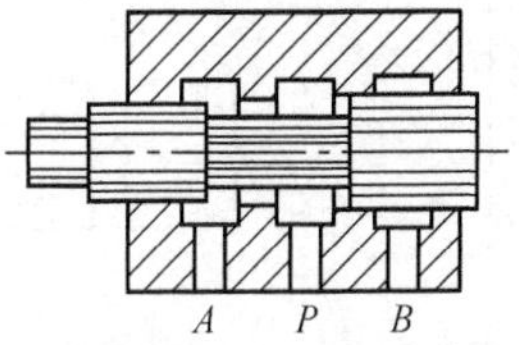

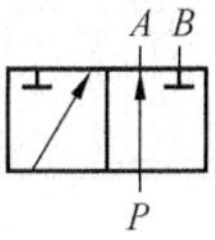

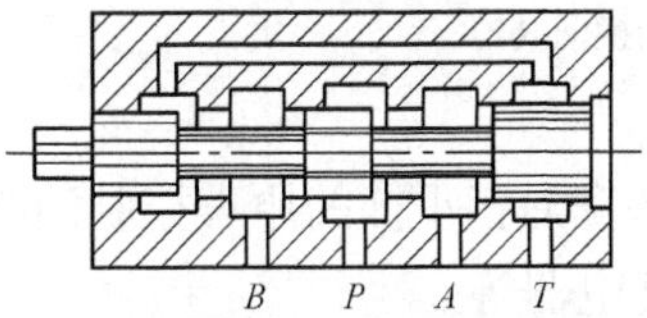

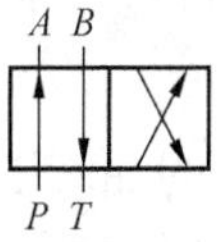

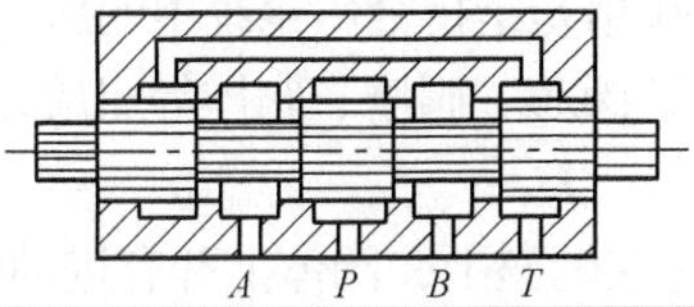

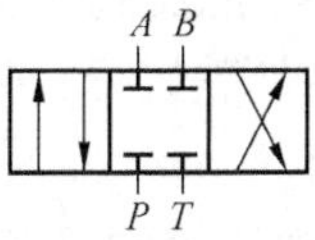

① 三位四通电磁换向阀。电磁换向阀简称换向阀，是利用通电后电磁铁的电磁力推动阀芯动作而实现换向的。图 10-22 所示为三位四通电磁换向阀，其工作原理如下。

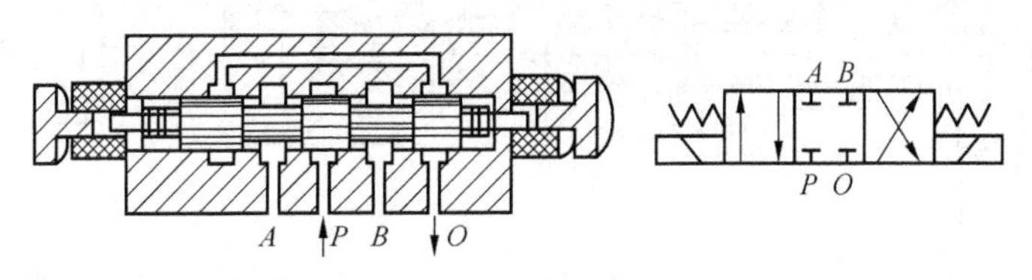

（a）结构图　　（b）图形符号

图 10-22　三位四通电磁换向阀

- 阀两端各有一个电磁铁和一个复位弹簧，当右端电磁线圈通电时，吸合衔铁通过推杆将阀芯推向左侧，使进油口 P 与工作油口 B 相通，油口 A 与回油口 O 相通。
- 当左侧电磁线圈通电时，右侧电磁铁断电，阀芯被推到右侧，这时进油口 P 与工作油口 A 相通，油口 B 与回油口 O 相通，实现油路换向。
- 当两侧电磁铁不通电时，阀芯在两侧弹簧的作用下处于中间位置，这时4个油口均不相通。

② 三位四通液动换向阀。液动换向阀是利用系统中控制油路的油液来推动阀芯动作而实现换向的。图10-23所示为三位四通液动换向阀，其工作原理如下。

三位四通换向阀

- 当两控制油口 K_1 和 K_2 均不通压力油时，阀芯在两端弹簧的作用下处于中位。
- 当压力油从控制油口 K_1 进入，K_2 接油箱时，阀芯移至右端，使进油口 P 与油口 A 接通，油口 B 与回油口 T 接通。
- 当压力油从控制油口 K_2 进入，K_1 接油箱时，压力油推动阀芯左移，使进油口 P 与油口 B 接通，油口 A 与回油口 T 接通，实现换向。

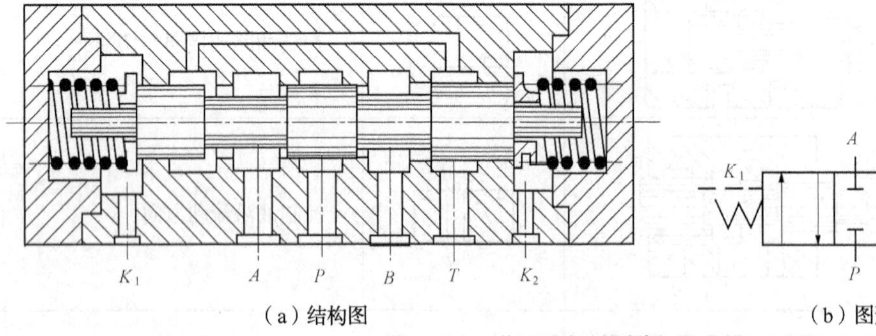

（a）结构图　　（b）图形符号

图10-23　三位四通液动换向阀

2. 压力控制阀

压力控制阀是利用作用在阀芯上的油液压力与弹簧力相平衡的原理控制油路压力高低的阀，包括溢流阀、减压阀、顺序阀、平衡阀、压力继电器等。

溢流阀

（1）溢流阀。溢流阀的主要作用是维持液压系统中的压力恒定，直动式溢流阀主要由调整螺母、弹簧、阀芯、阀座、阀体等组成，其工作原理如图10-24所示。

① 阀芯在弹簧的作用下紧压在阀座上，阀体上开有进油口 P 和出油口 T，压力油从进油口 P 进入，并作用在阀芯上。

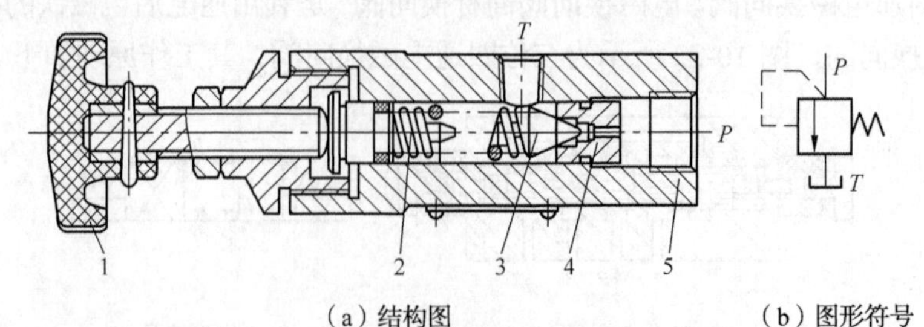

（a）结构图　　（b）图形符号

图10-24　溢流阀的工作原理

1—调整螺母；2—弹簧；3—阀芯；4—阀座；5—阀体

② 当油压力低于调压弹簧力时，阀口关闭，阀芯在弹簧力的作用下压紧在阀座上，*P* 不通 *T*，溢流口无压力油溢出。

③ 当油压力超过弹簧力时，阀芯开启，*P* 通 *T*，压力油从溢流口 *T* 流回油箱，弹簧力随着开口量的增大而增大，直至与油压力相平衡。

（2）减压阀。减压阀是利用油液通过缝隙时产生压降的原理，使系统中某一支路获得较液压泵供油压力低的稳定压力的压力阀。减压阀也有直动式和先导式两种。

直动式减压阀很少单独使用，先导式减压阀则应用较多，其工作原理如图 10-25 所示。

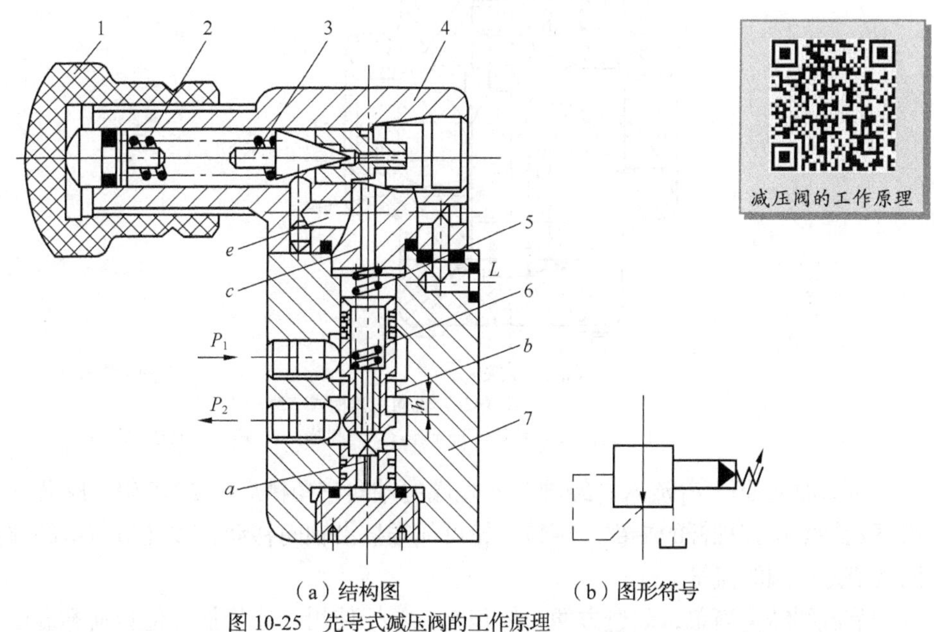

（a）结构图　　（b）图形符号

图 10-25　先导式减压阀的工作原理

1—调节螺母；2—调压弹簧；3—锥阀；4—先导阀；5—主阀弹簧；6—主阀芯；7—主阀

① 油压为 P_1 的压力油由主阀的进油口流入减压阀，以减压阀口 *h* 减压后的低压油液从出油口流出。同时低压油液经通道 *a* 流入主阀芯下腔，又经阻尼孔 *b* 流入主阀芯上腔及先导阀右腔。

② 支系统负载较小，先导阀呈关闭状态，主阀芯上、下腔油压相等，在弹簧力作用下处于最下端位置。此时，减压阀口 *h* 开度最大，减压阀不起减压作用。

③ 若分支油路负载增大，则下油腔压力 P_2 升高，上油腔压力也随之升高，当达到先导阀弹簧的调定压力时，先导阀开启，主阀芯上腔油液经先导阀锥阀口及通道 *e* 流回油箱。

④ 下腔油经阻尼孔向上流动，产生压力降，使主阀芯的上腔压力小于下腔压力，主阀芯在此压力差作用下克服弹簧力向上移动，使减压阀口 *h* 减小，节流加剧，P_2 随之下降，主阀芯便处于新的平衡位置，节流口保持在一定的开度，从而达到减压的作用。

3. 流量控制阀

流量控制阀是通过改变阀口的通流面积来调节阀口流量，从而控制执行元件运动速度的液压控制阀。常用的流量阀有节流阀和调速阀两种。

（1）节流阀。图 10-26 所示为普通节流阀的结构和图形符号，这种阀的节流油口为轴向三角槽式，主要由阀芯、推杆、手轮和弹簧组成。

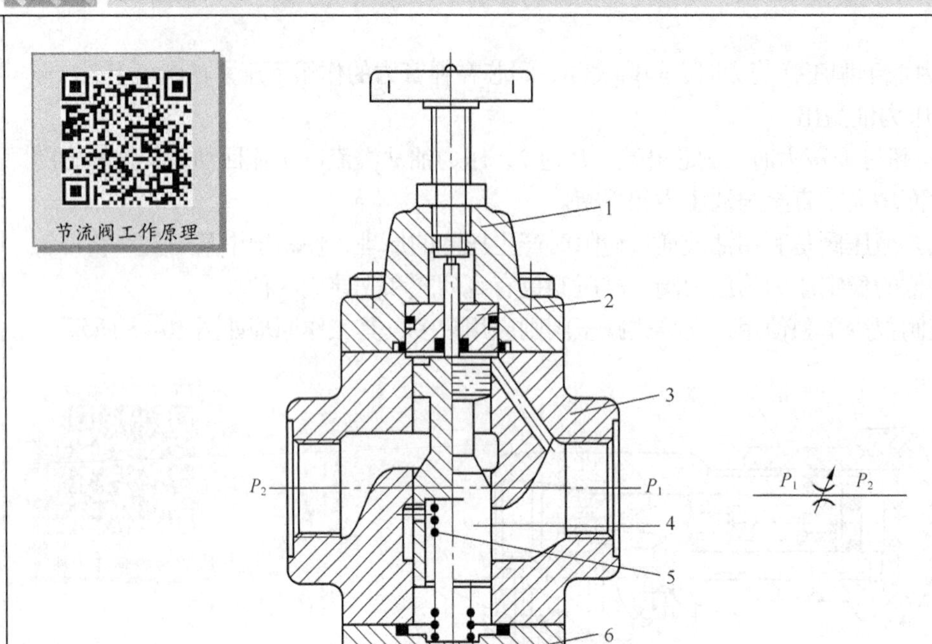

（a）结构图　　（b）图形符号

图 10-26　轴向三角槽式节流阀

1—顶盖；2—导套；3—阀体；4—阀芯；5—弹簧；6—底盖

压力油从油口 P_1 流入，经阀芯 4 左端的轴向三角槽后由 P_2 流出。阀芯 4 在弹簧力的作用下始终紧贴在推杆的端部。旋转手轮可使推杆沿轴向移动，改变节流口的通流截面积，从而调节通过阀的流量。

节流阀结构简单，制造方便，体积小，易于使用，造价低，但负荷和温度的变化对流量稳定性的影响较大，故只适用于负荷和温度变化不大的环境中。

（2）调速阀。调速阀一般由减压阀与节流阀串联而成，减压阀能自动保持节流阀前、后的压力差不变，从而使通过节流阀的流量不受负载变化的影响。

图 10-27 所示为调速阀的工作原理图。节流阀用来调节通过的流量，减压阀则自动补偿负载变化的影响，使节流阀前后的压力差为定值，消除了负载变化对流量的影响。

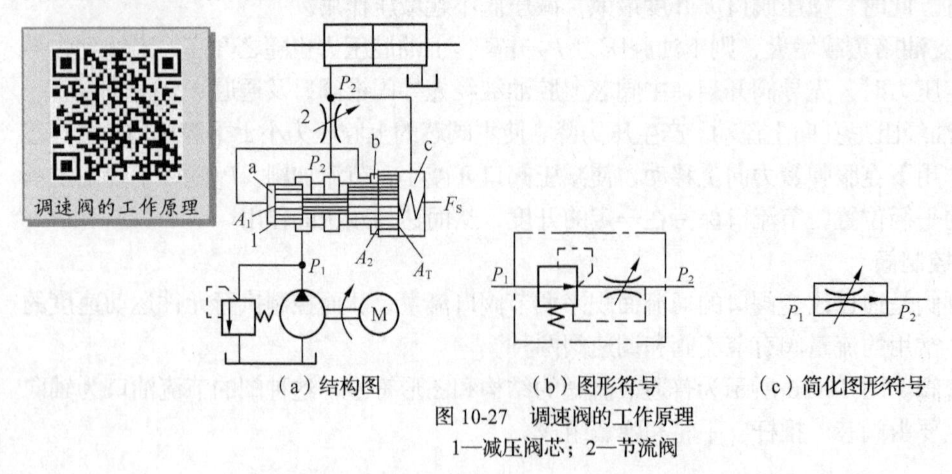

（a）结构图　　（b）图形符号　　（c）简化图形符号

图 10-27　调速阀的工作原理

1—减压阀芯；2—节流阀

调速阀适用于负荷变化较大，速度平稳性要求较高的组合机床、铣床等的液压系统。

10.2.5　辅助元件

液压系统中的辅助元件包括油箱、过滤器、油管、管接头、压力表等，这些辅件如果选择或使用不当，会直接影响液压系统的工作性能及元件的寿命，甚至会使系统无法工作。

1. 油箱

油箱的作用是储存足够的液压油，并且能散发液压系统工作中产生的部分热量，分离油液中混入的空气、沉淀污染物及杂质。

（1）油箱的结构。油箱结构示意图如图 10-28 所示，一般由回油管、泄油管、吸油管、空气滤清器、安装板、隔板、放油口、过滤器、清洗窗、油位指示器等组成。

隔板将吸油管与回油管、泄油管隔开，顶部、侧部及底部分别装有空气滤清器、油位指示器等，安装液压泵及其驱动电动机的安装板可固定在油箱的顶面上。

（2）油箱箱体结构。油箱的外形可依总体布置确定，为了有利于散热，宜用长方体。油箱的三向尺寸可根据安放在顶盖上的泵和电动机及其他元件的尺寸、最高油面只允许到达油箱高度的 80%等因素来确定。

（3）油箱的防锈。油箱内壁应涂上耐油防锈的涂料。外壁如涂上一层极薄的黑漆（不超过 0.025mm 厚度）会有很好的辐射冷却效果。而铸造的油箱内壁一般只进行喷砂处理，不涂漆。

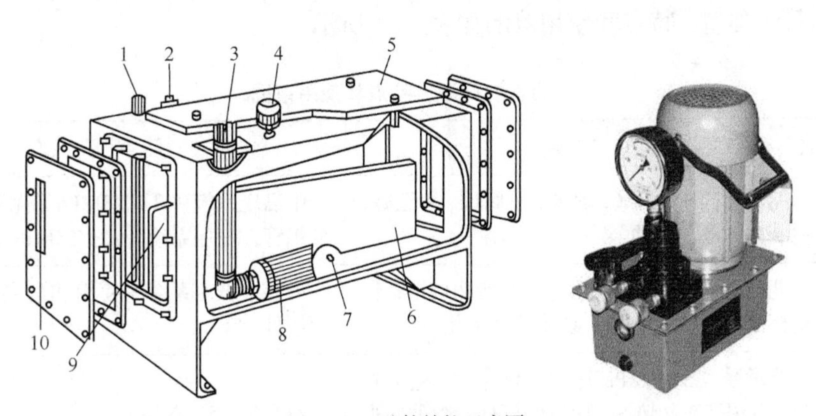

图 10-28　油箱结构示意图

1—回油管；2—泄油管；3—吸油管；4—空气滤清器；5—安装板；6—隔板；7—放油口；8—过滤器；9—清洗窗；10—油位指示器

（4）油箱的密封。注油器上要加滤油网，防止油箱出现负压而设置的通气孔上需装空气滤清器；空气滤清器的容量至少应为液压泵额定流量的两倍；油箱内回油集中部分及清污口附近应装设一些磁性块，以去除油液中的铁屑和带磁性颗粒。

2. 过滤器

过滤器的作用是过滤混在油液中的杂质，降低进入系统中油液的污染度，保证系统正常工作。根据滤芯的不同可分为网式、线隙式、纸质式、烧结式、磁性过滤器等。

过滤器在液压系统中的安装位置通常有以下几种。

（1）安装在泵的吸油口处。泵的吸油路上一般都安装有粗过滤器，目的是滤去较大的杂质微粒以保护液压泵，此外过滤器的过滤能力应为泵流量的两倍以上，如图10-29中的1所示。

（2）安装在泵的出口油路上。此处安装过滤器可以滤除可能侵入阀类等元件的污染物，如图10-29中的2所示。

（3）安装在系统的回油路上。一般与过滤器并联安装一背压阀，起间接过滤作用。当过滤器堵塞达到一定压力值时，背压阀打开，如图10-29中的3所示。

（4）安装在液压系统的分支油路上。它主要装在溢流阀的回油路上，防止所有的油液经过过滤器，可降低过滤器的容量，如图10-29中的4所示。

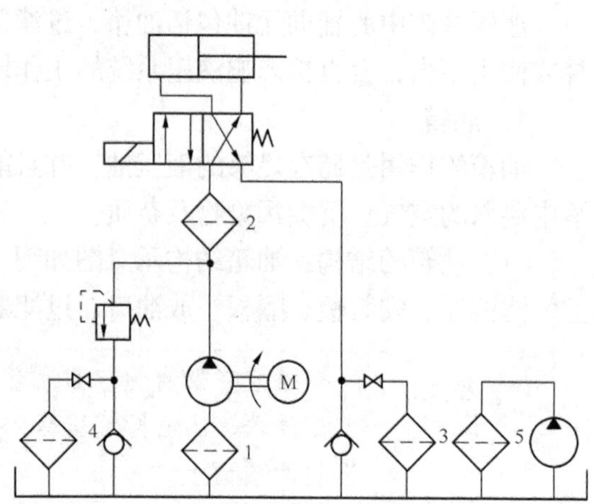

图10-29　过滤器在液压系统中的安装位置

（5）安装在单独的过滤系统中。大型液压系统可专设一套由液压泵和过滤器组成的独立过滤回路，以加强滤油效果，如图10-29中5所示。

3. 油管

液压系统中常用的油管有钢管、紫铜管、橡胶管、尼龙管、塑料管等，采用哪种油管主要由系统的工作压力、安装位置及使用环境等重要条件决定。

各种油管的类型、特点和使用范围如表10-6所示。

表10-6　　油管的类型、特点和使用范围

类　型	特　点	使用范围
钢管	能承受高压，价廉，耐油，抗腐蚀，刚性好，但装配时不易弯曲	中高压系统（$P > 2.5$MPa）优先采用冷拔无缝钢管，低压系统（$P < 2.5$MPa）用焊接钢管
紫铜管	能承受6.5～10MPa压力，易弯曲成形，但价格高，抗震能力差，易使油液氧化	可在中低压系统中使用，常用在仪表和装配不便处
尼龙管	能承受2.5～8MPa压力，价廉，半透明材料，可观察流动情况，加热后可任意弯曲成形和扩口，冷却后即定形，但使用寿命较短	只在低压系统中使用
塑料管	耐油，价廉，装配方便，但承受压力低，长期使用会老化	只用于压力低于0.5MPa的回油或泄油管路
橡胶管	分高压和低压管两种，高压橡胶管（压力达20～30MPa）由耐油橡胶和钢丝编织层制成，价格高；而低压橡胶管由耐油橡胶和帆布制成	高压橡胶管多用于高压管路，低压橡胶管用于回油管路

4. 管接头

管接头是油管与油管、油管与液压元件之间的可拆连接件，它应满足连接牢固、密封可靠、

液阻小、结构紧凑、拆装方便等要求。在液压系统中，油管和液压元件的连接大多采用螺纹连接。

管接头的类型有很多，按接头的通路方向可分为直通、弯头、三通、四通、铰接等形式，按其与油管的连接方式可分为管端扩口式、卡套式、焊接式、扣压式等。管接头与机体通常使用圆锥螺纹和普通细牙螺纹进行连接。

5. 压力表

液压系统中液压泵的出口、减压阀支路、润滑系统等处的压力一般用压力表进行测量。压力表的种类很多，图 10-30 所示为最常用的弹簧管式压力表，它由侧压金属弯管、齿形杠杆、指针等组成。

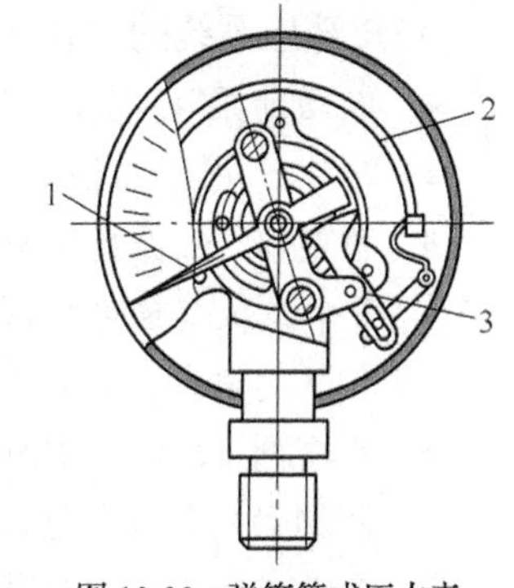

图 10-30　弹簧管式压力表

1—指针；2—弯管；3—齿形杠杆

当压力油进入弯管时，弯管即在油液压力作用下发生变形，曲率半径增大，端部的位移通过杠杆使齿扇摆动，此时小齿轮便带动指针转动。指针偏转角度与油液压力成正比，因此压力值的大小可由刻度盘上读出。

用压力表测压力时，被测压力应小于压力表量程的 3/4。压力表必须直立安装，压力表接入压力管道时，应通过阻尼小孔，以防止被测压力突然升高而将表冲坏。

10.3　典型液压传动系统分析

汽车防抱死装置（ABS）能够有效避免汽车紧急制动时出现的抱死拖滑现象，而驱动防滑系统（ASR）的功用则是在汽车起步或急加速时，控制车轮不出现滑转现象，其传动系统的组成如图 10-31 所示。

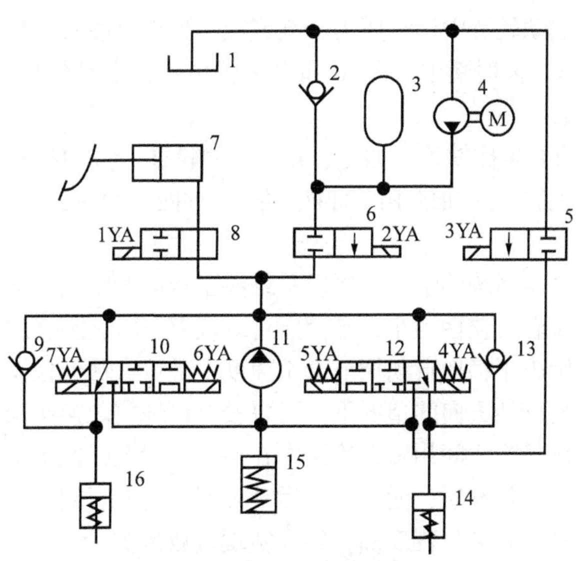

图 10-31　ASR 液压系统的组成

1—油箱；2、9、13—单向阀；3—蓄能器；4—电动油泵；5、6、8、10、12—电磁阀；7—制动主缸；11—泵；14、16—制动轮缸；15—储油罐

1. 主要元件

ASR 液压系统的主要元件描述如下。

- 电动油泵 4：其功用是给整个装置的制动液加压，同时向蓄能器 3 供油。
- 泵 11：用于储油罐回油。
- 蓄能器 3：保持制动系统高压，并向制动器提供高压制动液。
- 3 个二位二通电磁阀和两个三位三通电磁阀：控制各油路的通断情况，其中电磁阀 5 和 6 为常闭阀，8 为常开阀。
- 单向阀 9、13：作用相同，当系统处于不制动状态时可使各制动轮缸中的油液顺利流回制动主缸 7，同时当系统处于保压状态时防止制动主缸中的油液进入制动轮缸。
- 两个制动轮缸 14 和 16：采用单作用式弹簧复位液压缸。

2. 工作原理

（1）踩下制动主缸 7 的踏板，1YA、2YA、3YA 电磁铁不通电，4YA 和 6YA 电磁铁通电，系统的主油路为：制动主缸 7→电磁阀 8 右位→三位三通电磁阀 12 右位→后右制动轮缸 14；制动主缸 7→电磁阀 8 右位→三位三通电磁阀 10 左位→后左制动轮缸 16。

（2）此时汽车驱动轮的制动轮缸处于压力升高状态，实现正常制动。而且随着制动踏板的踩下程度不同，制动轮缸中的制动压力随主缸工作压力的变化而变化。

（3）当紧急制动或制动压力过高时，就可能出现抱死现象，此时电控装置使 1YA、2YA、3YA 电磁铁通电，同时 4YA、6YA 断电，5YA 和 7YA 通电，系统油路为：后右制动轮缸 14→三位三通电磁阀 12 左位→储油罐 15；后左制动轮缸 16→三位三通电磁阀 10 右位→储油罐 15。此时驱动轮缸的压力降低，防止车轮出现抱死现象。

（4）当踏下加速踏板（起步或加速），驱动轮有打滑趋势时（制动主缸未踩下），1YA、2YA、3YA、4YA、6YA 通电，蓄能器的高压制动液由电磁阀 6 和换向阀 10、12 分别进入制动轮缸 16 和 14，使驱动轮制动压力升高，防止车轮出现空转打滑。

（5）当驱动车轮制动轮缸中油液压力升高或减小到规定值时，1YA、2YA、3YA 通电，4YA、5YA、6YA 和 7YA 同时断电，阀 10 和 12 处于中位，制动轮缸 14 和 16 的油口被封闭，系统处于压力保持状态。

（6）不制动时，所有电磁铁均不通电。此时制动轮缸 14 和 16 中的油液由单向阀 13 和 9 经电磁阀 8 流回制动主缸，储油罐中的油液由泵 11 抽回制动主缸。

3. 案例小结

通过对这个完整液压系统的学习，可以总结液压传动的优点如下。

（1）体积小、重量轻、惯性力小，当突然过载或停车时，不会发生大的冲击。

（2）能在给定范围内平稳地自动调节牵引速度，并可实现无极调速。

（3）在不改变电机旋转方向的情况下，可以较方便地实现换向操作。

（4）液压泵和液压马达之间用油管连接，在空间布置上彼此不受严格限制。

（5）采用油液作为工作介质，元件相对运动表面间能自行润滑，磨损小，使用寿命长。

（6）操纵控制简便，自动化程度高，容易实现过载保护。

液压传动的缺点如下。

（1）使用液压传动对维护的要求高，工作油要始终保持清洁。

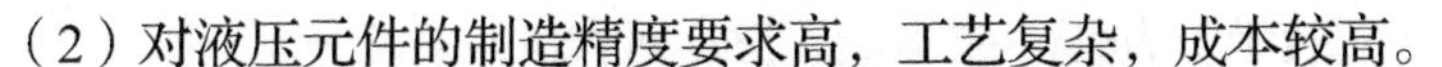

（2）对液压元件的制造精度要求高，工艺复杂，成本较高。

（3）液压元件维修较复杂，且需有较高的技术水平。

（4）用油作为工作介质，在工作面存在火灾隐患。

（5）传动效率较低。

10.4 气压传动

气压传动是以压缩空气作为动力源驱动气动执行元件，完成一定运动规律的应用技术，是实现各种生产控制、自动化控制的重要手段之一。

10.4.1 认识气压传动

气压传动在工业生产中应用十分广泛，可以应用于包装、进给、计量、材料的输送、工件的转动与翻转、工件的分类等场合，同时还可用于车、铣、钻、锯等机械加工的过程。

1. 气压传动的组成

典型的气压传动系统包括气源装置、气动执行元件、气动控制元件、气动辅件等，如图 10-32 所示。

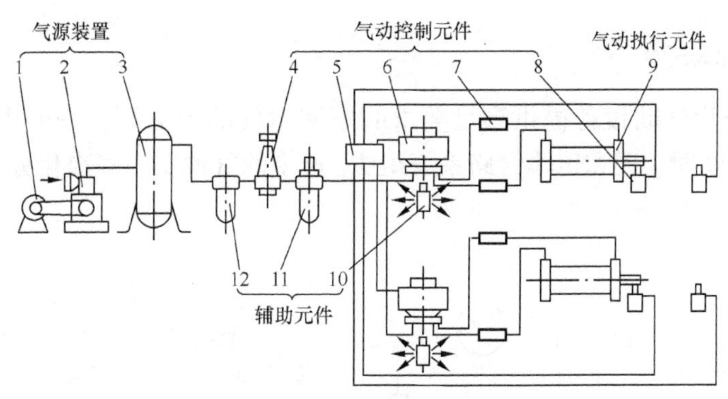

图 10-32 气动系统的组成示意图

1—电动机；2—空气压缩机；3—储气罐；4—压力控制阀；5—逻辑元件；6—方向控制阀；7—流量控制阀；8—机控阀；9—气缸；10—消声器；11—油雾器；12—空气过滤器

- 气源装置：它将原动机输出的机械能转变为空气的压力能，其主要设备是空气压缩机。
- 气动执行元件：将压力能转换为机械能的能量转换装置，如气缸和气动马达。
- 气动控制元件：控制气体的压力、流量及流动方向，以保证执行元件具有一定的输出力和速度，并按设计的程序正常工作的元件，如各种压力阀、流量阀、逻辑阀、方向阀等。
- 辅助元件：辅助保证空气系统正常工作的一些装置，主要作用是使压缩空气净化、润滑、消声以及用于元件间的连接等，如过滤器、油雾器、消声器、管道、管接头等。

2. 气压传动的优点

与其他传动机构相比，气压传动系统有如下特点。

（1）气动装置结构简单、安装维护方便、成本低、投资回收快。

（2）工作环境适应性好，能在温度变化范围宽、温度高、多灰尘、振动等环境中可靠工作。

（3）对环境无污染，处理方便，无火灾爆炸危险，使用安全。

（4）工作寿命长，电磁阀寿命可达 3 000～5 000 万次，气缸寿命可达 2 000～6 000 千分钟。

（5）排气时气体因膨胀而温度降低，因而气动设备可以自动降温，长期运行也不会发生过热现象。

（6）有过载保护能力，执行元件在过载时会自动停止，无损坏危险，功率不够时会在负载作用下保持不动。

3. 气压传动的缺点

气压传动系统虽然优点明显，但是在应用过程中也有如下缺点。

（1）工作压力较低（一般为 0.4～0.8MPa），而且结构尺寸不宜过大，因而输出力小。

（2）由于空气具有可压缩性，使得工作部件运动速度的稳定性差。

（3）气信号传递的速度比光、电子速度慢，故不宜用于要求高传递速度的复杂回路中，但对一般机械设备，气动信号的传递速度是能够满足要求的。

（4）排气噪声大，需加消声器。

10.4.2 气源装置

气源装置是为气动设备提供满足要求的压缩空气的动力源，一般由气压发生装置、压缩空气的净化处理装置和传输管路系统组成。典型的气源及空气净化处理系统如图 10-33 所示。

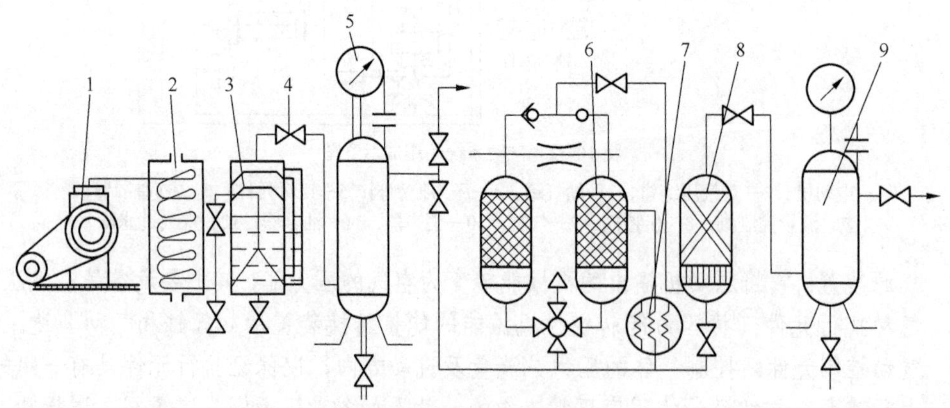

图 10-33 气源及空气净化处理系统

1—空气压缩机；2—后冷却器；3—除油器；4—阀门；5—压力表；6—干燥器；7—加热器；8—空气过滤器；9—储气罐

1. 空气压缩机

气源装置中的主体是空气压缩机，它是将原动机的机械能转换成气体压力能的装置，也是产生压缩空气的气压发生装置。

（1）空气压缩机的分类。空气压缩机（简称空压机）的种类很多，可以按照图 10-34 所示进行分类。

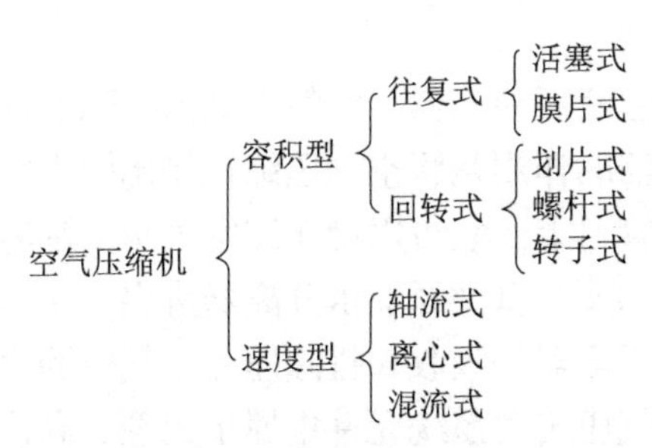

图 10-34　空气压缩机的类型

容积型空气压缩机依靠压缩空气使单位体积内的空气分子密度增加来提高空气压力，速度型空气压缩机利用提高气体分子运动速度将气体分子的动能转化成气体的压力能。

（2）空气压缩机工作原理。活塞式空压机是空气压缩机的典型代表，它是通过曲柄连杆机构使活塞做往复运动而实现吸气、压气过程，实现提高气体压力、压缩空气的目的，其工作原理如图 10-35 所示。

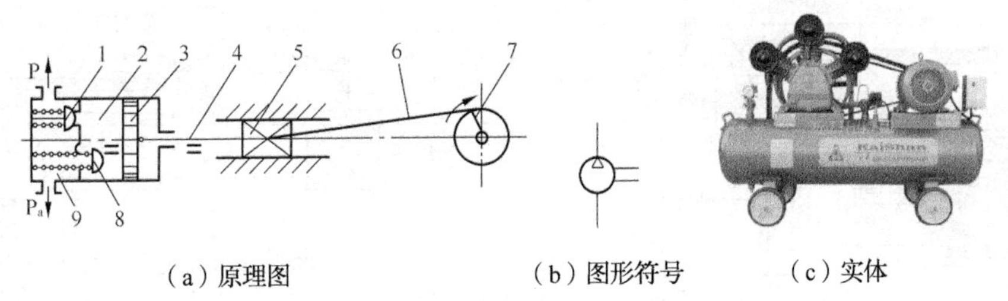

（a）原理图　（b）图形符号　（c）实体

图 10-35　活塞式空压机工作原理

1—排气阀；2—气缸；3—活塞；4—活塞杆；5—十字头；6—连杆；7—曲柄；8—吸气阀；9—弹簧

- 曲柄 7 由原动机带动旋转，从而驱动活塞 3 在气缸 2 内往复运动，曲柄旋转一周，活塞往复行程一次，完成吸气、排气两个过程，即一个工作循环。
- 当活塞向右运动时，气缸内容积增大而形成部分真空，活塞左腔的压力低于大气压力，吸气阀 8 开启，外界空气进入缸内，称为吸气过程。
- 当活塞反向运动时，吸气阀关闭，随着活塞的左移，缸内压力高于输出气管内压力后，排气阀 1 被打开，压缩空气被送至输出气管内，称为排气过程。

（3）选用原则。选用空气压缩机的根据是气压传动系统所需要的工作压力和流量两个参数。

- 选用低压空气压缩机时，排气压力为 0.2MPa。
- 选用中压空气压缩机时，排气压力为 1MPa。
- 选用高压空气压缩机时，排气压力为 10MPa。
- 选用超高压空气压缩机时，排气压力为 100MPa。

选择输出流量时，通常还要在整个气动系统对压缩空气的需要基础上再加一定的备用余量，作为选择空气压缩机流量的最终结果。

2. 气源净化装置

压缩空气净化装置一般包括后冷却器、空气干燥器、除油器、储气罐、过滤器等。

（1）后冷却器。后冷却器的作用是将空气压缩机排出的压缩空气冷却到一定温度，一般安装在空气压缩机出口处的管道上。它可以使压缩空气中的油雾和水汽迅速达到饱和，使其大部分析出并凝结成油滴和水滴，以便经油水分离器排出。

（2）空气干燥器。空气干燥器是吸收和排除压缩空气中的水分和部分油分与杂质，使湿空气变成干空气的装置，在气压传动系统元件中属于大型、高价的元件。

① 冷冻式空气干燥器。冷冻式空气干燥器的工作原理如图 10-36 所示。进入空气干燥器的湿热空气先在热交换器中靠已除湿的干燥冷空气预冷却，然后进入冷却装置，被制冷剂冷却到 2℃～5℃以除湿，最后冷凝变成的水滴被排水器排走。

② 吸附式干燥器。吸附式干燥器的工作原理如图 10-37 所示。装置中有两个填满吸附剂的相同容器，潮湿空气从一个吸附筒的上部流到下部，水分被吸附剂吸收而得以干燥，然后另一个吸附筒接通鼓风机，用加热器产生的热风把饱和的吸附剂中的水分带走并排放入大气，使吸附剂再生，从而连续输出干燥压缩的空气。

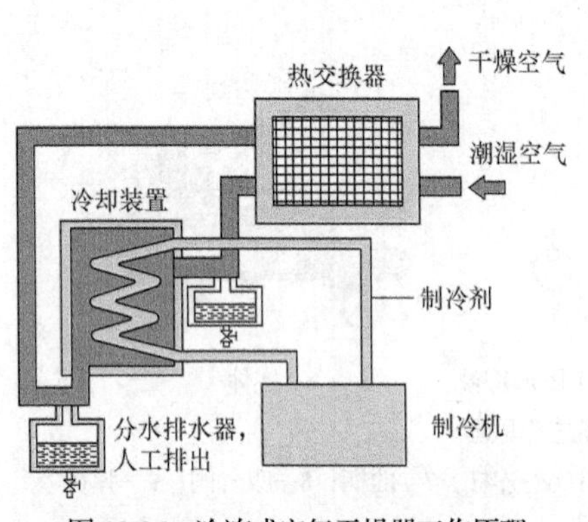

图 10-36 冷冻式空气干燥器工作原理

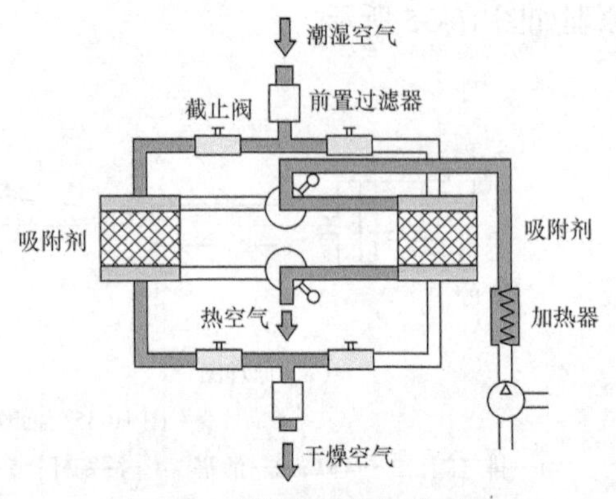

图 10-37 吸附式干燥器工作原理

（3）除油器。除油器安装在后冷却器的出口管道上，其作用是分离并排出压缩空气中凝聚的油分、水分灰尘杂质等，使压缩空气得到初步净化。图 10-38 所示为除油器的结构及符号。

要点提示

当压缩空气进入除油器后产生流向和速度的急剧变化，再依靠惯性作用，将密度比压缩空气大的油滴和水滴分离出来。

（4）储气罐。储气罐的作用是储存一定数量的压缩空气，并消除压力波动，保证输出气流的连续性，而且还有调节用气量或以备发生故障和临时需要应急使用的作用。

一般气压传动系统中的气罐多为立式，用钢板焊接而成，并装有放泄过剩压力的安全阀、指示罐内压力的压力表和排放冷凝水的排水阀，如图 10-39 所示。

为了保证储气罐的安全及维修方便，应设置下列附件。

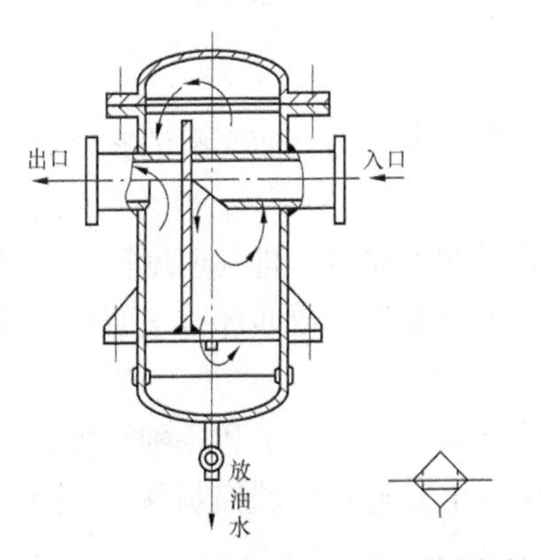

（a）工作原理图　（b）图形符号

图 10-38　除油器

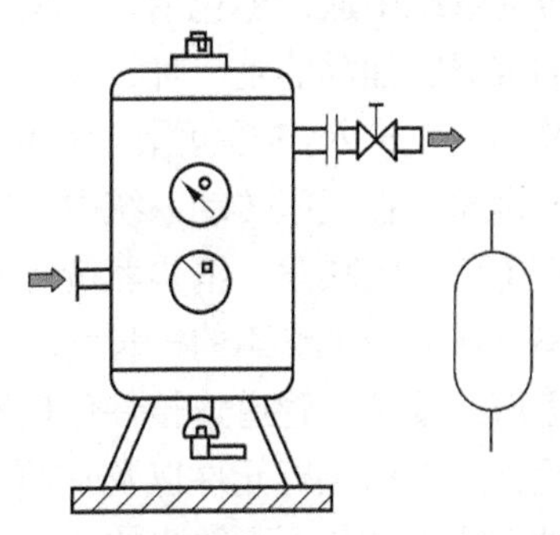

（a）工作原理图　（b）图形符号

图 10-39　储气罐结构图

- 安全阀。使用时应调整其极限压力比储气罐的工作压力高 10%。
- 清理检查用的入孔或手孔。
- 指示储气罐内空气压力的压力表。
- 储气罐底部应有用于排放油水等污染物的接管和阀门。
- 储气罐空气进出口应装有闸阀。

（5）过滤器。过滤器的作用是进一步滤除压缩空气中的杂质。

① 一次性过滤器。图 10-40 所示为一次性过滤器结构图。气流由切线方向进入筒内，在离心力的作用下分离出液滴，然后气体由下而上通过多片钢板、毛毡、硅胶、焦碳、滤网等过滤吸附材料，达到过滤净化的作用。

② 二次过滤器。图 10-41 所示为分水滤气器结构图。分水滤气器的滤灰能力较强，属于二次过滤器。它和减压阀、油雾器一起被称为气动三联件，是气动系统不可缺少的辅助元件。

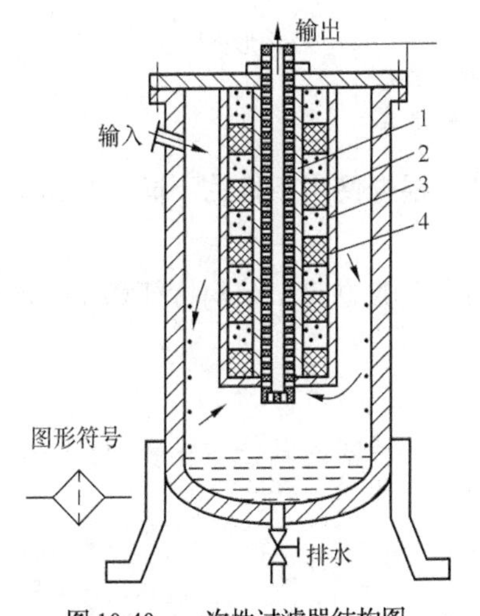

图 10-40　一次性过滤器结构图

1—ϕ10 密孔网；2—280 目细钢丝网；3—焦碳；4—硅胶

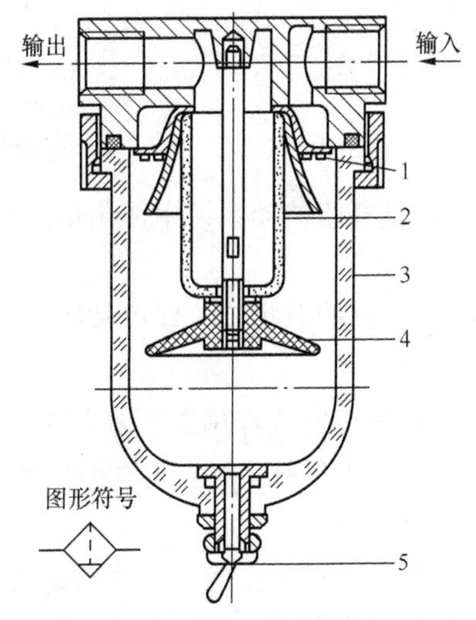

图 10-41　普通分水滤气器结构图

1—旋风叶子；2—滤心；3—存水杯；4—挡水板；5—手动排水阀

3. 其他辅助元件

气压传动系统中通常还包括以下辅助原件。

（1）油雾器。油雾器是一种特殊的注油装置，以空气为动力，使润滑油雾化后，注入空气流中，并随空气进入需要润滑的部件，达到润滑的目的。

（2）消声器。在气压传动系统中，气缸、气阀等元件工作时，排气速度较高，气体急剧膨胀，会产生刺耳的噪声。消声器就是指能阻止声音传播而阻止或增加排气面积来降低排气速度和功率，从而降低噪声的一种气动元件。

（3）管道连接件。管道连接件包括管子和各种管接头。有了管子和各种管接头，才能把气动控制元件、气动执行元件以及辅助元件等连接成一个完整的气动控制系统。因此，实际应用中，管道连接件是不可缺少的。

10.4.3 气动执行元件

气动执行元件是将压缩空气的压力能转化为机械能的能量转换装置，它能驱动机构实现往复的直线运动、摆动、旋转运动或冲击动作。气动执行元件主要有气缸和气压马达等。

1. 气缸

气缸主要由缸筒、活塞杆、前后端盖等组成，图10-42所示为普通气缸结构图和图形符号。

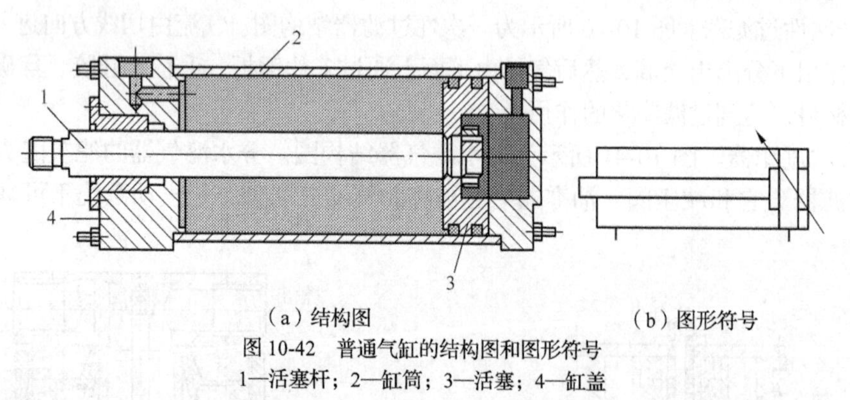

（a）结构图　　（b）图形符号

图10-42　普通气缸的结构图和图形符号

1—活塞杆；2—缸筒；3—活塞；4—缸盖

气缸是气压传动系统中使用最广泛的一种执行元件，根据使用条件的不同，其结构形式也不同。

（1）气缸的分类。一般可按压缩空气作用在活塞端面上的方向、结构特征和安装形式来分类。

① 按压缩空气作用在活塞上的方向分类。

- 单作用气缸：气缸只有一个方向的运动是气压传动，活塞的复位靠弹簧力或自重和其他外力。
- 双作用气缸：气缸的往返运动靠压缩空气来完成。

② 按气缸的安装方式分类。

- 固定式气缸：气缸安装在机体上固定不动。

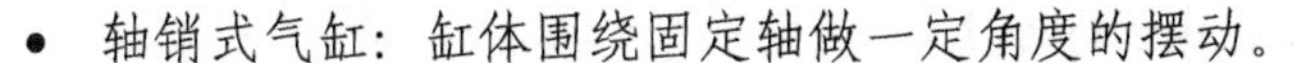

- 轴销式气缸：缸体围绕固定轴做一定角度的摆动。
- 回转式气缸：缸体固定在机床主轴上，可随机床主轴做高速旋转运动。
- 嵌入式气缸：气缸镶嵌在夹具本体内。

③ 按气缸的功能分类。

- 普通气缸：是指活塞式单作用气缸和双作用气缸，常用于无特殊要求的场合。
- 气-液阻尼缸：是气缸与液压缸串联，可控制气缸活塞的运动速度，并使其速度相对稳定。
- 摆动气缸：用于要求气缸叶片轴在一定角度内绕轴线回转的场合，如夹具转位、阀门的启闭等。
- 冲击气缸：是一种以活塞杆高速运动形成冲击力的高能缸，可用于冲压、切断等。

（2）气缸的使用。气缸在使用时应注意以下几点。

① 根据工作任务的要求，选择合适的结构形式、安装方式。

② 一般不使用满行程，其行程余量为 30～100mm。

③ 气缸的工作推荐速度在 0.5～1m/s，工作压力为 0.4～0.6MPa，环境温度为 5℃～60℃范围内。

④ 气缸运行到终端运动能量不能完全被吸收时，应设计缓冲回路或增设缓冲机构。

⑤ 要使用清洁干燥的压缩空气，连接前配管内应充分清洗。

⑥ 安装耳环式或耳轴式气缸时，应保证气缸的摆动和负载的摆动在一个水平面内，避免横向负载和偏心负载。

2. 气压马达

气压马达是将压缩空气的压力能转换成旋转的机械能的装置。气压马达有叶片式、活塞式、齿轮式等多种类型，在气压传动中使用最广泛的是叶片式和活塞式马达。

（1）叶片式气压马达。叶片式气压马达一般有 3～10 个叶片，它们可以在转子的径向槽内活动。转子和输出轴固连在一起，装入偏心的定子中，叶片式气压马达的工作原理如图 10-43 所示。

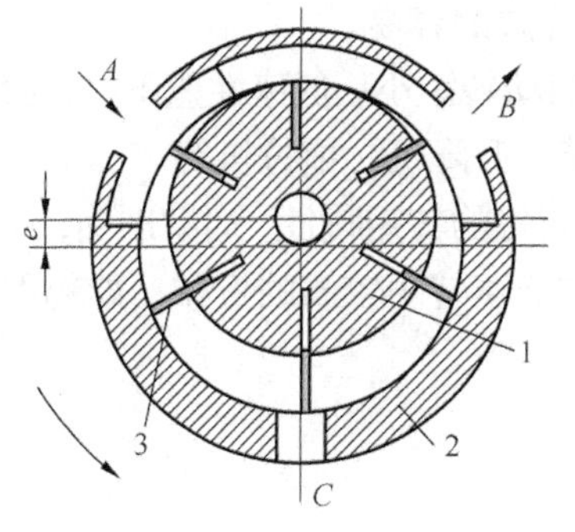

（a）工作原理图　（b）图形符号　（c）实体

图 10-43　叶片式气压马达原理图

1—转子；2—定子；3—叶片

① 当压缩空气从 A 口进入定子腔内时，一部分进入叶片底部，将叶片推出，使叶片在

气压推力和离心力综合作用下，抵在定子内壁上。

② 另一部分进入密封工作腔作用在叶片的外伸部分产生力矩。由于叶片外伸面积不等，转子受到不平衡力矩而逆时针旋转。

③ 做功后的气体由定子孔 C 排出，剩余气体经孔 B 排出。

④ 改变压缩空气输入进气孔（B）进气，马达则反向旋转。

叶片式气压马达结构简单紧凑，制造容易，转速高，但低速启动转矩小，低速性能不好，适用于要求低或中等功率的机械。

（2）活塞式气压马达。常用的活塞式气压马达大多是径向连杆式，5个气缸呈星形布置，缸内的活塞通过连杆组件与曲轴的偏心圆柱面连接，配气阀与曲轴同轴连接并一起同步旋转，而配气阀套固定在星形缸体上，如图10-44所示。

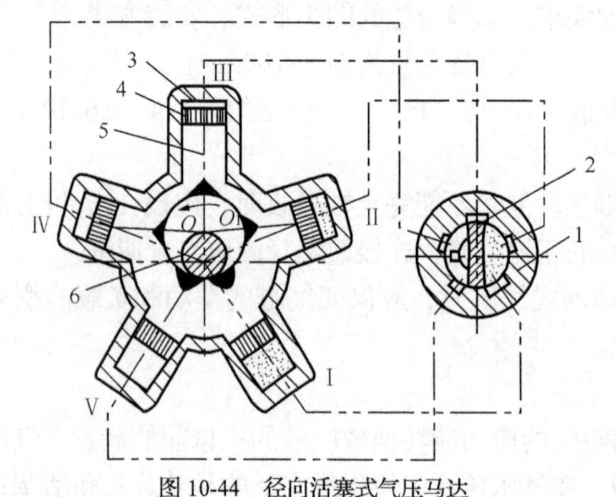

图10-44　径向活塞式气压马达

1—配气阀套；2—配气阀；3—气缸体；4—活塞；5—连杆组件；6—曲轴

① 活塞式气压马达的转速比叶片式的低，一般为100～1 300r/min，最高为6 000r/min，但输出的转矩要比叶片式的大得多。

② 活塞式气压马达结构复杂，但维护与保养比叶片式的容易。

③ 活塞式气压马达制造简单，结构紧凑，但低速启动转矩小，低速性能不好，适用于要求低或中等功率的机械，如手提工具、复合工具传送带、升降机、拖拉机等。

④ 活塞式气压马达在低速时有较大的功率输出和较好的转矩特性，启动准确，启动和停止特性都好于叶片式气压马达，适用于载荷较大和要求低速转矩较高的机械，如起重机、绞车等。

10.4.4　气动控制元件

气动控制元件是在气动系统中控制气流的压力、流量、方向和发送信号的元件，利用它们可以组成具有特定功能的控制回路，使气动执行元件或控制系统能够实现规定程序并正常工作。气动控制元件的功用、工作原理等和液压控制元件相似，仅在结构上有些差异。

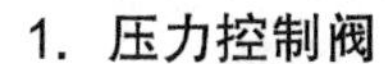

1. 压力控制阀

压力控制阀主要包括减压阀、顺序阀和安全阀。

（1）减压阀。图 10-45 所示为减压阀结构图。减压阀的作用是将较高的输入压力调整到系统需要的压力，并能保持输出压力稳定，不受输出空气流量变化和气源压力波动的影响。

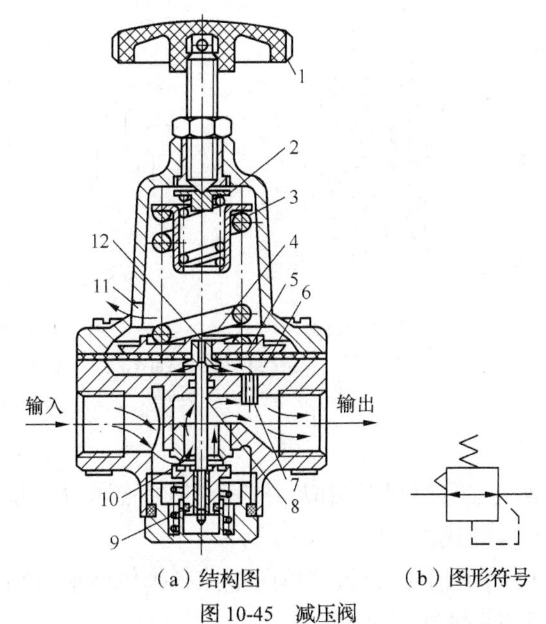

（a）结构图　（b）图形符号

图 10-45　减压阀

1—旋钮；2、3—弹簧；4—溢流阀座；5—膜片；6—膜片气室；7—阻尼管；8—阀芯；9—复位弹簧；10—进气阀口；11—排气孔；12—溢流孔

（2）顺序阀。顺序阀是依靠气压的大小来控制气动回路中各元件先后动作顺序的压力控制元件。当输入口 *P* 的气体在活塞上的作用力大于弹簧力的调定值时，*P*—*A* 接通，阀呈开启状态；反之 *P*—*A* 断开，阀呈关闭状态，如图 10-46 所示。

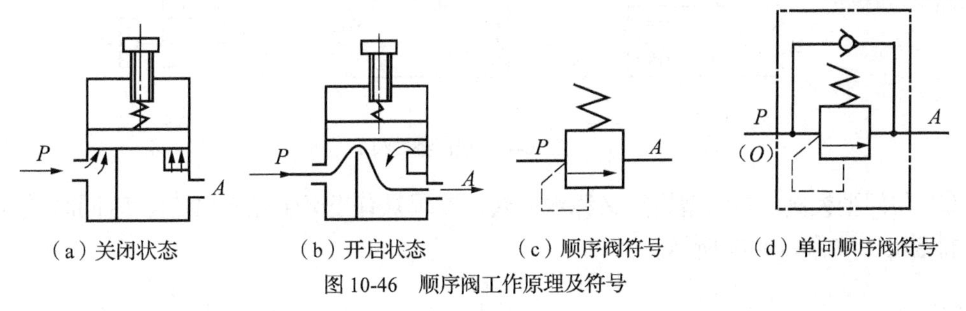

（a）关闭状态　（b）开启状态　（c）顺序阀符号　（d）单向顺序阀符号

图 10-46　顺序阀工作原理及符号

（3）安全阀。安全阀的主要作用是当气动系统中空气的压力超过调定的工作压力值时，能将空气自动地排放到大气中去，以保证气动系统安全工作。

图 10-47 所示为安全阀工作原理图，其工作原理如下。

① 当系统中的气体压力在调定范围内时，作用在活塞 3 上的压力小

于弹簧2的力，活塞处于关闭状态，如图10-47（a）所示。

② 当系统压力升高，作用在活塞3上的压力大于弹簧2的预定压力时，活塞3向上移动，阀门开启排气，如图10-47（b）所示。

③ 直到系统压力降到调定范围内，活塞又重新关闭。

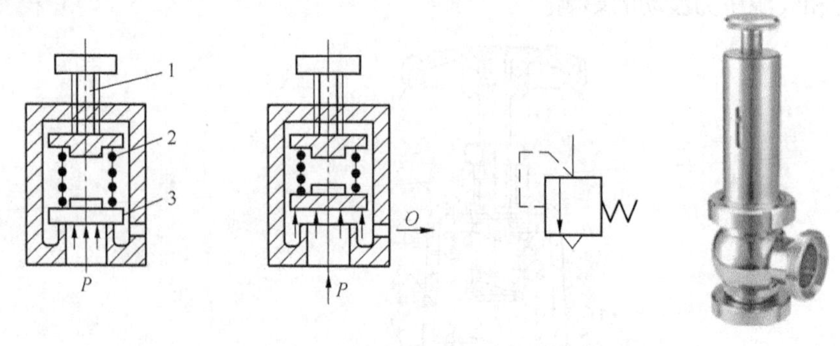

（a）关闭装填　　（b）开启状态　　（c）图形符号

图10-47　安全阀的工作原理图

1—旋钮；2—弹簧；3—活塞

2. 方向控制阀

气动方向控制阀和液压方向控制阀相似，按其作用特点可分为单向型和换向型两种，其阀芯结构主要有截止式和滑阀式。

（1）单向型控制阀。单向型控制阀包括单向阀、或门型梭阀、与门型梭阀和快速排气阀。

① 或门型梭阀。在气压传动系统中，当两个通路 P_1 和 P_2 均与另一通路 A 相通，而不允许 P_1 与 P_2 相通时，就要用或门型梭阀，如图10-48所示。

如图10-48（a）所示，当 P_1 进气时，将阀芯推向右边，通路 P_2 被关闭，气流从 P_1 进入通路 A；反之，气流从 P_2 进入 A，如图10-48（b）所示。当 P_1、P_2 同时进气时，A 就与压力高端相通，另一端就自动关闭。

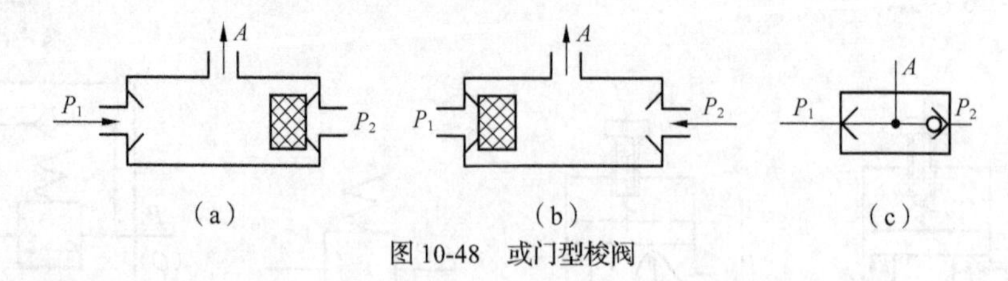

图10-48　或门型梭阀

② 与门型梭阀。与门型梭阀又称双压阀，该阀只有当两个输入口 P_1、P_2 同时进气时，A 口才能输出，如图10-49所示。

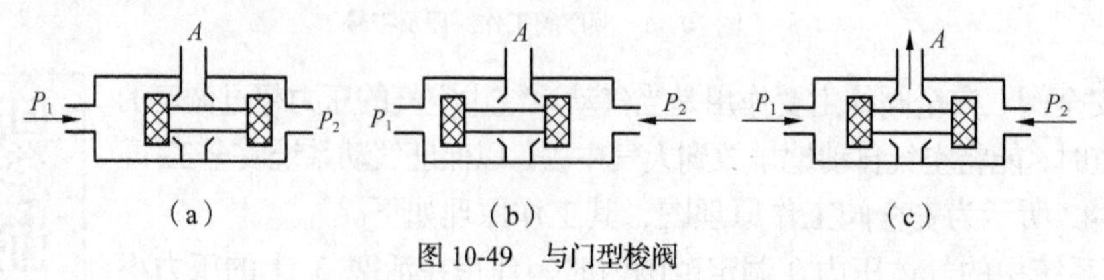

图10-49　与门型梭阀

③ 快速排气阀。快速排气阀又称快排阀，它是为加快气缸运动做快速排气而设置的，如图 10-50 所示。

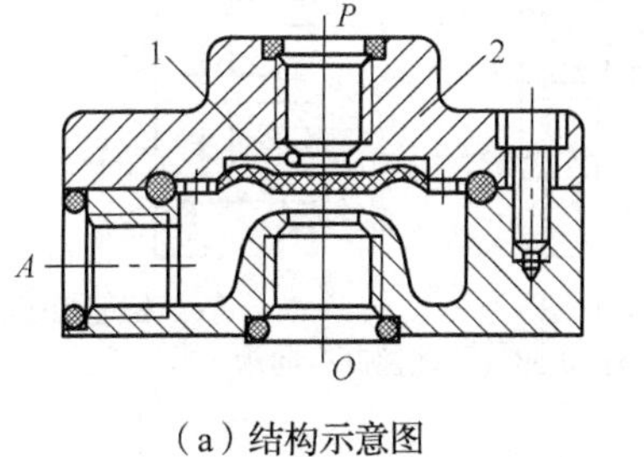

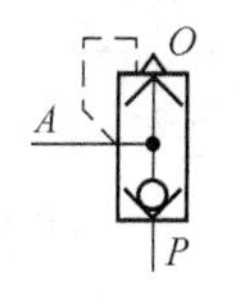

（a）结构示意图　　（b）图形符号

图 10-50　快速排气阀

1—膜片；2—阀体

（2）换向型控制阀。换向型控制阀包括气压控制、电磁控制和手动控制 3 种类型。

① 气压控制换向阀。气压控制换向阀是利用空气的压力与弹簧力相平衡的原理来进行控制。

图 10-51（a）所示为没有控制信号 K 时的状态，阀芯 1 在弹簧 2 及 P 腔的压力作用下，阀芯位于上端，阀处于排气状态，A 与 O 相通，P 不通。当输入控制信号 K 时，如图 10-51（b）所示，主阀芯下移，打开阀口使 A 与 P 相通，O 不通。

② 电磁控制换向阀。直动式电磁换向阀利用电磁力直接推动阀杆（阀心）换向，根据操纵线圈的数目可分为单电控和双电控两种。

图 10-52 所示为单电控直动式电磁阀工作原理。电磁线圈未通电时，P、A 断开，A、T 相通；通电时，电磁力通过阀杆推动阀芯向下移动，使 P、A 接通，T 与 P 断开。

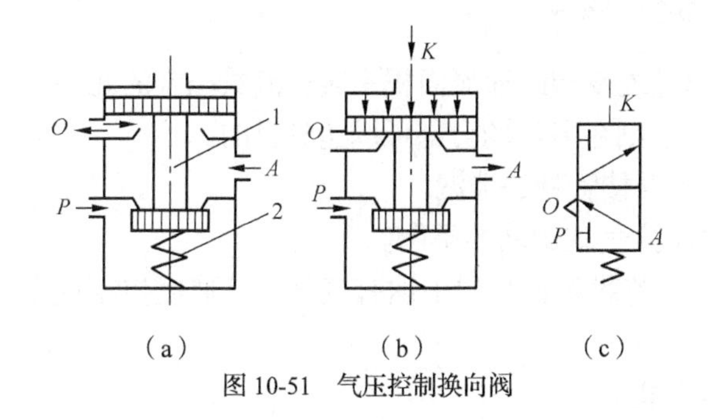

（a）　（b）　（c）

图 10-51　气压控制换向阀

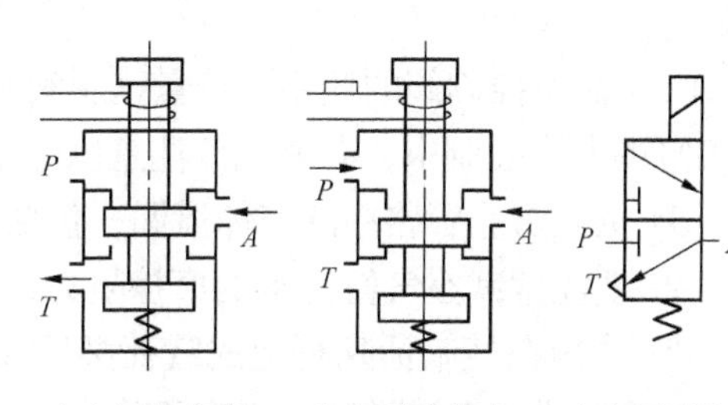

（a）原始状态　（b）通电状态　（c）图形符号

图 10-52　电磁控制换向阀

直动式电磁换向阀的阀芯的移动靠电磁铁，复位靠弹簧，换向冲击较大，故一般制成小型阀。

③ 手动控制换向阀。图 10-53 所示为推拉式手动阀的工作原理和结构图。用手压下阀芯，则 P 与 A、B 与 T_2 相通，如图 10-53（a）所示。手放开，阀依靠定位装置保持状态不变。当用手将阀芯拉出时，P 与 B、A 与 T_1 相通，气路改变，并能维持该状态不变，如图 10-53（b）所示。

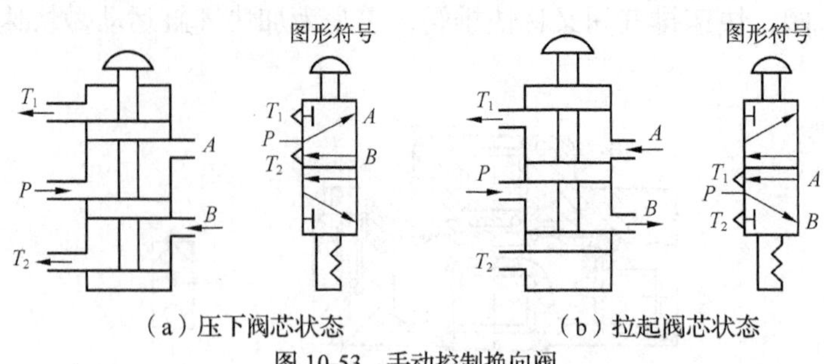

（a）压下阀芯状态　　（b）拉起阀芯状态

图 10-53　手动控制换向阀

3. 流量控制阀

流量控制阀是通过改变阀的通流面积来调节压缩空气的流量，进而控制气缸的运动速度、换向阀的切换时间和气动信号的传递速度的气动控制元件。

（1）节流阀。图 10-54 所示为节流阀的结构图。压缩空气由 P 口进入，经过节流后，由 A 口流出，旋转阀芯螺杆可改变节流口的开度大小，这种节流阀的结构简单、体积小，应用广泛。

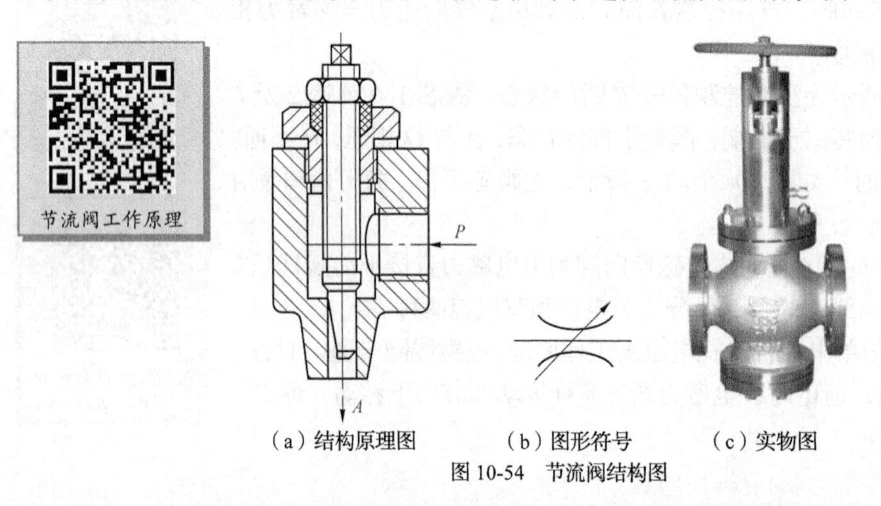

（a）结构原理图　　（b）图形符号　　（c）实物图

图 10-54　节流阀结构图

（2）流量控制阀的使用。流量控制阀是通过改变阀的通流面积来实现流量控制的元件，在气缸的速度控制中，若能充分注意以下各点，则在多数场合都可以达到目的。

① 彻底防止管路中的气体泄漏，包括各元件接管处的泄漏。

② 要注意减小气缸运动的摩擦阻力，以保持气缸运动的平衡。

③ 作用在气缸活塞杆上的载荷必须稳定。若载荷在行程中途有变化，其速度控制相当困难，有时需借助液压传动实现平稳作业。

④ 流量控制阀应尽量靠近气缸等执行器安装。

小　结

液压传动使用液体作为工作介质来传递能量和进行控制，与气压传动一起并称为流体传动。它是根据 17 世纪帕斯卡提出的液体静压力传动原理而发展起来的一门新兴技术，在工农业生产中应用广泛。

与液压传动相比，机械传动是一种技术成熟、工作可靠的传动方式，但其体积庞大，制造成本高，维修困难，动作反应迟钝，产品升级自动化控制难度大。液压传动是在机械传动的基础上诞生的一种新型的传动方式，以液体为工作介质，通过动力元件（液压泵）将原动机的机械能转换为液体的压力能，然后通过管道控制元件，借助执行元件（液压缸或液压马达）将液体的压力能转换为机械能，驱动负载实现直线或回转运动，其特点是体积小、传动平稳、性能可靠，能轻松实现很多机械传动不能完成的动作，在现代工业自动化控制系统中应用广泛，尤其在锻压行业中有着不可替代的作用。

液压传动系统的基本元件包括液压泵、液压缸、液压马达、各种液压控制阀以及各类液压控制辅助元件等，这些元件种类丰富、功能各异，在设计时可根据需要进行选择。

气压传动以压缩气体为工作介质，靠气体的压力进行动力或信息传递。气压传动装置将压缩气体经由管道和控制阀输送给气动执行元件，再把压缩气体的压力能转换为机械能而做功。气压传动的工作压力低，管道阻力损失小，便于集中供气和中距离输送，使用安全，无爆炸和电击危险，且具有过载保护能力。

思考与练习

1. 简要说明液压传动的特点。
2. 简要说明液压传动系统的组成。
3. 说明液压泵和液压马达的区别。
4. 简要说明液压缸的种类和用途。
5. 液压传动系统是如何实现速度调节的？
6. 液压传动系统有哪些主要安全保护措施？
7. 简述压力控制阀的分类，并分别举例说明其用途。
8. 简要说明液压传动和气压传动的主要区别。
9. 简要说明气动执行元件的种类和用途。
10. 简要说明气动控制元件的种类和用途。